Distributed Systems Development

分布式系统开发实战

柳伟卫 / 编著

人 民 邮 电 出 版 社
北 京

图书在版编目（ＣＩＰ）数据

分布式系统开发实战 / 柳伟卫编著. -- 北京 : 人民邮电出版社, 2021.3
ISBN 978-7-115-54101-7

Ⅰ. ①分… Ⅱ. ①柳… Ⅲ. ①分布式操作系统—系统开发 Ⅳ. ①TP316.4

中国版本图书馆CIP数据核字(2020)第088792号

内 容 提 要

本书从原理和实践角度全面介绍如何设计分布式系统。内容包括节点、通信、并发与并行、面向对象的分布式架构、面向服务的分布式架构、面向消息的分布式架构、REST 风格的架构、微服务架构、Serverless 架构、Cloud Native 架构、虚拟化与容器技术、分布式计算、分布式存储、分布式监控、分布式版本控制、数据一致性、分布式事务、安全性、可用性等。全书内容丰富、案例新颖，相关理论与技术实践较为前瞻。本书最后还提供了一个综合实战案例，手把手教读者基于 Spring Cloud 技术来实现微服务架构。

本书面向的读者主要是对分布式系统感兴趣的计算机专业学生、软件工程师、系统架构师等。

♦ 编　　著 柳伟卫
责任编辑 刘 博
责任印制 王 郁 马振武
♦ 人民邮电出版社出版发行 北京市丰台区成寿寺路 11 号
邮编 100164 电子邮件 315@ptpress.com.cn
网址 https://www.ptpress.com.cn
固安县铭成印刷有限公司印刷
♦ 开本：787×1092 1/16
印张：22.5 2021 年 3 月第 1 版
字数：651 千字 2024 年 12 月河北第 6 次印刷

定价：69.80 元

读者服务热线：(010)81055256 印装质量热线：(010)81055316
反盗版热线：(010)81055315
广告经营许可证：京东市监广登字 20170147 号

前言

写作背景

大型网站或者企业级应用往往要求高并发、高性能、高可用，而传统的集中式系统已无法满足需求，系统架构正向着分布式系统不断演进。同时，越来越多的企业选择通过云的方式发布和部署应用，这也大大促进了分布式系统的发展。未来将是分布式系统“爆发”的时代。

本书正是对分布式系统的原理做了全面的总结，同时辅以大量的实战案例，令读者可以轻松入门分布式系统。

笔者从事软件开发数十年，一直关注编程、系统架构、性能优化，特别是在分布式系统设计和实现方面有独到的见解。从 2009 年开始，笔者不断将分布式系统设计方面的内容以博客方式分享给广大网友，并出版了包括《分布式系统常用技术及案例分析》《Spring Boot 企业级应用开发实战》《Spring Cloud 微服务架构开发实战》《Cloud Native 分布式架构原理与实践》《大型互联网应用轻量级架构实战》在内的专著，而这本《分布式系统开发实战》更是笔者在分布式系统方面的新的总结。

本书所采用的软件及相关版本

软件的版本是非常重要的，因为不同版本的软件之间存在兼容性问题，而且不同版本的软件所对应的功能也是不同的。本书所列出的软件在版本上相对较新，都是经过笔者大量测试的。读者在自行编写代码时，可以参考本书所列出的版本，从而避免版本兼容性所产生的问题。建议读者将相关开发环境设置得与本书一致，或者不低于本书所列的配置。详细的版本配置，可以参阅本书“附录”中的内容。

本书示例采用 Eclipse 编写，但示例源代码与具体的 IDE 无关，读者可以选择适合自己的 IDE，如 IntelliJ IDEA、NetBeans 等。运行本书示例，请确保 JDK 版本不低于 JDK 8。

源代码

本书提供的素材和源代码可以从以下网址下载：www.ryjiaoyu.com。

致谢

感谢人民邮电出版社的各位工作人员为本书的出版所做的努力。

感谢我的父母、妻子和两个女儿。由于撰写本书，我牺牲了很多陪伴家人的时间。谢谢他们对我的理解和支持。

感谢关心和支持我的朋友、读者、网友。

柳伟卫

2021 年 1 月

目 录

第 1 章 分布式系统概述

本章介绍分布式系统的基本概念、特征以及设计分布式系统所要面临的挑战。

1.1 什么是分布式系统

自 20 世纪 40 年代计算机诞生以来，计算机以及互联网呈现出高速发展的趋势。当今的互联网包含以下特征。

- 互联网理财用户规模持续扩大。越来越多的网民选择在网上购买理财产品。
- 网络零售交易再创新高。2019 年“6·18”购物节期间，仅京东一家下单金额就达 2015 亿元。
- 移动支付使用率保持增长。无论是网上购物，还是实体购物，大多数用户选择微信或者支付宝等移动支付软件。
- 短视频应用异军突起。大多数网民都曾使用过短视频应用（比如快手、抖音等），以满足碎片化的娱乐需求。
- 直播引领新的营销模式。直播造就了大量的网络主播，而这些主播通过直播的方式开启了新的网络营销模式。
- 在线政务应用大力发展。支付宝、微信等均提供了城市服务平台以对接政务服务。
- 企业开始转型生产智造。工业互联网提供了完整的软硬件物联网解决策略，帮助企业从“制造”转型到“智造”。

计算机以及互联网已经深刻影响了人们的生活和工作的方方面面。而这一切都离不开背后那个神秘的“巨人”——分布式系统。正是那些看不见的分布式系统，每天处理着数以亿计的计算，提供可靠而稳定的服务。

那么什么是分布式系统？

《分布式系统原理与范型》一书中是这样定义分布式系统的：“分布式系统是若干独立计算机的集合，这些计算机对于用户来说就像是单个相关系统”。

这里面包含了两个含义。

- 硬件独立。
- 软件统一。

什么是硬件独立？所谓硬件独立，是指计算机本身是独立的。一个大型的分布式系统，会由若干台独立的计算机来组成系统的基础设施。

而软件统一，一方面是指对于用户来说，用户就像是与单个系统打交道。这就好比用户每天上网看视频，视频网站对用户来说就是一个系统软件，它们背后是如何运作的，部署了几台服务器，每台服务器是干什么的，这些对用户来说是不可见的。用户不关心背后的这些服务器，用户所关心的是，今天访问的这个网站能提供什么样的节目，视频运行是否流畅、清晰度如何等。另一方面是指分布式系统的扩展和升级都比较容易。分布式系统中的某些节点发生故障，不会影响整体系统的可用性。用户和应用程序交互时，不会察觉哪些部分正在被替换或者维修，也不会感知到新加入的部分。

1.2　分布式系统常用术语

分布式系统是一门新兴的学科。为了方便后续章节的学习，先了解下分布式系统中常用的术语。

1. 节点

节点（Node）是指一个可以独立按照分布式协议完成一组逻辑的程序个体。在具体的工程项目中，一个节点往往是操作系统上的一个进程。节点是一个完整的、不可分的整体，是执行分布式任务的最小的单元。

有关节点的内容，会在第 2 章中详细讲解。

2. 副本

在高可用的分布式系统中，相同功能的程序往往会部署到不同的节点中。这些不同的节点也被称为“副本（Replica）”。副本在分布式系统中是数据或服务提供的冗余，因此可分为数据副本和服务副本。

数据副本，是指在不同的节点上持久化同一份数据，当出现某一个节点存储的数据丢失时，可以从副本上读到数据。数据副本是分布式系统解决数据丢失异常的主要手段。

服务副本是指数个节点提供某种相同的服务，这种服务一般并不依赖于本地存储的节点，其所需数据一般来自其他节点。服务副本也称为“服务实例”。

例如，GFS 系统的同一个 Chunk 的数个副本就是典型的数据副本，而 Map Reduce 系统的 Job Worker 则是典型的服务副本。

图 1-1 展示的是一个微服务架构，其中相同的服务会有多个服务实例（服务副本）。

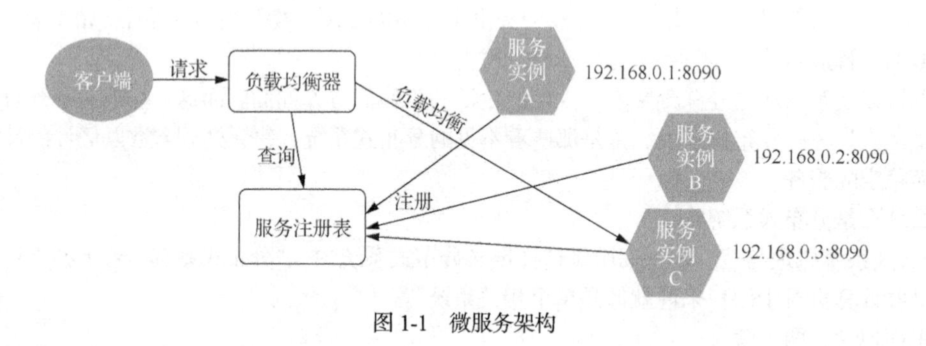

图 1-1　微服务架构

3. 集群

相同功能程序的副本，统称为该功能的集群。

4. 通信

节点与节点之间是完全独立、相互隔离的，节点之间传递消息的唯一方式是网络通信（Communication）。图 1-1 中带箭头的直线表示了节点之间的消息通信。

消息通信可以是双向的或者是单向的。使用双向箭头的直线表示网络双向可达，而某些节点间的直线只有单向箭头，表示网络单向可达，而某些节点间连线没有箭头，表示网络完全不可达。

有关通信的内容，会在第 3 章中详细讲解。

5. 存储

节点可以通过将数据写入某台计算机的本地存储（Storage）设备来保存数据。通常的存储设备可以是磁盘、SSD、文件，也可以是关系型数据库、NoSQL 数据库、文件存储系统等。

6. 状态

如果某个节点负责存储、读取数据，则该节点为有状态的节点，反之称为无状态的节点。如果某个节点 A 存储数据的方式是将数据通过网络发送到另一个节点 B，由节点 B 负责将数据存储到节点 B 的本地存储设备，那么不能认为节点 A 是有状态的节点，而只有节点 B 是有状态的节点。

7. 异常

异常主要是针对某个节点而言的。异常可能是由网络故障引起的，也可能是程序自身引起的。

需要注意的是，在高可用的分布式系统中，单个节点的异常，并不一定会影响整个分布式系统。分布式系统往往会设计一定的容错性。

8. 性能

无论是分布式系统还是单机程序，都会对性能（Performance）有所要求。不同的系统，关注点有所差异。常见的性能指标有以下 3 点。

- 吞吐能力，指系统在某一时间可以处理的数据总量，通常可以用系统每秒可处理的总的数据量来衡量。
- 响应延迟，指系统完成某一功能需要使用的时间。
- 并发能力，指系统可以同时完成某一功能的能力，通常也用每秒请求数（Query Per Second，QPS）来衡量。

上述 3 个性能指标往往会相互制约，追求高吞吐的系统，往往很难做到低延迟；系统平均响应时间较长时，也很难提高 QPS。

9. 一致性

分布式系统为了提升可用性，总是不可避免地使用副本的机制，从而引发副本一致性的问题。

根据具体的业务需求的不同，分布式系统总是提供某种一致性模型，并基于此模型提供具体的服务。

有关一致性的模型，会在第 17 章中详细讲解。

1.3　集中式系统与分布式系统

早期的计算机系统，往往是集中式的。集中式系统主要部署在 HP、IBM、SUN 等小型机以上档次的服务器中，把所有的功能都集成到主服务器上，这样对服务器的性能要求很高，也极其苛刻。它们的主要特色在于一年宕机时间只有几小时，所以又统称为 z（zero，零）系列。IBM AS/400 是当今世界上比较流行的中小型服务器，主要应用在银行和制造业，还用于 Domino 软件中，主要的技术包括技术独立机器界面（TIMI）、单级存储，有了 TIMI 技术，可以做到硬件与软件相互独立。IBM RS/6000 也比较常见，主要用于科学计算和事务处理等。这类主机的一个显著的特征是单机性能一般都很强，带多个终端。终端没有数据处理能力，运算全部在主机上进行。现在的银行系统大部分都是这种集中式的系统，此外，这种系统在大型企业、科研单位、军队、政府等也有应用。

集中式系统主要流行于 20 世纪。现在还在使用集中式系统的，很大一部分是为了沿用原来的软件，而这些软件往往很昂贵。集中式系统的优点是便于维护，操作简单。但这样的系统也有缺陷，一旦出问题，就会造成单点故障，所有功能就都不能正常工作，所谓的“一荣俱荣，一损俱损”。由于集中式的系统相关的技术只被少数厂商掌握，个人要对这些系统进行扩展和升级往往也比较麻烦，一般的企业级应用很少会用到集中式系统。图 1-2 所示是典型的集中式系统的示意图。

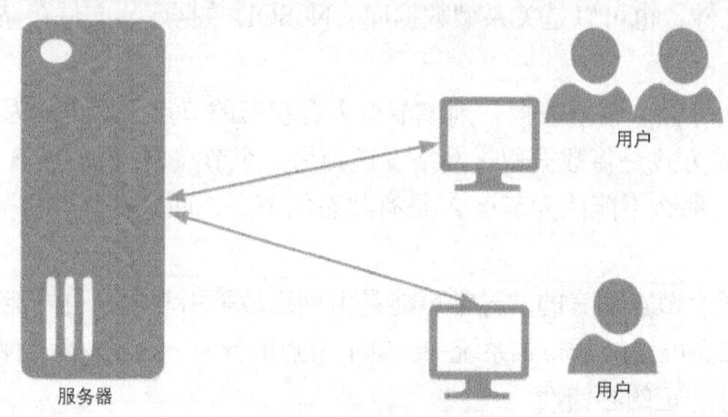

图 1-2 集中式系统的示意图

而分布式系统恰恰相反。分布式系统是通过中间软件来对现有计算机的硬件能力和相应的软件功能进行重新配置和整合。它是一种多处理器的计算机系统，各处理器通过网络互连构成统一的系统。系统采用分布式计算结构，即把原来系统内中央处理器处理的任务分散给相应的处理器，实现不同功能的各个处理器相互协调，共享系统的外设与软件。这样就加快了系统的处理速度，简化了主机的逻辑结构。它甚至不需要很高的配置，一些低配置“退休”下来的计算机也能被重新纳入分布式系统中使用，这样无疑就降低了硬件成本，而且还易于维护。同时，分布式系统往往由多个主机（节点）组成，任何一台主机宕机都不影响整体系统的使用，所以分布式系统的可用性往往比较高。图 1-3 所示是典型的分布式系统的示意图。

图 1-3 分布式系统的示意图

正是分布式系统的这些优点，使得分布式系统应用得越来越广泛，也代表了未来应用的发展趋势。

1.4 分布式系统特征

分布式系统特征主要体现在以下 6 个方面。

1. 可用性

系统的可用性指系统在面对各种异常时可以正确提供服务的能力。系统的可用性可以用系统停止服务的时间与正常服务的时间的比例来衡量，也可以用某功能的失败次数与成功次数的比例来衡量。

可用性是分布式系统的重要指标，衡量了系统的鲁棒性，是系统容错能力的体现。

分布式系统利用多副本的模式，来实现系统的高可用。

2. 可扩展性

系统的可扩展性指分布式系统通过扩展集群机器规模提升系统性能（吞吐、延迟、并发）、存储容量、计算能力的特性。

可扩展性是分布式系统的特有性质。分布式系统的设计初衷就是利用集群多机的能力处理单机无法解决的问题。当任务的需求随着具体业务不断提高时，除了升级系统的性能外，另一个做法就是通过增加机器的方式扩展系统的规模。好的分布式系统总在追求“线性扩展性”，也就是使得系统的某一指标可以随着集群中的机器数量的增多呈线性增长。

3. 高并发

分布式系统的目的是更好地共享资源。那么系统中的每个资源都必须被设计成在并发环境中是安全的。

4. 透明性

分布式系统中任何组件的故障，或者服务器的升级、迁移，对于客户端来说都是透明的。

5. 开放性

分布式系统由不同的程序员来编写不同的组件，组件最终要集成一个系统，那么组件所发布的接口必须遵守一定的规范且能够被互相理解。

6. 安全性

在当今的互联网环境中，信息安全愈发重要。信息安全也是世界各国共同关注的焦点。

为保障信息安全，在分布式系统中网络上传递的所有敏感信息都需要进行加密。

1.5　设计分布式系统所面临的挑战

设计分布式系统的本质就是“如何合理地将一个系统拆分成多个子系统并部署到不同机器上”，所以首要考虑的问题是如何合理地将系统进行拆分。由于拆分后的各个子系统不可能孤立地存在，必然要通过网络进行连接交互，因此它们之间如何通信变得尤为重要。当然在通信过程中要识别“敌我”，防止信息在传递过程中被拦截和篡改，这就涉及安全问题了。分布式系统要适应不断增长的业务需求，就需要考虑其扩展性。分布式系统还必须保证可靠性和数据的一致性。

概括起来，在设计分布式系统时，应考虑以下 6 个问题。

- 如何将系统拆分为子系统？
- 如何规划子系统间的通信？
- 如何考虑通信过程中的安全？
- 如何让子系统可以扩展？
- 如何保证子系统的可靠性？
- 如何实现数据的一致性？

本书的大部分内容就是针对分布式系统中应考虑的问题进行探讨的。

1.6 本章小结

本章介绍了分布式系统的基本概念，包括分布式系统的常用术语及分布式系统的基本特征。同时，也指出了设计分布式系统时所需要关注的重点和难点，为下一步的学习指明了方向。

1.7 习题

- 什么是分布式系统？
- 如何理解分布式系统的“硬件独立，软件统一”？
- 分布式系统有哪些特征？请至少列举出5个。

第 2 章 节点

分布式系统中，程序往往会部署到不同的节点中。不同的节点之间需要通过网络来进行通信。每个节点的独立运算的结果最终汇集以支撑起分布式系统的庞大运算量。在实际的项目中，一个节点往往是一个操作系统上的进程。

本章介绍了节点上的进程、线程、纤程的概念及其之间的关系。同时也介绍了网络通信常见的异常场景。

2.1 什么是线程

在早期的计算机操作系统中，能拥有资源和独立运行的基本单位是进程。然而随着计算机技术的发展，进程出现了很多弊端：一是由于进程是资源拥有者，创建、撤销与切换存在较大的时空开销，因此需要引入轻量型进程；二是对称多处理机（Symmetric Multi-Processor，SMP）的出现，它可以满足多个运行单位，而多个进程并行开销过大。

因此在 20 世纪 80 年代，出现了能独立运行的基本单位——线程（Thread）。

线程是程序执行流的最小单元。一个标准的线程由线程 ID、当前指令指针（PC）、寄存器集合和堆栈组成。另外，线程是进程中的一个实体，是被系统独立调度和分派的基本单位。线程自己不拥有系统资源，只拥有一点儿在运行中必不可少的资源，但它可与同属一个进程的其他线程共享进程所拥有的全部资源。一个线程可以创建和撤销另一个线程，同一进程中的多个线程之间可以并发执行。线程之间的相互制约，致使线程在运行中呈现间断性。

典型的线程拥有 3 种基本状态。

- 就绪。
- 阻塞。
- 执行。

线程的状态如图 2-1 所示。

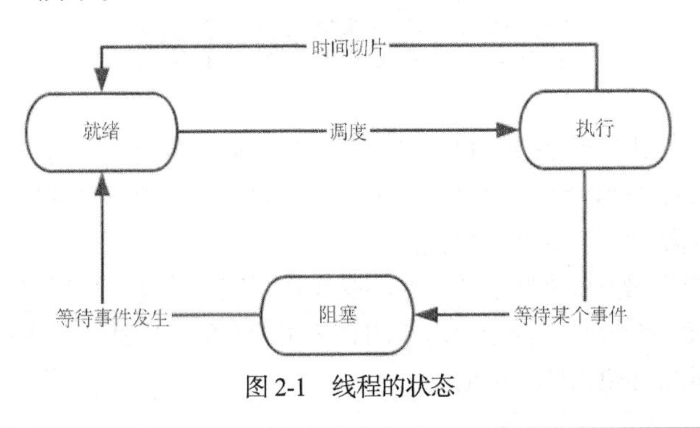

图 2-1 线程的状态

就绪状态是指线程具备运行的所有条件，逻辑上可以执行，在等待处理机；执行状态是指线程占有处理机正在运行；阻塞状态是指线程在等待一个事件（如某个信号量），逻辑上不可执行。每个程序都至少有一个线程，若程序只有一个线程，那就是程序本身。线程是程序中一个单一的顺序控制流程，是进程内一个相对独立的、可调度的执行单元。在单个程序中同时运行多个线程完成不同的工作，称为多线程。多数情况下，多线程能提升程序的性能。

2.2 进程和线程

进程和线程是并发编程的两个基本的执行单元。在大多数编程语言中，并发编程主要涉及线程。

一个计算机系统通常有许多活动的进程和线程。在给定的时间内，每个处理器中只能有一个线程得到真正的运行。对于单核处理器来说，处理时间是通过时间切片在进程和线程之间进行共享的。

进程有一个独立的执行环境。进程通常有一个完整的、私有的基本运行时资源。特别是每个进程都有自己的内存空间。操作系统的进程表（Process Table）存储了 CPU 寄存器值、内存映像、打开的文件、统计信息、特权信息等。进程一般定义为执行中的程序，也就是当前操作系统的某个虚拟处理器上运行的一个程序。多个进程并发共享同一个 CPU 以及其他硬件资源，并且这是透明的，操作系统支持进程之间的隔离。这种并发透明性需要付出较高的代价。

进程往往被视为等同于程序或应用程序。然而，用户看到的一个单独的应用程序可能实际上是一组合作的进程。大多数操作系统都支持进程间通信（Inter Process Communication，IPC），如管道和 Socket。IPC 不仅用于同个系统的进程之间的通信，也可以用在不同系统的进程之间进行通信。

线程有时被称为轻量级进程（Light Weight Process，LWP）。进程和线程都提供了一个执行环境，但创建一个新的线程比创建一个新的进程需要更少的资源。线程系统一般只维护用来让多个线程共享 CPU 所必需的最少量信息，特别是线程上下文（Thread Context）中一般只包含 CPU 上下文以及某些其他线程管理信息，通常忽略那些对于多线程管理不是完全必要的信息。这样单个进程中防止数据遭到某些线程不合法的访问的任务就完全落在了应用程序开发人员的肩上。线程不像进程那样彼此隔离以及受到操作系统的自动保护，所以在多线程程序开发过程中需要开发人员做更多的努力。

线程存在于进程中，每个进程都至少有一个线程。线程共享进程的资源，包括内存和打开的文件。这使得工作变得高效，但也存在一个潜在的问题——通信。关于通信的内容，会在第 3 章讲述。

现在多核处理器或多进程的计算机系统越来越流行，这大大增强了系统的进程和线程的并发执行能力。但即便在没有多核处理器或多进程的系统中，并发仍然是可能的。关于并发的内容，会在第 4 章讲述。

2.3 线程和纤程

为了提高并发量，某些编程语言中提供了“纤程”（Fiber）的概念，比如 Golang 的 goroutine，Erlang 风格的 actor。Java 虽然没有定义纤程，但仍有一些第三方库可供选择，比如 Quasar。纤程可以理解为是比线程更加细颗粒度的并发单元。

由于纤程是以用户代码方式来实现的，并不受操作系统内核管理，所以内核并不知道纤程，也就无法对纤程实现调度。纤程是根据用户定义的算法来调度的，因此，就内核而言，纤程采用了非抢占式调度方式，而线程是抢占式调度的。

一个线程可以包含一个或多个纤程。线程每次执行哪一个纤程的代码，是由用户来决定的。所以，对于开发人员来说，使用纤程可以获得更大的并发量，但同时也要面临实现调度纤程的复杂度。

2.4　编程语言中的线程对象

在面向对象语言开发过程中，每个线程都与 Thread 类的一个实例相关联。由于 Java 的流行，下文中的例子将用 Java 来实现和使用线程对象，以作为并发应用程序的基本原型。

2.4.1　定义和启动一个线程

Java 中有两种创建 Thread 实例的方式。第一种是提供 Runnable 对象。

Runnable 接口定义了一个方法 run，用来包含线程要执行的代码。HelloRunnable 示例如下。

```
public class HelloRunnable implements Runnable {
    @Override
    public void run() {
        System.out.println("Hello from a runnable!");
    }
    public static void main(String[] args) {
        (new Thread(new HelloRunnable())).start();
    }
}
```

第二种创建 Thread 实例的方式是继承 Thread。Thread 类本身是实现 Runnable，虽然它的 run 方法并无什么作用。HelloThread 示例如下。

```
public class HelloThread extends Thread {
    @Override
    public void run() {
        System.out.println("Hello from a thread!");
    }
    public static void main(String[] args) {
        (new HelloThread()).start();
    }
}
```

请注意，这两个例子都是调用 start 方法来启动线程。

关于第一种方式，它使用 Runnable 对象，在实际应用中更普遍，因为 Runnable 对象可以继承 Thread 以外的类。第二种方式，在简单的应用程序中更容易使用，但受限于你的任务类必须继承 Thread。本书推荐使用第一种方式，将 Runnable 任务从 Thread 对象中分离来执行任务。这样不仅更灵活，而且它适用于高级线程管理 API。

Thread 类还定义了大量的方法用于线程管理。

2.4.2　暂停线程执行

Thread.sleep 可以让当前线程执行暂停一个时间段，这样处理器的时间就可以给其他线程使用。

sleep 有两种重载形式：一种是指定睡眠时间为毫秒级，另外一种是指定睡眠时间为纳秒级。然而，这些睡眠时间不能保证是精确的，因为它们是由操作系统提供的，并受其限制，因而不能假设 sleep 的睡眠时间是精确的。此外，睡眠周期也可以通过中断来终止。

以下 SleepMessages 示例是使用 sleep 每隔 4s 输出一次消息。

```
public class SleepMessages {

    public static void main(String[] args) throws InterruptedException
    {
        String importantInfo[] = {
                "Mares eat oats",
                "Does eat oats",
                "Little lambs eat ivy",
                "A kid will eat ivy too" };

        for (int i = 0; i < importantInfo.length; i++) {

            // 暂停 4s
            Thread.sleep(4000);

            // 输出消息
            System.out.println(importantInfo[i]);
        }
    }
}
```

请注意 main 声明抛出 InterruptedException。当 sleep 是激活的时候，若有另一个线程中断当前线程，则 sleep 抛出异常。由于该应用程序还没有定义另一个线程来引起中断，所以考虑捕捉 InterruptedException。

2.4.3 中断线程

中断是表明一个线程应该停止它正在做和将要做的事。线程通过在 Thread 对象调用 interrupt 来实现线程的中断。为了让中断机制能正常工作，被中断的线程必须支持自己的中断。

1. 支持中断

如何实现线程支持自己的中断？这要看它目前正在做什么。如果线程调用方法频繁抛出 InterruptedException 异常，那么它只要在 run 方法捕获了异常之后返回即可。例如：

```
for (int i = 0; i < importantInfo.length; i++) {

    // 暂停 4s
    try {
        Thread.sleep(4000);
    } catch (InterruptedException e) {

        // 已经中断，无须返回更多信息
        return;
    }

    // 输出消息
    System.out.println(importantInfo[i]);
}
```

很多方法都会抛出 InterruptedException，如 sleep，它被设计成在收到中断时立即取消当前的操作并返回。

若线程长时间没有调用方法抛出 InterruptedException，那么它必须定期调用 Thread.interrupted，该方法在接收到中断后将返回 true。例如：

```
for (int i = 0; i < inputs.length; i++) {
```

```
        heavyCrunch(inputs[i]);

        if (Thread.interrupted()) {

            // 已经中断，无须返回更多信息
            return;
        }
    }
```

在这个简单的例子中，代码简单地测试该中断，如果已接收到中断线程就退出。在更复杂的应用程序中，它可能会更有意义地抛出一个 InterruptedException。

```
    if (Thread.interrupted()) {
        throw new InterruptedException();
    }
```

2. 中断状态标志

中断机制是使用被称为中断状态的内部标志实现的。调用 Thread.interrupt 可以设置该标志。当一个线程通过调用静态方法 Thread.interrupted 来检查中断时，中断状态被清除。非静态方法 isInterrupted 用于线程查询另一个线程的中断状态，而不会改变中断状态标志。

按照惯例，任何方法因抛出一个 InterruptedException 而退出都会清除中断状态。当然，它可能因为另一个线程调用 interrupt 而让中断状态立即被重新设置。

2.4.4 等待另一个线程完成

join 方法允许一个线程等待另一个线程完成。假设 t 是一个正在执行的 Thread 对象，那么执行方法 t.join();会导致当前线程暂停执行，直到 t 线程终止。join 允许程序员指定一个等待周期，与 sleep 一样，等待时间是依赖于操作系统的时间，同时不能假设 join 等待时间是精确的。

与 sleep 一样，join 会通过 InterruptedException 退出来响应中断。

2.5 节点之间的通信

节点与节点之间是完全独立、相互隔离的，节点之间传递消息的唯一方式是通过网络进行通信。而网络往往是不可靠的，即一个节点可以向其他节点通过网络发送消息，但发送消息的节点无法确认消息是否被接收节点完整准确收到。因此，在分布式系统中往往需要考虑网络通信异常的问题。

常见的网络通信异常包含以下 4 种。

2.5.1 消息丢失

消息丢失是最常见的网络通信异常之一。对于常见的 IP 网络来说，网络层不保证数据报文的可靠传递，在发生网络拥塞、路由变动、设备异常等情况时，都可能发生发送的消息丢失的情况。由于网络消息丢失的异常存在，直接决定了分布式系统的协议必须能处理网络消息丢失的情况。

依据网络质量的不同，网络消息丢失的概率也不同，甚至可能出现在一段时间内某些节点之间的网络消息完全丢失的情况。如果某些节点的直接的网络通信正常或丢包率在合理范围内，而某些节点之间始终无法正常通信，则称这种特殊的网络异常为“网络分化”（Network Partition）。网络分化是一类常见的网络通信异常，尤其当分布式系统部署在多个机房之间时。

2.5.2 消息乱序

消息乱序是指节点发送的网络消息有一定的概率不是按照发送时的顺序依次到达接收节点。通常由于IP网络的存储转发机制、路由不确定性等问题，网络消息乱序也是一种常见的网络通信异常。这就要求设计分布式协议时，考虑使用序列号等机制处理网络消息的乱序问题，使得无效的、过期的网络消息不影响系统的正确性。

2.5.3 数据错误

网络上传输的数据有可能发生比特错误，从而造成数据错误。通常使用一定的校验码机制可以较为简单地检查出网络数据的错误，从而丢弃错误的数据。

2.5.4 不可靠的TCP

TCP为应用层提供了可靠的、面向连接的传输服务。该协议设计初衷就是在不可靠的网络之上建立可靠的传输服务。TCP的出色设计体现在以下3个方面。

- TCP为传输的每个字节设置顺序递增的序列号，由接收节点在收到数据后按序列号重组数据并发送确认信息。当发现数据包丢失时，TCP重传丢失的数据包，从而解决了网络数据包丢失的问题和数据包乱序问题。
- TCP为每个TCP数据段设置32位的校验码，从而检查数据错误问题。
- TCP通过设置接收和发送窗口的机制极大地提高了传输性能，解决了网络传输的时延与吞吐问题。TCP最为复杂而巧妙的是其几十年来不断改进的拥塞控制算法，使得TCP可以动态感知底层链路的带宽且加以合理使用，并与其他TCP链接分享带宽。

TCP在通常情况下是非常可靠的协议，然而在分布式系统的协议设计中，不能认为所有网络通信基于TCP则通信就是可靠的。一方面，TCP保证了TCP栈之间的可靠传输，但无法保证两个上层应用之间的可靠通信。通常当某个应用层程序通过TCP的系统调用发送一个网络消息时，即使TCP系统调用返回成功，也仅仅意味着该消息被本机的TCP栈接受，一般这个消息是被放入TCP栈的缓冲区。再退一步讲，即使目的机器的TCP栈后续也正常收到了该消息，并发送了确认数据包，也仅仅意味着消息到达了对方机器的协议栈，而不能认为消息被目标应用程序进程接收到并正确处理了。当消息发送过程中出现宕机等异常时，TCP栈缓冲区中的消息有可能丢失从而无法被目标节点正确处理。更有甚者，在网络中断前，某数据包已经被目标进程正确处理，之后网络立刻中断，由于接收方的TCP栈发送的确认数据包始终被丢失，发送方的TCP栈也有可能告知发送失败。另一方面，TCP只能保证同一个TCP链接内的网络消息不乱序，TCP链接之间的网络消息顺序则无法保证。但在分布式系统中，一个节点向另一个节点发送数据，有可能是先后使用多个TCP链接发送，也有可能是同时并发多个TCP链接发送，那么发送进程不能认为TCP系统先调用发送的消息就一定会先于后发送的消息到达对方节点并被处理。

因此，在设计分布系统的网络协议时一定要考虑网络通信异常。有关通信的内容还会在第3章继续探讨。

2.6 本章小结

本章介绍了节点上的进程、线程、纤程的概念及其之间的关系。在实际编程中，大多数编程语言都提供了线程。本章也以Java为例提供了线程编程的范例。

在本章的最后探讨了节点之间的通信。网络通信往往是不可靠的，因此设计分布式系统时需要考虑众多的通信异常的场景。

2.7　习题

- 请简述线程和进程的关系。
- 请简述线程和纤程的关系。
- 请用你熟悉的编程语言编写一个线程操作的示例。
- 请列举节点之间的通信常见的异常场景。

第 3 章 通信

进程间的通信是一切分布式系统的核心。如果没有通信机制，分布式系统的各个子系统将是“一盘散沙”，毫无作用。

本章将介绍网络通信的基础知识，以及常用的通信方式。

3.1 本地过程调用

进程间通信（IPC）指至少两个进程或线程间传送数据或信号的一些技术或方法。进程是计算机系统分配资源的最小单位。每个进程都有自己的一部分独立的系统资源，彼此是隔离的。为了能使不同的进程互相访问资源并协调工作，才有了进程间通信。这些进程可以运行在同一计算机上或网络连接的不同计算机上。进程间的通信技术包括消息传递、同步、共享内存和远程过程调用。进程间通信是一种标准的 UNIX 通信机制。

进程间通信可以分为本地过程调用和远程过程调用。

本节介绍本地过程调用。

3.1.1 本地过程调用的概念

本地过程调用（Local Procedure Call，LPC）是指被调用的过程（方法）与调用过程处于同一个进程中。典型的情况是，调用者通过执行某条机器指令把控制传给新过程，被调用过程保存寄存器中的值，并在栈顶分配存放其本地变量的空间。

本地过程调用的基础是一种称为“端口（Port）”的进程间通信机制，类似于本地的 UNIX 域的 Socket。这种 Port 机制提供了面向报文传递（Message Passing）的进程间通信，而本地过程调用则是建立在这个基础上的高层机制，目的是提供跨进程的过程调用。注意这里所谓“跨进程的过程调用”不同于以前所说的“跨进程操作”，前者是双方有约定、遵循一定规程的、有控制的服务提供，被调用者在向外提供哪些服务即提供哪些方法调用方面是自主的，而后者则可以在不知不觉之间被利用、被操纵。前者是良性的，而后者可以是恶性的。

本地过程调用通常也被称为轻量过程调用或者本地进程间通信。在 Windows Vista 中，高级本地进程通信（Advanced Local Procedure Call，ALPC）替代了 LPC。ALPC 提供了一种高速可度量的通信机制，这样便于实现需要在用户模式下高速通信的用户模式驱动程序框架（User-Mode Driver Framework，UMDF）。

3.1.2 本地过程调用的实现

LPC 是由内核的“端口”对象实现的，这样可以确保安全（由访问控制表规定持有特定的安全标识符才可以访问）并可以验证链接另一端进程的身份。程序也可以对每一个消息设定安全标识符，并测试对应消息的变化，以实现每一条消息传输的安全性。

服务端和客户端之间典型的连接由下列过程表示。

- 服务端进程建立命名服务器连接端口对象，并等待客户端连接。
- 客户端通过向这一端口发送消息来建立连接。
- 如果服务端同意建立连接，便会建立两个无名端口。
- 客户端连接端口，客户线程由此向服务端发送数据。
- 服务端连接端口，服务端由此向客户端发送数据，每个客户端都分配一个独立的接口。
- 服务端持有一个服务连接端口的句柄，同时客户端也持有一个客户连接端口的句柄，这样进程间通信的通道就建立了。

让我们看看本地过程调用是如何在编程语言中实现的。考虑下面代码的 C 语言的调用，其实现过程如图 3-1 所示。

```
count = read(fd, buf, nbytes);
```

其中，fd 为一个整型数，表示一个文件；buf 为一个字符数组，用于存储读入的数据；nbytes 为另一个整型数，用于记录实际读入的字节数。如果该调用位于主程序中，那么在调用之前堆栈的状态如图 3-1（a）所示。为了进行调用，调用方首先把参数反序压入堆栈，即最后一个参数先压入，如图 3-1（b）所示。在 read 操作运行完毕后，它将返回值放在某个寄存器中，移出返回地址，并将控制权交回给调用方。调用方随后将参数从堆栈中移出，使堆栈还原到最初的状态。

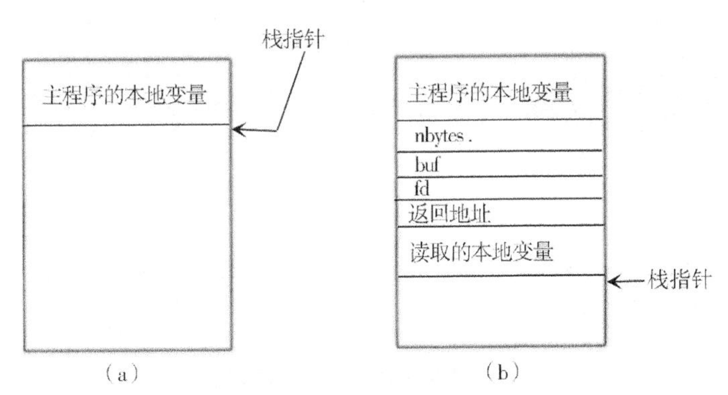

图 3-1　LPC 的实现过程

本地过程调用支持以下 3 种交换消息的方式。

- 针对较短消息（小于 256 bytes）：系统内核在进程间直接复制消息，从发送方的地址空间复制消息至系统地址空间，之后再将消息复制至接收方的地址空间。
- 针对较长消息（大于 256 bytes）：这需要在发送方和接收方之间建立一个共享内存区域。发送方首先将消息存放在共享内存中，然后向接收方发送一个通知（可以通过如上发送短消息的方式实现），最后由接收方从共享内存中读取这一消息。
- 当消息的数据量过大，难以放入共享内存时，服务器端可以直接读取和写入客户端的地址空间。

本地过程调用在 Windows NT 及其衍生系统中得到了广泛应用。在 Win32 子系统中，LPC 应用于客户端和子系统服务器之间的通信（CSRSS）。在 Windows NT 3.51 中引入了快速 LPC 以提高调用速度。然而由于 NT 4.0 版本中将部分关键服务器端移入内核模式（Win32k.sys）以提升系统性能，这一方法已基本被摒弃。

本地安全认证子系统服务（LSASS）、会话管理器（SMSS）以及服务控制管理器均使用 LPC 端口与客户端进程直接通信。Winlogon 和安全引用监视器与 LSASS 进程之间的通信同样使用了 LPC。

在 Windows 系统中，高级本地过程调用（ALPC）拥有比以往的本地过程调用（LPC）更优的性能。因为 LPC 只能通过同步请求/响应机制通信，而 ALPC 还可以使用 IOCP 实现通信。这样，ALPC 就可以在消息数量和进程数量间保持一定的平衡，保证了端口的高速通信。此外，ALPC 还允许消息的批量传输，减少了进程在用户模式和内核模式之间的切换次数。

3.2 远程过程调用

对于远程过程调用（Remote Procedure Call，RPC），Birrell 和 Nelson 在 1984 年发表于 ACM Transactions on Computer Systems 的论文 *Implementing remote procedure calls* 做了经典的诠释。RPC 是指，计算机 A 上的进程，调用另外一台计算机 B 上的进程，其中 A 上的调用进程被挂起，而 B 上的被调用进程开始执行，当值返回给 A 时，A 进程继续执行。调用方可以通过使用参数将消息传送给被调用方，而后可以通过传回的结果得到消息。这一过程对于开发人员来说是透明的。RPC 采用客户端/服务器（C/S）模式。请求程序就是一个客户端，而服务提供程序就是一台服务器。与常规或本地过程调用一样，RPC 是同步操作，在远程过程结果返回之前，需要暂时中止请求程序。使用相同地址空间的低权进程或低权线程允许同时运行多个 RPC。

图 3-2 描述了并发环境下 RPC 的实现过程。

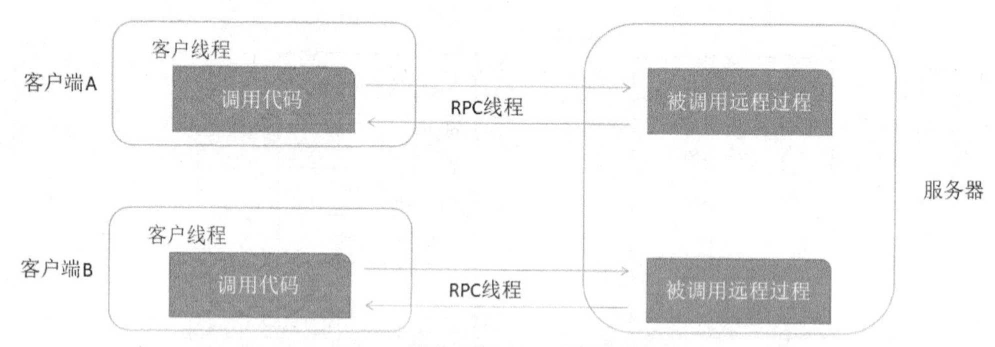

图 3-2　并发环境下 RPC 的实现过程

3.2.1　远程过程调用原理

RPC 背后的思想是尽量使远程过程调用具有与本地调用相同的形式。假设程序需要从某个文件中读取数据，程序员在代码中执行 read 调用来读取数据。在传统的系统中，read 过程由链接器从库中提取出来，然后链接器将它插入目标程序中。read 过程是一个短过程，一般通过执行一个等效的 read 系统调用来实现，即 read 过程是一个位于用户代码与本地操作系统之间的接口。

虽然 read 中执行了系统调用，但它本身依然是通过将参数压入堆栈的常规方式实现调用的。如图 3-1（b）所示，程序员并不知道 read 干了什么。

RPC 通过类似的途径来获得透明性。当 read 实际上是一个远程过程时（比如在文件服务器所在的机器上运行的过程），库中就放入 read 的另外一个版本，称为客户端存根（Client Stub）。这种版本的 read 过程同样遵循图 3-1（b）的调用次序，这点与原来的 read 过程相同。另一个相同点是其中也执行了本地操作系统调用。唯一不同点是它不要求操作系统提供数据，而是将参数打包成消息，而后请求将此消息发送到服务器，如图 3-3 所示。在调用 send 后，客户端存根调用 receive 过程，随即阻塞自己，直到收到响应消息。

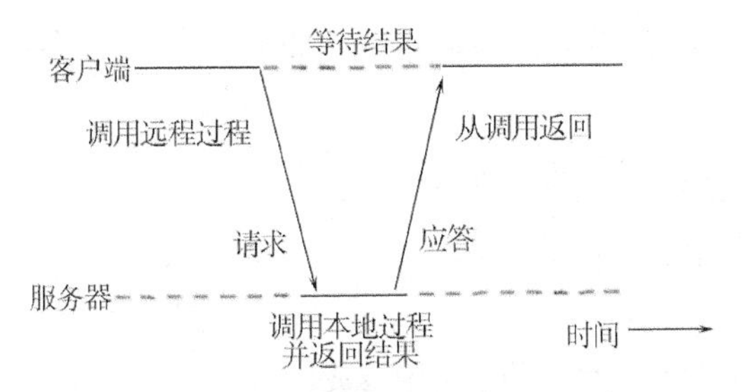

图 3-3　客户端与服务器之间的 RPC 原理

当消息到达服务器时，服务器上的操作系统将它传递给服务器存根（Server Stub）。服务器存根是客户端存根在服务器端的等价物，也是一段代码，用来将通过网络输入的请求转换为本地过程调用。服务器存根一般先调用 receive，然后被阻塞，等待消息输入。收到消息后，服务器将参数从消息中提取出来，然后以常规方式调用服务器上的相应过程（见图 3-3）。从服务器角度看，过程好像是由客户直接调用的：参数和返回地址都位于堆栈中，一切都很正常。服务器执行所要求的操作，随后将得到的结果以常规的方式返回给调用方。以 read 为例，服务器将用数据填充 read 中第二个参数指向的缓存区，该缓存区是属于服务器存根内部的。

调用完后，服务器存根要将控制权交回给客户端发出调用的过程，它将结果（缓存区）打包成消息，随后调用 send 将结果返回给客户端。事后，服务器存根一般会再次调用 receive，等待下一个输入的请求。

客户端接收到消息后，客户端操作系统发现该消息属于某个客户端进程（实际上该进程是客户端存根，只是操作系统无法区分二者）。操作系统将消息复制到相应的缓存区中，随后解除对客户端进程的阻塞。客户端存根检查该消息，将结果提取出来并复制给调用者，而后以常规的方式返回。当调用者在 read 调用进行完毕后重新获得控制权时，它所知道的唯一事情就是已经得到了所需的数据，但它不知道操作是在本地操作系统进行的，还是远程完成的。

整个方法中，客户端可以简单地忽略不关心的内容。客户端所涉及的操作只是执行普通的（本地）过程调用来访问远程服务，它并不需要直接调用 send 和 receive。消息传递的所有细节都隐藏在双方的库过程中，就像传统库隐藏了执行实际系统调用的细节一样。概括来说，远程过程调用包含以下步骤。

（1）客户端过程以正常的方式调用客户端存根。

（2）客户端存根生成一个消息，然后调用本地操作系统。

（3）客户端操作系统将消息发送给远程操作系统。

（4）远程操作系统将消息交给服务器存根。

（5）服务器存根将参数提取出来，而后调用服务器。

（6）服务器执行要求的操作，完成后将结果返回给服务器存根。

（7）服务器存根将结果打包成一个消息，而后调用本地操作系统。

（8）服务器操作系统将含有结果的消息发送给客户端操作系统。

（9）客户端操作系统将消息交给客户端存根。

（10）服务器的客户端存根将结果从消息中提取出来，返回给调用它的客户端的客户存根。

以上步骤就是客户端过程将客户端存根发出的本地调用转换成对服务器过程的本地调用，而客户端和服务器都不会意识到中间步骤的存在。

RPC 有两个主要优点。首先，程序员可以使用过程调用语义来调用远程方法并获取响应。其次，简化了编写分布式系统应用程序的难度，因为 RPC 隐藏了所有的网络代码存根方法。应用程序不必担心一些细节，比如 Socket、端口号以及数据的转换和解析。在 OSI 参考模型中，RPC 跨越了会话层和表示层。

3.2.2 如何实现远程过程调用

要实现远程过程调用，需考虑以下 8 个问题。

1. 如何传递参数

参数有两种，一种是值参数，另一种是引用参数。

传递值参数比较简单，图 3-4 所示是一个简单 RPC 进行远程计算的步骤。其中，远程过程 add（i,j）有两个参数 i 和 j，其结果是返回 i 和 j 的算术和。

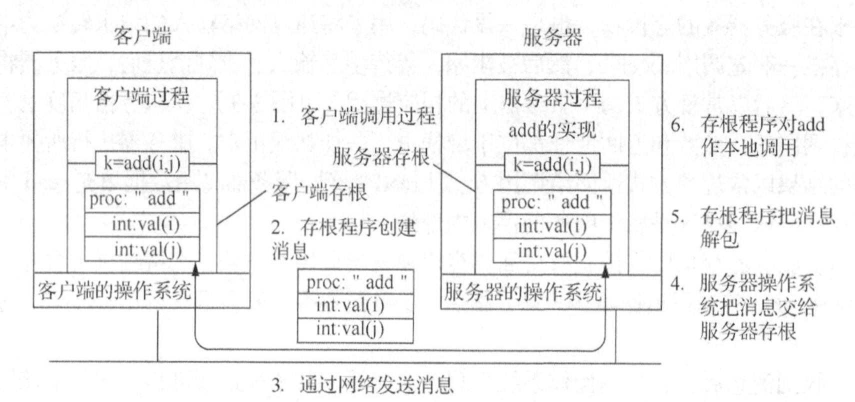

图 3-4 通过 RPC 进行远程计算的步骤

通过 RPC 进行远程计算的步骤如下。

（1）将参数放入消息中，并在消息中添加要调用的过程的名称或者编码。

（2）消息到达服务器后，服务器存根对该消息进行分析，以判断明确需要调用哪个过程，随后执行相应的调用。

（3）服务器运行完毕，服务器存根将服务器得到的结果打包成消息送回客户存根，客户端存根将结果从消息中提取出来，把结果值返回给客户端。

当然，这里只是做了简单的演示，在实际分布式系统中，还需要考虑其他情况，因为不同的机器对于数字、字符和其他类型的数据项的表示方式常有差异。比如整数型，就有 Big Endian 和 Little Endian 之分。

传递引用参数相对来说比较困难。单纯传递参数的引用（也包含指针）是完全没有意义的，因为引用地址传递给远程计算机，其指向的内存位置可能与远程系统上完全不同。如果你想支持传递引用参数，就必须发送参数的副本，将它们放置在远程系统内存中，向它们传递一个指向服务器函数的指针，然后将对象发送回客户端，复制它的引用。如果远程过程调用必须支持引用复杂的结构，比如树和链表，它们需要将结构复制到一个无指针的数据表里面（比如，一个扁平的树），并传输到远程端来重建数据结构。

2. 如何表示数据

在本地系统上不存在数据不相容的问题，因为数据格式总是相同的。而在分布式系统中，不同远程计算机上可能有不同的字节顺序、不同大小的整数，以及不同的浮点表示。对于 RPC，如果想与异构系统通信，我们就需要想出一个“标准”来对所有数据类型进行编码，并可以作为参数传递。例如，ONC RPC 使用 XDR（eXternal Data Representation）格式。这些数据表示格式可以使用隐式或显式类型。隐式类型是指只传递值，而不传递变量的名称或类型。常见的例子是 ONC RPC 的 XDR

和 DCE RPC 的 NDR。显式类型指需要传递每个字段的类型和值。常见的例子是 ISO 标准 ASN.1（Abstract Syntax Notation）、JSON（JavaScript Object Notation）、Google Protocol Buffers，以及各种基于 XML 的数据表示格式。

3. 如何选用传输协议

有些实现只允许使用一个协议（例如 TCP）。大多数 RPC 实现支持几个，例如 TCP、HTTP 等，并允许用户选择。

4. 出错时会发生什么

相比于本地过程调用，远程过程调用出错的概率更大。由于本地过程调用没有过程调用失败的概念，项目使用远程过程调用必须准备测试远程过程调用失败或捕获异常的情况。

5. 远程调用的语义是什么

调用一个普通的过程语义很简单：当我们调用时，过程被执行。远程过程完全一次性调用成功是非常难以实现的。执行远程过程可能有如下结果。

- 如果服务器崩溃或进程在运行服务器代码之前就中断执行了，那么远程过程会被执行 0 次。
- 如果一切工作正常，远程过程会被执行 1 次。
- 如果服务器返回服务器存根后在发送响应前就崩溃了，远程过程会被执行 1 次或者多次。客户端接收不到返回的响应，可以决定再试一次，因此出现多次执行函数的现象。如果没有再试一次，函数执行一次。
- 如果客户机超时和重新传输，那么远程过程会被执行多次。也有可能是原始请求延迟了，两者都可能执行或不执行。

RPC 系统通常会提供至少一次或最多一次的语义，或者在两者之间选择。如果需要了解应用程序的性质和远程过程的功能是否安全，可以通过多次调用同一个函数来验证。如果一个函数可以运行任意次数而不影响结果，这是幂等（Idempotent）函数，如每天的时间、数学函数、读取静态数据等。否则，它是一个非幂等（Nonidempotent）函数，如添加或修改一个文件。

6. 远程调用的性能怎么样

毫无疑问，一个远程过程调用将比常规的本地过程调用慢得多，因为产生了额外的步骤以及网络传输本身存在延迟。然而，这并不应该阻止我们使用远程过程调用。

7. 远程调用安全吗

使用 RPC，我们必须关注各种安全问题。

- 客户端发送消息到远程过程，这个过程是可信的吗？
- 客户端发送消息到远程计算机，这个远程计算机是可信的吗？
- 服务器如何验证接收的消息来自合法的客户端？服务器如何识别客户端？
- 消息在网络中传播时如何防止被其他进程嗅探？
- 如何防止消息在客户端和服务器的网络传播中被其他进程拦截和修改？
- 协议能防止重播攻击吗？
- 如何防止消息在网络传播中被意外损坏或截断？

8. 远程过程调用的优点

远程过程调用有诸多优点。

- 不必担心传输地址问题。服务器可以绑定到任何可用的端口，然后用 RPC 名称服务来注册端口。客户端将通过该名称服务来找到对应的端口号所需要的程序。而这一切对于程序员来说是透明的。
- 系统可以独立于传输提供者。自动生成服务器存根使其在系统上的任何一个传输提供者上可用，包括 TCP 和 UDP，而这些，客户端是可以动态选择的。当代码发送以后，接收消息是自动生成的，不需要额外的编程代码。

- 应用程序在客户端只需要知道一个传输地址——名称服务，负责告诉应用程序去哪里连接服务器函数集。
- 使用函数调用模型来代替 Socket 的发送/接收（读/写）接口。客户不需要处理参数的解析。

3.2.3 远程过程调用 API

任何 RPC 实现都需要提供一组支持库。

- 名称服务操作：注册和查找绑定信息（端口、机器）。允许一个应用程序使用动态端口（操作系统分配的）。
- 绑定操作：使用适当的协议建立客户机/服务器通信（建立通信端点）。
- 终端操作：注册端点信息（协议、端口号、机器名）到名称服务并监听过程调用请求。这些函数通常被自动生成的主程序——服务器存根（骨架）所调用。
- 安全操作：系统应该提供机制保证客户端和服务器之间能够相互验证，两者之间提供一个安全的通信通道。
- 国际化操作（可能）：目前，有一小部分 RPC 包支持转换包括时间格式、货币格式和特定语言的字符串的功能。
- 封送处理/数据转换操作：函数将数据序列化为一个普通的字节数组，通过网络进行传递，并能够重建。
- 存根内存管理和垃圾收集：存根可能需要分配内存来存储参数，特别是模拟引用传递语义。RPC 包需要分配和清理任何这样的内存。它们也可能需要为创建网络缓存区而分配内存。RPC 包支持对象，RPC 系统需要跟踪远程客户端是否仍有引用对象或一个对象是否可以删除。
- 程序标识操作：允许应用程序访问（或处理）RPC 接口集的标识符，这样的服务器提供的接口集可以被用来交流和使用。
- 对象和函数的标识操作：允许将远程函数或远程对象的引用传递给其他进程，并不是所有的 RPC 系统都支持。

所以，判断一种通信方式是不是 RPC，就看它是否提供上述的 API。

3.2.4 远程过程调用发展历程

1. 第一代 RPC

Sun 公司是第一个提供商业化 RPC 库和 RPC 编译器的公司。在 20 世纪 80 年代中期 Sun 计算机提供 RPC，并在 Sun Network File System（NFS）上得到支持。该协议主要由以 Sun 和 AT&T 为首的开放网络计算（Open Network Computing）作为一个标准来推动。这是一个非常轻量级的 RPC 系统，可在大多数 POSIX 和类 POSIX 操作系统中使用，包括 Linux、SunOS、OS X 和各种发布版本的 BSD。这样的系统被称为 Sun RPC 或 ONC RPC。该阶段的其他代表产品还有 DCE RPC。

2. 第二代 RPC 支持对象

面向对象的语言开始在 20 世纪 80 年代末兴起，很明显，当时的 Sun ONC 和 DCE RPC 系统都没有提供任何支持，诸如从远程类实例化远程对象、跟踪对象的实例或提供支持多态性。现有的 RPC 机制虽然可以运作，但它们仍然不支持自动、透明的方式的面向对象编程技术。该阶段的主要产品有微软 DCOM（COM+）、CORBA、Java RMI。

3. 第三代 RPC 以及 Web Services

传统 RPC 解决方案可以工作在互联网上，但问题是，它们通常严重依赖于动态端口分配，往往要进行额外的防火墙配置。Web Services 成为一组协议，允许服务被发布、发现，并用于技术无关的形式，即服务不应该依赖于客户的语言、操作系统或机器架构。该阶段的代表产品有 XML-RPC、SOAP、Microsoft .NET Remoting、JAX-WS 等。

3.3　常用网络 I/O 模型

I/O 操作主要是由操作系统来完成的。根据 UNIX 的设计，共有 5 种类型的 I/O 模型。

- 阻塞 I/O。
- 非阻塞 I/O。
- I/O 复用（select 和 poll）。
- 信号驱动 I/O（SIGIO）。
- 异步 I/O（Posix.1 的 aio_系列函数）。

上述模型或多或少地影响了其他操作系统的 I/O 模型设计。

3.3.1　阻塞 I/O 模型

阻塞 I/O 模型是指，当请求无法立即完成则保持阻塞状态。主要分为以下两个阶段。

- 阶段 1：等待数据就绪。网络 I/O 的情况就是等待远端数据陆续抵达；磁盘 I/O 的情况就是等待磁盘数据从磁盘上读取到内核态内存中。
- 阶段 2：数据复制。出于系统安全，用户态的程序没有权限直接读取内核态内存，因此内核负责把内核态内存中的数据复制一份到用户态内存中。

阻塞 I/O 模型如图 3-5 所示。

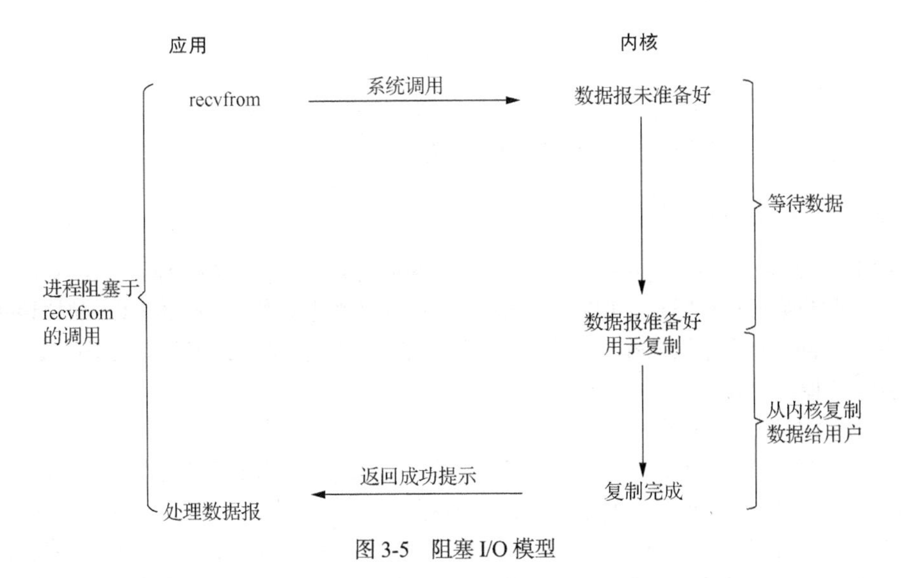

图 3-5　阻塞 I/O 模型

本节中将 recvfrom 函数视为系统调用。一般 recvfrom 实现都有一个从应用程序进程运行到内核中运行的切换，再返回到应用进程的切换。

图 3-5 中，进程阻塞的整段时间是指从调用 recvfrom 开始到它返回的这段时间，当进程返回成

功指示时，应用进程开始处理数据报。

3.3.2 非阻塞 I/O 模型

非阻塞 I/O 模型处理流程如下。

- Socket 设置为 NONBLOCK（非阻塞）就是告诉内核，当所请求的 I/O 操作无法完成时，不要将进程"睡眠"，而是立刻返回一个错误码（EWOULDBLOCK），这样请求就不会阻塞。
- I/O 操作函数将不断地测试数据是否已经准备好，如果没有准备好，继续测试，直到数据准备好为止。整个 I/O 请求的过程中，虽然用户线程每次发起 I/O 请求后可以立即返回，但是为了等到数据，仍需要不断地轮询、重复请求，这是对 CPU 时间的极大浪费。
- 数据准备好了，从内核复制到用户空间。

非阻塞 I/O 模型如图 3-6 所示。

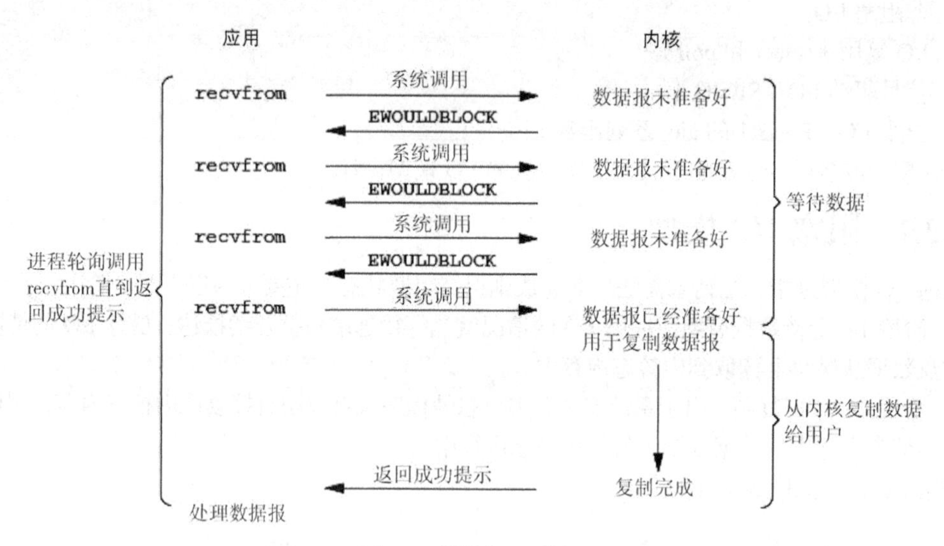

图 3-6 非阻塞 I/O 模型

一般很少直接使用这种模型，而是在其他 I/O 模型中使用非阻塞 I/O 这一特性。这种方式对单个 I/O 请求的意义不大，但给 I/O 复用"铺平了道路"。

3.3.3 I/O 复用模型

I/O 复用会用到 select 或者 poll 函数，在这两个函数的某一个上阻塞，而不是阻塞于真正的 I/O 系统调用。函数也会使进程阻塞，但是和阻塞 I/O 所不同的是，这两个函数可以同时阻塞多个 I/O 操作。而且可以同时对多个读操作、多个写操作的 I/O 函数进行检测，直到有数据可读或可写时，才真正调用 I/O 操作函数。

I/O 复用模型如图 3-7 所示。

从流程上来看，使用 select 函数进行 I/O 请求和同步阻塞模型没有太大的区别，甚至还多了监视 Socket，以及调用 select 函数的额外操作，效率更差。但是，使用 select 最大的优势是用户可以在一个线程内同时处理多个 Socket 的 I/O 请求。用户可以注册多个 Socket，然后不断地调用 select 来读取被激活的 Socket，即可达到在同一个线程内同时处理多个 I/O 请求的目的。而在同步阻塞模型中，必须通过多线程的方式才能达到这个目的。

I/O 复用模型使用 Reactor 设计模式实现了这一机制。

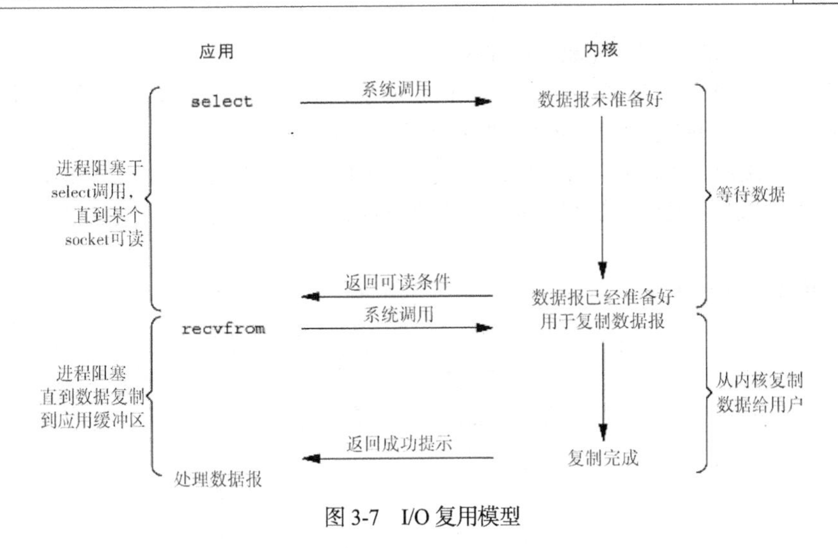

图 3-7 I/O 复用模型

调用 select/poll 函数由一个用户态线程负责轮询多个 Socket，直到某个阶段 1 的数据就绪，再通知实际的用户态线程执行阶段 2 的复制操作。通过一个专职的用户态线程执行非阻塞 I/O 轮询，模拟实现了阶段 1 的异步化。

在 Java 领域，著名的网络编程框架 Netty 就是采用了 Reactor 模型。

3.3.4 信号驱动 I/O 模型

首先，我们允许 Socket 进行信号驱动 I/O，并通过调用 sigaction 来安装一个信号处理函数，进程继续运行并不阻塞。当数据准备好时，进程会收到一个 SIGIO 信号，可以在信号处理函数中调用 recvfrom 来读取数据报，并通知主循环数据已准备好被处理，也可以通知主循环，让它来读取数据报。

信号驱动 I/O（SIGIO）模型如图 3-8 所示。

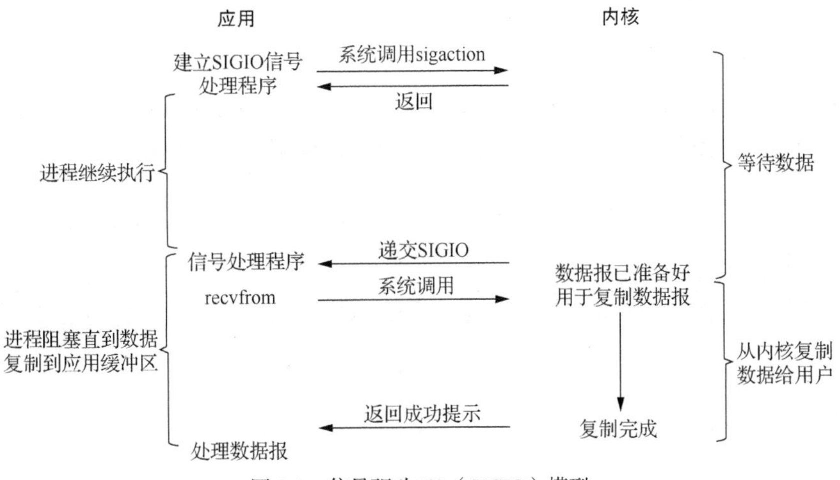

图 3-8 信号驱动 I/O（SIGIO）模型

该模型的优点是，当等待数据报到达时，可以不阻塞。主循环可以继续执行，只是等待信号处理程序的通知：或者数据已准备好被处理，或者数据报已准备好可读。

3.3.5 异步 I/O 模型

异步 I/O 是 POSIX 规范定义的。通常，这些函数会通知内核来启动操作并在整个操作（包括从内核复制数据到我们的缓存中）完成时通知我们。

该模型与信号驱动 I/O（SIGIO）模型的不同点在于，驱动 I/O（SIGIO）模型告诉我们 I/O 操作何时可以启动，而异步 I/O 模型告诉我们 I/O 操作何时完成。

调用 aio_read 函数，告诉内核传递描述字、缓存区指针、缓存区大小、文件偏移，然后立即返回，我们的进程不阻塞直到 I/O 操作完成。当内核将数据复制到缓存区后，才会生成一个信号，来通知应用程序。

异步 I/O 模型如图 3-9 所示。

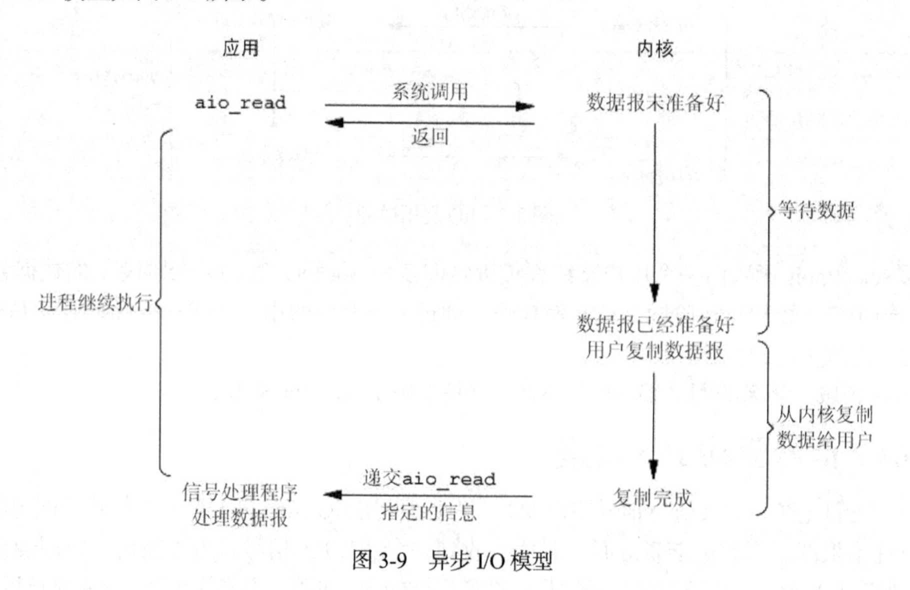

图 3-9　异步 I/O 模型

异步 I/O 模型使用 Proactor 设计模式实现了这一机制。异步 I/O 模型会告知内核，当整个过程（包括阶段 1 和阶段 2）全部完成时，通知应用程序来读数据。

3.3.6　几种 I/O 模型的比较

前 4 种模型的区别是阶段 1 不相同，阶段 2 基本相同，都是将数据从内核复制到调用者的缓存区。而异步 I/O 的两个阶段都不同于前 4 个模型。5 种 I/O 模型的比较如图 3-10 所示。

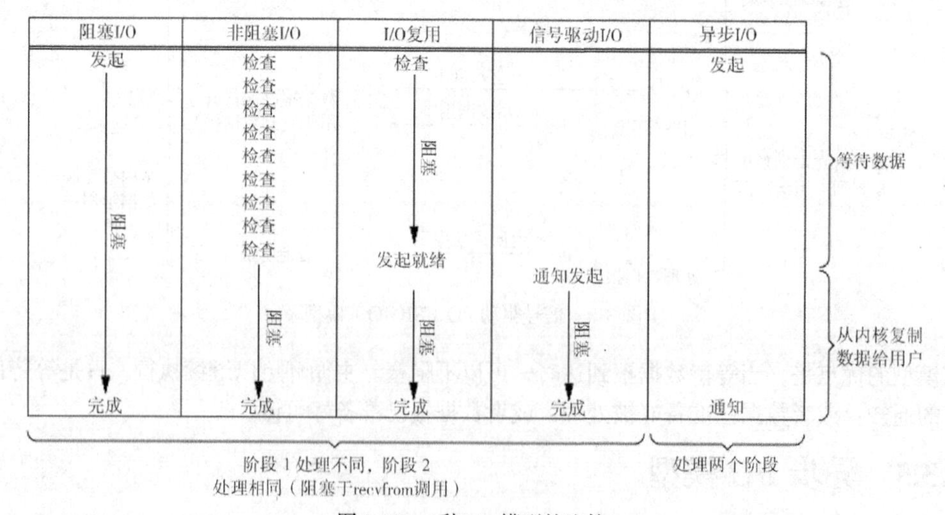

图 3-10　5 种 I/O 模型的比较

同步 I/O 操作引起请求进程阻塞，直到 I/O 操作完成。异步 I/O 操作不引起请求进程阻塞。阻塞 I/O 模型、非阻塞 I/O 模型、I/O 复用模型和信号驱动 I/O 模型都是同步 I/O 模型，而异步 I/O 模型才是真正的异步 I/O。

3.4　I/O 操作中的常用术语

3.3 节我们介绍了常用的 I/O 模型。在 I/O 操作中的我们经常会遇到常用术语：

- 阻塞和非阻塞。
- 同步与异步。

那么这些术语有怎样的联系和区别呢？

3.4.1　阻塞和非阻塞

阻塞和非阻塞描述的是用户线程调用内核 I/O 操作的方式。

- 阻塞是指 I/O 操作需要彻底完成后才返回用户空间。
- 非阻塞是指 I/O 操作被调用后立即返回给用户一个状态值，无须等到 I/O 操作彻底完成。

以生活中家庭主妇为例。家庭主妇往往要做非常多的家务，比如煮开水、拖地等。阻塞是指，家庭主妇先去煮开水，她必须等到水开了才能离开去做其他家务；非阻塞是指，家庭主妇先去把水煮上，不用等水开就离开去拖地了，当然，在拖地过程中，她会时不时停下来去检查水是否已经开了。

非阻塞的优点是家庭主妇的能力得到了释放，可以多任务（煮开水、拖地）“并发”了。

3.4.2　同步与异步

同步和异步描述的是用户线程与内核的交互方式。

- 同步是指用户线程发起 I/O 请求后需要等待或者轮询内核 I/O 操作完成后才能继续执行。
- 异步是指用户线程发起 I/O 请求后仍继续执行，当内核 I/O 操作完成后会通知用户线程，或者调用用户线程注册的回调函数。

还是以生活中家庭主妇为例。在阻塞和非阻塞的例子中，家庭主妇需要时不时停下拖地这个动作，而去检查水是否已经开了（轮询），这其实一定程度上是一种浪费，因为拖地这个任务被经常打断。那么是否有一种机制，当开水煮好后再通知主妇过去关火呢？这就是异步的优点，异步相当于水壶上的报警器，当水煮好后，水壶会发出提示声，以告知家庭主妇水已经煮好了，此时家庭主妇才停下拖地去关火。

异步的优点是减少了轮询。

3.4.3　总结

一个 I/O 操作其实分成了两个步骤：发起 I/O 请求和实际的 I/O 操作。

阻塞 I/O 和非阻塞 I/O 的区别在于第一步，即发起 I/O 请求是否会被阻塞，如果阻塞直到 I/O 操作完成，那么就是传统的阻塞 I/O；如果不阻塞，那么就是非阻塞 I/O。

同步 I/O 和异步 I/O 的区别就在于第二个步骤是否阻塞，如果实际的 I/O 读写阻塞请求进程，那么就是同步 I/O。

3.5 实战：在 Java 中实现常用网络 I/O 模型

Java 从初创之日起，就是为网络而生的。随着互联网应用的发展，Java 也被越来越多的企业所采用。本节演示了如何基于 Java 实现常用网络 I/O 模型。

3.5.1 Java OIO

早期的 Java 提供 java.net 包用于开发网络应用，这类 API 也被称为 Java OIO（Old-blocking I/O，阻塞 I/O）。以下演示使用 java.net 包及 java.io 来开发 Echo 协议的客户端及服务器的过程。

Echo 协议是指把接收到的消息按照原样返回，其主要用于检测和调试网络。这个协议可以基于 TCP/UDP 用于服务器检测端口 7 有无消息。

1. 实战：开发 Echo 协议的服务器

以下是使用原生 java.net 包来开发 Echo 协议的服务器的示例。

```
package com.waylau.java.demo.net;

import java.io.BufferedReader;
import java.io.IOException;
import java.io.InputStreamReader;
import java.io.PrintWriter;
import java.net.ServerSocket;
import java.net.Socket;

public class BlockingEchoServer {

    public static int DEFAULT_PORT = 7;

    /**
     * @param args
     */
    public static void main(String[] args) {

        int port;

        try {
            port = Integer.parseInt(args[0]);
        } catch (RuntimeException ex) {
            port = DEFAULT_PORT;
        }

        ServerSocket serverSocket = null;
        try {
            // 服务器监听
            serverSocket = new ServerSocket(port);
            System.out.println(
                    "BlockingEchoServer 已启动，端口：" + port);

        } catch (IOException e) {
            System.out.println(
```

```
                "BlockingEchoServer启动异常，端口：" + port);
        System.out.println(e.getMessage());
    }

    // Java 7 try-with-resource语句
    try (
            // 接受客户端建立链接，生成Socket实例
            Socket clientSocket = serverSocket.accept();
            PrintWriter out =
                    new PrintWriter(clientSocket.getOutputStream(), true);

            // 接收客户端的消息
            BufferedReader in =
                    new BufferedReader(
                        new InputStreamReader(
                            clientSocket.getInputStream()));) {
        String inputLine;
        while ((inputLine = in.readLine()) != null) {

            // 发送消息给客户端
            out.println(inputLine);
            System.out.println("BlockingEchoServer -> "
                    + clientSocket.getRemoteSocketAddress() + ":" + inputLine);
        }
    } catch (IOException e) {
        System.out.println(
                "BlockingEchoServer异常!" + e.getMessage());
    }
  }

}
```

上述例子 BlockingEchoServer 实现了 Echo 协议。BlockingEchoServer 使用了 java.net 包中的 Socket 和 ServerSocket 类库，这两个类库主要用于开发基于 TCP 的应用。如果想要开发 UDP 的应用，则需要使用 DatagramSocket 类。

ServerSocket 用于服务器端，而 Socket 是建立网络连接时使用的。在客户端连接服务器成功时，客户端和服务器端都会产生一个 Socket 实例，通过操作这个实例，来完成所需的会话。对于一个网络连接来说，Socket 是平等的，并没有差别，不因为在服务器端或在客户端而产生不同的级别，不管是 Socket 还是 ServerSocket，它们的工作都是通过 Socket 类和其子类来完成的。

运行 BlockingEchoServer，可以看到控制台输出内容如下。

```
BlockingEchoServer已启动，端口：7
```

2. 实战：开发 Echo 协议的客户端

以下是使用原生 java.net 包来开发 Echo 协议的客户端的示例。

```
package com.waylau.java.demo.net;

import java.io.BufferedReader;
import java.io.IOException;
import java.io.InputStreamReader;
import java.io.PrintWriter;
import java.net.Socket;
import java.net.UnknownHostException;
```

```
public class BlockingEchoClient {

    /**
     * @param args
     */
    public static void main(String[] args) {
        if (args.length != 2) {
            System.err.println(
                "用法: java BlockingEchoClient <host name> <port number>");
            System.exit(1);
        }

        String hostName = args[0];
        int portNumber = Integer.parseInt(args[1]);

        try (
            Socket echoSocket = new Socket(hostName, portNumber);
            PrintWriter out =
                new PrintWriter(echoSocket.getOutputStream(), true);
            BufferedReader in =
                new BufferedReader(
                    new InputStreamReader(echoSocket.getInputStream()));
            BufferedReader stdIn =
                new BufferedReader(
                    new InputStreamReader(System.in))
        ) {
            String userInput;
            while ((userInput = stdIn.readLine()) != null) {
                out.println(userInput);
                System.out.println("echo: " + in.readLine());
            }
        } catch (UnknownHostException e) {
            System.err.println("不明主机，主机名为： " + hostName);
            System.exit(1);
        } catch (IOException e) {
            System.err.println("不能从主机中获取 I/O，主机名为：" +
                hostName);
            System.exit(1);
        }
    }

}
```

BlockingEchoClient 的 Socket 的使用与 BlockingEchoServer 的 Socket 的使用基本类似。如果你本地的 JDK 版本是 11 以上，则可以跳过编译阶段直接运行源代码，命令如下。

```
$ java BlockingEchoClient.java localhost 7
```

从 JDK 11 开始，可以直接运行启动 Java 源代码文件。有关 Java 的最新特性，可见笔者所著的《Java 核心编程》。

当 BlockingEchoClient 客户端与 BlockingEchoServer 服务器建立了连接之后，客户端就可以与服务器进行交互了。

当我们在客户端输入“a”字符时，服务器也会将“a”发送回客户端，客户端输入的任何内容，服务器也会原样返回。

BlockingEchoServer 控制台输出内容如下。

```
BlockingEchoServer 已启动，端口：7
BlockingEchoServer -> /127.0.0.1:52831:a
BlockingEchoServer -> /127.0.0.1:52831:hello waylau
```

3. java.net 包 API 的缺点

BlockingEchoClient 和 BlockingEchoServer 代码只是一个简单的示例，如果要创建一个复杂的客户端/服务器协议，仍然需要大量的样板代码，并且要求开发人员必须掌握相当多的底层技术细节才能使它整个流畅地运行起来。Socket 和 ServerSocket 类库的 API 只支持由本地系统套接字库提供的所谓的阻塞函数，因此客户端与服务器的通信是阻塞的，并且要求每个新加入的连接，必须在服务器中创建一个新的 Socket 实例。这极大消耗了服务器的性能，并且也使得连接数受到了限制。

BlockingEchoClient 客户端与 BlockingEchoServer 服务器所实现的方式是阻塞的。

那么 Java 是否可以实现非阻塞的 I/O 程序呢？答案是肯定的。

3.5.2 Java NIO

从 Java 1.4 开始，Java 提供了 NIO（New I/O），用来替代标准 Java I/O API（3.5.1 小节所描述的早期的 Java 网络编程 API）。Java NIO 也被称为“Non-blocking I/O”，提供了非阻塞 I/O 的方式，用法与标准 I/O 有非常大的差异。

Java NIO 提供了以下 3 个核心概念。

- 通道（Channel）和缓冲区（Buffer）：标准的 I/O 是基于字节流和字符流进行操作的，而 NIO 是基于通道和缓冲区进行操作的，数据总是从通道读取到缓冲区，或者从缓冲区写入通道。
- 非阻塞 I/O（Non-blocking I/O）：Java NIO 可以让你非阻塞地使用 I/O，例如，当线程从通道读取数据到缓冲区时，线程还可以进行其他事情。当数据被写入缓冲区时，线程可以继续处理它。从缓冲区写入通道也类似。
- 选择器（Selector）：Java NIO 引入了选择器的概念，选择器用于监听多个通道的事件（比如连接打开、数据到达）。因此，单个的线程可以监听多个数据通道，这极大提升了单机的并发能力。

Java NIO API 位于 java.nio 包下。下面介绍 Java NIO 版本实现的支持 Echo 协议的客户端及服务器。

1. 实战：开发 NIO 版本的 Echo 服务器

下面是使用原生 Java NIO API 来开发 Echo 协议的服务器的示例。

```java
package com.waylau.java.demo.nio;

import java.io.IOException;
import java.net.InetSocketAddress;
import java.nio.ByteBuffer;
import java.nio.channels.SelectionKey;
import java.nio.channels.Selector;
import java.nio.channels.ServerSocketChannel;
import java.nio.channels.SocketChannel;
import java.util.Iterator;
import java.util.Set;

public class NonBlockingEchoServer {
    public static int DEFAULT_PORT = 7;

    /**
     * @param args
     */
```

```
    public static void main(String[] args) {
        int port;

        try {
            port = Integer.parseInt(args[0]);
        } catch (RuntimeException ex) {
            port = DEFAULT_PORT;
        }

        ServerSocketChannel serverChannel;
        Selector selector;
        try {
            serverChannel = ServerSocketChannel.open();
            InetSocketAddress address = new InetSocketAddress(port);
            serverChannel.bind(address);
            serverChannel.configureBlocking(false);
            selector = Selector.open();
            serverChannel.register(selector, SelectionKey.OP_ACCEPT);

            System.out.println("NonBlockingEchoServer已启动，端口：" + port);
        } catch (IOException ex) {
            ex.printStackTrace();
            return;
        }

        while (true) {
            try {
                selector.select();
            } catch (IOException e) {
                System.out.println("NonBlockingEchoServer异常!" + e.getMessage());
            }
            Set<SelectionKey> readyKeys = selector.selectedKeys();
            Iterator<SelectionKey> iterator = readyKeys.iterator();
            while (iterator.hasNext()) {
                SelectionKey key = iterator.next();
                iterator.remove();
                try {
                    // 可连接
                    if (key.isAcceptable()) {
                        ServerSocketChannel server =
                            (ServerSocketChannel) key.channel();
                        SocketChannel client = server.accept();

                        System.out.println("NonBlockingEchoServer接受客户端的连接："
                            + client);

                        // 设置为非阻塞
                        client.configureBlocking(false);

                        // 客户端注册到Selector
                        SelectionKey clientKey = client.register(selector,
                                SelectionKey.OP_WRITE | SelectionKey.OP_READ);

                        // 分配缓存区
```

```
                    ByteBuffer buffer = ByteBuffer.allocate(100);
                    clientKey.attach(buffer);
                }

                // 可读
                if (key.isReadable()) {
                    SocketChannel client = (SocketChannel) key.channel();
                    ByteBuffer output = (ByteBuffer) key.attachment();
                    client.read(output);

                    System.out.println(client.getRemoteAddress()
                        + " -> NonBlockingEchoServer: " + output.toString());

                    key.interestOps(SelectionKey.OP_WRITE);
                }

                // 可写
                if (key.isWritable()) {
                    SocketChannel client = (SocketChannel) key.channel();
                    ByteBuffer output = (ByteBuffer) key.attachment();
                    output.flip();
                    client.write(output);

                    System.out.println("NonBlockingEchoServer  -> "
                        + client.getRemoteAddress() + ": " + output.toString());

                    output.compact();

                    key.interestOps(SelectionKey.OP_READ);
                }
            } catch (IOException ex) {
                key.cancel();
                try {
                    key.channel().close();
                } catch (IOException cex) {
                }
            }
        }
    }
}
}
```

上述例子 NonBlockingEchoServer 实现了 Echo 协议，ServerSocketChannel 与 ServerSocket 的职责类似。相比较而言，ServerSocket 读和写操作都是同步阻塞的，在面对高并发的场景时，需要消耗大量的线程来维持连接。CPU 在大量的线程之间频繁切换，性能损耗很大。一旦单机的连接超过 1 万，甚至达到几万的时候，服务器的性能会急剧下降。

NIO 的 Selector 却很好地解决了这个问题，用主线程（一个线程或者是 CPU 个数的线程）保持所有的连接，管理和读取客户端连接的数据，将读取的数据交给后面的线程处理，后续线程处理完业务逻辑后，将结果交给主线程发送响应给客户端，这样少量的线程就可以处理大量连接的请求。

上述 NonBlockingEchoServer 例子，使用 Selector 注册 Channel，然后调用它的 select 方法。这个 select 方法会一直阻塞到某个注册的通道有事件就绪。一旦这个方法返回，线程就可以处理这些事件。事件包括例如有新连接进来（OP_ACCEPT）、数据接收（OP_READ）等。

运行，可以看到控制台输出内容如下。

```
NonBlockingEchoServer已启动，端口：7
```

2. 实战：开发NIO版本的Echo客户端

下面是使用原生NIO API来开发Echo协议的客户端的示例。

```java
package com.waylau.java.demo.nio;

import java.io.BufferedReader;
import java.io.IOException;
import java.io.InputStreamReader;
import java.net.InetSocketAddress;
import java.net.UnknownHostException;
import java.nio.ByteBuffer;
import java.nio.channels.SocketChannel;

public class NonBlockingEchoClient {

    /**
     * @param args
     */
    public static void main(String[] args) {
        if (args.length != 2) {
            System.err.println("用法: java NonBlockingEchoClient <host name> <port
            number>");
            System.exit(1);
        }

        String hostName = args[0];
        int portNumber = Integer.parseInt(args[1]);

        SocketChannel socketChannel = null;
        try {
            socketChannel = SocketChannel.open();
            socketChannel.connect(new InetSocketAddress(hostName, portNumber));
        } catch (IOException e) {
            System.err.println("NonBlockingEchoClient异常： " + e.getMessage());
            System.exit(1);
        }

        ByteBuffer writeBuffer = ByteBuffer.allocate(32);
        ByteBuffer readBuffer = ByteBuffer.allocate(32);

        try (BufferedReader stdIn =
                new BufferedReader(new InputStreamReader(System.in))) {
            String userInput;
            while ((userInput = stdIn.readLine()) != null) {
                writeBuffer.put(userInput.getBytes());
                writeBuffer.flip();
                writeBuffer.rewind();

                // 写消息到管道
                socketChannel.write(writeBuffer);

                // 管道读消息
                socketChannel.read(readBuffer);
```

```
                // 清理缓冲区
                writeBuffer.clear();
                readBuffer.clear();
                System.out.println("echo: " + userInput);
            }
        } catch (UnknownHostException e) {
            System.err.println("不明主机，主机名为： " + hostName);
            System.exit(1);
        } catch (IOException e) {
            System.err.println("不能从主机中获取 I/O，主机名为："
                + hostName);
            System.exit(1);
        }
    }

}
```

NonBlockingEchoClient 的 SocketChannel 的使用与 NonBlockingEchoServer 的 SocketChannel 的使用基本类似。启动客户端，命令如下。

```
$ java NonBlockingEchoClient.java localhost 7
```

当 NonBlockingEchoClient 客户端与 NonBlockingEchoServer 服务器建立连接之后，客户端就可以与服务器进行交互了。

当我们在客户端输入“a”字符时，服务器也会将“a”发送回客户端，客户端输入的任务内容，服务器也会原样返回。

NonBlockingEchoServer 控制台输出内容如下。

```
NonBlockingEchoServer 已启动，端口：7
NonBlockingEchoServer 接受客户端的连接：java.nio.channels.SocketChannel[connected local=/127.0.0.1:7 remote=/127.0.0.1:56515]
NonBlockingEchoServer -> /127.0.0.1:56515: java.nio.HeapByteBuffer[pos=0 lim=0 cap=100]
/127.0.0.1:56515 -> NonBlockingEchoServer: java.nio.HeapByteBuffer[pos=1 lim=100 cap=100]
NonBlockingEchoServer -> /127.0.0.1:56515: java.nio.HeapByteBuffer[pos=1 lim=1 cap=100]
/127.0.0.1:56515 -> NonBlockingEchoServer: java.nio.HeapByteBuffer[pos=12 lim=100 cap=100]
NonBlockingEchoServer -> /127.0.0.1:56515: java.nio.HeapByteBuffer[pos=12 lim=12 cap=100]
```

3.5.3　Java AIO

从 Java 1.7 开始，Java 提供了 AIO（异步 I/O）。Java AIO 也被称为“NIO.2”，提供了异步 I/O 的方式，用法与标准 I/O 有非常大的差异。

Java AIO 采用“发布/订阅”模式，即应用程序向操作系统注册 I/O 监听，然后继续做自己的事情。当操作系统发生 I/O 事件，并且准备好数据后，再主动通知应用程序，触发相应的函数。

与同步 I/O 一样，Java 的 AIO 也是由操作系统进行支持的。微软的 Windows 系统提供了一种异步 I/O 技术——I/O 完成端口（I/O Completion Port，IOCP），而在 Linux 平台下并没有这种异步 I/O 技术，所以使用的是 epoll 对异步 I/O 进行模拟。

Java AIO API 同 Java NIO 一样，都是位于 java.nio 包下。下面介绍 Java AIO 版本实现的支持 Echo

协议的客户端及服务器。

1. 实战：开发 AIO 版本的 Echo 服务器

下面是使用原生 Java AIO API 来开发 Echo 协议的服务器的示例。

```
package com.waylau.java.demo.aio;

import java.io.IOException;
import java.net.InetSocketAddress;
import java.net.StandardSocketOptions;
import java.nio.ByteBuffer;
import java.nio.channels.AsynchronousServerSocketChannel;
import java.nio.channels.AsynchronousSocketChannel;
import java.util.concurrent.ExecutionException;
import java.util.concurrent.Future;

public class AsyncEchoServer {
    public static int DEFAULT_PORT = 7;

    /**
     * @param args
     */
    public static void main(String[] args) {
        int port;

        try {
            port = Integer.parseInt(args[0]);
        } catch (RuntimeException ex) {
            port = DEFAULT_PORT;
        }

        AsynchronousServerSocketChannel serverChannel;
        try {
            serverChannel = AsynchronousServerSocketChannel.open();
            InetSocketAddress address = new InetSocketAddress(port);
            serverChannel.bind(address);

            // 设置阐述
            serverChannel.setOption(StandardSocketOptions.SO_RCVBUF, 4 * 1024);
            serverChannel.setOption(StandardSocketOptions.SO_REUSEADDR, true);

            System.out.println("AsyncEchoServer已启动，端口：" + port);
        } catch (IOException ex) {
            ex.printStackTrace();
            return;
        }

        while (true) {

            // 可连接
            Future<AsynchronousSocketChannel> future = serverChannel.accept();
            AsynchronousSocketChannel socketChannel = null;
            try {
                socketChannel = future.get();
            } catch (InterruptedException | ExecutionException e) {
                System.out.println("AsyncEchoServer异常!" + e.getMessage());
```

```
            }

            System.out.println("AsyncEchoServer 接受客户端的连接: " + socketChannel);

            // 分配缓存区
            ByteBuffer buffer = ByteBuffer.allocate(100);

            try {
                while (socketChannel.read(buffer).get() != -1) {
                    buffer.flip();
                    socketChannel.write(buffer).get();


                    System.out.println("AsyncEchoServer  -> " +
                            socketChannel.getRemoteAddress() +
                            ": " + buffer.toString());


                    if (buffer.hasRemaining()) {
                        buffer.compact();
                    } else {
                        buffer.clear();
                    }
                }

                socketChannel.close();
            } catch (InterruptedException
                    | ExecutionException
                    | IOException e) {
                System.out.println("AsyncEchoServer 异常!"
                    + e.getMessage());

            }

        }

    }
}
```

上述例子 AsyncEchoServer 实现了 Echo 协议，AsynchronousServerSocketChannel 与 ServerSocketChannel 的职责类似。相比较而言，AsynchronousServerSocketChannel 实现了异步的 I/O，而无须再使用 Selector，因此整体代码比 ServerSocketChannel 要简化很多。

运行代码后可以看到控制台输出内容如下。

```
AsyncEchoServer 已启动，端口：7
```

2. 实战：开发 AIO 版本的 Echo 客户端

下面是使用原生 AIO API 来开发 Echo 协议的客户端的示例。

```
package com.waylau.java.demo.aio;

import java.io.BufferedReader;
import java.io.IOException;
import java.io.InputStreamReader;
import java.net.InetSocketAddress;
import java.net.UnknownHostException;
import java.nio.ByteBuffer;
```

```
import java.nio.channels.AsynchronousSocketChannel;

public class AsyncEchoClient {

    /**
     * @param args
     */
    public static void main(String[] args) {
        if (args.length != 2) {
            System.err.println("用法: java AsyncEchoClient <host name> <port number>");
            System.exit(1);
        }

        String hostName = args[0];
        int portNumber = Integer.parseInt(args[1]);

        AsynchronousSocketChannel socketChannel = null;
        try {
            socketChannel = AsynchronousSocketChannel.open();
            socketChannel.connect(new InetSocketAddress(hostName, portNumber));
        } catch (IOException e) {
            System.err.println("AsyncEchoClient异常: "
                + e.getMessage());
            System.exit(1);
        }

        ByteBuffer writeBuffer = ByteBuffer.allocate(32);
        ByteBuffer readBuffer = ByteBuffer.allocate(32);

        try (BufferedReader stdIn = new BufferedReader(new InputStreamReader
(System.in))) {
            String userInput;
            while ((userInput = stdIn.readLine()) != null) {
                writeBuffer.put(userInput.getBytes());
                writeBuffer.flip();
                writeBuffer.rewind();

                // 写消息到管道
                socketChannel.write(writeBuffer);

                // 管道读消息
                socketChannel.read(readBuffer);

                // 清理缓冲区
                writeBuffer.clear();
                readBuffer.clear();
                System.out.println("echo: " + userInput);
            }
        } catch (UnknownHostException e) {
            System.err.println("不明主机，主机名为: " + hostName);
            System.exit(1);
        } catch (IOException e) {
            System.err.println("不能从主机中获取I/O，主机名为: "
                + hostName);
```

```
            System.exit(1);
        }
    }

}
```

AsyncEchoClient 的 AsynchronousSocketChannel 的使用与 NonBlockingEchoClient 的 SocketChannel 的使用基本类似。启动客户端，命令如下。

```
$ java AsyncEchoClient.java localhost 7
```

当 AsyncEchoClient 客户端与 AsyncEchoServer 服务器建立连接之后，客户端就可以与服务器进行交互了。

当我们在客户端输入“a”字符时，服务器也会将“a”发送回客户端，客户端输入的任务内容，服务器也会原样返回。

AsyncEchoServer 控制台输出内容如下。

```
AsyncEchoServer 已启动，端口：7
AsyncEchoServer 接受客户端的连接：sun.nio.ch.WindowsAsynchronousSocketChannelImpl
[connected local=/127.0.0.1:7 remote=/127.0.0.1:57573]
AsyncEchoServer  -> /127.0.0.1:57573: java.nio.HeapByteBuffer[pos=1 lim=1 cap=100]
AsyncEchoServer  -> /127.0.0.1:57573: java.nio.HeapByteBuffer[pos=12 lim=12 cap=100]
```

本节示例，可以在 java-io-mode 项目下找到。

3.6　事件驱动

在 GUI 编程中，事件是非常常见的。比如，用户在界面单击了按钮，就会发送一个“点击”事件，相应地，会有一个处理“点击”事件的事件处理器来处理该事件。因此，所谓事件驱动，简单地说就是你点什么按钮（即产生什么事件），计算机就执行什么操作（即调用什么函数）。当然事件也不仅限于用户的操作。事件驱动的核心自然是事件。从事件角度说，事件驱动程序的基本结构是由一个事件收集器、一个事件发送器和一个事件处理器组成。事件收集器专门负责收集所有事件，包括来自用户的（如鼠标、键盘事件等）、来自硬件的（如时钟事件等）和来自软件的（如操作系统、应用程序本身等）。事件发送器负责将收集器收集到的事件分发到目标对象。事件处理器做具体的事件响应工作，它往往要到实现阶段才完全确定。对于框架的使用者来说，他们唯一能够看到的是事件处理器，这也是他们所关心的内容。

3.6.1　事件驱动编程

事件驱动编程通常只用一个执行过程，CPU 之间不是并发的。在处理多任务的时候，事件驱动编程是使用协作式处理任务，而不是多线程的抢占式。事件驱动编程简洁易用，只需要注册感兴趣的事件，在回调中设计逻辑就可以了。在调用的过程中，事件循环器（Event Loop）等待事件的发生，接着调用处理器。事件处理器不是抢占式的，处理器一般只有很短的生命周期。

1. 事件驱动编程的优势

- 在大部分的应用场景中，事件编程优于多线程编程。
- 相对于多线程编程来讲，事件驱动编程比较容易，复杂度低，是开发者乐于接受的。
- 大多数的 GUI 框架，都是使用事件驱动编程架构的。每一个事件会绑定一个处理器，这些事件通常是点击按钮、选择菜单等。处理器用来实现具体的行为逻辑。

- 事件驱动经常在 I/O 框架中使用，可以很好地实现 I/O 复用。很多高性能的 I/O 框架都是使用事件驱动模型的，例如 Mina、Netty、Node.js。
- 易于调试。时间依赖只和事件有关系，而不是内部调度。问题容易暴露。

2. **事件驱动编程的劣势**

- 如果处理器占用时间较长，那会阻塞应用程序的响应。
- 无法通过时间来维护本地状态，因为处理器必须返回。
- 通常在单 CPU 环境下，比多线程编程要快，因为没有锁的因素，没有线程切换的损耗。CPU 不是并发的，这样的话就不适合用在一些科学计算的应用中。

3.6.2 事件循环的实现

事件循环是一个程序结构，用于等待和发送消息和事件。事件驱动编程的代码核心就是事件循环器，在 Linux 下推荐使用 epoll 实现，在其他没有 epoll 的系统上可以使用 kqueue/ports/poll/select 实现。

图 3-11 所示是事件循环的工作示例。事件循环器不断接受来自客户端（Client）的请求，并把请求转交给注册了某类事件的工作线程（Worker）处理。

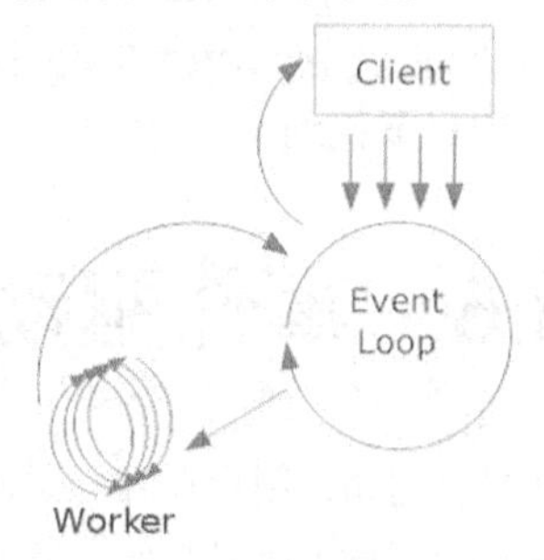

图 3-11 事件循环的工作示例

根据实现的方式不同，在网络编程中基于事件驱动主要有两种设计模式：Reactor 和 Proactor。

3.6.3 Reactor 模型

首先来回想一下普通函数调用的机制。

- 程序调用某函数->函数执行。
- 程序等待->函数返回结果。
- 控制权返回给程序->程序继续处理。

和普通函数调用的不同之处在于：应用程序不是主动调用某个 API 完成处理，而恰恰相反，应用程序需要提供相应的接口并注册到 Reactor 上，如果相应的事件发生，Reactor 将主动调用应用程序注册的接口，这些接口又被称为“回调函数”。

用“好莱坞原则”来形容 Reactor 再合适不过了：不要打电话给我们，我们会打电话通知你。

举个例子：你去应聘某某公司，面试结束后。

- “普通函数调用机制”公司 HR 比较懒，不会记你的联系方式，那怎么办呢？你只能面试完后自己打电话去问结果：有没有被录取啊，还是被拒了。
- “Reactor”公司 HR 记下了你的联系方式，结果出来后会主动打电话通知你：有没有被录取啊，还是被拒了。你不用自己打电话去问结果，事实上也不能，因为你没有 HR 的联系方式。

图 3-12 所示是 Reactor 示意。

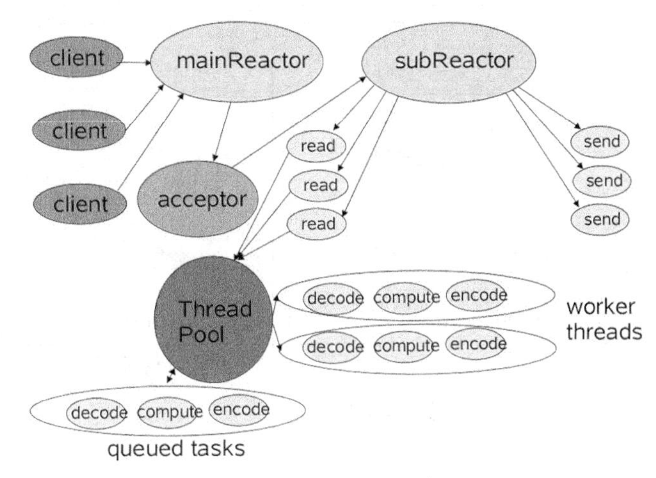

图 3-12　Reactor 示意

1. Reactor 模型的优点

Reactor 模型是编写高性能网络服务器的必备技术之一，它具有以下优点。

- 响应快，不必为单个同步时间所阻塞，虽然 Reactor 本身依然是同步的。
- 编程相对简单，可以最大限度地避免复杂的多线程及同步问题，并且避免了多线程/进程的切换开销。
- 可扩展性，可以方便地通过增加 Reactor 实例个数来充分利用 CPU 资源。
- 可复用性，Reactor 框架本身与具体事件处理逻辑无关，具有很强的复用性。

2. Reactor 模型框架

使用 Reactor 模型，必备的几个组件：事件源、事件多路复用机制、Reactor 框架和事件处理程序。接下来对每个组件做逐一说明。

- 事件源：Linux 上是文件描述符，Windows 上就是 Socket 或者 Handle 了，这里统一称为“句柄集”。程序在指定的句柄上注册关心的事件，比如 I/O 事件。
- 事件多路复用机制：由操作系统提供的 I/O 多路复用机制，比如 select 和 epoll。程序首先将其关心的句柄（事件源）及其事件注册到多路复用机制上。当有事件到达时，事件多路复用机制会发出通知“在已经注册的句柄集中，一个或多个句柄的事件已经就绪”。程序收到通知后，就可以在非阻塞的情况下对事件进行处理了。
- Reactor 框架：事件管理的接口，内部使用事件多路复用机制注册、注销事件，并运行事件循环，当有事件进入“就绪”状态时，调用注册事件的回调函数处理事件。
- 事件处理程序：事件处理程序提供了一组接口，每个接口对应了一种类型的事件，供 Reactor 在相应的事件发生时调用，执行相应的事件处理。通常它会绑定一个有效的句柄。

使用 Reactor 模型后，事件控制流是什么样子呢？可以参见图 3-13 所示的序列。

我们以读取操作为例来看看 Reactor 中的具体步骤。

- 应用程序注册读就绪事件和相关联的事件处理器。
- 事件分离器等待事件的发生。
- 当发生读就绪事件的时候，事件分离器调用第一步注册的事件处理器。
- 事件处理器首先执行实际的读取操作，然后根据读取到的内容进行进一步的处理。

写入操作类似于读取操作，只不过第一步注册的是写就绪事件。

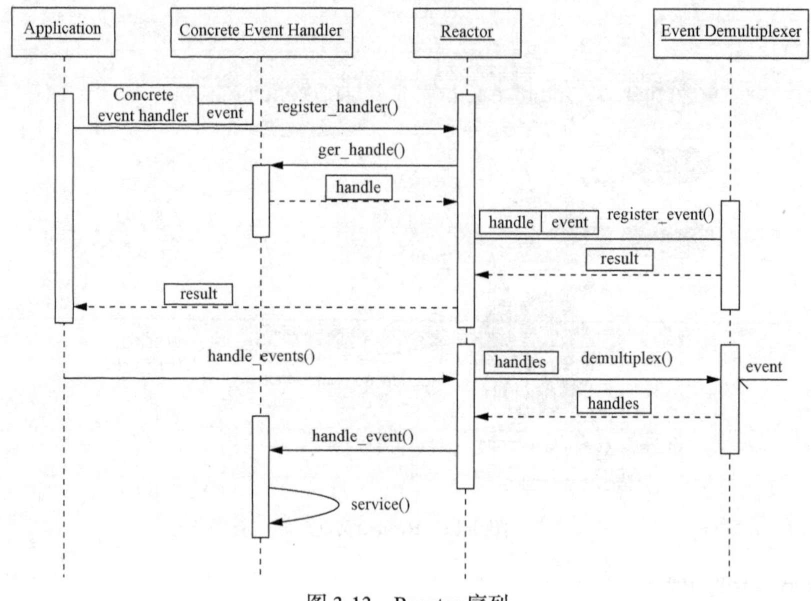

图 3-13　Reactor 序列

3.6.4　Proactor 模型

我们来看看 Proactor 模型中读取操作和写入操作的过程。

- 应用程序初始化一个异步读取操作，然后注册相应的事件处理器，此时事件处理器不关注读取就绪事件，而是关注读取完成事件，这是区别于 Reactor 的关键。
- 事件分离器等待读取操作完成事件。
- 在事件分离器等待读取操作完成的时候，操作系统调用内核线程完成读取操作（异步 I/O 都是操作系统负责将数据读写到应用传递进来的缓冲区供应用程序操作），并将读取的内容放入用户传递过来的缓存区。这也是区别于 Reactor 的一点。
- 事件分离器捕获到读取完成事件后，激活应用程序注册的事件处理器，事件处理器直接从缓存区读取数据，而不需要进行实际的读取操作。

从上面可以看出，Reactor 和 Proactor 模型的主要区别就是真正的读取和写入操作是由谁来完成的，Reactor 中需要应用程序自己读取或者写入数据，而 Proactor 模型中，应用程序不需要进行实际的读写过程，它只需要从缓存区读取或者写入，操作系统会读取缓存区或者写入缓存区到真正的 I/O 设备。图 3-14 所示是 Proactor 示意。

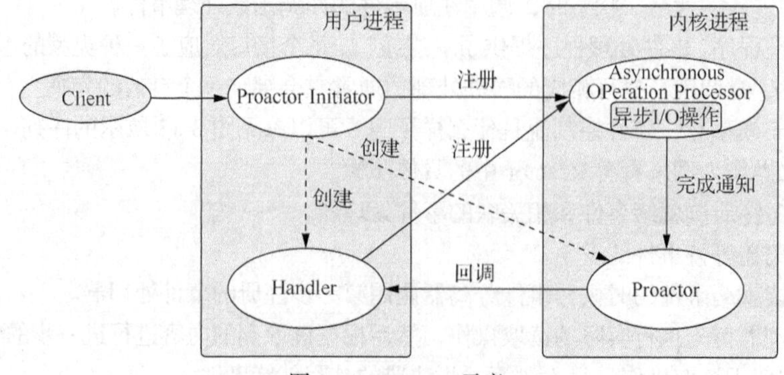

图 3-14　Proactor 示意

3.7 本章小结

本章介绍了节点之间的通信方式，包括本地过程调用、远程过程调用，以及在通信过程中所要设计的 I/O 操作。同时介绍了常见的 I/O 模块，包括 OIO、NIO、AIO、Reactor、Proactor 等。本章也以 Java 为例提供了常用网络 I/O 模型的范例。

3.8 习题

- 请简述本地过程调用和远程过程调用的概念及两者之间的区别。
- 请列举常见的远程过程调用实现方式。
- 请列举常见的常用网络 I/O 模型，它们之间有什么区别?
- 请简述阻塞和非阻塞、同步和异步之间的区别。
- 请用你熟悉的编程语言编写一个简单的 Echo 服务器示例。
- 请简述 Reactor 和 Proactor 的区别。

第 4 章 并发与并行

分布式系统的一个重要特征就是计算能力是可以并发或者并行的。在分布式系统中，往往会将一个大任务进行分解，而后下发给不同的节点去计算，从而节省整个任务的计算时间。

4.1 并发与并行的区别

计算机用户很容易认为他们的系统在一段时间内可以做多件事。比如，用户一边用浏览器下载视频文件，一边可以继续在浏览器上浏览网页。可以做这样的事情的软件被称为并发软件（Concurrent Software）。

计算机能实现多个程序的同时执行，主要基于以下因素。

- 资源利用率。某些情况下，程序必须等待其他外部的某个操作完成，才能往下继续执行，而在等待的过程中，该程序无法执行其他任何工作。因此，如果在等待的同时可以运行另外一个程序，无疑将提高资源的利用率。
- 公平性。不同的用户和程序对于计算机上的资源有着同等的使用权。一种高效的运行方式是粗粒度的时间分片（Time Slicing）使这些用户和程序能共享计算机资源，而不是一个程序从头运行到尾，然后再启动下一个程序。
- 便利性。通常来说，在计算多个任务时，应该编写多个程序，每个程序执行一个任务并在必要时相互通信，这比只编写一个程序来计算所有任务更加容易实现。

那么并发与并行到底是如何区别的呢？

The Practice of Programming 一书的作者 Rob Pike 对并发与并行做了如下描述。

并发是同一时间应对（Dealing With）多件事情的能力；并行是同一时间动手做（Doing）多件事情的能力。并发（Concurrency）属于问题域（Problem Domain），并行（Parallelism）属于解决域（Solution Domain）。并行和并发的区别在于有无状态，并行计算适合无状态应用，而并发解决的是有状态的高性能；有状态要着力解决并发计算，无状态要着力并行计算，云计算要能做到这两种计算自动伸缩扩展。

上述的描述貌似有点抽象。举一个生活中的例子，某些人工作很忙，那么会请钟点工来打扫卫生。一个钟点工在一小时可以帮你扫地、擦桌子、洗菜、做饭。客户并不关心哪件活儿先干哪件活儿后做，客户所关心的是，付费的这一小时，需要看到所有活儿都完成。在客户看来，这一小时内，所有的活儿都是一个钟点工干的，这就是并发。

再举一例子，客户的亲戚要来看望客户，还有不到一小时亲戚就要登门了。那么平时要花一小时才能做完的家务，如何才能提前做完呢？答案是加人。多请几个钟点工来一起做事，比如某个钟点工专门扫地，某人专门抹桌子，某人专门负责洗菜、做饭。这样 3 人同时开工，就能缩短整体的时间，这就是并行。

从计算机的角度来说，单个 CPU 是需要被某个任务独占的，就如同钟点工，在扫地的同时不能做擦桌子的动作。如果她想去擦桌子，就需要将手头的扫地任务先停下来。当然，由于多个任务是不断切换的，因此，在外界看来，就有了“同时”执行多个任务的错觉。

现代的计算机大多是多核的，因此，多个 CPU 同时执行任务，就实现了任务的并行。

4.2　线程与并发

早期的分时系统中，每个进程以串行方式执行指令，并通过一组 I/O 指令来与外部设备通信。每条被执行的指令都有相应的“下一条指令”，程序中的控制流就是按照指令集的规则来确定的。

串行编程模型的优势是直观性和简单性，因为它模仿了人类的工作方式：每次只做一件事，做完再做其他事情。例如，早上起床，先穿衣，然后下楼，吃早饭。在编程语言中，这些现实世界的动作可以进一步被抽象为一组粒度更细的动作。例如，喝茶的动作可以被细化为：打开橱柜，挑选茶叶，将茶叶倒入杯中，查看茶壶的水是否够，不够要加水，将茶壶放在火炉上，点燃火炉，然后等水煮沸，等等。在等水煮沸这个过程中包含了一定程序的异步性。例如，在烧水过程中，你可以一直等，也可以做其他事情，比如开始烤面包，或者看报纸（这就是另一个异步任务），同时留意水是否煮沸了。但凡做事高效的人，总能在串行性和异步性之间找到合理的平衡，程序也是如此。

线程允许在同一个进程中同时存在多个线程控制流。线程会共享进程范围内的资源，例如内存句柄和文件句柄，但每个线程都有各自的程序计数器、栈以及局部变量。线程还提供了一种直观的分解模式来充分利用操作系统中的硬件并行性，而在同一个程序中的多个线程也可以被同时调度到多个 CPU 上运行。

毫无疑问，多线程编程使得程序任务并发成为可能。而并发控制主要是为了解决多个线程之间资源争夺等问题。并发一般发生在数据聚合的地方，只要有聚合，就有争夺发生，传统解决争夺的方式是采取线程锁机制，这是强行对 CPU 管理线程进行人为干预，线程唤醒成本高，新的无锁并发策略来源于异步编程、非阻塞 I/O 等编程模型。

4.3　并发带来的风险

多线程并发会带来以下问题。

- 安全性问题。在没有充足同步的情况下，多个线程中的操作执行顺序是不可预测的，甚至会产生奇怪的结果。线程间的通信主要是通过共享访问字段及其字段所引用的对象来实现的。这种形式的通信是非常有效的，但可能导致两种错误：线程干扰（Thread Interference）和内存一致性错误（Memory Consistency Errors）。
- 活跃度问题。一个并行应用程序的及时执行能力被称为它的活跃度（Liveness）。安全性的含义是“永远不发生糟糕的事情”，而活跃度则关注另外一个目标，即“某件正确的事情最终会发生”。当某个操作无法继续执行下去，就会发生活跃度问题。在串行程序中，活跃度问题形式之一就是无意中造成的无限循环（死循环）。而在多线程程序中，常见的活跃度问题主要有死锁、饥饿以及活锁。
- 性能问题。在设计良好的并发应用程序中，线程能提升程序的性能，但无论如何，线程总是带来某种程度的运行时开销。而这种开销主要是在线程调度器临时关闭活跃线程并转而运行另外一个线程的上下文切换操作（Context Switch）上，因为执行上下文切换，需要保存和恢复执行上下文，丢失局部性，并且CPU时间将更多地花在线程调度而不是在线程运行上。当线程共享数据时，必须使用同步机制，而这些机制往往会抑制某些编译器优化，使内存缓存区中的数据无效，以及增加贡献内存总线的同步流量。所以这些因素都会带来额外的性能开销。

4.3.1 死锁

死锁（Deadlock）是指两个或两个以上的线程永远被阻塞，一直等待对方的资源。

下面是一个用Java编写的死锁的例子。

Alphonse和Gaston是朋友，都很有礼貌。礼貌的一个严格的规则是，当你给一个朋友鞠躬时，你必须保持鞠躬，直到你的朋友回给你鞠躬。不幸的是，这条规则有个缺陷，那就是如果两个朋友同一时间向对方鞠躬，那就永远不会完了。这个示例应用程序中，死锁模型如下。

```java
package com.waylau.java.demo.concurrency;

public class Deadlock {

    public static void main(String[] args) {
        final Friend alphonse = new Friend("Alphonse");
        final Friend gaston = new Friend("Gaston");
        new Thread(new Runnable() {
            public void run() {
                alphonse.bow(gaston);
            }
        }).start();

        new Thread(new Runnable() {
            public void run() {
                gaston.bow(alphonse);
            }
        }).start();
    }

    static class Friend {
        private final String name;

        public Friend(String name) {
            this.name = name;
        }

        public String getName() {
            return this.name;
        }

        public synchronized void bow(Friend bower) {
            System.out.format("%s: %s" + "  has bowed to me!%n",
                    this.name, bower.getName());
            bower.bowBack(this);
        }

        public synchronized void bowBack(Friend bower) {
           System.out.format("%s: %s" + " has bowed back to me!%n",
                   this.name, bower.getName());
        }
    }
```

```
}
```

当它们尝试调用 bowBack 时两个线程将被阻塞。无论是哪个线程，都永远不会结束，因为每个线程都在等待对方鞠躬。这就是死锁了。

本节示例，可以在 java-concurrency 项目下找到。

4.3.2　饥饿

饥饿（Starvation）描述了一个线程由于访问足够的共享资源而不能执行程序的现象。这种情况一般出现在共享资源被某些“贪婪”线程占用，而导致资源长时间不被其他线程可用。例如，假设一个对象提供一个同步的方法，往往需要很长时间返回。如果一个线程频繁调用该方法，其他线程若也需要频繁地同步访问同一个对象则通常会被阻塞。

4.3.3　活锁

一个线程常常处于响应另一个线程的动作，如果其他线程也常常响应该线程的动作，那么就可能出现活锁（Livelock）。与死锁的线程一样，程序无法进一步执行。然而，线程是不会阻塞的，它们只是会忙于应对彼此的恢复工作。现实中的例子是，两人面对面试图通过一条走廊：Alphonse 移动到他的左侧给 Gaston 让路，而 Gaston 移动到他的右侧想让 Alphonse 过去，两个人同时让路，但其实两人都挡住了对方，他们仍然彼此阻塞。

4.4 节将介绍几种解决并发风险的常用方法。

4.4　解决并发风险

同步（Synchronization）和原子访问（Atomic Access），是解决并发风险的两种重要方式。

4.4.1　同步

同步是避免线程干扰和内存一致性错误的常用手段。下面就用 Java 来演示这几种问题，以及如何用同步解决这类问题。

1. 线程干扰

下面描述当多个线程访问共享数据时错误是如何出现的。考虑下面的一个简单的类 Counter。

```java
public class Counter {
    private int c = 0;

    public void increment() {
        c++;
    }

    public void decrement() {
        c--;
    }

    public int value() {
        return c;
    }
}
```

其中的 increment 方法用来对 c 加 1；decrement 方法用来对 c 减 1。然而，多个线程中都存在对某个 Counter 对象的引用，那么线程间的干扰就可能导致出现我们不想要的结果。

线程间的干扰出现在多个线程对同一个数据进行多个操作的时候，也就是出现了“交错（Interleave）”。这就意味着操作是由多个步骤构成的，而此时，在这多个步骤的执行上出现了叠加。

Counter类对象的操作貌似不可能出现这种“交错”，因为其中的两个关于c的操作都很简单，只有一条语句。然而，即使是一条语句也会被虚拟机翻译成多个步骤，在这里，我们不深究虚拟机具体将上面的操作翻译成了什么样的步骤。只需要知道即使简单的像c++这样的表达式也会被翻译成3个步骤。

（1）获取c的当前值。

（2）对其当前值加1。

（3）将增加后的值存储到c中。

表达式c--也会被按照同样的方式进行翻译，只不过第二步变成了减1，而不是加1。

假定线程A中调用increment方法，线程B中调用decrement方法，而调用时间基本相同。如果c的初始值为0，那么这两个操作的“交错”顺序可能如下。

（1）线程A：获取c的值。

（2）线程B：获取c的值。

（3）线程A：对获取到的值加1，其结果是1。

（4）线程B：对获取到的值减1，其结果是-1。

（5）线程A：将结果存储到c中，此时c的值是1。

（6）线程B：将结果存储到c中，此时c的值是-1。

这样线程A计算的值就丢失了，也就是被线程B的值覆盖了。上面的这种“交错”只是其中的一种可能性。在不同的系统环境中，有可能是线程B的结果丢失了，或者是根本就不会出现错误。由于这种“交错”是不可预测的，线程间相互干扰造成的Bug是很难定位和修改的。

2. 内存一致性错误

下面介绍通过共享内存出现的不一致的错误。

内存一致性错误发生在不同线程对同一数据产生不同的“看法”。导致内存一致性错误的原因很复杂，超出了本书的描述范围。庆幸的是，程序员并不需要知道出现这些原因的细节，我们需要的是一种可以避免这种错误的方法。

避免出现内存一致性错误的关键在于理解happens-before关系。这种关系是一种简单的方法，能够确保一条语句中对内存的写操作对于其他特定的语句都是可见的。为了理解这点，我们可以考虑如下的示例。假设定义了一个简单的int类型的字段并对其进行初始化。

```
int counter = 0;
```

该字段由两个线程共享：A和B。假定线程A对counter进行了自增操作。

```
counter ++;
```

然后，线程B输出counter的值。

```
System.out.println(counter);
```

如果以上两条语句是在同一个线程中执行的，那么输出的结果自然是 1。但是如果这两条语句是在两个不同的线程中，那么输出的结果有可能是0。这是因为没有保证线程A对counter的修改操作对线程B来说是可见的，除非程序员在这两条语句间建立了一定的happens-before关系。

我们可以采取多种方式建立这种happens-before关系。使用同步就是其中之一。到目前为止，我们已经看到了两种建立这种happens-before的方式。

- 当一条语句中调用了Thread.start方法，那么每一条和该语句已经建立了happens-before关系的语句都和新线程中的每一条语句有这种happens-before关系。引入并创建这个新线程的代码产生的结果对该新线程来说都是可见的。

- 当一个线程终止了并导致另外的线程中调用 Thread.join 的语句返回时，这个终止了的线程中执行了的所有语句都与随后的 join 语句中的所有语句建立了这种 happens-before 关系。也就是说，终止了的线程中的代码效果对调用 join 方法的线程来说是可见的。

3. 同步方法

Java 编程语言中提供了两种基本的同步用语：同步方法（Synchronized Method）和同步语句（Synchronized Statement）。同步语句相对而言更为复杂，本节重点讨论同步方法。我们只需要在声明方法的时候增加关键字 synchronized。

```
public class SynchronizedCounter {
    private int c = 0;

    public synchronized void increment() {
        c++;
    }

    public synchronized void decrement() {
        c--;
    }

    public synchronized int value() {
        return c;
    }
}
```

如果 count 是 SynchronizedCounter 类的实例，设置其方法为同步方法会有两个效果。

- 首先，不可能出现对同一对象的同步方法的两个调用的“交错”。当一个线程在执行一个对象的同步方法的时候，其他所有调用该对象的同步方法的线程都会被“挂起”，直到第一个线程对该对象操作完毕。
- 其次，当一个同步方法退出时，会自动与该对象的同步方法的后续调用建立 happens-before 关系。这就确保了对该对象的修改对于其他线程是可见的。

同步方法是一种简单的、可以避免线程相互干扰和内存一致性错误的策略：如果一个对象对多个线程都是可见的，那么所有对该对象的变量的读写都应该是通过同步方法完成的（一个例外就是 final 字段，它在对象创建完成后是不能被修改的。因此，在对象创建完毕后，可以通过非同步的方法对其进行安全的读取）。这种策略是有效的，但是可能导致“活跃度问题”。这点我们会在后面进行描述。

4. 内部锁和同步

同步是构建在被称为“内部锁（Intrinsic Lock）”或者是“监视锁（Monitor Lock）”的内部实体上的。在 API 中通常被称为“监视器（Monitor）”。内部锁在两个方面都扮演着重要的角色：保证对对象状态访问的排他性，建立对象可见性相关的 happens-before 关系。每一个对象都有一个与之相关联的内部锁。按照传统的做法，当一个线程需要对一个对象的字段进行排他性访问并保持访问的一致性时，它必须在访问前先获取该对象的内部锁，然后才能访问，最后释放该内部锁。在线程获取对象的内部锁到释放对象的内部锁的这段时间，我们说该线程拥有该对象的内部锁。只要有一个线程已经拥有了一个内部锁，其他线程就不能再拥有该锁了，其他线程在试图获取该锁的时候会被阻塞。当一个线程释放了一个内部锁，那么就会建立起该动作和后续获取该锁之间的 happens-before 关系。

5. 同步方法中的锁

当一个线程调用一个同步方法的时候，它就自动地获得了该方法所属对象的内部锁，并在方法返回的时候释放该锁。即使由于出现了没有被捕获的异常而导致方法返回，该锁也会被释放。

我们可能会感到疑惑：当调用一个静态的同步方法的时候会怎样？静态方法是和类相关的，而不是和对象相关的。在这种情况下，线程获取的是该类的类对象的内部锁。这样对于静态字段的方法来说，这是由和类的实例的锁相区别的另外的一个锁来进行操作的。

6. 同步语句

另外一种创建同步代码的方式就是使用同步语句。和同步方法不同，使用同步语句必须指明要使用哪个对象的内部锁。

```
public void addName(String name) {
    synchronized(this) {
        lastName = name;
        nameCount++;
    }
    nameList.add(name);
}
```

在上面的示例中，方法 addName 需要对 lastName 和 nameCount 的修改进行同步，还要避免同步调用其他对象的方法（在同步代码段中调用其他对象的方法可能导致出现“活跃度”中描述的问题）。如果没有使用同步语句，那么将不得不使用一个单独、未同步的方法来完成对 nameList.add 的调用。

在改善并发性时，巧妙地使用同步语句能起到很大的帮助作用。例如，我们假定类 MsLunch 有两个实例字段，c1 和 c2，这两个变量绝不会一起使用。所有对这两个变量的更新都需要进行同步。但是没有理由阻止对 c1 的更新和对 c2 的更新出现交错——这样做会创建不必要的阻塞，进而降低并发性。此时，我们没有使用同步方法或者使用和 this 相关的锁，而是创建了两个单独的对象来提供锁。

```
public class MsLunch {
    private long c1 = 0;
    private long c2 = 0;
    private Object lock1 = new Object();
    private Object lock2 = new Object();

    public void inc1() {
        synchronized(lock1) {
            c1++;
        }
    }

     public void inc2() {
        synchronized(lock2) {
            c2++;
        }
    }
}
```

采用这种方式时需要特别小心，我们必须确保相关字段的访问交错是完全安全的。

7. 重入同步

回忆前面提到的：线程不能获取已经被别的线程获取的锁。但是线程可以获取自身已经拥有的锁。允许一个线程能重复获得同一个锁就称为重入同步（Reentrant Synchronization）。它是这样的一种情况：在同步代码中直接或者间接地调用了还有同步代码的方法，两个同步代码段中使用的是同一个锁。如果没有重入同步，在编写同步代码时需要额外小心，以避免线程将自己阻塞。

4.4.2　原子访问

下面介绍另外一种可以避免被其他线程干扰的做法的总体思路——原子访问。

在编程中，原子性动作就是指一次性有效完成的动作。原子性动作是不能在中间停止的：要么一次性完全执行完毕，要么就不执行。在动作没有执行完毕之前，是不会产生可见结果的。

通过前面的示例，我们已经发现了诸如 c++这样的自增表达式并不属于原子性动作。即使是非常简单的表达式也包含了复杂的动作，这些动作可以被解释成许多别的动作。然而，的确存在一些原子性动作。

- 对几乎所有的原生数据类型变量（除了 long 和 double）的读写以及引用变量的读写都是原子的。
- 对所有声明为 volatile 的变量的读写都是原子的，包括 long 和 double 类型。

原子性动作是不会出现交错的，因此，使用这些原子性动作时不用考虑线程间的干扰。然而，这并不意味着可以移除对原子性动作的同步，因为内存一致性错误还是有可能出现的。使用 volatile 变量可以降低内存一致性错误的风险，因为任何对 volatile 变量的写操作都和后续对该变量的读操作建立了 happens-before 关系。这就意味着对 volatile 类型变量的修改对于别的线程来说是可见的。更重要的是，这意味着当一个线程读取一个 volatile 类型的变量时，它看到的不仅仅是对该变量的最后一次修改，还看到了导致这种修改的代码带来的其他影响。

使用简单的原子变量访问比通过同步代码来访问变量更高效，但是需要程序员更多细心的考虑，以避免出现内存一致性错误。这种额外的付出是否值得完全取决于应用程序的大小和复杂度。

4.5　提升系统并发能力

除了使用多线程外，还有以下方式可以提升系统的并发能力。

4.5.1　无锁化设计提升并发能力

加锁是为了避免在并发环境下，同时访问共享资源产生的风险问题。那么，在并发环境下，必须加锁吗？答案是否定的。并非所有的并发都需要加锁。适当降低锁的粒度，甚至是采用无锁化的设计，更能提升并发能力。

比如，JDK 中的 ConcurrentHashMap，巧妙采用了桶粒度的锁，避免了 put 和 get 中对整个 map 的锁定，尤其在 get 中，只对一个 HashEntry 做锁定操作，性能提升是显而易见的。

又比如，程序中可以合理考虑业务数据的隔离性，实现无锁化的并发。比如，程序中预计会有 2 个并发任务，那么每个任务可以对所需要处理的数据进行分组，任务 1 去处理尾数为 0～4 的业务数据，任务 2 处理尾数为 5～9 的业务数据。那么，这两个并发任务所要处理的数据，就是天然隔离的，也就无须加锁。

4.5.2　缓存提升并发能力

有时，为了提升整个网站的性能，我们会将经常需要访问的数据缓存起来，这样，在下次查询的时候，能快速地找到这些数据。缓存系统往往有着比传统的数据存储设备（如关系型数据库）更快的访问速度。

缓存的使用与系统的时效性有着非常大的关系。当我们的系统时效性要求不高时，选择使用缓存是极好的。当系统要求的时效性比较高时，则并不适合用缓存。

在第 14 章中，我们还将详细探讨缓存的应用。

4.5.3 更细颗粒度的并发单元

在前面章节中，我们也讨论了线程是操作系统内核级别最小的并发单元。虽然与进程相比，创建线程的开销要小很多，但当在高并发场景下，创建大量的线程仍然会耗费系统大量的资源。为此，某些编程语言提供了更细颗粒度的并发单元，比如纤程，类似于 Golang 的 goroutine、Erlang 风格的 actor。与线程相比，纤程可以轻松实现百万级的并发量，而且占用更加少的硬件资源。

Java 虽然没有定义纤程，但仍有一些第三方库可供选择，比如 Quasar。读者有兴趣的话，可以参阅 Quasar 在线手册。

4.6 本章小结

本章介绍了并发与并行的概念。通过并发与并行，使分布式系统计算大型任务成为可能。但需要注意的是，使用多线程编程来实现并发时，需要考虑并发所带来的风险，诸如安全性问题、活跃度问题以及性能问题等。

本章也介绍了避免并发问题的一些方式，同时也介绍了常用的提升并发能力的方案。

4.7 习题

- 请简述并发与并行的区别。
- 并发可能会带来哪些风险？
- 如何来避免并发可能带来的风险？
- 提升系统并发能力的方案有哪些？

第5章 面向对象的分布式架构

面向对象编程是非常流行的编程模式，因此，在分布式系统中，基于对象来设计分布式架构是自然而然的。

本章介绍面向对象的分布式架构。

5.1 基于对象的分布式架构

在基于对象的分布式系统中，对象的概念在分布式实现中起着极其关键的作用。从原理上来讲，一切都可以被作为对象抽象出来，而客户端将以调用对象的方式来获得服务和资源。

分布式对象之所以成为重要的范型，是因为它相对比较容易地把分布的特性隐藏在对象接口后面。此外，因为对象实际上可以是任何事务，所以它也是构建系统的强大范型。

面向对象技术于20世纪80年代开始用于开发分布式系统。同样，在达到高度分布式透明性的同时，通过远程计算机宿主独立对象的理念构成了开发新一代分布式系统的稳固的基础。在本节中，我们将看到基于对象的分布式系统的常用体系结构。

软件世界中的对象和现实世界中的对象类似，对象存储状态在字段（Field）里，而通过方法（Method）来暴露其行为。方法对对象的内部状态进行操作，并作为对象与对象之间通信的主要机制。隐藏对象内部状态，通过方法进行所有的交互操作，这是面向对象编程的一个基本原则——数据封装（Data Encapsulation），可以通过接口（Interface）来使用方法。一个对象可能实现多个接口，而给定的一个接口定义可能有多个对象为其提供实现。

把接口与实现这些接口的对象进行分隔，对于分布式系统是至关重要的。严格的隔离允许我们把接口放在一台机器上，而使对象本身驻留在另外一台机器上。这种组织通常称为分布式对象（Distributed Object），如图5-1所示。

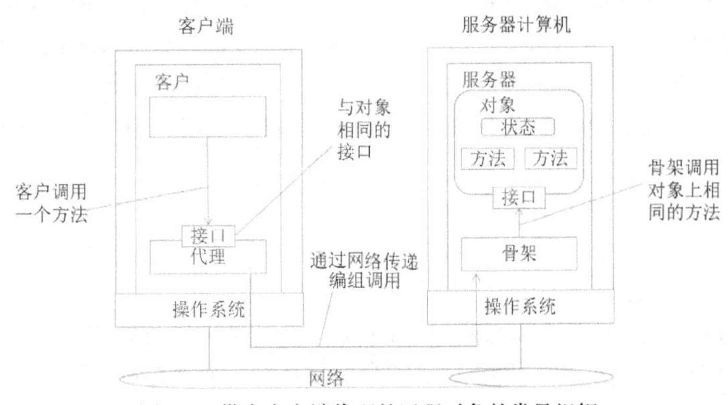

图5-1 带有客户端代理的远程对象的常见组织

当客户绑定（Bind）到一个分布式对象时，就会把这个对象的接口的实现（称为代理（Proxy））加载进客户的地址空间。代理类似于 RPC 系统中的客户存根（Client Stub）。它所做的事是把方法调用编组进消息中，以及对应答消息进行解组，把方法调用的结果返回给客户。实际的对象驻留在服务器计算机上，它在这里提供了与它在客户端上提供的相同的接口。进入的调用请求首先被传递给服务器存根，服务器存根对它们进行解码，在服务器中的对象接口上进行方法的调用。服务器存根还负责对响应进行编码，并把响应消息转发给客户端代理。

服务器存根通常被称为骨架（Skeleton），因为它提供了明确的方式，允许服务器中间件来访问用户定义的对象。实际上，它通常以特定语言的类的形式包含不完整的代码，需要开发人员来进一步对其进行特殊化处理。

大多数分布式对象的一个特性是它们的状态不是分布式的。状态驻留在单台机器上，在其他机器上，智能地使用被对象实现的接口，这样的对象也被称为远程对象（Remote Object）。分布式对象的状态本身可以物理地分布在多台机器上，但是这种分布对于对象接口背后的客户端来说是透明的。

5.2　常用的分布式对象系统

就目前而言，常用的分布式对象系统主要有微软 DCOM（COM+）、CORBA 及 Java RMI。

5.2.1　微软 DCOM

1992 年 4 月，微软发布 Windows 3.1，包括了一种称为 OLE（Object Linking and Embedding）的机制。这个机制允许一个程序动态链接其他库来支持其他功能，例如将一个电子表格嵌入 Word 文档。后来，OLE 演变成了 COM（Component Object Model）。一个 COM 对象是一个二进制文件。使用 COM 服务的程序访问的是标准化接口的 COM 对象而不是其内部结构。COM 对象用全局唯一标识符（GUID）来命名，用类的 ID 来识别对象的类。可以有多种方法来创建一个 COM 对象，例如 CoGetInstanceFromFile。COM 库在系统注册表中查找相应的二进制代码（一个 DLL 或可执行文件）来创建对象，并给调用者返回一个接口指针。COM 的着眼点在于同一台计算机上不同应用程序之间的通信需求。

DCOM（Distributed Component Object Model）是对 COM 的扩展，它支持不同的两台机器上的组件之间的通信，而且不论它们运行在局域网、广域网还是 Internet 上。借助 DCOM，应用程序能够进行任意的空间分布。DCOM 于 1996 年在 Windows NT 4.0 中被引入，后来更名为 COM+。为了支持访问远程 COM 对象，DCOM 需要创建一个对象的过程，此时需要提供服务器的网络名以及类 ID，微软提供了一些机制来实现这一点。最透明的方式是远程计算机的名称固定在注册表（或 DCOM 类存储）里，与特定类 ID 相关联。以此方式，应用程序不知道它正在访问一个远程对象，并且可以使用与访问本地 COM 对象相同的接口指针。同时，应用程序也可指定一个机器名来作为参数。

由于 DCOM 是对 COM 这个组件技术的无缝升级，所以我们能够从现有的有关 COM 的知识中获益。以前在 COM 中开发的应用程序、组件、工具都可以移入分布式的环境，DCOM 将屏蔽底层网络协议的细节，我们只需要集中精力于应用。

DCOM 最大的缺点是，这是微软独家的解决办法，在跨防火墙方面的工作做得不是很好（大多数 RPC 系统也有类似的问题），因为防火墙必须允许某些端口来让 ORPC 和 DCOM 通过。

5.2.2 CORBA

Sun RPC、DCE 等远程过程调用的机制存在一些缺陷。例如，如果服务器没有运行，客户端是无法连接到远程过程进行调用的。管理员必须确保在任何客户端试图连接到服务器之前将服务器启动。如果一个新服务或接口添加到了系统，客户端是不能发现的。最后，面向对象语言期望在函数调用中体现多态性，即不同类型的数据的函数的行为应该有所不同，而这点恰恰是传统的 RPC 所不支持的。

CORBA（Common Object Request Broker Architecture）就是为了解决上面提到的各种问题而产生的。CORBA 是由对象管理组织（OMG）制订的一种标准的面向对象应用程序的体系规范，或者说 CORBA 体系结构是 OMG 为了解决分布式处理环境（DCE）中硬件和软件系统的互联而提出的一种解决方案。OMG 成立于 1989 年，作为一个非营利性组织，致力于开发在技术上具有先进性、在商业上具有可行性并且独立于厂商的软件互联规范，推广面向对象模型技术，增强软件的可移植性（Portability）、可重用性（Reusability）和互操作性（Interoperability）。该组织成立之初，成员包括 Unisys、Sun、Cannon、Hewlett-Packard 和 Philips 等在业界享有盛誉的软硬件厂商，目前该组织拥有 800 多家成员。

CORBA 体系的主要内容包括以下 5 个部分。

- 对象请求代理（Object Request Broker，ORB）：负责对象在分布环境中透明地收发请求和响应，它是构建分布对象应用、在异构或同构环境下实现应用间互操作的基础。
- 对象服务（Object Services）：为使用和实现对象而提供的基本对象集合，这些服务应独立于应用领域。主要的 CORBA 服务有：名录服务（Naming Service）、事件服务（Event Service）、生命周期服务（Life Cycle Service）、关系服务（Relationship Service）以及事务服务（Transaction Service）等。这些服务几乎包括分布式系统和面向对象系统的各个方面，每个组成部分都非常复杂。
- 公共设施（Common Facilities）：向终端用户提供一组共享服务接口，例如系统管理、组合文档和电子邮件等。
- 应用接口（Application Interfaces）：由销售商提供的可控制其接口的产品，相应于传统的应用层表示，处于参考模型的最高层。
- 领域接口（Domain Interfaces）：为应用领域服务而提供的接口，如 OMG 为 PDM 系统制定的规范。

当客户端发出请求时，ORB 做了以下事情。

- 在客户端编组参数。
- 定位服务器对象。如果有必要，它会在服务器上创建一个过程来处理请求。
- 如果服务器是远程的，就使用 RPC 或 Socket 来传送请求。
- 在服务器上将参数解析成服务器格式。
- 在服务器上组装返回值。
- 如果服务器是远程的，就将返回值传回。
- 在客户端对返回结果进行解析。

IDL（Interface Definition Language）用于指定类的名字、属性和方法。它不包含对象的实现。IDL 编译器生成代码来处理编组、解封以及 ORB 与网络之间的交互。它会生成客户机和服务器存根。IDL 对编程语言是中立的，支持包括 C、C++、Java、Perl、Python、Ada、COBOL、Smalltalk、Objective C 和 LISP 等语言。一个示例 IDL 如下。

```
Module StudentObject {
```

```
    Struct StudentInfo {
        String name;
        int id;
        float gpa;
    };
    exception Unknown {};
    interface Student {
        StudentInfo getinfo(in string name)
            raises(unknown);
        void putinfo(in StudentInfo data);
    };
};
```

IDL 数据类型如下。

- 基本类型——long、short、string、float 等。
- 构造类型——struct、union、枚举、序列。
- 对象引用。
- any 类型——一个动态类型的值。

编程中最常见的实现方式是通过对象引用来实现请求。下面是一个使用 IDL 的例子。

```
Student st = ... // 获得对象的引用
try {
    StudentInfo sinfo = st.getinfo("Fred Grampp");
} catch (Throwable e) {
    ... // 错误处理
}
```

在 CORBA 规范中，没有明确说明不同厂商的中间件产品要实现所有的服务功能，并且允许厂商开发自己的服务类型。因此，不同厂商的 ORB 产品对 CORBA 服务的支持能力不同，使我们在针对系统的待开发功能进行中间件产品选择时，有更多的选择余地。

CORBA 的不足如下。

- 尽管有多家供应商提供 CORBA 产品，但是仍找不到能够单独为一种网络中的所有环境提供实现的供应商。不同的 CORBA 实现之间会出现缺乏互操作性的现象，从而造成一些问题。而且，由于供应商常常会自行定义扩展，而 CORBA 又缺乏针对多线程环境的规范，对于像 C 或 C++这样的语言，源代码兼容性并未完全实现。
- CORBA 过于复杂，要熟悉 CORBA，并进行相应的设计和编程，需要许多个月来掌握相关技术，而要达到专家水平，则需要好几年。在目前最新的 Java 版本中，CORBA 模块已经被移除。这意味着在 Java 领域，将会有更多分布式技术可以用来替代 CORBA。更多有关 CORBA 的优缺点，可以参阅 Michi Henning 的 *The rise and fall of CORBA*。

5.2.3 Java RMI

CORBA 旨在提供一组全面的服务来管理在异构环境中（不同语言、操作系统、网络）的对象。Java 在最初只支持通过 Socket 来实现分布式通信。1995 年，作为 Java 的缔造者，Sun 公司开始创建一个 Java 的扩展，称为 Java 远程方法调用（Remote Method Invocation，RMI）。Java RMI 允许程序员在创建分布式应用程序时，可以从其他 Java 虚拟机调用远程对象的方法。

一旦应用程序（客户端）引用了远程对象，就可以进行远程调用了。这时通过 RMI 提供的命名服务（RMI 注册中心）来查找远程对象，接收作为返回值的引用。Java RMI 在概念上类似于 RPC，但能在不同地址空间支持对象调用的语义。

与大多数其他诸如 CORBA 的 RPC 系统不同，RMI 只支持基于 Java 来构建，但也正是这个原因，RMI 对于语言来说更加整洁，无须做额外的数据序列化工作。Java RMI 的设计目标包括以下几点。

- 能够适应语言，集成到语言，易于使用。
- 支持无缝的远程调用对象。
- 支持服务器到 applet 的回调。
- 保障 Java 对象的安全环境。
- 支持分布式垃圾回收。
- 支持多种传输。

分布式对象模型与本地 Java 对象模型的相似点在于以下几点。

- 引用一个对象可以作为参数传递或作为返回的结果。
- 远程对象可以投到任何使用 Java 语法实现的远程接口的集合上。

内置 Java instanceof 操作符可以用来测试远程对象是否支持远程接口。不同点有以下几点。

- 远程对象的类是与远程接口进行交互，而不是与这些接口的实现类交互。
- Non-remote 参数对于远程方法调用来说是通过复制，而不是通过引用来传递的。
- 远程对象是通过引用来传递的，而不是复制实际的远程对象实现。
- 客户端必须处理额外的异常。

1. 接口和类

所有的远程接口都继承自 java.rmi.Remote 接口。例如：

```
public interface bankaccount extends Remote
{
    public void deposit(float amount)
        throws java.rmi.RemoteException;

    public void withdraw(float amount)
        throws OverdrawnException,
        java.rmi.RemoteException;
}
```

注意，每个方法必须在 throws 里面声明 java.rmi.RemoteException。只要客户端调用远程方法出现失败，这个异常就会抛出。

2. 远程对象类

Java.rmi.server.RemoteObject 类提供了远程对象实现的语义，包括 hashCode、equals 和 toString。java.rmi.server.RemoteServer 及其子类让远程对象实现可见。java.rmi.server.UnicastRemoteObject 类定义了客户端与服务器对象实例并建立一对一的连接。

3. 存根

Java RMI 通过创建存根方法来工作。存根由 rmic 编译器生成。自 Java 1.5 以来，Java 支持在运行时动态生成存根类。编译器 rmic 会提供各种编译选项。

4. 定位对象

引导名称服务提供了用于存储对远程对象的命名引用。一个远程对象引用可以存储使用类 java.rmi.Naming 提供的基于 URL 的方法。例如：

```
BankAccount acct = new BankAcctImpl();
String url = "rmi://java.sun.com/account";
// 绑定 URL 到远程对象
java.rmi.Naming.bind(url, acct);
```

```
// 执行 lookup 方法
acct = (BankAccount)java.rmi.Naming.lookup(url);
```

Java RMI 的工作流程如图 5-2 所示。

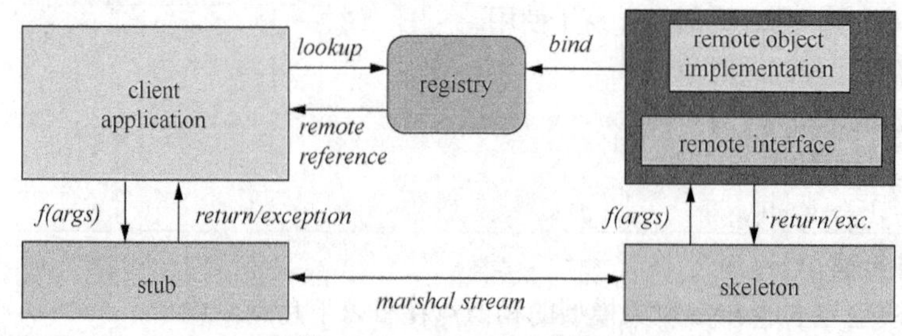

图 5-2　Java RMI 的工作流程

5. RMI 架构

Java RMI 是一个三层架构（见图 5-3），最上面是 Stub/Skeleton layer（存根/骨架层）。方法调用从 Stub、Remote Reference Layer（远程引用层）和 Transport Layer（传输层）向下传递给主机，然后再次经过 Transport Layer 层，向上穿过 Remote Reference Layer 和 Skeleton，到达服务器对象。Stub 扮演着远程服务器对象的代理的角色，使该对象可被客户激活。Remote Reference Layer 处理语义、管理单一或多重对象的通信，决定调用是发往一个服务器还是多个。Transport Layer 管理实际的连接，并且追踪可以接收方法调用的远程对象。服务器端的 Skeleton 完成对服务器对象实际的方法调用，并获取返回值。返回值向下经 Remote Reference Layer、服务器端的 Transport Layer 传递回客户端，再向上经 Transport Layer 和 Remote Reference Layer 返回。最后，Stub 程序获得返回值。

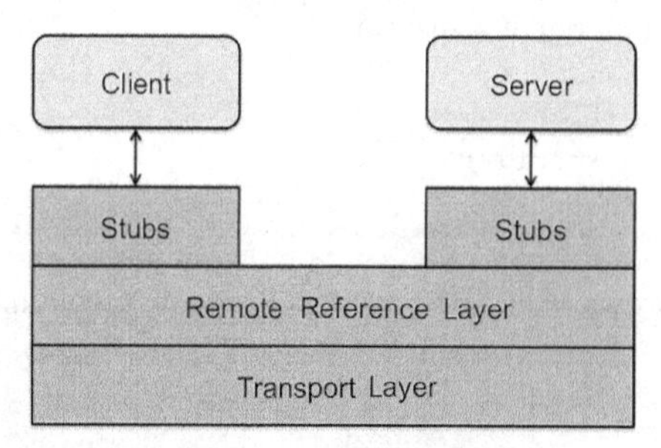

图 5-3　Java RMI 架构

要完成以上操作需要有以下几个步骤。

- 生成一个远程接口。
- 实现远程对象（服务器程序）。
- 生成 Stub 和 Skeleton（服务器程序）。
- 编写服务器程序。
- 编写客户端程序。
- 注册远程对象。
- 启动远程对象。

6. RMI 分布式垃圾回收

根据 Java 虚拟机的垃圾回收机制原理，在分布式环境下，服务器进程需要知道哪些对象不再由客户端引用，从而可以被删除（垃圾回收）。在 JVM 中，Java 使用引用计数。当引用计数归零时，对象将会被垃圾回收。在 RMI 中，Java 支持两种操作——dirty 和 clean。本地 JVM 定期发送一个 dirty 到服务器来说明该对象仍在使用。定期重发 dirty 的周期是由服务器租赁时间来决定的。当客户端不需要更多的本地引用远程对象时，它发送一个 clean 调用给服务器。不像 DCOM，服务器不需要计算每个客户机使用的对象，只是简单地做下通知。如果它租赁时间到期之前没有接收到任何 dirty 或者 clean 的消息，则可以安排将对象删除。

5.3　分布式对象系统优缺点

从 5.2 节的学习，我们了解到分布式对象系统的优点及缺点。

分布式对象系统的主要优点是支持面向对象编程。在面向对象编程大行其道的今天，毫无疑问，采用面向对象的方式来开发分布式系统是最容易被开发者接受的。

当然，分布式对象系统也有不足之处。

- 只支持针对特定的平台。以微软 DCOM（COM+）、Java RMI 为例，这些分布式对象系统只能在特定的平台上才能使用，比如微软 DCOM（COM+）只能在微软的操作系统下才能使用，而 RMI 只能在 Java 平台上使用。
- 规范复杂，实现困难。典型的例子是 CORBA，虽然 CORBA 的规范非常完善，也号称支持跨平台，但允许 CORBA 本身的复杂性，导致了厂商在实现 CORBA 时产生了非常大的差异，造成不同的 CORBA 实现之间会出现缺乏互操作性的现象。同时，CORBA 过于复杂，导致能很好使用 CORBA 的人很少。这也是 CORBA 无法继续流行的原因。

5.4　实战：基于 Java RMI 实现分布式对象通信

本节，我们将演示如何基于 Java RMI 来实现分布式对象通信。

5.4.1　示例概述

RMI 应用程序通常包含两个单独的程序，即服务器和客户端。一个典型的服务器程序创建一些远程对象，使对这些对象的引用可访问，并等待客户端调用这些对象上的方法。典型的客户端程序获取对服务器上一个或多个远程对象的远程引用，然后在其上调用方法。RMI 提供了一种机制，服务器和客户端通过该机制进行通信并来回传递信息。有时将这样的应用程序称为分布式对象应用程序。

分布式对象应用程序需要执行以下操作。

- 找到远程对象。应用程序可以使用各种机制来获取对远程对象的引用。例如，应用程序可以使用 RMI 的简单命名功能、RMI 注册表注册其远程对象，或者应用程序可以传递和返回远程对象引用，作为其他远程调用的一部分。
- 与远程对象通信。远程对象之间的通信详细信息由 RMI 处理。对于程序员而言，远程通信看起来类似于常规的 Java 方法调用。
- 为传递的对象加载类定义。因为 RMI 使对象能够来回传递，所以它提供了用于加载对象的类定义以及传输对象的数据的机制。

图 5-4 描绘了使用 RMI 注册表获取对远程对象的引用的 RMI 分布式应用程序。服务器调用注册表以将名称与远程对象关联（或绑定）。客户端在服务器的注册表中通过其名称查找远程对象，然

后在其上调用一个方法。该图还显示 RMI 系统使用现有的 Web 服务器在需要时从服务器到客户端以及从客户端到服务器为对象加载类定义。

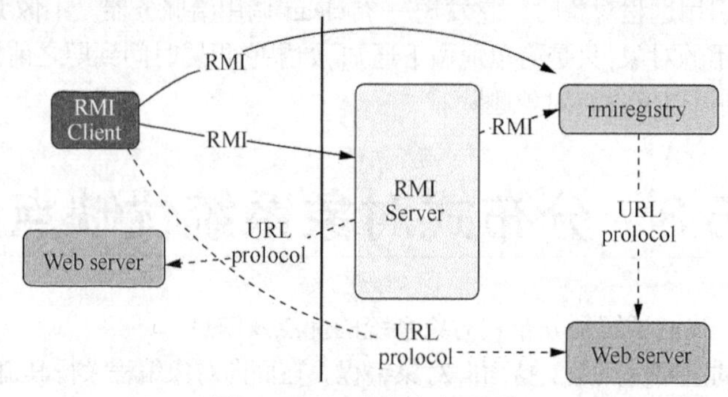

图 5-4 RMI 分布式应用程序

在本例中，同样会有一个服务器和客户端，分别为 RmiEchoServer 和 RmiEchoClient。顾名思义，本例用于演示 Echo 协议的内容。当 RmiEchoServer 接收到 RmiEchoClient 发起的请求时，RmiEchoServer 会将请求的内容原样返回给 RmiEchoClient。

5.4.2 编写 RMI 服务器

RMI 服务器代码由一个接口 Message 和一个类 RmiEchoServer 组成。接口定义了可以从客户端调用的方法。本质上，该接口定义了远程对象的客户端视图，该类提供了实现。

1. 设计远程接口 Message

Message 接口提供了客户端和服务器之间的连接。代码如下。

```
package com.waylau.java.demo.rmi;

import java.rmi.Remote;
import java.rmi.RemoteException;

public interface Message extends Remote {

    /**
     * 发送消息
     *
     * @param msg 消息
     * @return 响应内容
     * @throws RemoteException
     */
    String echoMessage(String msg) throws RemoteException;
}
```

Message 接口只有一个方法 echoMessage。当调用该方法时，需要返回响应内容。

2. 实现远程接口 Message

以下是实现 Message 接口的 RmiEchoServer 类。代码如下。

```
package com.waylau.java.demo.rmi;

import java.rmi.RemoteException;
import java.rmi.registry.LocateRegistry;
import java.rmi.registry.Registry;
import java.rmi.server.UnicastRemoteObject;
```

```
public class RmiEchoServer implements Message {

    @Override
    public String echoMessage(String msg) throws RemoteException {
        System.out.println("Client -> Server: " + msg);
        return msg;
    }

    public static void main(String args[]) {

        try {
            int port = ServerConstant.PORT;

            RmiEchoServer obj = new RmiEchoServer();
            Message stub = (Message) UnicastRemoteObject.exportObject(obj, 0);

            // 绑定远程对象的 stub 到注册中心
            Registry registry =
                    LocateRegistry.getRegistry(port); // 如不指定端口，默认使用 1099
            registry.rebind(ServerConstant.REGISTRY_NAME, stub);

            System.err.println("RmiEchoServer started on port: " + port);
        } catch (Exception e) {
            System.err.println("RmiEchoServer exception: " + e.toString());
            e.printStackTrace();
        }
    }
}
```

RmiEchoServer 类的方法 echoMessage 来自 Message 接口的定义，该方法的具体实现如下。

- 在控制台输出接收到的内容 msg。
- 而后将接收到的内容 msg 原样返回。

RmiEchoServer 类的方法 main 是服务器应用的主入口。我们重点看下 main 方法的具体实现。

UnicastRemoteObject.exportObject 静态方法用于导出提供的远程对象，以便它可以从远程客户端接收其远程方法的调用。第二个参数 int 指定用于侦听该对象的传入远程调用请求的 TCP 端口。通常使用零值，该值指定使用匿名端口。然后，实际端口将在运行时由 RMI 或基础操作系统选择。但是，也可以使用非零值来指定用于侦听的特定端口。成功导出 exportObject 调用后，RmiEchoServer 远程对象已准备就绪，可以处理传入的远程调用。

exportObject 方法返回导出的远程对象的存根。请注意，变量存根的类型必须是 Message，而不是 RmiEchoServer，因为远程对象的存根仅实现导出的远程对象实现的远程接口。

exportObject 方法声明它可以引发 RemoteException，这是一个经过检查的异常类型。main 方法使用其 try/catch 块处理此异常。如果未通过这种方式处理异常，则必须在 main 方法的 throws 子句中声明 RemoteException。

在客户端可以在远程对象上调用方法之前，客户端必须首先获取对该远程对象的引用。可以通过在程序中获得任何其他对象引用的方式来获得引用，例如通过将引用作为方法返回值的一部分或包含此类引用的数据结构的一部分来获取。

系统提供一种特殊类型的远程对象 RMI 注册表，用于查找对其他远程对象的引用。RMI 注册表是一个简单的远程对象命名服务，使客户端能够通过名称获得对远程对象的引用。注册表通常仅用于查找 RMI 客户端需要使用的第一个远程对象，然后，第一个远程对象可能会为查找其他对象提供支持。

java.rmi.registry.Registry 远程接口是用于绑定（或注册）和在注册表中查找远程对象的 API。java.rmi.registry.LocateRegistry 类提供了静态方法，用于合成对特定网络地址（主机和端口）上注册表的远程引用。这些方法将创建包含指定网络地址的远程引用对象，而不执行任何远程通信。在本例中，我们通过 port 来指定特定的端口号。LocateRegistry 还提供了用于在当前 Java 虚拟机中创建新注册表的静态方法，尽管本示例未使用这些方法。在本地主机上的 RMI 注册表中注册了远程对象后，任何主机上的客户端都可以按名称（即代码中的 ServerConstant.REGISTRY_NAME）查找远程对象，获取其引用，然后在该对象上调用远程方法。注册表可以由主机上运行的所有服务器共享，或者单个服务器进程可以创建和使用其自己的注册表。

为了方便管理引用中的常量（比如主机地址、端口号、远程名称、消息等），我们将常量定义在 ServerConstant 中。代码如下。

```java
package com.waylau.java.demo.rmi;

public interface ServerConstant {

    String HOST =
            "localhost";

    int PORT = 1099;

    String REGISTRY_NAME = "Echo Server Message";

    String HELLO_WORLD =
            "Hello World! Welcome to waylau.com!";
}
```

5.4.3 编写 RMI 客户端

RMI 客户端 RmiEchoClient 的代码如下。

```java
package com.waylau.java.demo.rmi;

import java.rmi.registry.LocateRegistry;
import java.rmi.registry.Registry;

public class RmiEchoClient {

    public static void main(String[] args) {
        try {
            String host = ServerConstant.HOST;
            int port = ServerConstant.PORT;

            Registry registry = LocateRegistry.getRegistry(host, port);
            Message stub =
                    (Message) registry.lookup(ServerConstant.REGISTRY_NAME);
            String response = stub.echoMessage(ServerConstant.HELLO_WORLD);

            System.out.println("Server -> Client: " + response);
        } catch (Exception e) {
            System.err.println("RmiEchoClient exception: " + e.toString());
            e.printStackTrace();
        }
```

```
    }
}
```

客户端将使用 RmiEchoServer 用来绑定其远程对象的相同名称来构建用于查找 Message 远程对象的名称。此外，客户端使用 LocateRegistry.getRegistry API 来合成对服务器上注册表的远程引用，其参数分别是服务器的名称及端口号。然后，客户端在注册表上调用 lookup 方法，以在服务器的注册表中按名称（即代码中的 ServerConstant.REGISTRY_NAME）查找远程对象。stub 即为远程对象的存根，通过调用 stub 的 echoMessage 方法，即实现调用远程对象上的方法。其中，ServerConstant.HELLO_WORLD 为 echoMessage 方法参数，也就是传递给远程对象的消息。

5.4.4 运行

在启动应用之前，需要先启动 RMI 注册表。RMI 注册表是一种简单的服务器引导程序命名工具，它使远程客户端可以获取对初始远程对象的引用。可以使用 rmiregistry 命令启动。在执行 rmiregistry 之前，确保该命令所执行的目录下包含了应用的编译文件，即.class 文件。在 Maven 管理的应用中，编辑文件通常是在应用的“target”目录下。

以下是在 Windows 系统上启动执行 rmiregistry 命令的方式。

```
start rmiregistry 1099
```

其中，1099 是 RMI 服务器所绑定的端口号。该命令不会产生任何输出，通常在后台运行。效果如图 5-5 所示。

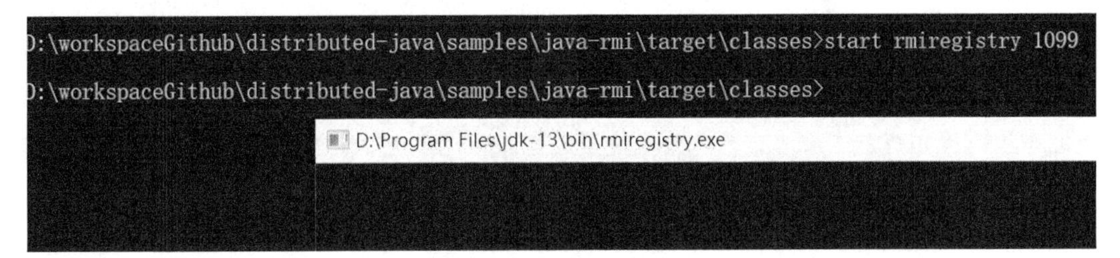

图 5-5　启动 RMI 注册表

当 RMI 注册表启动之后，就可以启动 RMI 服务器和客户端程序了，观察控制台输出内容。

可以看到，RMI 服务器输出内容如下。

```
RmiEchoServer started on port: 1099
Client -> Server: Hello World! Welcome to waylau.com!
```

RMI 客户端输出内容如下。

```
Server -> Client: Hello World! Welcome to waylau.com!
```

本节示例，可以在 java-rmi 项目下找到。

5.5 本章小结

本章介绍了基于对象的分布式系统架构及常用的分布式对象系统，包括微软 DCOM（COM+）、CORBA、Java RMI。

同时我们也认识到分布式对象系统有其优点也有其缺点，在实际应用中，要根据实际的场景来考虑使用哪种分布式对象系统技术。比如，在特定的平台，我们可以使用与该平台所对应的分布式对象系统技术。比如针对微软平台，我们可以使用 DCOM（COM+）技术；在 Java 平台，我们可以使用 Java RMI 技术。如果平台具有多样性，或者没有办法统一到相同的技术上来，那么可以选择使用跨平台的分布式技术，比如 CORBA。

5.6 习题

- 请简述基于对象的分布式架构的实现原理。
- 常用的分布式对象系统有哪些？它们具有怎样的特点？又有哪些不足？
- 请用你熟悉的技术编写一个应用，以实现分布式对象的通信。

第 6 章 面向服务的分布式架构

面向对象的分布式架构有其限制，比如与平台强关联、实现复杂等。因此，近些年来，面向服务的分布式架构逐渐兴起。

本章介绍面向服务的分布式架构。

6.1 什么是面向服务的架构

面向服务的架构（Service Oriented Architecture，SOA）体系结构基于服务组件模型，将应用程序的不同功能单元（称为服务）通过定义良好的接口契约联系起来。接口是采用中立方式进行定义的，独立于实现服务的硬件平台、操作系统和编程语言，使得构建在这样系统中的服务可以以一种统一的、通用的、灵活的方式进行交互。SOA 组件模型具备以下特点。

- 可重用：一个服务创建后能用于多个应用和业务流程。
- 松耦合：服务请求者到服务提供者的绑定与服务之间应该是松耦合的。因此，服务请求者不需要知道服务提供者实现的技术细节，例如程序语言、底层平台等，只需要知道服务名与服务接口。服务的部署、迁移、扩容极其便利。
- 明确定义的服务接口：服务交互必须是明确定义的。SOA 服务组件提供标准的服务接口，服务请求者根据服务名、标准服务接口来获取服务。Web 服务描述语言（Web Services Description Language，WSDL）用于描述服务请求者所要求的绑定到服务提供者的细节。WSDL 不包括服务实现的任何技术细节。服务请求者不知道也不关心服务究竟是由哪种程序设计语言编写的。
- 基于开放标准：当前 SOA 的实现形式基于开放标准，例如，公有 Web Service 协议或私有开放服务标准协议。可以采用第一代 Web Service 定义的 SOAP、WSDL 和 UDDI，以及第二代 Web Service 定义的 WS-*实现。
- 无状态的服务设计：服务应该是独立的、自包含的请求，在实现时它不需要获取从一个请求到另一个请求的信息或状态。服务不应该依赖于其他服务的上下文和状态。当产生依赖时，它们可以定义成通用的业务流程、函数和数据模型。

几十年来，企业 IT 组织一直期望试图引入企业级应用的 IT 标准，以实现同化系统、提升效率和敏捷性，但实际收效甚微。20 世纪 80 年代，关系型数据库系统成为主流数据库系统，企业数据模型（Enterprise Data Model，EDM）项目也因此大行其道。EDM 为企业的所有业务实体定义了一个全局数据模型，并在公司的所有组织和系统之间共享该模型。但这些 EDM 项目都以失败而告终。在今天，我们发现，企业有多少数据库，就有多少种数据库的模式。数据库的模式根本无法实现统一。

20 世纪 90 年代，基于企业级中间件的标准同化企业应用程序“企业软件总线（Enterprise

Software Bus，ESB）”应运而生。ESB 试图通过确立独立于软件模块间的、独立于技术、统一的企业级通信标准，从根本上解决应用程序的集成问题。但事实上，今天看来，几乎所有的企业不仅有应用程序异质问题，还有中间件异质问题。很多情况下，CORBA 等中间件只能针对单个项目解决点对点的集成问题，并未建立全局的软件总线。在很多企业中，不兼容的中间件系统几乎与不兼容的应用程序一样多。

SOA 不是一项技术，也不是一个标准，而是一种架构。SOA 架构独立于标准，提供了架构的蓝图。架构蓝图切开、分块和组合企业应用程序层，将组件“服务”化。SOA 中的服务与业务功能相关联，但在技术上独立于业务功能的实现。

6.2 SOA 的基本概念

Dirk Krafzig 等人所著的 *Enterprise SOA* 一书中，对 SOA 做了如下定义。

SOA 是一个软件架构，包含了 4 个关键概念：应用程序前端、服务、服务库和服务总线。一个服务包含一个合约、一个或者多个接口以及一个实现。

- 应用程序前端：业务流程的所有者。
- 服务：提供业务的功能，可以供应用程序前端或者其他服务使用。
- 实现：提供业务的逻辑和数据。
- 合约：为服务客户指定功能、使用和约束。
- 接口：物理地公开功能。
- 服务库：存储 SOA 中各个服务的服务合约。
- 服务总线：将应用程序前端和服务连在一起。

图 6-1 描述了 SOA 架构中的组成关系。

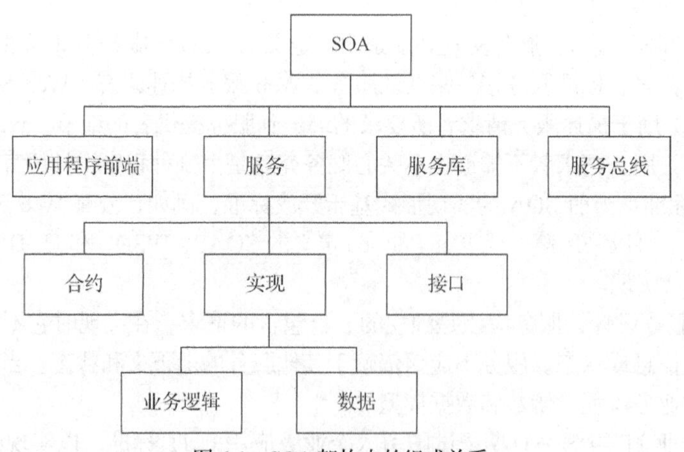

图 6-1　SOA 架构中的组成关系

在 SOA 架构中，必须有以下重要实体角色，如图 6-2 所示。

- 服务请求者（Service Customer）：服务请求者是一个应用程序、一个软件模块或需要一个服务的另一个服务。它发起对服务管理中心的服务查询（服务寻址），通过服务寻址后，与目标服务建立通道来绑定服务，调用远程服务接口功能。服务请求者根据服务接口合约来获取执行远程服务。

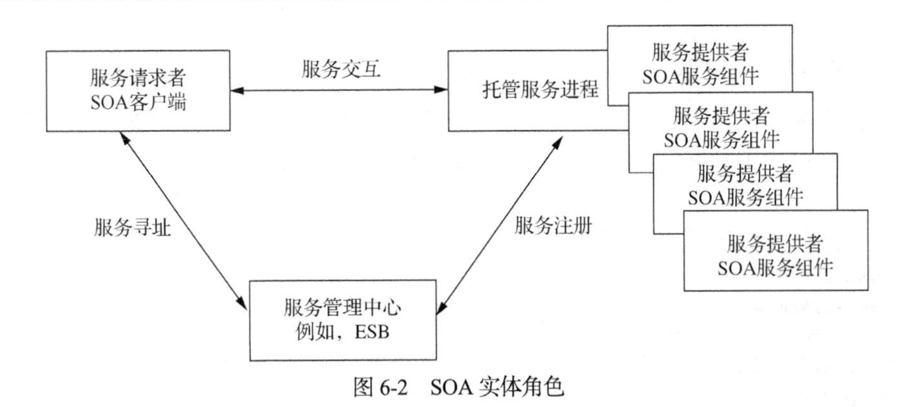

图 6-2　SOA 实体角色

- 服务提供者（Service Provider）：服务提供者是一个可通过网络寻址的进程实体（托管服务进程），与部署在托管服务进程下的 SOA 服务组件一起实现服务功能。服务提供者自动将服务组件提供的服务名发布到服务注册中心，以便服务请求者可以发现和访问该服务。服务提供者接收和执行来自服务请求者的请求，通过接口提供服务。
- 服务管理中心（Service Management Center）：服务管理中心是服务提供者与服务请求者的联系中介，为服务提供者提供服务注册管理，同时为服务请求者提供服务寻址查询。提供服务管理域中全部服务资源注册管理表，以及服务查询请求接口，允许感兴趣的服务请求者查找服务资源。

SOA 体系结构中的每个实体都扮演着服务提供者、请求者和管理中心这 3 种角色中的某一种（或多种）。SOA 体系结构中的操作如下。

- 服务注册：为了使服务可访问，需要服务提供者向服务管理中心注册服务，以使服务请求者可以发现和调用它。
- 服务寻址：服务请求者定位服务，方法是查询服务注册中心，找到满足其服务需求的服务资源网络地址。
- 服务交互（远程服务调用）：在完成服务寻址之后，服务请求者根据与目标服务提供者建立的网络通道来调用服务。

6.3　基于 Web 服务的 SOA

Web 服务是 SOA 架构系统的一个实例，在 SOA 架构实现中的应用非常广泛。

由于互联网的兴起，Web 浏览器成为占主导地位的、用于访问信息的模型。现在的应用设计的首要任务大多数是让用户通过浏览器来访问，而不是通过编程访问或操作数据。

网页设计关注的是内容，解析实现方面往往是繁琐的。传统 RPC 解决方案可以工作在互联网上，但问题是，它们通常严重依赖于动态端口分配，往往要进行额外的防火墙配置。

Web 服务成为一组协议，允许服务被发布、发现，并用于技术无关的形式，即服务不应该依赖于客户的编程语言、操作系统或机器架构。Web 服务的实现一般是使用 Web 服务器作为服务请求的管道。客户端访问该服务，首先通过一个 HTTP 发送请求到服务器上的 Web 服务器。Web 服务器配置识别 URL 的一部分路径名或文件名后缀，并将请求传递给特定的浏览器插件模块。这个模块可以除去请求头来解析数据（如果需要），并根据需要调用其他方法或模块。对于这个实现流，一个常见的例子是浏览器对 Java Servlet 的支持。HTTP 请求会被转发到 JVM 运行的服务器代码来执行处理。

6.3.1 XML-RPC

XML-RPC是在1998年作为一个RPC消息传递协议,将请求和响应封装解析为人类可读的XML格式。XML 格式基于 HTTP，缓解了传统企业的防火墙需要为 RPC 服务器应用程序打开额外的端口的问题。

下面是一个 XML-RPC 消息的例子。

```
<methodCall>
    <methodName>
        sample.sumAndDifference
    </methodName>
    <params>
        <param><value><int> 5 </int></value></param>
        <param><value><int> 3 </int></value></param>
    </params>
</methodCall>
```

这个例子中，方法 sumAndDifference 有两个整数参数 5 和 3。

XML-RPC 支持的基本数据类型是 int、string、boolean、double 和 dateTime.iso8601。此外还有 base64 类型，用于编码任意二进制数据。array 和 struct 允许定义数组和结构。

XML-RPC 不限制任何特定的语言，也不是一套完整用于处理远程过程调用的软件，诸如存根生成、对象管理和服务查找都不在其协议内。现在有很多库可以用于不同的语言，比如 Apache XML-RPC 可以用于 Java、Python 和 Perl。

XML-RPC 是一个简单的规范（约 7 页内容），没有“雄心勃勃”的目标——它只关注消息，并不处理诸如垃圾收集、远程对象、远程过程的名称服务和其他方面的问题。然而，即使没有广泛的产业支持，简单的协议却广泛被业界采用。

6.3.2 SOAP

简单对象访问协议（Simple Object Access Protocol，SOAP）以 XML-RPC 规范作为创建 SOAP 的依据，创建于 1998 年，获得了微软和 IBM 的大力支持。该协议在创建初期只作为一种对象访问协议，但由于 SOAP 的发展，其协议已经不单只是用于简单的访问对象，所以这种 SOAP 缩写已经在标准的 1.2 版后被废止了。1.2 版在 2003 年 6 月 24 日成为 W3C 的推荐版本。SOAP 指定 XML 作为无状态的消息交换格式，包括了 RPC 式的过程调用。

SOAP 只是一种消息格式，并未定义垃圾回收、对象引用、存根生成和传输协议。

下面是一个简单的例子。

```
<?xml version='1.0' ?>
<env:Envelope xmlns:env="http://www.w3.org/2003/05/soap-envelope">
 <env:Header>
  <m:reservation xmlns:m="http://travelcompany.example.org/reservation"
          env:role="http://www.w3.org/2003/05/soap-envelope/role/next"
           env:mustUnderstand="true">
   <m:reference>uuid:093a2da1-q345-739r-ba5d-pqff98fe8j7d</m:reference>
   <m:dateAndTime>2001-11-29T13:20:00.000-05:00</m:dateAndTime>
  </m:reservation>
  <n:passenger xmlns:n="http://mycompany.example.com/employees"
          env:role="http://www.w3.org/2003/05/soap-envelope/role/next"
           env:mustUnderstand="true">
   <n:name>Åke Jógvan Øyvind</n:name>
  </n:passenger>
 </env:Header>
```

```
<env:Body>
 <p:itinerary
   xmlns:p="http://travelcompany.example.org/reservation/travel">
  <p:departure>
    <p:departing>New York</p:departing>
    <p:arriving>Los Angeles</p:arriving>
    <p:departureDate>2001-12-14</p:departureDate>
    <p:departureTime>late afternoon</p:departureTime>
    <p:seatPreference>aisle</p:seatPreference>
  </p:departure>
  <p:return>
    <p:departing>Los Angeles</p:departing>
    <p:arriving>New York</p:arriving>
    <p:departureDate>2001-12-20</p:departureDate>
    <p:departureTime>mid-morning</p:departureTime>
    <p:seatPreference/>
  </p:return>
 </p:itinerary>
 <q:lodging
  xmlns:q="http://travelcompany.example.org/reservation/hotels">
  <q:preference>none</q:preference>
 </q:lodging>
</env:Body>
</env:Envelope>
```

其中<soap:Envelope>是 SOAP 消息中的根节点，是 SOAP 消息中必需的部分。<soap:Header>是 SOAP 消息中可选部分，指消息头。<soap:Body>是 SOAP 消息中必需的部分，指消息体。

上面例子中的 SOAP 消息结构如图 6-3 所示。

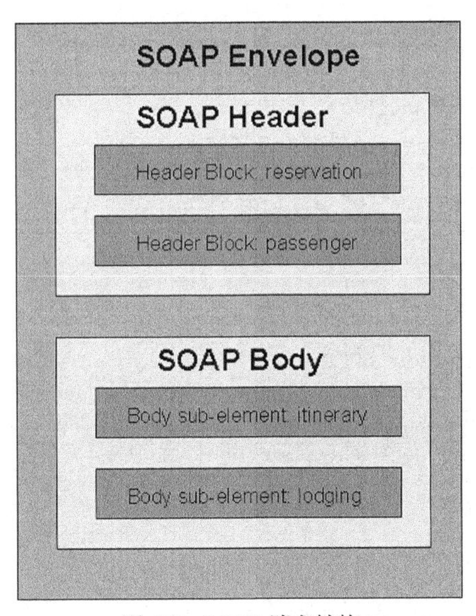

图 6-3 SOAP 消息结构

SOAP 只是提供了一个标准化的消息结构，为了实现它，往往需要用 WSDL 来描述 Web 服务的方法。WSDL 是基于 XML 的一种用于描述 Web 服务以及如何访问 Web 服务的语言。

WSDL 文档包括以下 7 个部分。

- 类型（Types）：定义了 Web 服务使用的数据类型。
- 消息（n/a）：描述使用消息的数据元素或参数。

- 接口（Interface）：描述服务提供的操作，包括操作以及每个操作所使用的输入和输出消息。
- 绑定（Binding）：为每个端口定义消息格式和协议细节。例如，它可以定义 RPC 式的消息。
- 服务（Service）：系统功能相关的集合，包括其关联的接口、操作、消息等。
- 终点（Endpoint）：定义地址或者 Web 服务的连接点。
- 操作（Operation）：定义 SOAP 的动作，以及消息编码的方式。

下面是一个 WSDL 2.0 的例子。

```
<?xml version="1.0" encoding="UTF-8"?>
<description xmlns="http://www.w3.org/ns/wsdl"
             xmlns:tns="http://www.tmsws.com/wsdl20sample"
             xmlns:whttp="http://schemas.xmlsoap.org/wsdl/http/"
             xmlns:wsoap="http://schemas.xmlsoap.org/wsdl/soap/"
             targetNamespace="http://www.tmsws.com/wsdl20sample">

<documentation>
    This is a sample WSDL 2.0 document.
</documentation>

   <!-- Abstract type -->
   <types>
      <xs:schema xmlns:xs="http://www.w3.org/2001/XMLSchema"
              xmlns="http://www.tmsws.com/wsdl20sample"
              targetNamespace="http://www.example.com/wsdl20sample">

         <xs:element name="request"> ... </xs:element>
         <xs:element name="response"> ... </xs:element>
      </xs:schema>
   </types>

   <!-- Abstract interfaces -->
   <interface name="Interface1">
      <fault name="Error1" element="tns:response"/>
      <operation name="Get" pattern="http://www.w3.org/ns/wsdl/in-out">
         <input messageLabel="In" element="tns:request"/>
         <output messageLabel="Out" element="tns:response"/>
      </operation>
   </interface>

   <!-- Concrete Binding Over HTTP -->
   <binding name="HttpBinding" interface="tns:Interface1"
            type="http://www.w3.org/ns/wsdl/http">
      <operation ref="tns:Get" whttp:method="GET"/>
   </binding>

   <!-- Concrete Binding with SOAP-->
   <binding name="SoapBinding" interface="tns:Interface1"
           type="http://www.w3.org/ns/wsdl/soap"
           wsoap:protocol="http://www.w3.org/2003/05/soap/bindings/HTTP/"
           wsoap:mepDefault="http://www.w3.org/2003/05/soap/mep/request- response">
     <operation ref="tns:Get" />
   </binding>

   <!-- Web Service offering endpoints for both bindings-->
   <service name="Service1" interface="tns:Interface1">
      <endpoint name="HttpEndpoint"
```

```
            binding="tns:HttpBinding"
            address="http://www.example.com/rest/"/>
    <endpoint name="SoapEndpoint"
            binding="tns:SoapBinding"
            address="http://www.example.com/soap/"/>
  </service>
</description>
```

6.3.3 Microsoft .NET Remoting

从微软的产品角度来看，可以说.NET Remoting 就是对 DCOM 的一种升级，它改善了很多功能，并极好地融合到.NET 平台。

Microsoft .NET Remoting 提供了一种允许对象通过应用程序域与另一对象进行交互的框架。这种框架提供了多种服务，包括激活和生存期支持，以及负责与远程应用程序进行消息传输的通信通道。格式化程序用于消息在通过通道传输之前，对其进行编码和解码。应用程序可以在注重性能的场合中使用二进制编码，在需要与其他远程处理框架进行交互的场合中使用 XML 编码。在从一个应用程序域向另一个应用程序域传输消息时，所有的 XML 编码都使用 SOAP。出于安全性方面的考虑，远程处理提供了大量挂钩，使得在消息流通过通道进行传输之前，安全接收器能够访问消息和序列化流。

.NET Remoting 对象有三类对象可以配置为.NET Remoting 对象，可以根据应用程序的需要来选择对象类型。

- 单一调用对象（Single Call）：Single Call 能且只能为一个请求提供服务。在需要对象完成的工作量有限的情况下 Single Call 非常有用。Single Call 对象通常不要求存储状态信息，并且不能在方法调用之间保留状态信息。但是，Single Call 对象可以配置为负载平衡模式。
- 单一元素对象（Singleton Objects）：Singleton Objects 可以为多个客户端提供服务，因此可以通过保存客户端调用的状态信息来实现数据共享。当客户端之间需要明确的共享数据，并且不能忽略创建和维护对象的开销时，这类对象非常有用。
- 客户端激活的对象（Client-Activated Objects，CAO）：CAO 是服务器对象，这些对象将根据客户端的请求被激活。这种激活服务器对象的方法与传统的 COM coclass 激活方法非常相似。当客户端使用“new”运算符提交对服务器对象的请求时，会向远程应用程序发送一个激活请求消息。随后，服务器创建被请求类的实例，并向调用它的客户端应用程序返回 ObjRef。然后，使用此 ObjRef 在客户端上创建代理。客户端的方法调用将在代理上执行。客户端激活的对象可以为特定的客户端（不能跨越不同的客户端对象）保存方法调用之间的状态信息。每个“new”调用都会向服务器类的独立实例返回代理。

在.NET Remoting 中，可以通过以下方式在应用程序之间传递对象。

- 作为方法调用中的参数，例如 public int myRemoteMethod (MyRemoteObject myObj)。
- 方法调用的返回值，例如 public MyRemoteObject myRemoteMethod(String myString)。
- 访问.NET 组件的属性或字段得到的值，例如 myObj.myNestedObject。

对于按值封送（Marshal By Value，MBV）的对象，当它在应用程序之间传递时，将创建一个完整的副本。

对于按引用封送（Marshal By Reference，MBR）的对象，当它在应用程序之间传递时，将创建该对象的引用。当对象引用到达远程应用程序后，将转变成“代理”返回给原始对象。

下面是一个简单.NET Remoting 服务器对象的代码示例。

```
using System;
using System.Runtime.Remoting;
```

```
namespace myRemoteService
{
    // Web Service 对象
    public class myRemoteObject : MarshalByRefObject
    {
        // myRemoteMethod 方法
        public String myRemoteMethod(String s)
        {
         return "Hello World";
        }
    }
}
```

下面是客户端访问这个对象的代码示例。

```
using System;
using System.Runtime.Remoting;
using System.Runtime.Remoting.Channels;
using System.Runtime.Remoting.Channels.Http;
using myRemoteService;
public class Client
{
     public static int Main(string[] args)
     {
          ChannelServices.RegisterChannel(new HttpChannel());
          // 创建一个 myRemoteObject 类的实例
          myRemoteObject myObj =
             ( myRemoteObject)Activator.GetObject(typeof(myRemoteObject),
             "http://myHost:7021/host/myRemoteObject.soap");
          myObj.myRemoteMethod("Hello World");

          return 0;
     }
}
```

1. 租用生存期

对于那些具有在应用程序之外传送的对象引用的对象，将创建一个租用。租用具有一个租用时间。如果租用时间为 0，则租用过期，对象就断开与.NET Remoting 框架的连接。一旦 AppDomain 中的所有对象引用都被释放，则在下次垃圾回收时，该对象将被回收。租用控制了对象的生存期。对象有默认的租用阶段。当客户端要在同一服务器对象中维护状态时，可以通过许多方法扩展租用阶段，使对象继续生存。

- 服务器对象可以将其租用时间设置为无限，这样 Remoting 在垃圾回收时就不会回收此对象。
- 客户端可以调用 RemotingServices.GetLifetimeService 方法，从 AppDomain 的租用管理器中获取服务器对象的租用。然后，客户端可以通过 Lease 对象调用 Lease.Renew 方法以延长租用。
- 客户端可用 AppDomain 的租用管理器作为特定的租用注册负责人。当 Remoting 对象的租用过期时，租用管理器将通知负责人提出续租的申请。
- 如果设置了 ILease::RenewOnCallTime 属性，则每次调用 Remoting 对象时，都会用 RenewOnCallTime 属性指定的总时间更新租用。

2. 集成 Remoting 对象

.NET Remoting 对象可以集成在以下 3 个区域。

- 托管可执行项：.NET Remoting 对象可以集成在任何常规的.NET EXE 或托管服务中。
- .NET 组件服务：.NET Remoting 对象可以集成在.NET 组件服务基础结构中，以便使用各种

COM+服务，例如事务、JIT 和对象池等。

- IIS：.NET Remoting 对象可以集成在 IIS（Internet Information Server）中。默认情况下，集成在 IIS 中的 Remoting 对象通过 HTTP 通道接收消息。要在 IIS 中集成 Remoting 对象，必须创建一个虚拟的根，并将 remoting.config 文件复制到 IIS 中。包含 Remoting 对象的可执行文件或 DLL 应放在 IIS 根指向的目录下的 bin 目录中。需要注意的是，IIS 根名称应该与配置文件中指定的应用程序名称相同。当第一个消息到达应用程序时，Remoting 配置文件会自动加载。使用这种方法，可以提供.NET Remoting 对象作为 Web 服务。

下面是一个 Remoting.cfg 文件的例子。

```
<configuration>
  <system.runtime.remoting>
    <application name="RemotingHello">

      <service>
        <wellknown mode="SingleCall"
                   type="Hello.HelloService, Hello"
                   objectUri="HelloService.soap" />
      </service>

      <channels>
        <channel port="8000"
            type="System.Runtime.Remoting.Channels.Http.HttpChannel,
            System.Runtime.Remoting" />
      </channels>

    </application>
  </system.runtime.remoting>
</configuration>
```

3. 通道服务

.NET 应用程序和 AppDomain 之间使用消息进行通信。.NET 通道服务为这一通信过程提供了基础传输机制。

.NET 框架提供了 HTTP 和 TCP 通道，但是第三方也可以编写并使用自己的通道。默认情况下，HTTP 通道使用 SOAP 进行通信，TCP 通道使用二进制有效负载进行通信。

通过使用编写到集成混合应用程序中的自定义通道，可以插入通道服务（使用 IChannel）。

下面是一个加载通道服务的例子。

```
public class myRemotingObj
{
    HttpChannel httpChannel;
    TcpChannel tcpChannel;
    public void myRemotingMethod()
    {
        httpChannel = new HttpChannel();
        tcpChannel  = new TcpChannel();
        // 注册 HTTP Channel
        ChannelServices.RegisterChannel(httpChannel);
        // 注册 TCP Channel
        ChannelServices.RegisterChannel(tcpChannel);

    }
}
```

4. 序列化格式化程序

.NET 序列化格式化程序对.NET 应用程序和 AppDomain 之间的消息进行编码和解码。在.NET 运行时中有两个本地格式化程序，分别为二进制（System.Runtime.Serialization.Formatters.Binary）和 SOAP（System.Runtime.Serialization.Formatters.Soap）。

通过实现 IRemotingFormatter 接口，并将其插入上文介绍的通道，可以插入序列化格式化程序。这样，我们可以灵活地选择通道和格式化程序的组合方式，采用最适合应用程序的方案。

例如，可以采用 HTTP 通道和二进制格式化程序（串行化二进制数据），也可以采用 TCP 通道和 SOAP 格式。

5. Remoting 上下文

上下文是一个包含共享公共运行时属性的对象的范围。某些上下文属性的例子是与同步和线程紧密相关的。当.NET 对象被激活时，运行时将检查当前上下文是否一致，如果不一致，将创建新的上下文。多个对象可以同时在一个上下文中运行，并且一个 AppDomain 中可以有多个上下文。一个上下文中的对象调用另一个上下文中的对象时，调用将通过上下文代理来执行，并且会受组合的上下文属性的强制策略影响。新对象的上下文通常是基于类的元数据属性选择的。

可以与上下文绑定的类称作上下文绑定类。上下文绑定类可以具有称为上下文属性的专用自定义属性。上下文属性是完全可扩展的，我们可以创建这些属性并将它们附加到自己的类中。与上下文绑定的对象是从 System.ContextBoundObject 导出的。

6. Remoting 元数据

.NET 框架使用元数据和程序集来存储有关组件的信息，使得跨语言编程成为可能。.NET Remoting 使用元数据来动态创建代理对象。在客户端创建的代理对象具有与原始类相同的成员。但是，代理对象的实现仅仅将所有请求通过.NET Remoting 运行时转发给原始对象。序列化格式化程序使用元数据在方法调用和有效负载数据流之间来回转换。

客户端可以通过以下方法获取访问 Remoting 对象所需的元数据信息。

- 服务器对象的.NET 程序集：服务器对象可以创建元数据程序集，并将其分发给客户端。在编译客户端对象时，客户端对象可以引用这些程序集。在客户端和服务器都是托管组件的封闭环境中，这种方法非常有用。

- Remoting 对象可以提供 WSDL 文件，用于说明对象及其方法。所有可以根据 WSDL 文件读取和生成 SOAP 请求的客户端都可以调用此对象，或使用 SOAP 与之通信。使用与.NET SDK 一同分发的 Soapsuds.exe 工具，.NET Remoting 服务器对象可以生成具有元数据功能的 WSDL 文件。当某个组织希望提供所有客户都能访问和使用的公共服务时，这种方法非常有用。

- .NET 客户可以使用 Soapsuds 工具从服务器下载 XML 架构（在服务器上生成），生成仅包含元数据（没有代码）的源文件或程序集。我们可以根据需要将源文件编译到客户端应用程序中。如果多层应用程序中某一层的对象需要访问其他层的 Remoting 对象，则经常使用此方法。

7. Remoting 配置文件

配置文件（.config 文件）用于指定给定对象的各种 Remoting 特有消息。通常情况下，每个 AppDomain 都有自己的配置文件。使用配置文件有助于实现位置的透明性。配置文件中指定的详细信息也可以通过编程来完成。使用配置文件的主要好处在于，它将与客户端代码无关的配置信息分离出来，这样在日后更改时仅需要修改配置文件，而不用编辑和重新编译源文件。.NET Remoting 的客户端和服务器对象都使用配置文件。

典型的配置文件包含以下信息及其他信息。

- 集成应用程序信息。

- 对象名称。
- 对象的 URI。
- 注册的通道（可以同时注册多个通道）。
- 服务器对象的租用时间信息。

下面是一个配置文件示例。

```
<configuration>
  <system.runtime.remoting>
    <application name="HelloNew">

      <lifetime leaseTime="20ms" sponsorshipTimeout="20ms"
             renewOnCallTime="20ms" />

      <client url="http://localhost:8000/RemotingHello">
        <wellknown type="Hello.HelloService, MyHello"
      url="http://localhost:8000/RemotingHello/HelloService.soap" />
        <activated type="Hello.AddService, MyHello"/>
      </client>

      <channels>
        <channel port="8001"
      type="System.Runtime.Remoting.Channels.Http.HttpChannel,
      System.Runtime.Remoting" />
      </channels>

    </application>
  </system.runtime.remoting>
</configuration>
```

8. Remoting 方案

了解.NET Remoting 如何工作之后，让我们来看一下各种方案，分析如何在不同的方案中充分发挥.NET Remoting 的优势。表 6-1 列出了可能的客户端/服务器组合，以及默认情况下采用的底层协议和有效负载。请注意，.NET Remoting 框架是可扩展的，我们可以编写自己的通信通道和序列化格式化程序。

表 6-1　可能的客户端/服务器组合以及默认情况下采用的底层协议和有效负载

客户端	服务器	有效负载	协议
.NET 组件	.NET 组件	SOAP/XML	HTTP
.NET 组件	.NET 组件	二进制	TCP
托管/非托管	.NET Web 服务	SOAP/XML	HTTP
.NET 组件	非托管的 传统 COM 组件	NDR（网络数据 表示形式）	DCOM
非托管的 传统 COM 组件	.NET 组件	NDR ｜ DCOM	

9. 使用 HTTP-SOAP

Web 服务是可以通过 URL 寻址的资源，并通过编程向需要使用这些资源的客户端返回消息。客户端使用 Web 服务时不必考虑其实现细节。Web 服务使用称为“合约”的严格定义的接口，此接口采用 WSDL 文件描述。

.NET Remoting 对象可以集成在 IIS 中，作为 Web 服务提供。任何可以使用 WSDL 文件的客户端都可以按照 WSDL 文件中指定的合约，对 Remoting 对象执行 SOAP 调用。IIS 使用 ISAPI 扩展将这些请求路由到相应的对象。这样，Remoting 对象就可以作为 Web 服务对象来使用，从而充分发挥.NET 框架基础结构的作用。如果希望不同平台/环境的程序均能够访问对象，可以采用这种配置。这种配置便于客户端通过防火墙访问.NET 对象。

10. 使用 SOAP-HTTP 通道

默认情况下，HTTP 通道使用 SOAP 格式化程序，如图 6-4 所示。因此，如果客户端需要通过 Internet 访问对象，可以使用 HTTP 通道。因为这种方法使用 HTTP，所以此配置允许通过防火墙远程访问.NET 对象。只需要按前面介绍的方法将这些对象集成在 IIS 中，即可将它配置为 Web 服务对象。随后，客户端就可以读取这些对象的 WSDL 文件，使用 SOAP 与 Remoting 对象通信。

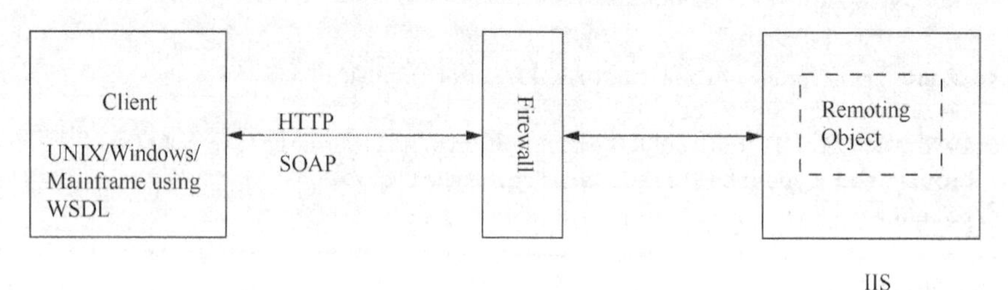

图 6-4　.NET 使用 HTTP 通道

11. 使用 TCP 通道

默认情况下，TCP 通道使用二进制格式化程序，如图 6-5 所示。此格式化程序以二进制格式对数据进行序列化，并使用原始 Socket 在网络中传送数据。如果对象部署在受防火墙保护的封闭环境中，此方法是理想的选择。这种方法使用 Socket 在对象之间传递二进制数据，因此性能极佳。由于它使用 TCP 通道来提供对象，因此在封闭环境中具有低开销的优点。由于防火墙和配置的问题，此方法不宜在 Internet 上使用。

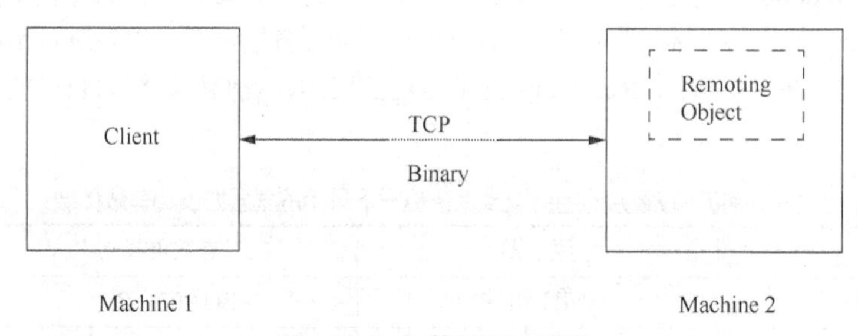

图 6-5　.NET 使用 TCP 通道

12. 使用非托管的 COM 组件

可以通过 COM Interop Service 调用非托管的传统 COM 组件。当.NET Remoting 客户端对象创建 COM 对象的实例时，该 COM 对象的实例是通过“运行时可调用包装程序（RCW）”来提供的。其中，RCW 担当真正的非托管对象的代理。对于.NET 客户，这些包装程序看起来和.NET 客户端的任何其他托管类一样，但实际上，它们仅仅是托管（.NET）和非托管（COM）代码之间的封送调用。

同样地，我们可以将.NET Remoting 服务器对象提供给传统的 COM 客户端。当 COM 客户端创建.NET 对象的实例时，该对象通过 COM 可调用包装程序（CCW）来提供。其中，CCW 担当真正的托管对象的代理。

这两种方案都使用 DCOM 通信。如果环境中既有传统的 COM 组件，又有.NET 组件，那么这种互操作性将为我们提供便利。

Microsoft .NET 框架提供了强大、可扩展、独立于语言的框架，适合开发可靠、可伸缩的分布式系统。.NET Remoting 框架提供了根据系统需求进行远程交互的强大手段。.NET Remoting 实现了与 Web 服务的无缝集成，并提供了一种方法，可以为.NET 对象提供跨平台访问。

6.3.4　Java 中的 XML Web 服务

Java RMI 与远程对象进行交互，其实现需要基于 Java 的模型。此外，它没有使用 Web 服务和基于 HTTP 的消息传递。现在，已经出现了大量的软件来支持基于 Java 的 Web 服务。JAX-WS（Java API for XML Web Services）就是 Web 服务消息和远程过程调用的规范。

JAX-WS 的一个目标是平台互操作性，其 API 使用 SOAP 和 WSDL，双方不需要 Java 环境。在服务器端进行下面的步骤来创建一个 RPC 端点。

- 定义一个接口（Java 接口）。
- 实现服务。
- 创建一个发布者，用于创建服务的实例，并发布一个服务名字。

在客户端进行的步骤如下。

- 创建一个代理（客户端存根）——wsimport 命令根据 WSDL 文档创建一个客户端存根。
- 编写一个客户端，通过代理创建远程服务的一个实例（存根），调用它的方法。

JAX-RPC 执行流程如下。

- Java 客户端调用存根上的方法（代理）。
- 存根调用适当的 Web 服务。
- Web 服务器被调用并执行 JAX-WS 框架。
- 框架调用实现。
- 实现返回结果给该框架。
- 该框架将结果返回给 Web 服务器。
- 服务器将结果发送给客户端存根。
- 客户端存根返回消息给调用者。

JAX-WS 调用流程如图 6-6 所示。

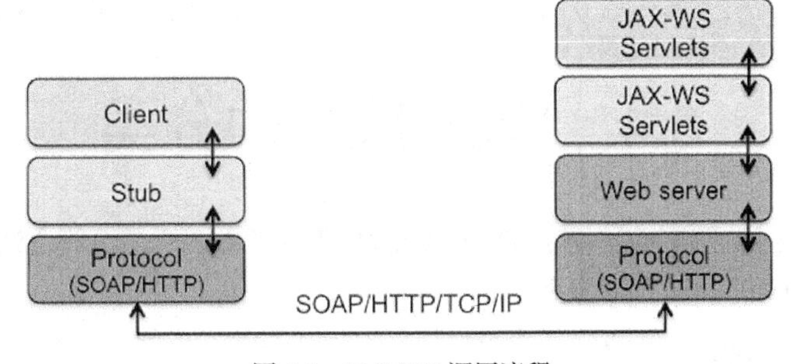

图 6-6　JAX-WS 调用流程

6.3.5　超越 SOAP

SOAP 虽然仍然广泛用于部署应用，但在许多环境中很多厂商已经抛弃了 SOAP，转而使用其他更轻量、更容易理解或者与 Web 交互模型更干净的机制。例如，Google 的 API 在 2006 年后就不再支持 SOAP 接口，而是使用 Ajax、XML-RPC 和 RESTful 作为替代。一位匿名的微软员工批评 SOAP 过于复杂，因为“我们希望用我们的工具来阅读它，而不是人”。不管上述言论是否准确，有一点是可以肯定的，SOAP 显然是一个复杂和高度冗长的格式。

Web 浏览器最初的设计是为 Web 页面提供非动态的交互模型。Web 浏览器是建立在同步的请求-响应（Request-Response）上的交互模型。发送一个请求到服务器，服务器返回整个页面。在当时没有更新部分页面的好方法，而唯一可行的方法是利用帧，即将不同的页面加载到每一帧，其实现是笨重的，也有很大的限制性。而改变了这一切的关键因素是以下两点。

- 文档对象模型（Document Object Model）和 JavaScript 的出现，使得可以以编程的方式来更改 Web 页面的各个部分。
- Ajax 提供了以非阻塞方式与服务器进行交互，即允许底层 JavaScript 在等待服务器返回结果时，用户仍然可以与页面进行交互。

Ajax 全称是 Asynchronous JavaScript And XML（异步的 JavaScript 和 XML），特点如下。

- 它是异步的，因为客户端在等待服务器返回结果时不会被阻塞。
- Ajax 集成到了 JavaScript，作为浏览器解释 Web 页面的一部分。JavaScript 使用 HttpRequest 来调用 Ajax 请求。JavaScript 也可能修改文档对象模型，定义了页面的样子。
- 数据以 XML 文档形式发送和接收（在后期发展中，Ajax 也支持其他的数据格式，比如 JSON）。

Ajax 在推动 Web 2.0 的过程中发挥了重要的作用，比如产生了很多高度交互的服务，如 Google Maps、Writely 等。基本上，它允许 JavaScript 发出 HTTP 请求，获取和处理结果，刷新局部页面元素而不是整个页面。在大多数浏览器中请求的格式如下。

```
var xmlhttp = new XMLHttpRequest();
xmlhttp.open("GET","index.html",true);
xmlhttp.send();
```

6.3.6 SOA 的演变

随着 HTTP API、云服务、敏捷开发、持续交付、DevOps 理论的发展和实践，以及基于容器技术来部署应用和服务的日渐成熟，面向服务的架构也在不断演变，其中包括 REST 风格的架构、微服务架构、Serverless 架构等架构形式，本章的后面几节，也会一一揭晓这些新兴架构的风格。

从概念上讲，服务是通过网络可访问端点提供的软件组件。服务消费者和提供者使用消息以自包含文档的形式交换调用请求和响应信息，这些文档很少对消息接收者的技术能力做出假设。

6.4 Web 服务的分类

在技术层面上，Web 服务可以通过多种方式实现。目前，业界主流分类方法是将 Web 服务区分为“大”Web 服务和 RESTful Web 服务。

6.4.1 “大”Web 服务

“大”Web 服务使用遵循 SOAP 标准的 XML 消息，SOAP 是一种定义消息架构和消息格式的 XML 语言。此类系统通常包含服务所提供的操作的机器可读描述，用 WSDL 编写，WSDL 是一种用于按语法定义接口的 XML 语言。

Java 制定了 JAX-WS 规范为“大”Web 服务提供功能。目前 JAX-WS API 已经移到 Java SE 8 中，这意味着不管是 Java SE 应用还是 Java EE 应用，都可以开箱即用地使用 JAX-WS API。

SOAP 消息格式和 WSDL 接口定义语言得到了广泛的应用。许多开发工具，如 NetBeans、Eclipse，可以降低开发 Web 服务应用程序的复杂性。

基于 SOAP 的设计必须包含以下元素。

- 必须建立正式合约来描述 Web 服务提供的接口。WSDL 可以用来描述合约的细节，它可包括消息、操作、绑定和 Web 服务的位置。还可以在 JAX-WS 服务中处理 SOAP 消息，而无须发布 WSDL。
- 架构必须满足复杂的非功能性需求。许多 Web 服务规范满足了这些需求，并为它们建立了通用词汇表。例如，事务、安全、寻址、信任、协调等。
- 架构需要处理异步处理和调用。在这种情况下，标准（如 Web 服务可靠消息）和 API（如 JAX-WS）提供的基础设施及其客户端异步调用支持可以开箱即用。

6.4.2　RESTful Web 服务

RESTful 非常适合基本的、即席的集成场景。RESTful Web 服务通常比基于 SOAP 的服务更好地与 HTTP 集成，因此不需要 XML 消息或 WSDL 服务-API 定义。RESTful Web 服务也简称为 REST 服务。

由于 RESTful Web 服务使用现有的知名 W3C 和 IETF 标准（HTTP、XML、URI、MIME），并且具有轻量级基础结构，允许以最少的工具构建服务，因此开发 RESTful Web 服务成本较低，具有很低的采用门槛。可以使用 NetBeans、Eclipse 等开发工具来进一步降低开发 RESTful Web 服务的复杂性。

在 Java EE 中，JAX-RS（Java API for RESTful Web Services）规范旨在提供 RESTful Web 服务的功能。Jersey 项目是 JAX-RS 规范的实现参考。Jersey 实现了对 JAX-RS 规范中定义的注释的支持，使开发人员能够轻松地使用 Java 来构建 RESTful Web 服务。

RESTful 设计一般满足以下特征。

- Web 服务是完全无状态的。一个好的测试是考虑交互是否能在服务器重新启动后存活下来。
- 缓存基础设施可用于提升性能。如果 Web 服务返回的数据不是动态生成并且可以缓存的，那么可以利用 Web 服务器和其他中介提供的固有缓存基础设施来提升性能。但是，开发人员必须小心，因为对于大多数服务器来说，这种缓存仅限于 HTTP GET 方法。
- 服务提供者和服务消费者对传递的上下文和内容要相互理解。因为没有正式的方法来描述 Web 服务接口，所以双方必须就描述正在交换的数据的模式和有意义的处理数据的方法达成一致。在现实世界中，将服务作为 RESTful 实现公开的大多数商业应用程序还以流行的编程语言向开发人员分发描述接口的所谓增值工具包。
- 带宽尤其重要，需要限制。RESTful 对于一些受限设备（例如 PDA 和手机）特别有用，对于这些设备，必须限制 XML 有效负载上的消息头和 SOAP 元素的额外层的开销。
- 使用 RESTful 可以轻松地将 Web 服务交付或聚合到现有网站。开发人员可以使用 JAX-RS 和 Ajax 等技术以及 DWR 等工具包来消费 Web 应用程序中的服务。服务不是从头开始，而是可以通过 XML 公开，由 HTML 页面使用，而无须对现有网站架构进行重大重构。现有的开发人员将更有生产力，因为他们正在添加一些他们已经熟悉的东西，而不是从头开始学新技术。

有关 RESTful Web 服务的内容，还将在第 8 章详细讲解。

6.4.3　Web 服务技术选型

选择使用“大”Web 服务和 RESTful Web 服务是要针对具体的场景的。

“大”Web 服务：解决企业计算中常见的高级 QoS 需求。与 RESTful Web 服务相比，“大”Web 服务更容易支持 WS-组协议，这些协议提供了安全性和可靠性等标准，并与其他符合 WS-的客户机和服务器进行互操作。在老的遗留项目或者传统的企业级项目中，"大" Web 服务还有用武之地。

RESTful Web 服务：使编写 Web 应用程序更轻松，这些应用程序应用 RESTful 风格的部分或全部约束，从而在应用程序中引入所需的属性，例如松耦合（在不破坏现有客户端的情况下，更轻松地演进服务器）、可伸缩性（从小到大）和架构简单性（使用现成组件，例如代理或 HTTP 路由器）。你会选择使用 JAX - RS 来开发你的 Web 应用程序，因为许多类型的客户端使用 RESTful Web 服务比较容易，同时允许服务器进行演进和扩展。客户端可以选择使用服务的部分或全部方面，并将其与其他基于 Web 的服务混搭起来。随着移动 App、云计算、Cloud Native、微服务等架构的兴起，越来越多的应用倾向使用 RESTful Web 服务。

6.5 实战：基于 JAX-WS 实现 Web 服务

本节演示如何基于 JAX-WS 规范来实现 Web 服务。

6.5.1 JAX-WS 概述

在 JAX-WS 中，Web 服务操作调用由基于 XML 的协议（如 SOAP）表示。SOAP 规范定义了信封结构、编码规则和表示 Web 服务调用和响应的约定。这些调用和响应以 SOAP 消息（XML 文件）的形式在 HTTP 上传输。

虽然 SOAP 消息很复杂，但是 JAX-WS API 对应用程序开发人员隐藏了这种复杂性。在服务器端，开发人员通过使用 Java 编写的接口定义方法来指定 Web 服务操作。开发人员还对实现这些方法的一个或多个类进行编码。客户端程序也很容易编写，创建一个代理（表示服务的本地对象），然后简单地调用代理上的方法。使用 JAX-WS，开发人员不会生成或解析 SOAP 消息。它是 JAX-WS 运行时系统，负责将 API 调用和响应与 SOAP 消息进行相互转换。

使用 JAX-WS 时，客户端和 Web 服务有一个很大的优势：Java 的平台无关性。此外，JAX-WS 没有限制：JAX-WS 客户端可以访问不在 Java 平台上运行的 Web 服务，反之亦然。这种灵活性是可能的，因为 JAX-WS 使用 W3C 定义的技术：HTTP、SOAP 和 WSDL。WSDL 指定 XML 格式，用于将服务描述为对消息进行操作的一组端点。

图 6-7 演示了 JAX-WS 技术如何管理 Web 服务和客户端之间的通信。

图 6-7 JAX-WS 管理 Web 服务和客户端之间的通信

开发 JAX-WS Web 服务的起点是一个用 javax.jws.WebService 注释的 Java 类。@WebService 注释将类定义为 Web 服务端点。

服务终结点接口或服务终结点实现（SEI）分别是 Java 接口或类，它声明客户端可以在服务器上调用的方法。构建 JAX-WS 端点时，不需要接口。Web 服务实现类隐式地定义了一个 SEI。

可以通过在实现类中的@WebService 注释中添加 endpointInterface 元素来指定显式接口。然后，你必须提供一个接口，该接口定义端点实现类中可用的公共方法。

6.5.2 创建 Web 服务器和客户端的基本步骤

创建 Web 服务器和客户端的基本步骤如下。

- 编码实现类。
- 编译实现类。
- 将文件打包成 WAR 文件。
- 部署 WAR 文件。
- 编码客户端类。
- 使用 wsimportMaven 目标来生成和编译连接到服务器所需的 Web 服务构件。
- 编译客户端类。
- 运行客户端。

以下各小节将更详细地描述这些步骤。

6.5.3 JAX-WS 终端要求

JAX-WS 端点必须遵循这些要求。

- 实现类必须用 javax.jws.WebService 或 javax.jws.WebServiceProvider 注释。
- 实现类可以通过@WebService 注解的 endpointInterface 元素显式引用 SEI，但不需要这样做。如果@WebService 中未指定 endpointInterface，则隐式地为实现类定义 SEI。
- 实现类的业务方法必须是公共的，并且不能声明为 static 或 final。
- 暴露给 Web 服务客户端的业务方法必须用 javax.jws.WebMethod 进行注释。
- 暴露给 Web 服务客户端的业务方法必须具有与 JAXB 兼容的参数和返回类型。请参阅 JAX-WS 支持的类型中的 JAXB 默认数据类型绑定列表。
- 实现类不能声明为 final，也不能是抽象的。
- 实现类必须具有默认公共构造方法。
- 实现类不能定义 finalize 方法。
- 实现类可以使用 javax.annotation.PostConstruct 或 javax.annotation.PreDestroy 对其方法的注解，以进行生命周期事件回调。
- @PostConstruct 方法在实现类开始响应 Web 服务客户端之前由 Web 容器调用。
- 在将终结点从操作中移除之前，Web 容器会调用@PreDestroy 方法。

6.5.4 创建基于 JAX-WS 的服务器

创建 Endpoint 接口，代码如下。

```
package com.waylau.java.ws;

import javax.jws.WebService;

@WebService
public interface HelloService {
    String getHelloworld();
}
```

需要注意的是，接口需要加@WebService 注解。

创建 Endpoint 实现，代码如下。

```
package com.waylau.java.ws;

import javax.jws.WebMethod;
import javax.jws.WebService;

@WebService(endpointInterface = "com.waylau.java.ws.HelloService")
```

```
public class HelloServiceImpl implements HelloService {

  @WebMethod
  public String getHelloworld() {
    return "Hello world!";
  }

}
```

上述代码，@WebService 注解中的 endpointInterface 需要指定接口的位置。

创建 Endpoint 发布器，代码如下。

```
package com.waylau.java.ws;

import javax.xml.ws.Endpoint;

public class HelloPublisher {
    public static void main(String[] args) {

        Endpoint.publish("http://localhost:9999/ws/hello",
                new HelloServiceImpl());

    }
}
```

Endpoint.publish 方法用于方便发布一个 Web 服务器，而无须部署到 Web 容器中。

6.5.5 创建基于 JAX-WS 的客户端

客户端代码如下。

```
package com.waylau.java.ws;

import java.net.URL;
import javax.xml.namespace.QName;
import javax.xml.ws.Service;

public class HelloClient {

    public static void main(String[] args) throws Exception {
        URL url = new URL("http://localhost:9999/ws/hello?wsdl");
        QName qname = new QName("http://ws.java.waylau.com/",
                "HelloServiceImplService");

        Service service = Service.create(url, qname);

        HelloService hello = service.getPort(HelloService.class);
        System.out.println(hello.getHelloworld());

    }

}
```

Service 承担 Web 服务客户端的职责，可以快速访问 Web 服务。

6.5.6 运行

运行服务器，可以在 http://localhost:9999/ws/hello?wsdl 地址下看到图 6-8 所示的描述文档。

```
localhost:9999/ws/hello?wsdl
localhost:9999/ws/hello?wsdl
应用  隐私设置错误  eResource>liuwei...  huawei  isc+  iscp-ap  linux

This XML file does not appear to have any style information associated with it. The document tree is shown below.

<!--
   Published by JAX-WS RI (http://jax-ws.java.net). RI's version is JAX-WS RI 2.2.9-b130926.1035 svn-rev
-->
<!--
   Generated by JAX-WS RI (http://jax-ws.java.net). RI's version is JAX-WS RI 2.2.9-b130926.1035 svn-rev
-->
<definitions xmlns:wsu="http://docs.oasis-open.org/wss/2004/01/oasis-200401-wss-wssecurity-utility-
1.0.xsd" xmlns:wsp="http://www.w3.org/ns/ws-policy"
xmlns:wsp1_2="http://schemas.xmlsoap.org/ws/2004/09/policy"
xmlns:wsam="http://www.w3.org/2007/05/addressing/metadata"
xmlns:soap="http://schemas.xmlsoap.org/wsdl/soap/" xmlns:tns="http://ws.java.waylau.com/"
xmlns:xsd="http://www.w3.org/2001/XMLSchema" xmlns="http://schemas.xmlsoap.org/wsdl/"
targetNamespace="http://ws.java.waylau.com/" name="HelloServiceImplService">
  <types>
    <xsd:schema>
      <xsd:import namespace="http://ws.java.waylau.com/" schemaLocation="http://localhost:9999/ws/hello?
      xsd=1"/>
    </xsd:schema>
  </types>
  <message name="getHelloworld">
    <part name="parameters" element="tns:getHelloworld"/>
  </message>
  <message name="getHelloworldResponse">
    <part name="parameters" element="tns:getHelloworldResponse"/>
  </message>
  <portType name="HelloService">
    <operation name="getHelloworld">
      <input wsam:Action="http://ws.java.waylau.com/HelloService/getHelloworldRequest"
      message="tns:getHelloworld"/>
      <output wsam:Action="http://ws.java.waylau.com/HelloService/getHelloworldResponse"
      message="tns:getHelloworldResponse"/>
    </operation>
  </portType>
  <binding name="HelloServiceImplPortBinding" type="tns:HelloService">
    <soap:binding transport="http://schemas.xmlsoap.org/soap/http" style="document"/>
    <operation name="getHelloworld">
      <soap:operation soapAction=""/>
      <input>
        <soap:body use="literal"/>
      </input>
      <output>
        <soap:body use="literal"/>
      </output>
    </operation>
  </binding>
  <service name="HelloServiceImplService">
    <port name="HelloServiceImplPort" binding="tns:HelloServiceImplPortBinding">
      <soap:address location="http://localhost:9999/ws/hello"/>
    </port>
  </service>
</definitions>
```

图 6-8　描述文档

运行客户端可以看到图 6-9 所示的输出。

图 6-9　客户端输出

本节示例，可以在 java-ws 项目下找到。

6.6 本章小结

本章介绍了什么是面向服务的架构，以及实现面向服务的架构技术，包括 XML-RPC、SOAP、Microsoft .NET Remoting、Java 等。其中，Web 服务又可以分为“大”Web 服务、RESTful Web 服务。

在本章也演示了如何通过 Java 技术来实现 Web 服务。

6.7 习题

- 什么是面向服务的架构？
- 实现面向服务的架构技术有哪些？
- Web 服务的分类有哪些？分别有哪些区别？
- 请用你熟悉的技术实现一个 Web 服务。

第 7 章 面向消息的分布式架构

面向服务的分布式架构普遍会采用 HTTP 作为通信协议。而 HTTP 都是遵循“请求-响应”模式，在服务器未返回结果之前，客户端会一致等待，直到获取到结果或者是超时未知，这在一定程度上限制了程序的处理能力，毕竟等待就是浪费。同时，HTTP 也不一定完全可靠。

因此，对于实时、高并发、高可用这类接口而言，采用消息通信的方式更为合适。本章介绍面向消息的分布式架构。

7.1 什么是面向消息的分布式架构

在 SOA 或者微服务架构中，普遍会采用 HTTP 作为通信协议。HTTP 具有平台无关性、语言中立性等特点，在分布式系统中被广泛应用。特别是微服务架构的流行，遵循一致的 REST 风格的 HTTP，更能在各个微服务之间实现低沟通成本的通信。

消息中间件正好弥补了 HTTP 的不足。消息中间件往往会支持多种语言的客户端（比如 Java、C、C++、C#、Ruby 等），支持多种协议（HTTP、TCP、SSL、NIO、UDP 等）。消息中间件支持异步通信，从而可以极大提升通信效率。

7.1.1 常用术语

消息中间件的基本原理十分简单，就是接收和转发消息。你可以把它想象成邮局：当你将一个包裹送到邮局时，你会相信邮递员最终会将邮件送到收件人手上。消息中间件就好比一个邮箱、邮递员以及邮局。

目前，市面上流行的消息中间件，往往具备以下几个基本的概念。

- 主题（Topic）：按照分类对信息源进行维护。实际应用中一个业务一个 Topic。
- 生产者（Producer）：把发送消息到 Topic 中的进程叫作生产者。
- 消费者（Consumer）：把从 Topic 中订阅消息的进程叫作消费者。
- 服务（Broker）：集群中的每个服务叫作 Broker。

上述概念，在不同的产品中可能有不同的表述，但所承担的功能都是类似的。

7.1.2 使用场景

消息中间件一般是作为 HTTP 的补充，换言之，如果 HTTP 能满足业务需要，则首先应该选择使用 HTTP 作为服务间的通信协议。如果 HTTP 不能满足，则选用消息中间件产品，从而可以获得以下功能。

- 异步通信。异步意味着程序在处理结果完成之前无须等待，可以去干其他事情，避免了资源的浪费。

- 解耦。生产者把消息发送到消息队列中，这个过程就结束了。至于谁会从消息队列中取消息、消费消息，这个生产者是无须关心的。这样就实现了生产者和消费者的解耦。
- 数据缓冲。当有消息队列接收到大量消息时，会先缓存到消息队列中，从而避免了由于消息处理能力不足而导致程序崩溃。
- 多种消息推送模型。消息中间件一般都会支持 Publish/Subscribe 以及 P2P 等消息模型，以满足各种使用场景的需要。
- 强顺序。在消息中间件中，消息按照可靠的 FIFO 和严格的通信顺序来进行消费。这在某些需要强顺序要求的场景中非常有用，比如事务处理、事件通知等。
- 持久化消息。消息中间件能够安全地保存消息，直到消费者收到消息。
- 支持分布式。消息中间件往往支持分布式部署，具有高可用、高并发能力。

7.1.3 常用技术

目前，市面上流行的消息中间件产品很多，开源的、成熟的产品也数不胜数。比如，RabbitMQ 以高效而著称；Apache Kafka 能够支持各种强大的消息模式，而被互联网公司广泛采用；Apache ActiveMQ 是用 Java 编写的，能够支持全面的 JMS 和 Java EE 规范；RocketMQ 则是来自阿里巴巴的“国货精品”，目前已经属于 Apache 基金会管理，算是“走出了国门”。

不同的中间件产品都各有自己的优缺点。如果选择一款适合自己项目的中间件是需要花时间做评估的。后续章节也会对上面提到的产品做详细的介绍。

7.2 常见消息中间件产品介绍

没有任何产品是完美的，不同的中间件产品都各有自己的优缺点，最重要的是选择一款适合自己项目的消息中间件产品。

本节将对市面上常见的消息中间件产品做详细的介绍。

7.2.1 Apache ActiveMQ

Apache ActiveMQ 支持多种语言客户端（Java、C、C++、C#、Ruby 等），支持多种协议（HTTP、TCP、SSL、NIO、UDP 等）以及良好的 Spring 支持。

1. Apache ActiveMQ 简介

Apache ActiveMQ 是 Apache 出品的、最流行的、能力强劲的开源消息总线以及支持企业集成模式的服务器。ActiveMQ 执行速度快，并且支持跨语言的客户端和协议。ActiveMQ 是一个完全支持 JMS 1.1 和 Jave EE 1.4 规范的 JMS Provider 实现。JMS 在当今的 Java EE 应用中间仍然扮演着特殊的角色。

2. ActiveMQ 特性

ActiveMQ 包含以下特性。

- 支持跨语言和协议来编写客户端。语言包括 Java、C、C++、C#、Ruby、Perl、Python、PHP 等。其中支持的协议如下。
  - OpenWire 协议：支持 Java、C、C++、C#等高性能客户端。
  - Stomp 协议：支持使用 C、Ruby、Perl、Python、PHP、ActionScript/Flash、Smalltalk 等编写客户端。
  - AMQP v1.0。
  - MQTT v3.1 用于链接 IoT 环境。

- 完全支持 JMS 客户端和 Message Broker 的企业集成模式。
- 支持高级特性，诸如 Message Groups、Virtual Destinations、Wildcards 和 Composite Destinations。
- 完全支持 JMS 1.1 和 Java EE 1.4 规范的瞬态（Transient）、持久化、XA 消息以及事务。
- 轻松集成至 Spring 的应用中，并可以使用 Spring 的 XML 配置机制。
- 通过了常见 Java EE 服务器（如 TomEE、Geronimo、JBoss、GlassFish 和 WebLogic）的测试，其中通过 JCA 1.5 资源适配器的配置，可以让 ActiveMQ 自动部署到任何兼容 Java EE 1.4 的商业服务器上。
- 支持多种插件化的传送协议——in-VM、TCP、SSL、NIO、UDP、多播、JGroups 和 JXTA。
- 支持通过高性能的 Journal 来让 JDBC 提供高速的消息持久化。
- 从设计上保证了高性能的集群、客户端/服务器模式、点对点通信。
- 支持 RESTful API 来提供与技术无关、语言无关的基于 Web 的 API 通信。
- 支持 Ajax。
- 支持 CXF 和 Axis，因此 ActiveMQ 可以很容易地为这两种 Web 服务栈提供可靠的消息传递。
- 可以很容易地调用内嵌 JMS provider 进行单元测试。

7.2.2 RabbitMQ

RabbitMQ 用 Erlang 写成，以高性能、健壮以及可伸缩性著称。

1. RabbitMQ 简介

RabbitMQ 是由 LShift 提供的一个 AMQP（Advanced Message Queuing Protocol）的开源实现，用以高性能、健壮以及可伸缩性著称的 Erlang 写成（因此也继承了这些优点）。

需要注意的是，由于 RabbitMQ 是运行在 Erlang 环境中的，所以要确保在 RabbitMQ 安装前先安装好 Erlang。

2. RabbitMQ 特点

RabbitMQ 具有以下特点。

- 可靠：RabbitMQ 提供了多种功能，让我们可以权衡性能与可靠性，包括持久性、传输确认、发布者证实以及高可用性。
- 灵活的路由：消息在到达队列前会通过 exchange（消息交换机）进行路由。RabbitMQ 将几个内置的 exchange 类型作为典型的路由逻辑。对于更复杂的路由可以绑定多个 exchange，甚至写自己的 exchange 类型作为插件。
- 集群：在本地网络上多个 RabbitMQ 服务器可以聚集一起，形成一个单一逻辑 broker。
- 联邦（Federation）：对于需要更加松散和允许比集群服务器更不可靠的连接，RabbitMQ 提供了联邦模型（Federation Model）。
- 高可用的队列：队列可以在多台计算机集群中配置为镜像，确保即使在发生硬件故障的情况下，你的信息仍然是安全的。
- 多协议：支持在各种消息传递协议中传输消息。比如 AMQP 0-9-1、STOMP、MQTT、AMQP 1.0、HTTP 等。
- 多样的客户端：包括了几乎你能想到的任何一种语言的 RabbitMQ 客户端，例如 Java/Spring、.NET、Ruby、Python、PHP、Objective-C/Swift、Node.js、C/C++、Go、Erlang、Haskell、OCaml 等。
- 简单易用的管理界面：基于浏览器的 Web 管理界面，可以监视和控制消息代理的每一个方面。

- 跟踪：支持跟踪，方便查找问题。
- 插件系统：支持多种插件，以及可以编写自己的插件。
- 商业支持：提供商业支持、培训、咨询。

7.2.3 Apache RocketMQ

当市面上流行的开源项目无法满足自身业务发展的需要时，企业将不得不走上自研道路。RocketMQ 的出现也是如此。RocketMQ 诞生于阿里巴巴，如今已在全球被广泛采用。

2016 年 11 月，阿里巴巴将 RocketMQ 捐赠给了 Apache 基金会进行孵化。从此，RocketMQ“走出国门”，成了更加国际化的一款中间件产品。

1. RocketMQ 简介

RocketMQ 是阿里巴巴出品的一款低延迟、可靠、可扩展、易于使用的面向消息的中间件，支撑着阿里巴巴集团庞大的消息业务增长。RocketMQ 是基于 MetaQ 的一个开源分支，几乎重写了 MetaQ 所有的核心组件，可以说是 MetaQ 的下一代产品。RocketMQ 同时也是阿里云的 ONS 云消息服务的核心组件，每天可处理上千亿条消息，服务于阿里内部上千个应用，顺利通过了淘宝、天猫“双 11”等大促考验。

RocketMQ 提供了多种功能。

- 支持 Pub/Sub 和 P2P 消息模型。
- 在同一个队列中具有可靠的 FIFO 和严格的通信顺序。
- 长 pull queue 模型，也支持 push 消费方式。
- 在单个队列中具备堆积上亿条消息的能力。
- 覆盖多种消息协议，如 JMS、MQTT、HTTP2 等。
- 每个消息至少投递一次的消息传递语义（Message Delivery Semantics）来保证分布式部署架构高可用。
- 支持 Docker 镜像来进行隔离测试和云隔离集群。
- 提供用于配置、测量和监控的功能丰富的管理界面。
- 消息全链路跟踪。
- 生产者事务消息机制，使得生产者和本地数据库事务能在一个原子操作里面进行处理。
- 消息调度交付，类似 JMS 2 规范的延迟交付。

2. RocketMQ 物理部署结构

RocketMQ 物理部署结构如图 7-1 所示。

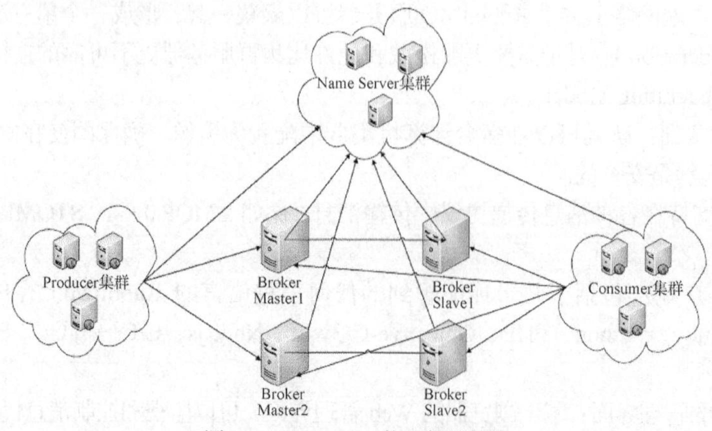

图 7-1　RocketMQ 物理部署结构

RocketMQ 网络部署特点如下。

- Name Server 是一个几乎无状态节点，可集群部署，节点之间无任何信息同步。
- Broker 部署相对复杂，Broker 分为 Master 与 Slave，一个 Master 可以对应多个 Slave，但是一个 Slave 只能对应一个 Master。Master 与 Slave 的对应关系通过指定相同的 BrokerName、不同的 BrokerId 来定义，BrokerId 为 0 表示 Master，非 0 表示 Slave。Master 也可以部署多个。每个 Broker 与 Name Server 集群中的所有节点建立长连接，定时注册 Topic 信息到所有 Name Server。
- Producer 与 Name Server 集群中的其中一个节点（随机选择）建立长连接，定期从 Name Server 取 Topic 路由信息，并向提供 Topic 服务的 Master 建立长连接，并且定时向 Master 发送心跳。Producer 完全无状态，可集群部署。
- Consumer 与 Name Server 集群中的一个节点（随机选择）建立长连接，定期从 Name Server 取 Topic 路由信息，并向提供 Topic 服务的 Master、Slave 建立长连接，并且定时向 Master、Slave 发送心跳。Consumer 既可以从 Master 订阅消息，也可以从 Slave 订阅消息，订阅规则由 Broker 配置决定。

3. RocketMQ 逻辑部署结构

RocketMQ 逻辑部署结构如图 7-2 所示。

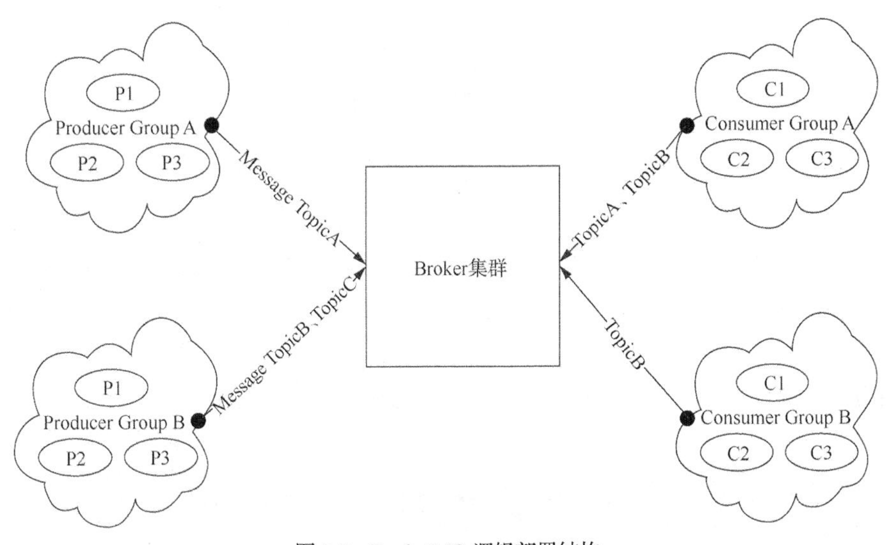

图 7-2　RocketMQ 逻辑部署结构

- Producer Group：用来表示一个发送消息的应用。一个 Producer Group 下包含多个 Producer 实例，可以是多台机器，也可以是一台机器的多个进程，或者是一个进程中的多个 Producer 对象。一个 Producer Group 可以发送多个 Topic 消息，Producer Group 的作用如下。
  - 标识一类 Producer。
  - 可以通过运维工具查询这个发送消息的应用下有多个 Producer 实例。
  - 发送分布式事务消息时，如果 Producer 中途意外宕机，Broker 会主动回调 Producer Group 内的任意一台机器来确认事务状态。
- Consumer Group：用来表示一个消费消息的应用。一个 Consumer Group 下包含多个 Consumer 实例，可以是多台机器，也可以是多个进程，或者是一个进程的多个 Consumer 对象。一个 Consumer Group 下的多个 Consumer 以均摊方式消费信息，如果设置为广播方式，那么这个 Consumer Group 下的每个实例都消费全部数据。需要注意的是，同一个 Consumer Group 中的 Consumer 实例必须有相同的 topic subscription。可以说，Consumer Group 的概念，变相地实现了消息领域著名的点对点和广播通信模式。

7.3 消息通信常用模式

消息中间件不管是在企业级应用中还是在互联网产品中，其应用的场景非常广泛。本节以 RabbitMQ 为例，总结消息通信常用模式。

7.3.1 工作队列

工作队列（Work Queues）又叫作任务队列（Task Queues），背后主要的思想是避免立即处理一个资源密集型任务所造成的长时间等待，相反我们可以计划着让任务后续执行。我们将任务封装成消息发送到队列中，一个 worker（工作者）进程在后台运行，获取任务并最终执行任务。当运行多个 worker 时，所有的任务将会被它们所共享。

图 7-3 所示是工作队列的示意图。

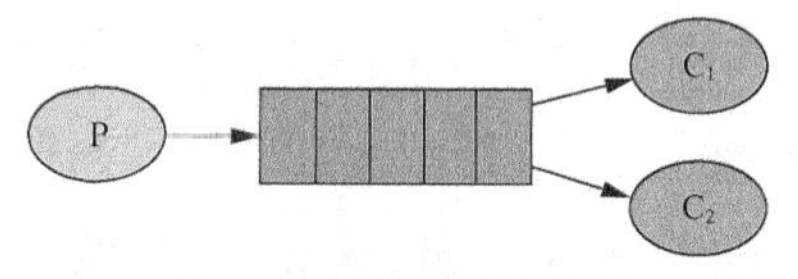

图 7-3 工作队列示意图

下面是一个工作队列的代码示例。

```
public class NewTask {

    private static final Logger LOGGER = LoggerFactory.getLogger(NewTask.class);
    private static final String TASK_QUEUE_NAME = "waylau_queue";

    public static void main(String[] argv) throws Exception {

        // 初始化连接工厂
        ConnectionFactory factory = new ConnectionFactory();

        // 设置连接的地址
        factory.setHost("localhost");

        // 获得连接
        Connection connection = factory.newConnection();

        // 创建 Channel
        Channel channel = connection.createChannel();

        // 声明队列
        channel.queueDeclare(TASK_QUEUE_NAME, true, false, false, null);

        // 从控制台参数中，获取消息
        String message = getMessage(argv);

        // 发送消息，发送 10 条
```

```
        for (int i = 0; i < 10; i++) {
            String msg = message + " " + i;
            channel.basicPublish("", TASK_QUEUE_NAME, MessageProperties.
PERSISTENT_TEXT_PLAIN,
                    (msg).getBytes("UTF-8"));

            LOGGER.info(" [x] Sent '" + msg + "'");
        }

        channel.close();
        connection.close();
    }

    ...
}
```

7.3.2 发布/订阅

发布/订阅（Publish/Subscribe）在消息队列中是一种比较常见的工作模式，如图 7-4 所示。该模式定义了如何向一个内容节点发布和订阅消息，内容节点也叫主题，主题是为发布者（Publisher）和订阅者（Subscriber）提供传输的中介。发布/订阅模型使发布者和订阅者之间不需要直接通信（如 RMI）就可保证消息的传送，有效解决了系统间耦合问题。该模式同时也定义了一种一对多的依赖关系，让多个订阅者对象同时监听某一个主题对象。

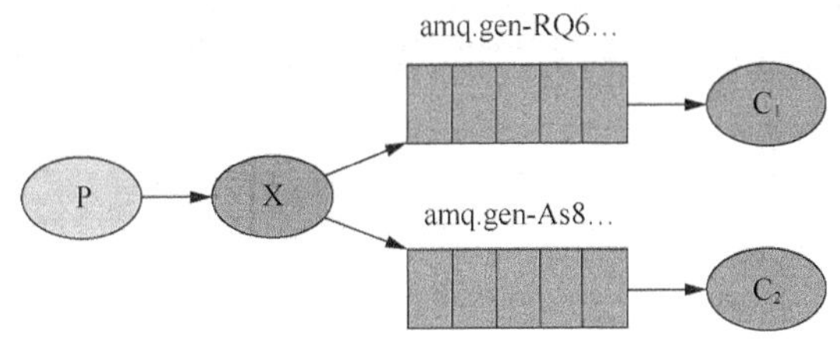

图 7-4　发布/订阅示意图

在该模式中，producer（生产者）并不直接发送消息到 queue（队列），而是发到了 exchange（交换器）中。exchange 一边接收来自 producer 的消息，另外一边将消息插入 queue。在上一个例子中，我们并没有显式地使用 exchange，我们仍然可以发送和接收消息。这是因为我们使用了一个默认的转发器，它的标识符为""。之前发送消息的代码如下。

```
channel.basicPublish("", TASK_QUEUE_NAME, MessageProperties. PERSISTENT_TEXT_PLAIN,
                    (msg).getBytes("UTF-8"));
```

这种没有显式命名的 exchange 被称为 nameless exchange（无名交换器）。

exchange 必须清楚接收到消息的下一步用途，比如，是要将消息插入一个 queue 中还是插入多个 queue 中。exchange type（交换器类型）标识的消息的用途，主要有 direct、topic、headers 和 fanout。比如，我们要创建一个 fanout 类型的 exchange，可以使用以下方法。

```
channel.exchangeDeclare("logs", "fanout");
```

fanout 类型的 exchange 特别简单——把所有它接收到的消息广播到所有它知道的队列。

下面是一个发布/订阅的代码示例。

```
public class EmitLog {

    private static final Logger LOGGER = LoggerFactory.getLogger(EmitLog. class);
    private static final String EXCHANGE_NAME = "logs";
```

```
    public static void main(String[] argv) throws Exception {
        ConnectionFactory factory = new ConnectionFactory();
        factory.setHost("localhost");
        Connection connection = factory.newConnection();
        Channel channel = connection.createChannel();

        // 声明交换器和类型
        channel.exchangeDeclare(EXCHANGE_NAME, "fanout");

        String message = getMessage(argv);

        // 往交换器上发送消息
        channel.basicPublish(EXCHANGE_NAME, "", null, message.getBytes("UTF-8"));
        LOGGER.info(" [x] Sent '" + message + "'");

        channel.close();
        connection.close();
    }

    ...
}
```

7.3.3 路由

路由（Routing）意味在消息订阅中，可选择性地只订阅部分消息，如图 7-5 所示。比如，在日志系统中，我们可以只接收 Error 级别的消息写入文件。同时仍然可以在控制台输出所有日志。

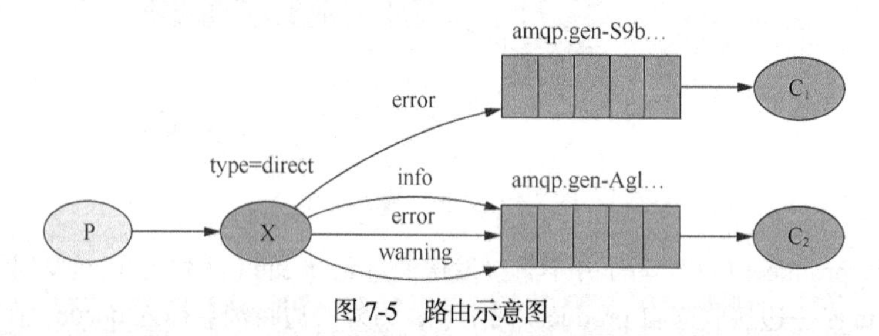

图 7-5　路由示意图

在本例中，我们将使用 direct 类型的 exchange，这样消息会被推送至 binding key（绑定键）和消息发布附带的 routing key（路由键）完全匹配的队列。比如：

```
channel.queueBind(queueName, EXCHANGE_NAME, "error");
```

其中的第 3 个参数 error 就是 routing key。

下面是一个路由的代码示例。

```
public class EmitLogDirect {

    private static final Logger LOGGER = LoggerFactory.getLogger
(EmitLogDirect.class);
    private static final String EXCHANGE_NAME = "direct_logs";

    public static void main(String[] argv) throws Exception {

        ConnectionFactory factory = new ConnectionFactory();
        factory.setHost("localhost");
        Connection connection = factory.newConnection();
        Channel channel = connection.createChannel();
```

```
        channel.exchangeDeclare(EXCHANGE_NAME, "direct");

        String severity = getSeverity(argv);
        String message = getMessage(argv);

        // 为简化程序，这里的severity是inof、warning、error中的一个
        channel.basicPublish(EXCHANGE_NAME, severity, null, message.getBytes ("UTF-8"));
        LOGGER.info(" [x] Sent '" + severity + "':'" + message + "'");

        channel.close();
        connection.close();
    }

    ...
}
```

7.3.4 主题

主题类型的 exchange 拥有比 direct 类型更多的灵活性。topic exchange 的 routing key 可以是长度不超过 255 字节的字符，其格式是以点号“.”进行分割的，比如 stock.usd.nyse、nyse.vmw 或者 quick.orange.rabbit。需要注意的是，所绑定的 key 必须是相同的格式。其中，有两个特殊的字符。

- *代表任意一个单词。
- #代表 0 个或者多个单词。

例如，某个 routing key 的格式为<speed>.<color>.<species>。其中 speed 代表速度，color 代表颜色，species 代表种类。那么*.orange.*代表了所有颜色是 orange 的动物，lazy.#代表了所有懒惰的动物。

主题示意如图 7-6 所示。

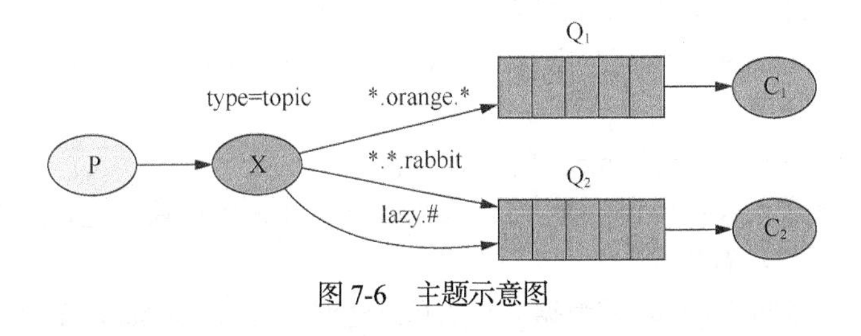

图 7-6　主题示意图

下面是一个主题的代码示例。

```
public class ReceiveLogsTopic {

    private static final Logger LOGGER = LoggerFactory.getLogger
(ReceiveLogsTopic.class);
    private static final String EXCHANGE_NAME = "topic_logs";

    public static void main(String[] argv) throws Exception {
        ConnectionFactory factory = new ConnectionFactory();
        factory.setHost("localhost");
        Connection connection = factory.newConnection();
        Channel channel = connection.createChannel();

        // 声明一个Topic类型的exchange
        channel.exchangeDeclare(EXCHANGE_NAME, "topic");
```

```
        String queueName = channel.queueDeclare().getQueue();

        if (argv.length < 1) {
            LOGGER.error("Usage: ReceiveLogsTopic[binding_key]...");
            System.exit(1);
        }

        for (String bindingKey : argv) {
            channel.queueBind(queueName, EXCHANGE_NAME, bindingKey);
        }

        LOGGER.info(" [*] Waiting for messages. To exit press CTRL+C");

        Consumer consumer = new DefaultConsumer(channel) {
            @Override
            public void handleDelivery(String consumerTag, Envelope envelope,
AMQP.BasicProperties properties,
                    byte[] body) throws IOException {
                String message = new String(body, "UTF-8");
                LOGGER.info(" [x] Received '" + envelope.getRoutingKey() + "':'" +
message + "'");
            }
        };
        channel.basicConsume(queueName, true, consumer);
    }
}
```

7.3.5 RPC

本例演示了如何在 RabbitMQ 里实现 RPC（远程过程调用）。

这个例子的工作流程如下。

- 当客户端启动时，它创建了匿名的单独的回调 queue。
- 客户端实现 RPC 请求时将同时设置两个属性：设置回调 queue 的 replyTo，以及为每个请求设置唯一值 correlationId。
- 请求被发送到一个名为 rpc_queue 的 queue 中。
- RPC worker 或者 server 一直在等待那个 queue 的请求。当请求到达时，通过在 replyTo 指定的 queue 来回复一个消息给客户端。
- 客户端一直等待回调 queue 的数据。当消息到达时，检查 correlationId 属性，如果该属性和它请求的值一致，那么就返回响应结果给程序。

RPC 示意如图 7-7 所示。

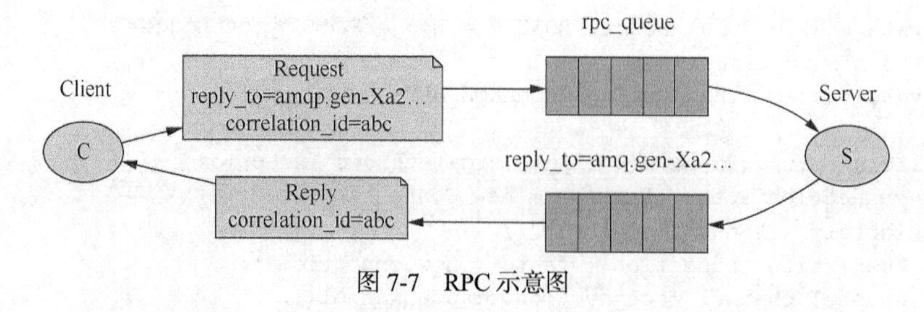

图 7-7　RPC 示意图

下面是一个 RPC 的代码示例。

```
public class RPCServer {
```

```
    private static final Logger LOGGER = LoggerFactory.getLogger(RPCServer.class);
    private static final String RPC_QUEUE_NAME = "rpc_queue";

    private static int fib(int n) {
        if (n == 0)
            return 0;
        if (n0==1)
            return 1;
        return fib(n-1) + fib(n-2);
    }

    public static void main(String[] argv) {
        Connection connection = null;
        Channel channel = null;
        try {
            ConnectionFactory factory = new ConnectionFactory();
            factory.setHost("localhost");

            connection = factory.newConnection();
            channel = connection.createChannel();

            channel.queueDeclare(RPC_QUEUE_NAME, false, false, false, null);

            channel.basicQos(1);

            QueueingConsumer consumer = new QueueingConsumer(channel);
            channel.basicConsume(RPC_QUEUE_NAME, false, consumer);

            LOGGER.info(" [x] Awaiting RPC requests");

            while (true) {
                String response = null;

                QueueingConsumer.Delivery delivery = consumer.nextDelivery();

                BasicProperties props = delivery.getProperties();
                BasicProperties replyProps = new BasicProperties.Builder()
  .correlationId(props.getCorrelationId())
                        .build();

                try {
                    String message = new String(delivery.getBody(), "UTF-8");
                    int n = Integer.parseInt(message);

                    LOGGER.info(" [.] fib(" + message + ")");
                    response = "" + fib(n);
                } catch (Exception e) {
                    LOGGER.error(" [.] " + e.toString());
                    response = "";
                } finally {
                    channel.basicPublish("", props.getReplyTo(), replyProps,
response.getBytes("UTF-8"));

                    channel.basicAck(delivery.getEnvelope().getDeliveryTag(), false);
                }
```

```
                }
            } catch (Exception e) {
                e.printStackTrace();
            } finally {
                if (connection != null) {
                    try {
                        connection.close();
                    } catch (Exception ignore) {
                    }
                }
            }
        }
    }
```

7.4 了解 JMS 规范

Java 消息服务（Java Message Service，JMS）应用程序接口，是一个 Java 平台中关于面向消息中间件的 API，用于在两个应用程序之间或分布式系统中发送消息，进行异步通信。JMS 是一个与具体平台无关的 API，绝大多数面向消息中间件提供商都对 JMS 提供支持。

JMS 的目标包括以下 4 点。

- 包含实现复杂企业应用所需要的功能特性。
- 定义了企业消息产品概念和功能的一组通用集合。
- 最小化这些 Java 程序员必须学习以使用企业消息产品的概念集合。
- 最大化消息应用的可移植性。

7.4.1 JMS 消息风格

JMS 支持企业消息产品提供两种主要的消息风格。

- 点对点：如图 7-8 所示，点对点风格允许一个客户端通过一个叫“消息队列”的中间抽象发送一个消息给另一个客户端。发送消息的客户端将一个消息发送到指定的队列中，接收消息的客户端从这个队列中抽取消息。
- 发布/订阅：如图 7-9 所示，发布/订阅风格允许一个客户端通过一个叫“主题”的中间抽象发送一个消息给多个客户端。发送消息的客户端将一个消息发布到指定的主题中，然后这个消息将被投递到所有订阅了这个主题的客户端。

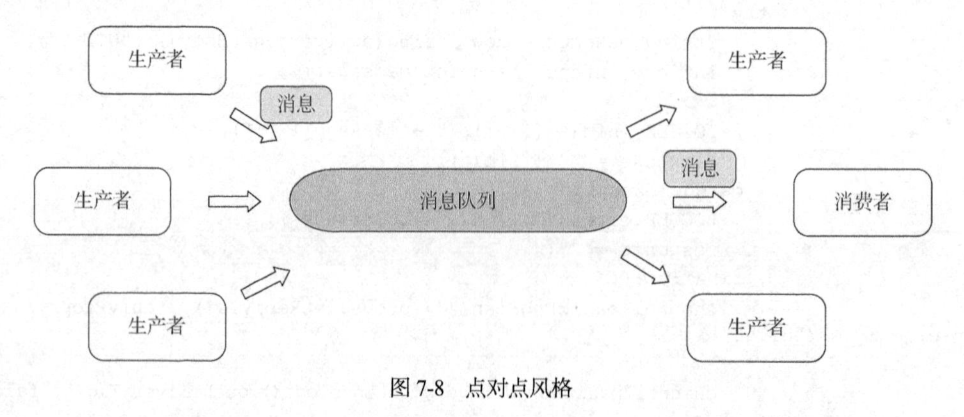

图 7-8 点对点风格

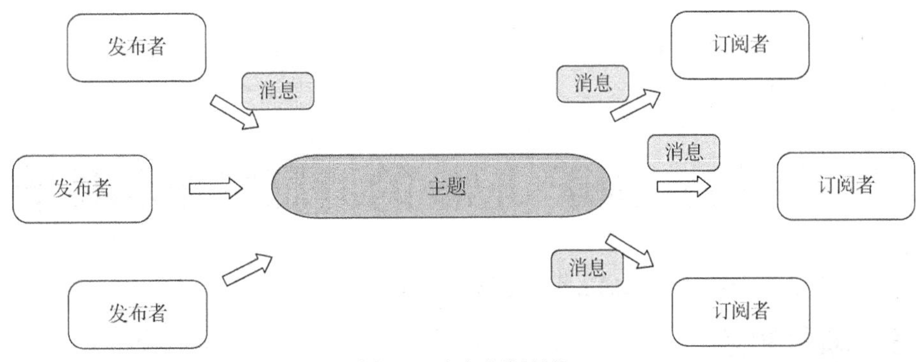

图 7-9　发布/订阅风格

7.4.2　JMS 接口

由于历史的原因，JMS 提供了 3 组用于发送和接收消息的接口。

- JMS 1.0 定义了两个特定领域相关的 API，一个用于点对点的消息处理，另一个用于发布/订阅的消息处理。尽管由于向后兼容，这些接口一直被保留在 JMS 中，但是在以后的 API 中应该考虑被废弃掉。
- JMS 1.1 引入了一组新的统一的 API，可以同时用于点对点和发布/订阅消息模式。这也被称作标准 API。
- JMS 2.0 引入了一组简化 API，它拥有标准 API 的全部特性，同时接口更少、使用更方便。

以上每组 API 提供一组不同的接口集合，用于连接到 JMS 提供者、发送和接收消息。因此，它们共享一组代表消息、消息目的地和其他各方面功能特性的通用接口。

下面是使用标准 API 来发送消息的例子。

```
@Resource(lookup = "jms/connectionFactory ")
ConnectionFactory connectionFactory;

@Resource(lookup="jms/inboundQueue")
Queue inboundQueue;

public void sendMessageOld (String payload) throws JMSException{
    try (Connection connection = connectionFactory.createConnection()) {
        Session session = connection.createSession();
        MessageProducer messageProducer =
        session.createProducer(inboundQueue);
        TextMessage textMessage =
        session.createTextMessage(payload);
        messageProducer.send(textMessage);
    }
}
```

下面是使用简化 API 来发送消息的例子。

```
@Resource(lookup = "jms/connectionFactory")
ConnectionFactory connectionFactory;

@Resource(lookup="jms/inboundQueue")
Queue inboundQueue;

public void sendMessageNew (String payload) {
    try (MessagingContext context = connectionFactory.createMessagingContext();){
        context.send(inboundQueue,payload);
```

```
        }
    }
```

所有的接口都在 javax.jms 包下。

7.5 实战：基于 JMS 的消息发送和接收

下面，我们将基于 JMS 来实现消息发送和接收功能。

7.5.1 项目概述

我们将创建一个名为“jms-msg”的应用。在该应用中，我们模拟了生产者、消费者、队列、订阅等用法。

为了能够正常运行该应用，需要在应用中添加以下依赖。

```
<properties>
    <project.build.sourceEncoding>UTF8</project.build.sourceEncoding>
    <spring.version>5.2.3.RELEASE</spring.version>
    <junit.version>4.12</junit.version>
    <activemq.version>5.15.11</activemq.version>
</properties>

<dependencies>
    <dependency>
        <groupId>junit</groupId>
        <artifactId>junit</artifactId>
        <version>${junit.version}</version>
        <scope>test</scope>
    </dependency>
    <dependency>
        <groupId>org.apache.activemq</groupId>
        <artifactId>activemq-all</artifactId>
        <version>${activemq.version}</version>
    </dependency>
    <dependency>
        <groupId>org.springframework</groupId>
        <artifactId>spring-core</artifactId>
        <version>${spring.version}</version>
    </dependency>
    <dependency>
        <groupId>org.springframework</groupId>
        <artifactId>spring-aop</artifactId>
        <version>${spring.version}</version>
    </dependency>
    <dependency>
        <groupId>org.springframework</groupId>
        <artifactId>spring-jms</artifactId>
        <version>${spring.version}</version>
    </dependency>
    <dependency>
        <groupId>org.springframework</groupId>
        <artifactId>spring-test</artifactId>
        <version>${spring.version}</version>
    </dependency>
</dependencies>
```

其中，JMS 的实现，我们使用了 Apache ActiveMQ，并集成了 Spring。

7.5.2　项目配置

以下是 Spring 基于 XML 的核心配置内容。

```
<!-- 配置 JMS 连接工厂 -->
<bean id="connectionFactory"
    class="org.apache.activemq.ActiveMQConnectionFactory">
    <property name="brokerURL"
        value="failover:(tcp://localhost:61616)" />
</bean>

<!-- 定义消息队列（Queue） -->
<bean id="queueDestination"
    class="org.apache.activemq.command.ActiveMQQueue">
    <!-- 设置消息队列的名字 -->
    <constructor-arg>
        <value>queue1</value>
    </constructor-arg>
</bean>

<!-- 配置 JMS 模板（Queue），Spring 提供的 JMS 工具类，它发送、接收消息-->
<bean id="jmsTemplate" class="org.springframework.jms.core.JmsTemplate">
    <property name="connectionFactory" ref="connectionFactory" />
    <property name="defaultDestination" ref="queueDestination" />
    <property name="receiveTimeout" value="10000" />
</bean>

<!--queue 消息生产者 -->
<bean id="producerService"
    class="com.waylau.spring.jms.queue.ProducerServiceImpl">
    <property name="jmsTemplate" ref="jmsTemplate"></property>
</bean>

<!--queue 消息消费者 -->
<bean id="consumerService"
    class="com.waylau.spring.jms.queue.ConsumerServiceImpl">
    <property name="jmsTemplate" ref="jmsTemplate"></property>
</bean>

<!-- 定义消息队列（Queue） -->
<bean id="queueDestination2"
    class="org.apache.activemq.command.ActiveMQQueue">
    <!-- 设置消息队列的名字 -->
    <constructor-arg>
        <value>queue2</value>
    </constructor-arg>
</bean>

<!-- 消息队列监听者（Queue） -->
<bean id="queueMessageListener"
    class="com.waylau.spring.jms.queue.QueueMessageListener" />
```

```
<!-- 消息监听容器（Queue）-->
<bean id="jmsContainer"
    class="org.springframework.jms.listener.DefaultMessageListenerContainer">
    <property name="connectionFactory" ref="connectionFactory" />
    <property name="destination" ref="queueDestination2" />
    <property name="messageListener" ref="queueMessageListener" />
</bean>

<!-- 定义消息主题（Topic）-->
<bean id="topicDestination" class="org.apache.activemq.command.ActiveMQTopic">
    <constructor-arg>
        <value>guo_topic</value>
    </constructor-arg>
</bean>

<!-- 配置 JMS 模板（Topic）-->
<bean id="topicJmsTemplate" class="org.springframework.jms.core.JmsTemplate">
    <property name="connectionFactory" ref="connectionFactory" />
    <property name="defaultDestination" ref="topicDestination" />
    <property name="pubSubDomain" value="true" />
    <property name="receiveTimeout" value="10000" />
</bean>

<!--topic 消息发布者 -->
<bean id="topicProvider" class="com.waylau.spring.jms.topic.TopicProvider">
    <property name="topicJmsTemplate" ref="topicJmsTemplate"></property>
</bean>

<!-- 消息主题监听者(Topic) -->
<bean id="topicMessageListener"
    class="com.waylau.spring.jms.topic.TopicMessageListener" />

<!-- 消息主题监听者(Topic) -->
<bean id="topicMessageListener2"
    class="com.waylau.spring.jms.topic.TopicMessageListener2" />

<!-- 主题监听容器 （Topic）-->
<bean id="topicJmsContainer"
    class="org.springframework.jms.listener.DefaultMessageListenerContainer">
    <property name="connectionFactory" ref="connectionFactory" />
    <property name="destination" ref="topicDestination" />
    <property name="messageListener" ref="topicMessageListener" />
</bean>

<!-- 主题监听容器 （Topic）-->
<bean id="topicJmsContainer2"
    class="org.springframework.jms.listener.DefaultMessageListenerContainer">
    <property name="connectionFactory" ref="connectionFactory" />
    <property name="destination" ref="topicDestination" />
    <property name="messageListener" ref="topicMessageListener2" />
</bean>

<!--这个是 sessionAwareQueue 目的地 -->
<bean id="sessionAwareQueue"
```

```
        class="org.apache.activemq.command.ActiveMQQueue">
    <constructor-arg>
        <value>sessionAwareQueue</value>
    </constructor-arg>
</bean>

<!-- 可以获取 session 的 MessageListener -->
<bean id="consumerSessionAwareMessageListener"
    class="com.waylau.spring.jms.queue.ConsumerSessionAwareMessageListener">
    <property name="destination" ref="queueDestination" />
</bean>

<!-- 监听 sessionAwareQueue 队列的消息，把回复消息写入 queueDestination 指向队列，即 queue1 -->
<bean id="sessionAwareListenerContainer"
    class="org.springframework.jms.listener.DefaultMessageListenerContainer">
    <property name="connectionFactory" ref="connectionFactory" />
    <property name="destination" ref="sessionAwareQueue" />
    <property name="messageListener"
        ref="consumerSessionAwareMessageListener" />
</bean>

<!--这个是 adapterQueue 目的地 -->
<bean id="adapterQueue"
        class="org.apache.activemq.command.ActiveMQQueue">
    <constructor-arg>
        <value>adapterQueue</value>
    </constructor-arg>
</bean>

<!-- 消息监听适配器 -->
<bean id="messageListenerAdapter"
    class="org.springframework.jms.listener.adapter.MessageListenerAdapter">
    <property name="delegate">
        <bean class="com.waylau.spring.jms.queue.ConsumerListener" />
    </property>
    <property name="defaultListenerMethod" value="receiveMessage" />
</bean>

<!-- 消息监听适配器对应的监听容器 -->
<bean id="messageListenerAdapterContainer"
    class="org.springframework.jms.listener.DefaultMessageListenerContainer">
    <property name="connectionFactory" ref="connectionFactory" />
    <property name="destination" ref="adapterQueue" />
    <!-- 使用 MessageListenerAdapter 来作为消息侦听器 -->
    <property name="messageListener" ref="messageListenerAdapter" />
</bean>
```

7.5.3 编码实现

生产者服务 ProducerServiceImpl 的实现如下。

```
package com.waylau.spring.jms.queue;

import javax.jms.Destination;
import javax.jms.JMSException;
```

```
import javax.jms.Message;
import javax.jms.Session;
import javax.jms.TextMessage;

import org.springframework.jms.core.JmsTemplate;
import org.springframework.jms.core.MessageCreator;

public class ProducerServiceImpl implements ProducerService {

    private JmsTemplate jmsTemplate;

    /**
     * 向指定队列发送消息
     */
    public void sendMessage(Destination destination, final String msg) {
        System.out.println("ProducerService 向队列"
                + destination.toString() + "发送了消息：\t"
                + msg);
        jmsTemplate.send(destination, new MessageCreator() {
            public Message createMessage(Session session)
                    throws JMSException {
                return session.createTextMessage(msg);
            }
        });
    }

    /**
     * 向默认队列发送消息
     */
    public void sendMessage(final String msg) {
        String destination = jmsTemplate.getDefaultDestination().toString();
        System.out.println("ProducerService 向队列"
                + destination + "发送了消息：\t" + msg);
        jmsTemplate.send(new MessageCreator() {
            public Message createMessage(Session session)
                    throws JMSException {
                return session.createTextMessage(msg);
            }
        });

    }

    public void sendMessage(Destination destination,
            final String msg, final Destination response) {
        System.out.println("ProducerService 向队列"
                + destination + "发送了消息：\t" + msg);
        jmsTemplate.send(destination, new MessageCreator() {
            public Message createMessage(Session session)
                    throws JMSException {
                TextMessage textMessage = session.createTextMessage(msg);
                textMessage.setJMSReplyTo(response);
                return textMessage;
            }
        });
```

```
    }

    public void setJmsTemplate(JmsTemplate jmsTemplate) {
        this.jmsTemplate = jmsTemplate;
    }

}
```

消费者服务 ConsumerServiceImpl 的实现如下。

```
package com.waylau.spring.jms.queue;


import javax.jms.Destination;
import javax.jms.JMSException;
import javax.jms.TextMessage;

import org.springframework.jms.core.JmsTemplate;

public class ConsumerServiceImpl implements ConsumerService {

    private JmsTemplate jmsTemplate;

    /**
     * 接收消息
     */
    public void receive(Destination destination) {
        TextMessage tm =
            (TextMessage) jmsTemplate.receive(destination);
        try {
            System.out.println("ConsumerService从队列"
                    + destination.toString() + "收到了消息：\t"
                    + tm.getText());
        } catch (JMSException e) {
            e.printStackTrace();
        }
    }

    public void setJmsTemplate(JmsTemplate jmsTemplate) {
        this.jmsTemplate = jmsTemplate;
    }

}
```

我们在应用中也定义了多种侦听器。

比如，消费者侦听器的定义如下。

```
public class ConsumerListener {

  public String receiveMessage(String message) {
    System.out.println("ConsumerListener接收到一个Text消息：\t"
        + message);

    return "I am ConsumerListener response";
  }

}
```

消息队列侦听器的定义如下。

```
public class QueueMessageListener implements MessageListener {

    public void onMessage(Message message) {
        TextMessage tm = (TextMessage) message;
        try {
            System.out.println("ConsumerMessageListener 收到了文本消息：\t"
                + tm.getText());
        } catch (JMSException e) {
            e.printStackTrace();
        }
    }

}
```

会话感知侦听器的定义如下。

```
package com.waylau.spring.jms.queue;

import javax.jms.Destination;
import javax.jms.JMSException;
import javax.jms.MessageProducer;
import javax.jms.Session;
import javax.jms.TextMessage;

import org.springframework.jms.listener.SessionAwareMessageListener;

public class ConsumerSessionAwareMessageListener
        implements SessionAwareMessageListener<TextMessage> {

    private Destination destination;

    public void onMessage(TextMessage message, Session session)
            throws JMSException {
        // 接收消息
        System.out.println("SessionAwareMessageListener 收到一条消息：\t"
            + message.getText());

        // 发送消息
        MessageProducer producer =
            session.createProducer(destination);
        TextMessage tm =
            session.createTextMessage("I am ConsumerSessionAwareMessageListener");
        producer.send(tm);

    }

    public void setDestination(Destination destination) {
        this.destination = destination;
    }

}
```

为了演示订阅功能，我们也定义了主题提供者以及主题侦听器。

主题提供者的定义如下。

```
package com.waylau.spring.jms.topic;
```

```
import javax.jms.Destination;
import javax.jms.JMSException;
import javax.jms.Message;
import javax.jms.Session;

import org.springframework.jms.core.JmsTemplate;
import org.springframework.jms.core.MessageCreator;


public class TopicProvider {

    private JmsTemplate topicJmsTemplate;

    /**
     * 向指定的 Topic 发布消息
     *
     * @param topic
     * @param msg
     */
    public void publish(final Destination topic, final String msg) {

        topicJmsTemplate.send(topic, new MessageCreator() {
            public Message createMessage(Session session)
                    throws JMSException {
                System.out.println("TopicProvider 发布了主题: \t"
                        + topic.toString() + ", 发布消息内容为:\t"
                        + msg);
                return session.createTextMessage(msg);
            }
        });
    }

    public void setTopicJmsTemplate(JmsTemplate topicJmsTemplate) {
        this.topicJmsTemplate = topicJmsTemplate;
    }

}
```

主题侦听器 1 的定义如下。

```
package com.waylau.spring.jms.topic;

import javax.jms.JMSException;
import javax.jms.Message;
import javax.jms.MessageListener;
import javax.jms.TextMessage;

public class TopicMessageListener implements MessageListener {

    public void onMessage(Message message) {
        TextMessage tm = (TextMessage) message;
        try {
            System.out.println("TopicMessageListener 监听到消息: \t"
                    + tm.getText());
        } catch (JMSException e) {
            e.printStackTrace();
```

```
        }
    }

}
```

主题侦听器 2 的定义如下。

```
package com.waylau.spring.jms.topic;

import javax.jms.JMSException;

import javax.jms.Message;
import javax.jms.MessageListener;
import javax.jms.TextMessage;

public class TopicMessageListener2 implements MessageListener {

    public void onMessage(Message message) {
        TextMessage tm = (TextMessage) message;
        try {
            System.out.println("TopicMessageListener2 监听到消息 \t"
                + tm.getText());
        } catch (JMSException e) {
            e.printStackTrace();
        }

    }

}
```

7.5.4 运行

为了方便测试，我们编写了以下测试用例。

```
package com.waylau.spring.jms;

import javax.jms.Destination;

import org.junit.Test;
import org.junit.runner.RunWith;
import org.springframework.beans.factory.annotation.Autowired;
import org.springframework.beans.factory.annotation.Qualifier;
import org.springframework.test.context.ContextConfiguration;
import org.springframework.test.context.junit4.SpringJUnit4ClassRunner;

import com.waylau.spring.jms.queue.ConsumerService;
import com.waylau.spring.jms.queue.ProducerService;
import com.waylau.spring.jms.topic.TopicProvider;

@RunWith(SpringJUnit4ClassRunner.class)
@ContextConfiguration("/spring.xml")
public class SpringJmsTest {

    /**
     * 队列名 queue1
     */
    @Autowired
    private Destination queueDestination;
```

```
/**
 * 队列名 queue2
 */
@Autowired
private Destination queueDestination2;

/**
 * 队列名 sessionAwareQueue
 */
@Autowired
private Destination sessionAwareQueue;

/**
 * 队列名 adapterQueue
 */
@Autowired
private Destination adapterQueue;

/**
 * 主题 guo_topic
 */
@Autowired
@Qualifier("topicDestination")
private Destination topic;

/**
 * 主题消息发布者
 */
@Autowired
private TopicProvider topicProvider;

/**
 * 队列消息生产者
 */
@Autowired
@Qualifier("producerService")
private ProducerService producer;

/**
 * 队列消息消费者
 */
@Autowired
@Qualifier("consumerService")
private ConsumerService consumer;

/**
 * 测试生产者向 queue1 发送消息
 */
@Test
public void testProduce() {
    String msg = "Hello world!";
    producer.sendMessage(msg);
}
```

```
/**
 * 测试消费者从 queue1 接收消息
 */
@Test
public void testConsume() {
    consumer.receive(queueDestination);
}

/**
 * 测试消息监听
 * 1.生产者向队列 queue2 发送消息
 * 2.ConsumerMessageListener 监听队列，并消费消息
 */
@Test
public void testSend() {
    producer.sendMessage(queueDestination2,
        "Hello R2");
}

/**
 * 测试主题监听
 * 1.生产者向主题发布消息
 * 2.ConsumerMessageListener 监听主题，并消费消息
 */
@Test
public void testTopic() {
    topicProvider.publish(topic, "Hello Topic!");
}

/**
 * 测试 SessionAwareMessageListener
 * 1.生产者向队列 sessionAwareQueue 发送消息
 * 2.SessionAwareMessageListener 接收消息，并向 queue1 队列发送回复消息
 * 3. 消费者从 queue1 消费消息
 *
 */
@Test
public void testAware() {
    producer.sendMessage(sessionAwareQueue,
        "Hello sessionAware");
    consumer.receive(queueDestination);
}

/**
 * 测试 MessageListenerAdapter
 * 1.生产者向队列 adapterQueue 发送消息
 * 2.MessageListenerAdapter 使 ConsumerListener 接收消息，并向 queue1 队列发送回复消息
 * 3.消费者从 queue1 消费消息
 *
 */
```

```
    @Test
    public void testAdapter() {
        producer.sendMessage(adapterQueue,
            "Hello adapterQueue",
            queueDestination);
        consumer.receive(queueDestination);
    }

}
```

先启动 ActiveMQ 服务，再执行该测试用例。可以在控制台看到以下输出信息。

```
 INFO | Successfully connected to tcp://localhost:61616
 INFO | Successfully connected to tcp://localhost:61616
 INFO | Successfully connected to tcp://localhost:61616
 INFO | Successfully connected to tcp://localhost:61616
 INFO | Successfully connected to tcp://localhost:61616
ProducerService 向队列 queue://adapterQueue 发送了消息：    Hello adapterQueue
 INFO | Successfully connected to tcp://localhost:61616
ConsumerListener 接收到一个 Text 消息：    Hello adapterQueue
 INFO | Successfully connected to tcp://localhost:61616
ConsumerService 从队列 queue://queue1 收到了消息：  I am ConsumerListener response
ProducerService 向队列 queue://sessionAwareQueue 发送了消息：    Hello sessionAware
 INFO | Successfully connected to tcp://localhost:61616
SessionAwareMessageListener 收到一条消息：  Hello sessionAware
 INFO | Successfully connected to tcp://localhost:61616
ConsumerService 从队列 queue://queue1 收到了消息：  I am ConsumerSessionAwareMessageListener
 INFO | Successfully connected to tcp://localhost:61616
TopicProvider 发布了主题：    topic://guo_topic，发布消息内容为：  Hello Topic!
TopicMessageListener2 监听到消息  Hello Topic!
TopicMessageListener 监听到消息：  Hello Topic!
ProducerService 向队列 queue://queue2 发送了消息：   Hello R2
 INFO | Successfully connected to tcp://localhost:61616
ConsumerMessageListener 收到了文本消息：  Hello R2
ProducerService 向队列 queue://queue1 发送了消息：   Hello world!
 INFO | Successfully connected to tcp://localhost:61616
 INFO | Successfully connected to tcp://localhost:61616
ConsumerService 从队列 queue://queue1 收到了消息：   Hello world!
```

本节示例，可以在 jms-msg 项目下找到。

7.6　本章小结

出于对实时、高并发、高可用等方面的需求，面向消息的分布式架构得以流行。本章介绍了消息中间件的常用概念及常见的消息中间件产品，并且对大部分市面上流行的中间件产品的工作模式进行了总结，归纳了消息通信常用模式。

由于 Java 语言的流行，我们也介绍了 Java 领域的消息通信规范——JMS，并手把手带领大家实现了一个基于 JMS 的消息发送和接收示例。

7.7 习题

- 面向消息的分布式架构有哪些特点？
- 常用的消息中间件产品有哪些？
- 请简述消息通信常用模式。
- JMS 消息风格有哪些？
- 请用你熟悉的消息中间件技术编写一个应用，以实现消息发送和接收。

第 8 章 REST 风格的架构

在第 6 章中，我们介绍了 Web 服务。其中 Web 服务又可以分为“大” Web 服务及 RESTful Web 服务。

本章将深入讨论 RESTful Web 服务及其架构风格。

8.1 什么是 REST

随着互联网应用、Cloud Native、云计算的兴起，越来越多的应用采用了以 HTTP 为主的网络通信特别是 RESTful（REST 风格）的 Web 服务。RESTful Web 服务所提供的 API 也成为 REST API，这类 API 具有平台无关性、语言无关性等特点，在 Cloud Native、微服务等架构中作为主要的通信协议。

那么到底什么样的 HTTP 算是 REST?

一说到 REST，大家都耳熟能详，很多人的第一反应就是认为这是前端请求后台的一种通信方式。甚至有些人将 REST 和 RPC 混为一谈，认为两者都是基于 HTTP 的类似的东西。实际上，很少人能详细讲述 REST 所提出的各个约束、风格特点以及如何开始搭建 REST 服务。

表述性状态转移（REpresentation State Transfer，REST）描述了一个架构样式的网络系统，比如 Web 应用程序。它首次出现在 2000 年 Roy Fielding 的博士论文 *Architectural Styles and the Design of Network-based Software Architectures* 中。Roy Fielding 还是 HTTP 规范的主要编写者之一，也是 Apache HTTP 服务器项目的共同创立者。所以这篇文章一发表，就引起了极大的反响。很多公司或者组织如雨后春笋般宣称自己的应用或者服务实现了 REST API。但该论文实际上只是描述了一种架构风格，并未对具体的实现做出规范。所以社会上，各大厂商不免存在浑水摸鱼或者误用、滥用 REST。所以在这种背景下，Roy Fielding 不得不再次发文做了澄清，坦言了他的失望，并对 SocialSite REST API 提出了批评。同时他还指出，除非应用状态引擎是超文本驱动的，否则它就不是 REST 或 REST API。据此，他给出了 REST API 应该具备的条件。

- REST API 不应该依赖于任何通信协议，尽管要成功映射到某个协议可能会依赖于元数据的可用性、所选的方法等。
- REST API 不应该包含对通信协议的任何改动，除非是补充或确定标准协议中未规定的部分。
- REST API 应该将大部分的描述工作放在定义用于表示资源和驱动应用状态的媒体类型上，或定义现有标准媒体类型的扩展关系名和（或）支持超文本的标记。
- REST API 绝不应该定义一个固定的资源名或层次结构（客户端和服务器之间的明显耦合）。
- REST API 永远也不应该有那些会影响客户端的“类型化”资源。

- REST API 不应该要求有先验知识（Prior Knowledge），除了初始 URI 和适合目标用户的一组标准化的媒体类型（即，它能被任何潜在使用该 API 的客户端理解）。

REST 并非标准，而是一种开发 Web 应用的架构风格，可以将其理解为一种设计模式。REST 基于 HTTP、URI 以及 XML 这些现有的广泛流行的协议和标准，伴随着 REST 的应用，HTTP 得到了更加正确的使用。

8.2 REST 设计原则

REST 指的是一组架构约束条件和原则。满足这些约束条件和原则的应用程序或设计就是 REST。

相较于基于 SOAP 和 WSDL 的 Web 服务，REST 模式提供了更为简洁的实现方案。RESTful Web 服务是松耦合的，这特别适用于为客户创建在互联网传播的轻量级的 Web 服务 API。REST 应用是围绕"资源表述的转移"为中心来做请求和响应的。数据和功能均被视为资源，并使用统一的资源标识符（URI）来访问资源。网页里面的链接就是典型的 URI。该资源由文档表述，并通过使用一组简单的、定义明确的操作来执行。

例如，一个 REST 资源可能是一个城市当前的天气情况。该资源的表述可能是一个 XML 文档、图像文件或 HTML 页面。客户端可以检索特定表述，通过更新其数据来修改资源，或者完全删除该资源。

目前，越来越多的 Web 服务开始采用 REST 风格设计和实现，真实世界中比较著名的 REST 服务包括：Google Ajax 搜索 API、Amazon Simple Storage Service（Amazon S3）等。

基于 REST 的 Web 服务遵循一些基本的设计原则，使得 REST 应用更加简单、轻量，开发速度也更快。这些原则包括以下 4 点。

- 通过 URI 来标识资源。系统中的每一个对象或资源都可以通过一个唯一的 URI 来进行寻址，URI 的结构应该简单、可预测且易于理解，比如定义目录结构式的 URI。
- 统一接口。以遵循 RFC-2616 所定义的协议的方式显式地使用 HTTP 方法，建立创建、检索、更新和删除操作与 HTTP 方法之间的一对一映射。
  - 若要在服务器上创建资源，应该使用 POST 方法。
  - 若要检索某个资源，应该使用 GET 方法。
  - 若要更新或者添加资源，应该使用 PUT 方法。
  - 若要删除某个资源，应该使用 DELETE 方法。
- 资源多重表述。URI 所访问的每个资源都可以使用不同的形式加以表示（比如 XML 或者 JSON），具体的表现形式取决于访问资源的客户端，客户端与服务提供者使用一种内容协商的机制（请求头与 MIME 类型）来选择合适的数据格式，最小化彼此之间的数据耦合。在 REST 的世界中，资源即状态，而互联网就是一个巨大的状态机，每个网页是其一个状态；URI 是状态的表述；REST 风格的应用则是从一个状态迁移到下一个状态的状态转移过程。早期的互联网只有静态页面，通过超链接在静态网页之间浏览跳转的模式就是一种典型的状态转移过程。也就是说，早期的互联网就是天然的 REST。
- 无状态。对服务器的请求应该是无状态的，完整、独立的请求不要求服务器在处理请求时检索任何类型的应用程序上下文或状态。无状态约束使服务器的变化对客户端是不可见的，因为在两次连续的请求中，客户端并不依赖于同一台服务器。一个客户端从某台服务器上收到一份包含链接的文档，当它要做一些处理时，这台服务器宕机了，可能是硬盘坏掉而被拿去修理，也可能是软件需要升级重启——如果这个客户端访问了从这台服务器接收的链接，它不会察觉到后台的服务器已经改变了。通过超链接实现有状态交互，即请求消息是自包含的（每次交互都包含完整的信息），有多种技术实现了不同请求间状态信息的传输，例如 URI、Cookies 和隐藏表单字段等，状态可以嵌入应答消息里，这样一来状态在接下来的交互中仍然有效。REST 风格应用可以实现交互，但它却天然地具有服务器无状态的特征。在状态迁移的过程中，服务器不需要记录任何 Session，所有的状态都通过 URI 的形式记录在了客户端。更准确地说，这里的无状态服务器，是指服务器不保存会话状态，而资源本身则是天然的状态，通常是需要被保存的。这里的无状态服务器均指无会话状态服务器。

表 8-1 是一个 HTTP 请求方法在 RESTful Web 服务中的典型应用。

表 8-1　HTTP 请求方法在 RESTful Web 服务中的典型应用

资源	GET	PUT	POST	DELETE
一组资源的 URI	列出 URI，以及该资源组中每个资源的详细信息（后者可选）	使用给定的一组资源替换当前整组资源	在本组资源中创建/追加一个新的资源。该操作往往返回新资源的 URI	删除整组资源
单个资源的 URI	获取指定的资源的详细信息，格式可以自选一个合适的网络媒体类型（比如 XML、JSON 等）	替换/创建指定的资源，并将其追加到相应的资源组	把指定的资源当作一个资源组，并在其下创建/追加一个新的元素，使其隶属于当前资源	删除指定的元素

8.3　成熟度模型

正如前文所述，正确、完整地使用 REST 是困难的，关键在于 Roy Fielding 所定义的 REST 只是一种架构风格，它并不是规范，所以也就缺乏可以直接参考的依据。好在 Leonard Richardson 补充了这方面的不足。他提出的关于 REST 的成熟度模型（Richardson Maturity Model），将 REST 的实现划分为不同的等级。图 8-1 展示了不同等级的成熟度模型。

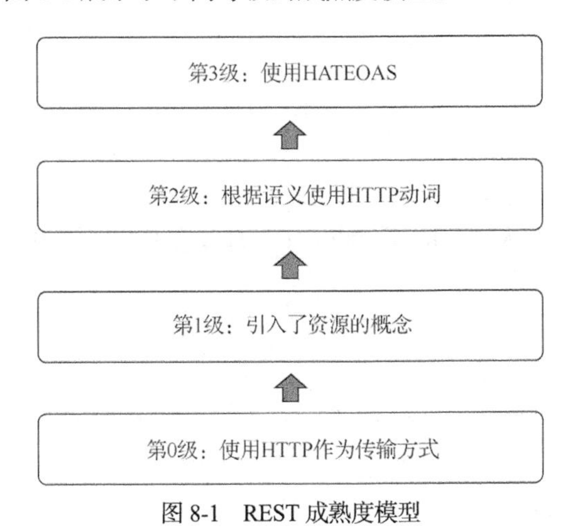

图 8-1　REST 成熟度模型

8.3.1　第 0 级：使用 HTTP 作为传输方式

在第 0 级中，Web 服务只是使用 HTTP 作为传输方式，实际上只是远程方法调用（RPC）的一种具体形式。SOAP 和 XML-RPC 都属于此级别。比如，在一个医院挂号系统中，医院会通过某个 URI 来暴露出该挂号服务端点（Service Endpoint）。然后患者会向该 URI 发送一个文档作为请求，文档中包含了请求的所有细节。

```
POST /appointmentService HTTP/1.1
[省略了其他头的信息……]

<openSlotRequest date = "2010-01-04" doctor = "mjones"/>
```

然后服务器会传回一个包含了所需信息的文档。

```
HTTP/1.1 200 OK
[省略了其他头的信息……]

<openSlotList>
<slot start = "1400" end = "1450">
<doctor id = "mjones"/>
</slot>
<slot start = "1600" end = "1650">
<doctor id = "mjones"/>
</slot>
</openSlotList>
```

在这个例子中我们使用了 XML，但是内容实际上可以是任何格式，比如 JSON、YAML、键值对等，或者其他自定义的格式。

有了这些信息，下一步就是创建一个预约。这同样可以通过向某个端点发送一个文档来完成。

```
POST /appointmentService HTTP/1.1
[省略了其他头的信息……]

<appointmentRequest>
<slot doctor = "mjones" start = "1400" end = "1450"/>
<patient id = "jsmith"/>
</appointmentRequest>
```

如果一切正常，那开发者能够收到一个预约成功的响应。

```
HTTP/1.1 200 OK
[省略了其他头的信息……]

<appointment>
<slot doctor = "mjones" start = "1400" end = "1450"/>
<patient id = "jsmith"/>
</appointment>
```

如果发生了问题，比如有人在我前面预约上了，那我会在响应体中收到某条错误信息。

```
HTTP/1.1 200 OK
[省略了其他头的信息……]

<appointmentRequestFailure>
<slot doctor = "mjones" start = "1400" end = "1450"/>
<patient id = "jsmith"/>
<reason>Slot not available</reason>
</appointmentRequestFailure>
```

到目前为止，这都是非常直观的基于 RPC 风格的系统。它是简单的，因为只有 Plain Old XML（POX）在这个过程中被传输。如果你使用 SOAP 或者 XML-RPC，原理也是基本相同的，唯一的不同是——你将 XML 消息包含在了某种特定的格式中。

8.3.2　第 1 级：引入了资源的概念

在第 1 级中，Web 服务引入了“资源”的概念，每个资源有对应的标识符和表达。所以，不是将所有的请求发送到单个服务端点，而是和单独的资源进行交互。

因此在我们的首个请求中，对指定医生会有一个对应的资源。

```
POST /doctors/mjones HTTP/1.1
[省略了其他头的信息……]

<openSlotRequest date = "2010-01-04"/>
```

响应会包含一些基本信息，包含了各个时间段的就诊时间信息，这些就诊时间可以被作为资源单独处理。

```
HTTP/1.1 200 OK
[省略了其他头的信息……]

<openSlotList>
<slot id = "1234" doctor = "mjones" start = "1400" end = "1450"/>
<slot id = "5678" doctor = "mjones" start = "1600" end = "1650"/>
</openSlotList>
```

有了这些资源后，创建一个预约就是向某个特定的就诊时间发送请求。

```
POST /slots/1234 HTTP/1.1
[省略了其他头的信息……]

<appointmentRequest>
<patient id = "jsmith"/>
</appointmentRequest>
```

如果一切顺利，则会收到和前面类似的响应：

```
HTTP/1.1 200 OK
[省略了其他头的信息……]

<appointment>
<slot id = "1234" doctor = "mjones" start = "1400" end = "1450"/>
<patient id = "jsmith"/>
</appointment>
```

8.3.3　第 2 级：根据语义使用 HTTP 动词

在第 2 级中，Web 服务使用不同的 HTTP 方法来进行不同的操作，并且使用 HTTP 状态码来表示不同的结果。例如，GET 方法用来获取资源，DELETE 方法用来删除资源。

在医院挂号系统中，获取医生的就诊时间信息需要使用 GET。

```
GET /doctors/mjones/slots?date=20100104&status=open HTTP/1.1
Host: royalhope.nhs.uk
```

响应和之前使用 POST 发送请求时一致。

```
HTTP/1.1 200 OK
[省略了其他头的信息……]

<openSlotList>
<slot id = "1234" doctor = "mjones" start = "1400" end = "1450"/>
<slot id = "5678" doctor = "mjones" start = "1600" end = "1650"/>
</openSlotList>
```

像上面那样使用 GET 来发送一个请求是至关重要的。HTTP 将 GET 定义为一个安全的操作，它并不会对任何事物的状态造成影响。这也就允许我们可以用不同的顺序若干次调用 GET 请求而每次还能够获取到相同的结果。一个重要的结论就是，GET 允许参与到路由中的参与者使用缓存机制，该机制是让目前的 Web 运转良好的关键因素之一。HTTP 包含许多方法来支持缓存，这些方法可以在通信过程中被所有的参与者使用。通过遵守 HTTP 的规则，我们可以很好地利用该缓存。

为了创建一个预约，我们需要使用一个能够改变状态的请求方式。这里使用和前面相同的一个 POST 请求。

```
POST /slots/1234 HTTP/1.1
[省略了其他头的信息……]

<appointmentRequest>
<patient id = "jsmith"/>
</appointmentRequest>
```

如果一切顺利，则服务会返回一个 201 响应来表明新增了一个资源。这是与第 1 级的 POST 响应完全不同的。第 2 级中的操作响应都有统一的返回状态码。

```
HTTP/1.1 201 Created
Location: slots/1234/appointment
[省略了其他头的信息……]

<appointment>
<slot id = "1234" doctor = "mjones" start = "1400" end = "1450"/>
<patient id = "jsmith"/>
</appointment>
```

201 响应包含了一个 Location 属性，它是一个 URI。将来客户端可以通过 GET 请求获得该资源的状态。以上的响应还包含该资源的信息，从而省去了一个获取该资源的请求。

当出现问题时，第 2 级和第 1 级还有一个不同之处。比如某人预约了该时段：

```
HTTP/1.1 409 Conflict
[various headers]

<openSlotList>
<slot id = "5678" doctor = "mjones" start = "1600" end = "1650"/>
</openSlotList>
```

在上例中，409 表明该资源已经被更新了。与使用 200 作为响应码再附带一个错误信息相比，在第 2 级中我们会明确响应码的含义，以及其所对应的响应信息。

8.3.4 第 3 级：使用 HATEOAS

在第 3 级中，Web 服务使用 HATEOAS。HATEOAS 是 Hypertext As The Engine Of Application State 的缩写，是指在资源的表达中包含了链接信息，客户端可以根据链接来发现可以执行的动作。

从上述 REST 成熟度模型中可以看到，使用 HATEOAS 的 REST 服务是成熟度最高的，也是 Roy Fielding 所推荐的“超文本驱动”的做法。对于不使用 HATEOAS 的 REST 服务，客户端和服务器的实现之间是紧密耦合的。客户端需要根据服务器提供的相关文档来了解所暴露的资源和对应的操作。当服务器发生变化（如修改了资源的 URI）时，客户端也需要进行相应的修改。而在使用 HATEOAS 的 REST 服务中，客户端可以通过服务器提供的资源的表达来智能地发现可以执行的操作。当服务器发生了变化时，客户端并不需要做出修改，因为资源的 URI 和其他信息都是被动态发现的。下面是一个 HATEOAS 的例子。

```
{
  "id": 711,
  "manufacturer": "bmw",
```

```
    "model": "X5",
    "seats": 5,
    "drivers": [
     {
      "id": "23",
      "name": "Way Lau",
      "links": [
       {
        "rel": "self",
        "href": "/api/v1/drivers/23"
       }
      ]
     }
    ]
}
```

回到我们的医院挂号系统案例中，还是使用在第 2 级中使用过的 GET 作为首个请求。

```
GET /doctors/mjones/slots?date=20100104&status=open HTTP/1.1
Host: royalhope.nhs.uk
```

但是响应中添加了一个新元素。

```
HTTP/1.1 200 OK
[省略了其他头的信息……]

<openSlotList>
<slot id = "1234" doctor = "mjones" start = "1400" end = "1450">
<link rel = "/linkrels/slot/book"
            uri = "/slots/1234"/>
</slot>
<slot id = "5678" doctor = "mjones" start = "1600" end = "1650">
<link rel = "/linkrels/slot/book"
            uri = "/slots/5678"/>
</slot>
</openSlotList>
```

每个就诊时间信息现在都包含一个 URI，用来告诉我们如何创建一个预约。

超媒体控制（Hypermedia Control）的关键在于：它告诉我们下一步能够做什么，以及相应资源的 URI。比如，我们事先就可以知道去哪个地址发送预约请求，因为响应中的超媒体控制直接在响应体中告诉了我们该如何做。

预约的 POST 请求与第 2 级中类似。

```
POST /slots/1234 HTTP/1.1
[省略了其他头的信息……]

<appointmentRequest>
<patient id = "jsmith"/>
</appointmentRequest>
```

响应包含了一系列的超媒体控制，用来告诉我们后面可以进行什么操作。

```
HTTP/1.1 201 Created
Location: http://royalhope.nhs.uk/slots/1234/appointment
[省略了其他头的信息……]

<appointment>
<slot id = "1234" doctor = "mjones" start = "1400" end = "1450"/>
<patient id = "jsmith"/>
<link rel = "/linkrels/appointment/cancel"
```

```
        uri = "/slots/1234/appointment"/>
    <link rel = "/linkrels/appointment/addTest"
        uri = "/slots/1234/appointment/tests"/>
    <link rel = "self"
        uri = "/slots/1234/appointment"/>
    <link rel = "/linkrels/appointment/changeTime"
        uri = "/doctors/mjones/slots?date=20100104@status=open"/>
    <link rel = "/linkrels/appointment/updateContactInfo"
        uri = "/patients/jsmith/contactInfo"/>
    <link rel = "/linkrels/help"
        uri = "/help/appointment"/>
</appointment>
```

超媒体控制的一个显著优点是:它能够在保证客户端不受影响的条件下,改变服务器返回的URI方案。只要客户端查询“addTest”这个 URI，后台开发团队就可以根据需要随意修改与之对应的URI（只有最初的入口URI不能被修改）。

超媒体控制的另一个显著优点是：它能够帮助客户端开发人员进行探索。其中的链接告诉了客户端开发人员下面可能需要执行的操作。它并不会告诉所有的信息，但是至少它提供了一个思考的起点，引导开发人员在协议文档中查看相应的URI。

同样地，它也让服务器端的团队可以通过向响应中添加新的链接来增加功能。比如，如果客户端开发人员发现了一个之前未知的链接，那他们就会知道这个链接是服务器端提供的新的功能。

8.4 REST API 管理

下面介绍几种简洁的REST API设计的最佳实践，可以作为真假REST的一个判别依据。

1. 使用的是名词而不是动词

使用名词来定义接口。

```
/resources
/resources/1024
不应该使用动词:
/getAllResources
/createNewResource
/deleteAllResources
```

2. GET 方法和查询参数不能改变资源状态

如果要改变资源的状态，要使用PUT、POST和DELETE。下面使用GET方法来修改user的状态是错误的：

```
GET /users/711?activate
```

或

```
GET /users/711/activate
```

3. 使用名词复数

不要混淆名词的单复数。保持简单，只用复数名词来定义所有资源。

```
/cars 代替 /car
/users 代替 /user
/products 代替 /product
/settings 代替 /setting
```

4. 使用子资源来表达资源间的关系

```
GET /cars/711/drivers/ 返回 711 号 car 的所有 driver 列表
GET /cars/711/drivers/4 返回 711 号 car 的 4 号 driver
```

5. 使用 HTTP header 来序列化格式

客户端、服务器都需要知道相互之间的通信格式。这些格式可以定义在 HTTP header 里面。

- Content-Type 定义了请求格式。
- Accept 定义了接收相应的格式列表。

6. 使用 HATEOAS 约束

HATEOAS 是 REST 架构风格中最复杂的约束，也是构建成熟 REST 服务的核心。它的重要性在于打破了客户端和服务器之间严格的合约，使得客户端可以更加智能和自适应，而 REST 服务本身的演化和更新也变得更加容易。

下面是一个 HATEOAS 的例子。

```
{
  "id": 711,
  "manufacturer": "bmw",
  "model": "X5",
  "seats": 5,
  "drivers": [
   {
    "id": "23",
    "name": "Stefan Jauker",
    "links": [
     {
     "rel": "self",
     "href": "/api/v1/drivers/23"
    }
   ]
  }
 ]
}
```

7. 提供过滤、排序、字段选择、分页

过滤：

```
GET /cars?color=red
GET /cars?seats<=2
```

排序：

```
GET /cars?sort=-manufactorer,+model
```

字段选择：

```
GET /cars?fields=manufacturer,model,id,color
```

分页：

```
GET /cars?offset=10&limit=5
```

8. API 版本化

版本号使用简单的序号，并避免点号，如 2.5 等。正确用法如下。

```
/blog/api/v1
```

9. 充分使用 HTTP 状态码来处理错误

HTTP 状态码（HTTP Status Code）是用来表示网页服务器 HTTP 响应状态的 3 位数字代码。它由 RFC 2616 规范定义，并得到 RFC 2518、RFC 2817、RFC 2295、RFC 2774、RFC 4918 等规范的扩展。

在设计 API 处理错误时，应该充分使用 HTTP 状态码，而不是简单地抛出一个“500 – Internal Server Error（内部服务器错误）”。所有的异常都应该有一个错误的 payload 作为映射，下面是一个例子。

```
{
  "errors": [
   {
    "userMessage": "Sorry, the requested resource does not exist",
    "internalMessage": "No car found in the database",
    "code": 34,
    "more info": "http://dev.mwaysolutions.com/blog/api/v1/errors/12345"
   }
  ]
}
```

8.5 常用技术

几乎所有的编程语言都支持 REST 服务的开发。其中，Java 一直跟进最新的企业应用开发的规范的支持。在 REST 开发领域，Java 用于开发 REST 服务的规范，主要是 JAX-RS 规范。该规范使得 Java 程序员可以使用一套固定、统一的接口来开发 REST 应用，从而避免了依赖于第三方框架。同时，JAX-RS 使用 POJO 编程模型和基于注解的配置，并集成了 JAXB，从而可以有效缩短 REST 应用的开发周期。Java EE 6 引入了对 JSR-311 的支持，Java EE 7 支持 JSR-339 规范。

JAX-RS 定义的 API 位于 javax.ws.rs 包中。

伴随着 JSR 311 规范的发布，Sun 同步发布了该规范的参考实现 Jersey。JAX-RS 的具体实现第三方还包括 Apache 的 CXF 以及 JBoss 的 RESTEasy 等。未实现该规范的其他 REST 框架还包括 Spring Web MVC 等。

8.5.1 JAX-RS 规范

随着 REST 的流行，Java 开始着手制订 REST 开发规范，并在 Java EE 6 引入了对 JSR-311 的支持。JAX-RS 是一个社区驱动的标准，用于使用 Java 构建 RESTful Web 服务。它不仅定义了一套用于构建 RESTful 网络服务的 API，同时也通过增强客户端 API 功能简化了 REST 客户端的构建过程。从 2007 年诞生至今，JAX-RS 经过了多次重大版本的发布，也经过多次的提案与审查，终于在 2017 年 8 月 22 日发布了 2.1 版本（JSR-370）。

JAX-RS 规范制订了以下目标。

- 基于 POJO 的 API。该规范所定义的 API 将提供一组注解和相关的类、接口，可用于 POJO 以将它们公开为 Web 资源。同时，该规范将定义对象生命周期和范围。
- 以 HTTP 为中心。该规范将假定 HTTP 是底层网络协议，并将提供 HTTP 和 URI 元素以及相应的 API 类和注解之间的明确映射。API 将为常见的 HTTP 使用模式提供高级别的支持，并且将具有足够的灵活性来支持各种 HTTP 应用程序，包括 WebDAV 和 Atom 发布协议。
- 格式独立性。该规范所定义的 API 将适用于各种各样的 HTTP 实体主体内容类型。它将提供必要的可插入性，从而允许应用程序以标准方式添加其他类型。
- 容器独立性。使用该规范所定义的 API 的部件可以部署在各种 Web 容器中。该规范定义了如何在 Servlet 容器和 JAX-WS 提供程序中部署部件。
- 包含在 Java EE 中。规范将定义托管在 Java EE 容器中的 Web 资源类的环境，并将指定如何在 Web 资源类中使用 Java EE 功能和组件。

JAX-RS 规范包含了以下核心概念。

1. 根资源类

根资源类（Root Resource Classes）是带有@PATH 注解的，包含至少一个@PATH 注解的方法或者方法带有@GET、@PUT、@POST、@DELETE 资源方法指示器的 POJO。资源方法是带有资源方法指示器（Resource Method Designator）注解的方法。

下面这段代码就是一个带有 JAX-RS 注解的简单示例。

```
import javax.ws.rs.GET;
import javax.ws.rs.Path;
import javax.ws.rs.Produces;

@Path("helloworld")
public class HelloWorldResource {
    public static final String CLICHED_MESSAGE = "Hello World!";

@GET
@Produces("text/plain")
    public String getHello() {
        return CLICHED_MESSAGE;
    }
}
```

其中，@Path 是一个 URI 的相对路径，在上面的例子中，设置的是本地的 URI 的/helloworld。这是一个非常简单的关于@Path 的例子，有时，我们也会嵌入变量到 URI 里面。URI 的路径模板是由 URI 和嵌入 URI 的变量所组成的。变量在运行时将会被匹配到的 URI 的那部分所代替。例如下面的@Path 注解。

```
@Path("/users/{username}")
```

按照这种类型的例子，一个用户可以方便地填写他的名字，同时服务器也会按照这个 URI 路径模板响应这个请求。例如用户输入了名字“Wa”，那么服务器就会响应 http://example.com/users/Way。

为了接收到用户名变量，@PathParam 用在接收请求的方法的参数上，例如：

```
@Path("/users/{username}")
public class UserResource {

    @GET
    @Produces("text/xml")
     public String getUser(@PathParam("username") String userName) {
        ...
    }
}
```

@GET、@PUT、@POST、@DELETE、@HEAD 是 JAX-RS 定义的注解，它非常类似于 HTTP 的方法名。在上面的例子中，这些注解是通过 HTTP 的 GET 方法实现的。资源的响应就是 HTTP 的响应。

2. *Param 参数注解

资源方法中，带有基于参数注解的参数可以从请求中获取信息。前面的一个例子就是在匹配了@Path 之后，通过@PathParam 来获取 URL 请求中的路径参数。

@QueryParam 用于从请求 URL 的查询组件中提取查询参数。观察下面的例子。

```
@Path("smooth")
@GET
public Response smooth(
```

```
    @DefaultValue("2") @QueryParam("step") int step,
    @DefaultValue("true") @QueryParam("min-m") boolean hasMin,
    @DefaultValue("true") @QueryParam("max-m") boolean hasMax,
    @DefaultValue("true") @QueryParam("last-m") boolean hasLast,
    @DefaultValue("blue") @QueryParam("min-color") ColorParam minColor,
    @DefaultValue("green") @QueryParam("max-color") ColorParam maxColor,
    @DefaultValue("red") @QueryParam("last-color") ColorParam lastColor)
    {...
}
```

如果 step 的参数存在，那么赋值给它，否则默认是@DefaultValue 定义的值 2。如果 step 的内容不是 32 位的整型，那么会返回 404 错误。

@PathParam 和其他参数注解@MatrixParam、@HeaderParam、@CookieParam 以及@FormParam 遵循与@QueryParam 一样的规则。@MatrixParam 从 URL 路径提取信息。@HeaderParam 从 HTTP 头部提取信息，@CookieParam 从关联在 HTTP 头部的 cookies 里提取信息。

@FormParam 稍有特殊，因为它提取信息，要求 MIME 媒体类型必须为“application/x-www-form-urlencoded”，并且符合指定的 HTML 编码的形式。此参数提取对于 HTML 表单请求是非常有用的，例如从发布的表单数据中提取名称是 name 的参数信息。

```
@POST
@Consumes("application/x-www-form-urlencoded")
public void post(@FormParam("name") String name) {
    // ...
}
```

另一种注解是@BeanParam 允许注入一个 bean 到参数中。@BeanParam 可以用于注入这种 bean 到资源或资源的方法。以下是@BeanParam 的用法。

```
public class MyBeanParam {
    @PathParam("p")
    private String pathParam;

    @MatrixParam("m")
    @Encoded
    @DefaultValue("default")
    private String matrixParam;

    @HeaderParam("header")
    private String headerParam;

    private String queryParam;

    public MyBeanParam(@QueryParam("q") String queryParam) {
    this.queryParam = queryParam;
    }

    public String getPathParam() {
    return pathParam;
    }
    ...
}
```

将 MyBeanParam 以参数形式注入。

```
@POST
public void post(@BeanParam MyBeanParam beanParam, String entity) {
    final String pathParam = beanParam.getPathParam(); // contains injected path
parameter "p"
```

```
    // ...
}
```

3. 子资源

@Path 可以用在类上，这样的类称为根资源类，它也可以被用在根资源类的方法上。这使得许多资源的方法被组合在一起，能够被重用。@Path 是用在资源的方法上，这类方法被称为子资源方法（Sub-Resource Method）。

以下是一个完整的根资源类和子资源方法的示例。

```
@Singleton
@Path("/printers")
public class PrintersResource {

    @GET
    @Produces({"application/json", "application/xml"})
    public WebResourceList getMyResources() { ... }

    @GET @Path("/list")
    @Produces({"application/json", "application/xml"})
    public WebResourceList getListOfPrinters() { ... }

    @GET @Path("/jMakiTable")
    @Produces("application/json")
    public PrinterTableModel getTable() { ... }

    @GET @Path("/jMakiTree")
    @Produces("application/json")
    public TreeModel getTree() { ... }

    @GET @Path("/ids/{printerid}")
    @Produces({"application/json", "application/xml"})
    public Printer getPrinter(
        @PathParam("printerid") String printerId) { ... }

    @PUT @Path("/ids/{printerid}")
    @Consumes({"application/json", "application/xml"})
    public void putPrinter(@PathParam("printerid") String printerId,
        Printer printer) { ... }

    @DELETE @Path("/ids/{printerid}")
    public void deletePrinter(
        @PathParam("printerid") String printerId) { ... }
}
```

4. 根资源类生命周期

默认情况下，根资源类的生命周期是每个请求，即根资源类的新实例在每次请求的 URI 路径匹配根资源时创建。利用构造函数和范围可以构造一个很自然的编程模型，而无须关心对同一资源的多个并发请求。

总的来说这不太可能成为导致性能问题的原因。近年来，类的构造以及 JVM 的 GC 已大大改善，在服务和处理 HTTP 请求并返回 HTTP 响应中，许多对象将被创建和丢弃。

单个的根资源类的实例可以通过一个应用实例声明。

使用 Jersey 特定注解让 Jersey 拥有更多生命周期管理。表 8-2 所示为根资源类生命周期。

表 8-2　根资源类生命周期

范围	注解	类全称	描述
Request	@RequestScoped（或者不用）	org.glassfish.jersey.process.internal.RequestScoped	默认的生命周期（注解可以省略）。在这个范围的资源实例将在每个新的请求和用于该请求的处理时被创建。如果资源在请求处理使用一次以上，那么，总是由相同的实例将被使用。这可能发生在匹配中的子资源被返回多次
Per-lookup	@PerLookup	org.glassfish.hk2.api.PerLookup	在此范围内，即使处理相同的请求，每次需要处理时也会创建资源实例
Singleton	@Singleton	javax.inject.Singleton	在这一范围内，每个 JAX-RS 应用只有一个实例

5. 注入规则

注入可以用在属性、构造方法参数、资源/子资源/子资源定位方法的参数和 bean setter 方法上。以上介绍的这些注入的情况具体如下。

```
@Path("{id:\\d+}")
public class InjectedResource {
    // 注入属性
    @DefaultValue("q") @QueryParam("p")
    private String p;

    // 注入构造函数参数
    public InjectedResource(@PathParam("id") int id) { ... }

    // 注入资源参数
    @GET
    public String get(@Context UriInfo ui) { ... }

    // 注入子资源方法参数
    @Path("sub-id")
    @GET
    public String get(@PathParam("sub-id") String id) { ... }

    // 注入子资源方法参数定位器方法参数
    @Path("sub-id")
    public SubResource getSubResource(
        @PathParam("sub-id") String id) { ... }

    // 注入 bean setter 方法
    @HeaderParam("X-header")
    public void setHeader(String header) { ... }
}
```

有一些限制，当注入一个生命周期为单例的资源类时，类的属性或构造函数的参数不能被注入请求特定的参数。例如，以下是不允许的。

```
@Path("resource")
@Singleton
public static class MySingletonResource {

    @QueryParam("query")
```

```
    String param; //错误：不能将特定参数注入单例资源，否则会使程序初始化失败

    @GET
    public String get() {
        return "query param: " + param;
    }
}
```

上面的例子验证了应用程序不能为单例资源注入请求特定的参数，否则验证失败。同样的例子，如果查询的参数将被注入一个单例构造函数参数则失败。换句话说，如果你希望一个资源实例的服务被很多次请求，则资源实例不能绑定到一个特定的请求参数上。

存在一个例外，特定请求对象可以注入构造函数或类属性。这些对象的运行时注入的代理可以同时服务多个请求。这些请求的对象是 HttpHeaders、Request、UriInfo、SecurityContext。这些代理可以使用 @Context 注解进行注入。下面的示例展示将代理注入单例资源类。

```
@Path("resource")
@Singleton
public static class MySingletonResource {
    @Context
    Request request; // 这个是允许的:
                        //请求的代理将会被注入单例

    public MySingletonResource(
            @Context SecurityContext securityContext) {
                // 这个也是允许的:
                // SecurityContext 的代理将会被注入单例
    }

    @GET
    public String get() {
        return "query param: " + param;
    }
}
```

8.5.2　Jersey

Jersey 是官方 JAX-RS 规范的参考实现，可以说是全面地实现了 JAX-RS 规范所定义的内容。

Jersey 框架是开源的。Jersey 框架不仅是 JAX-RS 参考实现，还提供了自己的 API，它扩展了 JAX-RS 工具包的附加功能和实用程序，以进一步简化 RESTful 服务和客户端开发。

Jersey 也公开了大量的扩展 SPI，以便开发人员可以扩展 Jersey 以满足他们的需求。

Jersey 项目的目标可以归纳为以下 3 点。

- 跟踪 JAX-RS API，并定期发布 GlassFish 所定义的参考实现。
- 提供 API 来扩展 Jersey，不断构建用户和开发人员的社区。
- 使用 Java 和 Java 虚拟机可以轻松构建 RESTful Web 服务。

8.5.3　Apache CXF

Apache CXF 是另外一款支持 JAX-RS 的框架。除了支持 JAX-RS 外，Apache CXF 还支持传统的 JAX-WS 协议。Apache CXF 可以使用各种协议，如 SOAP、XML/HTTP、RESTful HTTP 或 CORBA，并可用于各种传输，如 HTTP、JMS 或 JBI。Apache CXF 支持 JAX-RS 2.0（JSR-339）以及 JAX-RS 1.1（JSR-311）。

同样 Apache CXF 也是开源的，具有高性能、可扩展、易于使用等特点。

8.5.4 Spring Web MVC

Spring Web MVC 框架，也简称为“Spring MVC”，实现了 Web 开发中的经典的 MVC（Model-View-Controller）模式。MVC 由以下 3 个部分组成。

- 模型（Model）：应用程序的核心功能，管理这个模块中用到的数据和值。
- 视图（View）：视图提供模型的展示，管理模型如何显示给用户，它是应用程序的外观。
- 控制器（Controller）：对用户的输入做出反应，管理用户和视图的交互，是连接模型和视图的枢纽。

Spring Web MVC 是基于 Servlet API 来构建的，自 Spring 框架诞生之日起，它就包含在 Spring 里面了。严格意义上来说，Spring Web MVC 并没有遵守 JAX-RS 规范，所以也称不上是 REST 框架。但是，Spring Web MVC 所暴露的接口，可以是 REST 风格的 API，所以自然也能拿来开发 REST 服务。

由于历史原因，Spring 及 Spring Web MVC 在市面上拥有非常大的占有率。对 Spring Web MVC 感兴趣的读者，也可以参阅笔者所著的《Spring 5 开发大全》。

8.6 实战：基于 Java 实现 REST API

本节，将基于市面上最为流行的 3 款 Java 框架——Jersey、Apache CXF、Spring Web MVC——来分别演示如何实现 REST API。

8.6.1 基于 Jersey 来构建 REST 服务

下面，我们将演示如何基于 Jersey 来构建 REST 服务。

1. 创建一个新项目

使用 Maven 的工程创建一个 Jersey 项目是最方便的，下面我们将演示用这种方法来看一下它是怎么实现的。我们将创建一个新的 Jersey 项目，并运行在 Grizzly 容器里。

我们使用 Jersey 提供的 maven archetype 来创建一个项目。只需执行下面的命令。

```
mvn archetype:generate -DarchetypeArtifactId=jersey-quickstart-grizzly2
-DarchetypeGroupId=org.glassfish.jersey.archetypes -DinteractiveMode=false -DgroupId=com.
waylau.jersey -DartifactId=jersey-rest -Dpackage=com.waylau.jersey -DarchetypeVersion=2.30
```

这样，就完成了自动创建一个 jersey-rest 项目的过程。

2. 探索项目

我们可以用文本编辑器打开项目源代码，或者导入自己熟悉的 IDE 中来观察整个项目。

从项目结构上来看，jersey-rest 项目就是一个普通的 Maven 项目，拥有 pom.xml 文件、源代码目录以及测试目录。整体项目结构如下。

```
jersey-rest
    │  pom.xml
    │
    └─ src
        ├─ main
        │   └─ java
        │       └─ com
        │           └─ waylau
        │               └─ jersey
```

```
    |                                    Main.java
    |                                    MyResource.java
    |
    └─ test
        └─ java
            └─ com
                └─ waylau
                    └─ jersey
                                         MyResourceTest.java
```

其中，pom.xml 定义内容如下。

```
<project xmlns="http://maven.apache.org/POM/4.0.0"
xmlns:xsi="http://www.w3.org/2001/XMLSchema-instance"
        xsi:schemaLocation="http://maven.apache.org/POM/4.0.0
        http://maven.apache.org/maven-v4_0_0.xsd">

    <modelVersion>4.0.0</modelVersion>

    <groupId>com.waylau.jersey</groupId>
    <artifactId>jersey-rest</artifactId>
    <packaging>jar</packaging>
    <version>1.0-SNAPSHOT</version>
    <name>jersey-rest</name>

    <dependencyManagement>
        <dependencies>
            <dependency>
                <groupId>org.glassfish.jersey</groupId>
                <artifactId>jersey-bom</artifactId>
                <version>${jersey.version}</version>
                <type>pom</type>
                <scope>import</scope>
            </dependency>
        </dependencies>
    </dependencyManagement>

    <dependencies>
        <dependency>
            <groupId>org.glassfish.jersey.containers</groupId>
            <artifactId>jersey-container-grizzly2-http</artifactId>
        </dependency>
        <dependency>
            <groupId>org.glassfish.jersey.inject</groupId>
            <artifactId>jersey-hk2</artifactId>
        </dependency>

        <!-- uncomment this to get JSON support:
        <dependency>
            <groupId>org.glassfish.jersey.media</groupId>
            <artifactId>jersey-media-json-binding</artifactId>
        </dependency>
        -->
        <dependency>
            <groupId>junit</groupId>
            <artifactId>junit</artifactId>
            <version>4.12</version>
```

```
                <scope>test</scope>
            </dependency>
        </dependencies>

        <build>
            <plugins>
                <plugin>
                    <groupId>org.apache.maven.plugins</groupId>
                    <artifactId>maven-compiler-plugin</artifactId>
                    <version>2.5.1</version>
                    <inherited>true</inherited>
                    <configuration>
                        <source>1.7</source>
                        <target>1.7</target>
                    </configuration>
                </plugin>
                <plugin>
                    <groupId>org.codehaus.mojo</groupId>
                    <artifactId>exec-maven-plugin</artifactId>
                    <version>1.2.1</version>
                    <executions>
                        <execution>
                            <goals>
                                <goal>java</goal>
                            </goals>
                        </execution>
                    </executions>
                    <configuration>
                        <mainClass>com.waylau.jersey.Main</mainClass>
                    </configuration>
                </plugin>
            </plugins>
        </build>

        <properties>
            <jersey.version>2.30</jersey.version>
            <project.build.sourceEncoding>UTF-8</project.build.sourceEncoding>
        </properties>
    </project>
```

还有一个 Main 类，主要是负责承接 Grizzly 容器，同时也为这个容器配置和部署 JAX-RS 应用。

```
package com.waylau.jersey;

import org.glassfish.grizzly.http.server.HttpServer;
import org.glassfish.jersey.grizzly2.httpserver.GrizzlyHttpServerFactory;
import org.glassfish.jersey.server.ResourceConfig;

import java.io.IOException;
import java.net.URI;

/**
 * Main class.
 *
 */
public class Main {
    // Base URI the Grizzly HTTP server will listen on
    public static final String BASE_URI = "http://localhost:8080/myapp/";
```

```
    /**
     * Starts Grizzly HTTP server exposing JAX-RS resources defined in this application.
     * @return Grizzly HTTP server.
     */
    public static HttpServer startServer() {
        // create a resource config that scans for JAX-RS resources and providers
        // in com.waylau.jersey package
        final ResourceConfig rc = new ResourceConfig().packages("com.waylau.jersey");

        // create and start a new instance of grizzly http server
        // exposing the Jersey application at BASE_URI
        return GrizzlyHttpServerFactory.createHttpServer(URI.create(BASE_URI), rc);
    }

    /**
     * Main method.
     * @param args
     * @throws IOException
     */
    public static void main(String[] args) throws IOException {
        final HttpServer server = startServer();
        System.out.println(String.format("Jersey app started with WADL available at "
                + "%sapplication.wadl\nHit enter to stop it...", BASE_URI));
        System.in.read();
        server.stop();
    }
}
```

MyResource 是一个资源类，定义了所有 REST API 服务。

```
package com.waylau.jersey;

import javax.ws.rs.GET;
import javax.ws.rs.Path;
import javax.ws.rs.Produces;
import javax.ws.rs.core.MediaType;

/**
 * Root resource (exposed at "myresource" path)
 */
@Path("myresource")
public class MyResource {

    /**
     * Method handling HTTP GET requests. The returned object will be sent
     * to the client as "text/plain" media type.
     *
     * @return String that will be returned as a text/plain response.
     */
    @GET
    @Produces(MediaType.TEXT_PLAIN)
    public String getIt() {
        return "Got it!";
    }
}
```

在我们的例子中，MyResource 资源暴露了一个公开的方法，能够处理绑定在“/myresource”

URI 路径下的 HTTP GET 请求，并可以产生媒体类型为“text/plain”的响应消息。在这个示例中，资源返回相同的“Got it!”应对所有客户端的要求。

在 src/test/java 目录下的 MyResourceTest 类是对 MyResource 的单元测试，它们具有相同的包名“com.waylau.jersey”。

```
package com.waylau.jersey;

import javax.ws.rs.client.Client;
import javax.ws.rs.client.ClientBuilder;
import javax.ws.rs.client.WebTarget;

import org.glassfish.grizzly.http.server.HttpServer;

import org.junit.After;
import org.junit.Before;
import org.junit.Test;
import static org.junit.Assert.assertEquals;

public class MyResourceTest {

    private HttpServer server;
    private WebTarget target;

    @Before
    public void setUp() throws Exception {
        // start the server
        server = Main.startServer();
        // create the client
        Client c = ClientBuilder.newClient();

        // uncomment the following line if you want to enable
        // support for JSON in the client (you also have to uncomment
        // dependency on jersey-media-json module in pom.xml and Main.startServer())
        // --
        // c.configuration().enable(new org.glassfish.jersey.media.json.
JsonJaxbFeature());

        target = c.target(Main.BASE_URI);
    }

    @After
    public void tearDown() throws Exception {
        server.stop();
    }

    /**
     * Test to see that the message "Got it!" is sent in the response.
     */
    @Test
    public void testGetIt() {
        String responseMsg = target.path("myresource").request().get(String.class);
        assertEquals("Got it!", responseMsg);
    }
}
```

在这个单元测试中，测试用到了 JUnit，静态方法 Main.startServer 首先将 Grizzly 容器启动，而后服务器应用部署到测试中的 setUp 方法。接下来，一个 JAX-RS 客户端组件在相同的测试方法中创建，先是一个新的 JAX-RS 客户端实例生成，接着 JAX-RS web target 部件指向我们部署的应用程序上下文的根“http://localhost:8080/myapp/”（Main.BASE_URI 的常量值）。

在 testGetIt 方法中，JAX-RS 客户端 API 用来连接并发送 HTTP GET 请求到 MyResource 资源类所侦听的/myresource 的 URI。在测试方法的第 2 行，响应的内容（从服务器返回的字符串）与测试断言预期短语进行比较。

3. 运行项目

有了项目，进入项目的根目录先测试运行。

```
$ mvn clean test
```

如果一切正常，能在控制台看到以下输出内容。

```
D:\workspaceGithub\distributed-java\samples\jersey-rest>mvn clean test
[INFO] Scanning for projects...
[INFO]
[INFO] ---------------< com.waylau.jersey:jersey-rest >------------
[INFO] Building jersey-rest 1.0-SNAPSHOT
[INFO] ----------------------------[ jar ]-------------------------
[INFO]
[INFO] --- maven-clean-plugin:2.5:clean (default-clean) @ jersey-rest ---
[INFO] Deleting D:\workspaceGithub\distributed-java\samples\jersey-rest\target
[INFO]
[INFO] --- maven-resources-plugin:2.6:resources (default-resources) @ jersey-rest ---
[INFO] Using 'UTF-8' encoding to copy filtered resources.
[INFO] skip non existing resourceDirectory

...

-------------------------------------------------------
 T E S T S
-------------------------------------------------------
Running com.waylau.jersey.MyResourceTest
1月 20, 2020 10:08:26 下午 org.glassfish.grizzly.http.server.NetworkListener start
信息: Started listener bound to [localhost:8080]
1月 20, 2020 10:08:26 下午 org.glassfish.grizzly.http.server.HttpServer start
信息: [HttpServer] Started.
1月 20, 2020 10:08:27 下午 org.glassfish.grizzly.http.server.NetworkListener
shutdownNow
信息: Stopped listener bound to [localhost:8080]
Tests run: 1, Failures: 0, Errors: 0, Skipped: 0, Time elapsed: 1.526 sec

Results :

Tests run: 1, Failures: 0, Errors: 0, Skipped: 0

[INFO] ------------------------------------------------------------
[INFO] BUILD SUCCESS
[INFO] ------------------------------------------------------------
[INFO] Total time:  6.726 s
[INFO] Finished at: 2020-01-20T22:08:27+08:00
[INFO] ------------------------------------------------------------
```

为了节省篇幅，上述代码只保留了输出的核心内容。

测试通过，下面我们用标准模式运行项目。

```
$ mvn exec:java
```

运行结果如下。

```
D:\workspaceGithub\distributed-java\samples\jersey-rest>mvn exec:java
[INFO] Scanning for projects...
[INFO]
[INFO] -------------------< com.waylau.jersey:jersey-rest >--------
[INFO] Building jersey-rest 1.0-SNAPSHOT
[INFO] --------------------------------[ jar ]---------------------
[INFO]
[INFO] >>> exec-maven-plugin:1.2.1:java (default-cli) > validate @ jersey-rest >>>
[INFO]
[INFO] <<< exec-maven-plugin:1.2.1:java (default-cli) < validate @ jersey-rest <<<
[INFO]
[INFO]
[INFO] --- exec-maven-plugin:1.2.1:java (default-cli) @ jersey-rest ---
Downloading from nexus-aliyun: http://maven.aliyun.com/nexus/content/groups/public/
org/apache/commons/commons-exec/1.1/commons-exec-1.1.pom
Downloaded from nexus-aliyun: http://maven.aliyun.com/nexus/content/groups/public/
org/apache/commons/commons-exec/1.1/commons-exec-1.1.pom (11 kB at 9.1 kB/s)
Downloading from nexus-aliyun: http://maven.aliyun.com/nexus/content/groups/public/
org/apache/commons/commons-exec/1.1/commons-exec-1.1.jar
Downloaded from nexus-aliyun: http://maven.aliyun.com/nexus/content/groups/public/
org/apache/commons/commons-exec/1.1/commons-exec-1.1.jar (53 kB at 95 kB/s)
1月 20, 2020 10:10:15 下午 org.glassfish.grizzly.http.server.NetworkListener start
信息: Started listener bound to [localhost:8080]
1月 20, 2020 10:10:15 下午 org.glassfish.grizzly.http.server.HttpServer start
信息: [HttpServer] Started.
Jersey app started with WADL available at http://localhost:8080/myapp/application.wadl
Hit enter to stop it...
```

项目已经运行，项目的WADL描述存放于http://localhost:8080/myapp/application.wadl的URI中，将该URI在控制台以curl命令执行或者在浏览器中运行，就能看到该WADL描述以XML格式展示。

```
<application xmlns="http://wadl.dev.java.net/2009/02">
    <doc xmlns:jersey="http://jersey.java.net/"
        jersey:generatedBy="Jersey: 2.30 2020-01-10 07:34:57"/>
    <doc xmlns:jersey="http://jersey.java.net/"
        jersey:hint="This is simplified WADL with user and core resources only.
        To get full WADL with extended resources use the query parameter detail.
        Link: http://localhost:8080/myapp/application.wadl?detail=true"/>
    <grammars/>
    <resources base="http://localhost:8080/myapp/">
        <resource path="myresource">
            <method id="getIt" name="GET">
                <response>
                    <representation mediaType="text/plain"/>
                </response>
            </method>
        </resource>
    </resources>
</application>
```

接下来，我们可以尝试与部署在/myresource下面的资源进行交互。将资源的URL输入浏览器，或者在控制台用curl命令执行，可以看到如下内容输出。

```
$ curl http://localhost:8080/myapp/myresource
```

```
Got it!
```

可以看到，使用 Jersey 构建 REST 服务非常简便。它内嵌 Grizzly 容器，可以使应用自启动，而无须部署到额外的容器中，非常适合构建微服务。

本节示例，可以在 jersey-rest 项目下找到。

8.6.2　基于 Apache CXF 来构建 REST 服务

下面，我们将演示如何基于 Apache CXF 来构建 REST 服务。

1. 创建一个新项目

使用 Maven 的工程创建一个 Apache CXF 项目是最方便的。与创建 Jersey 项目类似，我们使用 Apache CXF 提供的 maven archetype 来创建一个项目。只需执行下面的命令。

```
mvn archetype:generate -DarchetypeArtifactId=cxf-jaxrs-service -DarchetypeGroupId=org.apache.cxf.archetype -DgroupId=com.waylau.cxf -DartifactId=cxf-rest -Dpackage=com.waylau.cxf -DarchetypeVersion=3.3.5
```

这就完成了自动创建一个 cxf-rest 项目的过程。

2. 探索项目

我们可以用文本编辑器打开项目源代码，或者导入自己熟悉的 IDE 中来观察整个项目。

从项目结构上来看，cxf-rest 项目就是一个普通的 Maven 项目，拥有 pom.xml 文件、源代码目录以及测试目录。整体项目结构如下。

```
cxf-rest
│   pom.xml
│
├─ .settings
└─ src
    ├─ main
    │   ├─ java
    │   │   └─ com
    │   │       └─ waylau
    │   │           └─ cxf
    │   │                   HelloWorld.java
    │   │                   JsonBean.java
    │   │
    │   └─ webapp
    │       ├─ META-INF
    │       │       context.xml
    │       │
    │       └─ WEB-INF
    │               beans.xml
    │               web.xml
    │
    └─ test
        └─ java
            └─ com
                └─ waylau
                    └─ cxf
                            HelloWorldIT.java
```

其中，pom.xml 定义内容如下。

```
<?xml version="1.0" encoding="UTF-8"?>
<project xmlns="http://maven.apache.org/POM/4.0.0"
    xmlns:xsi="http://www.w3.org/2001/XMLSchema-instance"
    xsi:schemaLocation="http://maven.apache.org/POM/4.0.0
        http://maven.apache.org/maven-v4_0_0.xsd">
```

```
        <modelVersion>4.0.0</modelVersion>
        <groupId>com.waylau.cxf</groupId>
        <artifactId>cxf-rest</artifactId>
        <version>Y</version>
        <packaging>war</packaging>
        <name>Simple CXF JAX-RS webapp service using spring configuration</name>
        <description>Simple CXF JAX-RS webapp service using spring configuration
</description>
        <properties>
            <jackson.version>1.8.6</jackson.version>
        </properties>
        <dependencies>
            <dependency>
                <groupId>org.apache.cxf</groupId>
                <artifactId>cxf-rt-frontend-jaxrs</artifactId>
                <version>3.3.5</version>
            </dependency>
            <dependency>
                <groupId>org.apache.cxf</groupId>
                <artifactId>cxf-rt-rs-client</artifactId>
                <version>3.3.5</version>
            </dependency>
            <dependency>
                <groupId>org.codehaus.jackson</groupId>
                <artifactId>jackson-core-asl</artifactId>
                <version>${jackson.version}</version>
            </dependency>
            <dependency>
                <groupId>org.codehaus.jackson</groupId>
                <artifactId>jackson-mapper-asl</artifactId>
                <version>${jackson.version}</version>
            </dependency>
            <dependency>
                <groupId>org.codehaus.jackson</groupId>
                <artifactId>jackson-jaxrs</artifactId>
                <version>${jackson.version}</version>
            </dependency>
            <dependency>
                <groupId>org.springframework</groupId>
                <artifactId>spring-web</artifactId>
                <version>5.1.12.RELEASE</version>
            </dependency>
            <dependency>
                <groupId>junit</groupId>
                <artifactId>junit</artifactId>
                <version>4.12</version>
                <scope>test</scope>
            </dependency>
        </dependencies>
        <build>
            <pluginManagement>
                <plugins>
                    <plugin>
                        <groupId>org.apache.tomcat.maven</groupId>
                        <artifactId>tomcat7-maven-plugin</artifactId>
                        <version>2.0</version>
```

```
                <executions>
                    <execution>
                        <id>default-cli</id>
                        <goals>
                            <goal>run</goal>
                        </goals>
                        <configuration>
                            <port>13000</port>
                            <path>/jaxrs-service</path>
                            <useSeparateTomcatClassLoader>true
</useSeparateTomcatClassLoader>
                        </configuration>
                    </execution>
                </executions>
            </plugin>
            <plugin>
                <groupId>org.apache.maven.plugins</groupId>
                <artifactId>maven-compiler-plugin</artifactId>
                <configuration>
                    <source>1.8</source>
                    <target>1.8</target>
                </configuration>
            </plugin>
            <plugin>
                <groupId>org.apache.maven.plugins</groupId>
                <artifactId>maven-eclipse-plugin</artifactId>
                <configuration>
                    <projectNameTemplate>[artifactId]-[version]</projectNameTemplate>
                    <wtpmanifest>true</wtpmanifest>
                    <wtpapplicationxml>true</wtpapplicationxml>
                   <wtpversion>2.0</wtpversion>
                </configuration>
            </plugin>
        </plugins>
    </pluginManagement>
    <plugins>
        <plugin>
            <groupId>org.codehaus.mojo</groupId>
            <artifactId>build-helper-maven-plugin</artifactId>
            <version>1.5</version>
            <executions>
                <execution>
                    <id>reserve-network-port</id>
                    <goals>
                        <goal>reserve-network-port</goal>
                    </goals>
                    <phase>process-test-resources</phase>
                    <configuration>
                        <portNames>
                            <portName>test.server.port</portName>
                        </portNames>
                    </configuration>
                </execution>
            </executions>
        </plugin>
        <plugin>
```

```
                <groupId>org.apache.tomcat.maven</groupId>
                <artifactId>tomcat7-maven-plugin</artifactId>
                <executions>
                    <execution>
                        <id>start-tomcat</id>
                        <goals>
                            <goal>run-war</goal>
                        </goals>
                        <phase>pre-integration-test</phase>
                        <configuration>
                            <port>${test.server.port}</port>
                            <path>/jaxrs-service</path>
                            <fork>true</fork>
                            <useSeparateTomcatClassLoader>true
</useSeparateTomcatClassLoader>
                        </configuration>
                    </execution>
                    <execution>
                        <id>stop-tomcat</id>
                        <goals>
                            <goal>shutdown</goal>
                        </goals>
                        <phase>post-integration-test</phase>
                        <configuration>
                            <path>/jaxrs-service</path>
                        </configuration>
                    </execution>
                </executions>
            </plugin>
            <plugin>
                <groupId>org.apache.maven.plugins</groupId>
                <artifactId>maven-failsafe-plugin</artifactId>
                <version>2.22.2</version>
                <executions>
                    <execution>
                        <id>integration-test</id>
                        <goals>
                            <goal>integration-test</goal>
                        </goals>
                        <configuration>
                            <systemPropertyVariables>
                                <service.url>http://localhost:${test.server.port}/
jaxrs-service</service.url>
                            </systemPropertyVariables>
                        </configuration>
                    </execution>
                    <execution>
                        <id>verify</id>
                        <goals>
                            <goal>verify</goal>
                        </goals>
                    </execution>
                </executions>
            </plugin>
        </plugins>
    </build>
</project>
```

从依赖配置可以看出，这个项目相对 jersey-rest 而言，依赖了比较多的第三方框架，如 Spring、Jackson、Tomcat 等。

这是一个典型的 Java EE 项目，所以有一个 web.xml 文件来配置应用。

```
<?xml version="1.0" encoding="utf-8"?>
<web-app xmlns="http://java.sun.com/xml/ns/j2ee"
    xmlns:xsi="http://www.w3.org/2001/XMLSchema-instance"
    xsi:schemaLocation="http://java.sun.com/xml/ns/j2ee
    http://java.sun.com/xml/ns/j2ee/web-app_2_4.xsd" version="2.4">
    <display-name>JAX-RS Simple Service</display-name>
    <description>JAX-RS Simple Service</description>
    <context-param>
        <param-name>contextConfigLocation</param-name>
        <param-value>WEB-INF/beans.xml</param-value>
    </context-param>
    <listener>
        <listener-class>
                        org.springframework.web.context.ContextLoaderListener
                </listener-class>
    </listener>
    <servlet>
        <servlet-name>CXFServlet</servlet-name>
        <servlet-class>
                        org.apache.cxf.transport.servlet.CXFServlet
                </servlet-class>
        <load-on-startup>1</load-on-startup>
    </servlet>
    <servlet-mapping>
        <servlet-name>CXFServlet</servlet-name>
        <url-pattern>/*</url-pattern>
    </servlet-mapping>
</web-app>
```

同时，cxf-rest 是依赖于 Spring 框架来提供 bean 实例的管理，所以上下文配置在 beans.xml 中。

```
<?xml version="1.0" encoding="UTF-8"?>
<beans xmlns="http://www.springframework.org/schema/beans"
    xmlns:xsi="http://www.w3.org/2001/XMLSchema-instance"
    xmlns:jaxrs="http://cxf.apache.org/jaxrs"
    xmlns:context="http://www.springframework.org/schema/context"
    xsi:schemaLocation="http://www.springframework.org/schema/beans
    http://www.springframework.org/schema/beans/spring-beans.xsd
    http://www.springframework.org/schema/context
    http://www.springframework.org/schema/context/spring-context.xsd
    http://cxf.apache.org/jaxrs http://cxf.apache.org/schemas/jaxrs.xsd">
    <import resource="classpath:META-INF/cxf/cxf.xml"/>
    <context:property-placeholder/>
    <context:annotation-config/>
    <bean class="org.springframework.web.context.support.
ServletContextPropertyPlaceholderConfigurer"/>
    <bean class="org.springframework.beans.factory.config.
PreferencesPlaceholderConfigurer"/>
    <jaxrs:server id="services" address="/">
        <jaxrs:serviceBeans>
            <bean class="com.waylau.cxf.HelloWorld"/>
        </jaxrs:serviceBeans>
        <jaxrs:providers>
            <bean class="org.codehaus.jackson.jaxrs.JacksonJsonProvider"/>
```

```
        </jaxrs:providers>
    </jaxrs:server>
</beans>
```

com.waylau.cxf.HelloWorld 就是提供 REST 服务的资源类。

```
package com.waylau.cxf;
import javax.ws.rs.Consumes;
import javax.ws.rs.GET;
import javax.ws.rs.POST;
import javax.ws.rs.Path;
import javax.ws.rs.PathParam;
import javax.ws.rs.Produces;
import javax.ws.rs.core.Response;

@Path("/hello")
public class HelloWorld {

    @GET
    @Path("/echo/{input}")
    @Produces("text/plain")
    public String ping(@PathParam("input") String input) {
        return input;
    }

    @POST
    @Produces("application/json")
    @Consumes("application/json")
    @Path("/jsonBean")
    public Response modifyJson(JsonBean input) {
        input.setVal2(input.getVal1());
        return Response.ok().entity(input).build();
    }
}
```

该资源类定义了两个 REST API。其中：

- GET /hello/echo/{input}将会返回 input 变量的内容。
- POST /hello/jsonBean 则是返回传入的 JsonBean 对象。

JsonBean 就是一个典型的 POJO。

```
package com.waylau.cxf;


public class JsonBean {
    private String val1;
    private String val2;

    public String getVal1() {
        return val1;
    }

    public void setVal1(String val1) {
        this.val1 = val1;
    }

    public String getVal2() {
        return val2;
    }
```

```
    public void setVal2(String val2) {
        this.val2 = val2;
    }

}
```

HelloWorldIT 是应用的测试类。

```
package com.waylau.cxf;

import static org.junit.Assert.assertEquals;

import java.io.InputStream;
import java.util.ArrayList;
import java.util.List;

import javax.ws.rs.core.Response;

import org.apache.cxf.helpers.IOUtils;
import org.apache.cxf.jaxrs.client.WebClient;
import org.codehaus.jackson.JsonParser;
import org.codehaus.jackson.map.MappingJsonFactory;
import org.junit.BeforeClass;
import org.junit.Test;

public class HelloWorldIT {
    private static String endpointUrl;

    @BeforeClass
    public static void beforeClass() {
        endpointUrl = System.getProperty("service.url");
    }

    @Test
    public void testPing() throws Exception {
        WebClient client =
                WebClient.create(endpointUrl + "/hello/echo/SierraTangoNevada");
        Response r = client.accept("text/plain").get();
        assertEquals(Response.Status.OK.getStatusCode(), r.getStatus());
        String value = IOUtils.toString((InputStream)r.getEntity());
        assertEquals("SierraTangoNevada", value);
    }

    @Test
    public void testJsonRoundtrip() throws Exception {
        List<Object> providers = new ArrayList<>();
        providers.add(new org.codehaus.jackson.jaxrs.JacksonJsonProvider());
        JsonBean inputBean = new JsonBean();
        inputBean.setVal1("Maple");
        WebClient client =
                WebClient.create(endpointUrl + "/hello/jsonBean", providers);
        Response r = client.accept("application/json")
            .type("application/json")
            .post(inputBean);
        assertEquals(Response.Status.OK.getStatusCode(), r.getStatus());
        MappingJsonFactory factory = new MappingJsonFactory();
        JsonParser parser = factory.createJsonParser((InputStream)r.getEntity());
```

```
        JsonBean output = parser.readValueAs(JsonBean.class);
        assertEquals("Maple", output.getVal2());
    }
}
```

3. 运行项目

进入项目的根目录先测试运行。

```
$ mvn clean test
```

如果一切正常，能在控制台看到以下输出内容。

```
D:\workspaceGithub\distributed-java\samples\cxf-rest>mvn clean test
[INFO] Scanning for projects...
[INFO]
[INFO] ------------------< com.waylau.cxf:cxf-rest >---------------
[INFO] Building Simple CXF JAX-RS webapp service using spring configuration Y
[INFO] ----------------------------[ war ]-------------------------
[INFO]
[INFO] --- maven-clean-plugin:2.5:clean (default-clean)
@ cxf-rest ---
[INFO] Deleting D:\workspaceGithub\distributed-java\samples\cxf-rest\target
[INFO]
[INFO] --- maven-resources-plugin:2.6:resources (default-resources) @ cxf-rest ---
[WARNING] Using platform encoding (GBK actually) to copy filtered resources, i.e. build
is platform dependent!
[INFO] skip non existing resourceDirectory D:\workspaceGithub\distributed-java\
samples\cxf-rest\src\main\resources
[INFO]
[INFO] --- maven-compiler-plugin:3.1:compile (default-compile) @ cxf-rest ---
[INFO] Changes detected - recompiling the module!
[WARNING] File encoding has not been set, using platform encoding GBK, i.e. build is
platform dependent!
[INFO] Compiling 2 source files to D:\workspaceGithub\distributed-java\samples\
cxf-rest\target\classes
[INFO]
[INFO] --- maven-resources-plugin:2.6:testResources (default-testResources) @ cxf-rest
---
[WARNING] Using platform encoding (GBK actually) to copy filtered resources, i.e. build
is platform dependent!
[INFO] skip non existing resourceDirectory D:\workspaceGithub\distributed-java\samples\
cxf-rest\src\test\resources
[INFO]
...

[INFO] Reserved port 49189 for test.server.port
[INFO]
[INFO] --- maven-compiler-plugin:3.1:testCompile (default-testCompile) @ cxf-rest ---
[INFO] Changes detected - recompiling the module!
[WARNING] File encoding has not been set, using platform encoding GBK, i.e. build is
platform dependent!
[INFO] Compiling 1 source file to D:\workspaceGithub\distributed-java\samples\
cxf-rest\target\test-classes
[INFO]
[INFO] --- maven-surefire-plugin:2.12.4:test (default-test) @ cxf-rest ---
[INFO] ------------------------------------------------------------
[INFO] BUILD SUCCESS
[INFO] ------------------------------------------------------------
[INFO] Total time:  19.335 s
[INFO] Finished at: 2020-01-20T21:59:53+08:00
```

```
[INFO] ------------------------------------------------------------
```

为了节省篇幅，上述代码只保留了输出的核心内容。

由于项目内嵌了 Tomcat 运行插件，所以，可以直接执行以下命令来启动项目。

```
$ mvn tomcat7:run
```

运行结果如下。

```
D:\workspaceGithub\cloud-native-book-demos\samples\ch02\cxf-rest>mvn tomcat7:run
[INFO] Scanning for projects...
[INFO]
[INFO] ------------------------------------------------------------
[INFO] Building Simple CXF JAX-RS webapp service using spring configuration 1.0-SNAPSHOT
[INFO] ------------------------------------------------------------
[INFO]
[INFO] >>> tomcat7-maven-plugin:2.0:run (default-cli) > compile @ cxf-rest >>>
[INFO]
[INFO] --- maven-resources-plugin:2.6:resources (default-resources) @ cxf-rest ---
[WARNING] Using platform encoding (GBK actually) to copy filtered resources, i.e. build
is platform dependent!
[INFO] skip non existing resourceDirectory D:\workspaceGithub\cloud-native-book-demos\
samples\ch02\cxf-rest\src\main\resources
[INFO]
[INFO] --- maven-compiler-plugin:3.1:compile (default-compile) @ cxf-rest ---
[INFO] Nothing to compile - all classes are up to date
[INFO]
[INFO] <<< tomcat7-maven-plugin:2.0:run (default-cli) < compile @ cxf-rest <<<
[INFO]
[INFO]
[INFO] --- tomcat7-maven-plugin:2.0:run (default-cli) @ cxf-rest ---
[INFO] Running war on http://localhost:13000/jaxrs-service
[INFO] Using existing Tomcat server configuration at D:\workspaceGithub\cloud-native-
book-demos\samples\ch02\cxf-rest\target\tomcat
[INFO] create webapp with contextPath: /jaxrs-service
六月 07, 2019 12:18:11 上午 org.apache.coyote.AbstractProtocol init
信息: Initializing ProtocolHandler ["http-bio-13000"]
六月 07, 2019 12:18:11 上午 org.apache.catalina.core.StandardService startInternal
信息: Starting service Tomcat
六月 07, 2019 12:18:11 上午 org.apache.catalina.core.StandardEngine startInternal
信息: Starting Servlet Engine: Apache Tomcat/7.0.30
六月 07, 2019 12:18:13 上午 org.apache.catalina.core.ApplicationContext log
信息: No Spring WebApplicationInitializer types detected on classpath
六月 07, 2019 12:18:13 上午 org.apache.catalina.core.ApplicationContext log
信息: Initializing Spring root WebApplicationContext
六月 07, 2019 12:18:13 上午 org.springframework.web.context.ContextLoader
initWebApplicationContext
信息: Root WebApplicationContext: initialization started
六月 07, 2019 12:18:13 上午 org.springframework.context.support.
AbstractApplicationContext prepareRefresh
信息: Refreshing Root WebApplicationContext: startup date [Thu Jun 07 00:18:13 CST 2018];
root of context hierarchy
六月 07, 2019 12:18:13 上午 org.springframework.beans.factory.xml.
XmlBeanDefinitionReader loadBeanDefinitions
信息: Loading XML bean definitions from ServletContext resource [/WEB-INF/beans.xml]
```

```
六月 07, 2019 12:18:13 上午 org.springframework.beans.factory.xml.
XmlBeanDefinitionReader loadBeanDefinitions
信息: Loading XML bean definitions from class path resource [META-INF/cxf/cxf.xml]
六月 07, 2019 12:18:14 上午 org.springframework.beans.factory.annotation.
AutowiredAnnotationBeanPostProcessor <init>
信息: JSR-330 'javax.inject.Inject' annotation found and supported for autowiring
六月 07, 2019 12:18:14 上午 org.apache.cxf.endpoint.ServerImpl initDestination
信息: Setting the server's publish address to be /
六月 07, 2019 12:18:14 上午 org.springframework.web.context.ContextLoader
initWebApplicationContext
信息: Root WebApplicationContext: initialization completed in 1083 ms
六月 07, 2019 12:18:14 上午 org.apache.coyote.AbstractProtocol start
信息: Starting ProtocolHandler ["http-bio-13000"]
```

项目启动后，就可以尝试与部署在“/hello”下面的资源进行交互。将资源的URL输入浏览器，或者在控制台用curl命令执行，可以看到以下内容输出。

```
$ curl http://localhost:13000/jaxrs-service/hello/echo/waylau
waylau
$ curl -H "Content-type: application/json" -X POST -d '{"val1":"hello","val2":"world"}'
http://localhost:13000/jaxrs-service/hello/jsonBean
{"val1": "hello","val2": "hello"}
```

官方提供的Maven项目源代码存在bug，执行过程中可能存在错误。读者可以参阅笔者修改后的源代码内容。

本小节示例，可以在cxf-rest项目下找到。

8.6.3 基于Spring Web MVC来构建REST服务

下面将演示如何通过Spring Web MVC来实现REST服务。

1. 接口设计

我们将创建一个名为spring-rest的项目，实现简单的REST风格的API。

我们将会在系统中实现两个API。

- GET http://localhost:8080/hello。
- GET http://localhost:8080/hello/way。

其中，第一个接口“/hello”将会返回“Hello World!”的字符串；而第二个接口“/hello/way”则会返回一个包含用户信息的JSON字符串。

2. 创建一个新项目

新创建的spring-rest项目，pom.xml配置如下。

```
<project xmlns="http://maven.apache.org/POM/4.0.0"
    xmlns:xsi="http://www.w3.org/2001/XMLSchema-instance"
    xsi:schemaLocation="http://maven.apache.org/POM/4.0.0
    http://maven.apache.org/xsd/maven-4.0.0.xsd">
    <modelVersion>4.0.0</modelVersion>
    <groupId>com.waylau.spring</groupId>
    <artifactId>spring-rest</artifactId>
    <version>1.0.0</version>
    <name>spring-rest</name>
    <packaging>jar</packaging>
    <organization>
```

```
        <name>waylau.com</name>
        <url>https://waylau.com</url>
    </organization>

    <properties>
        <project.build.sourceEncoding>UTF-8</project.build.sourceEncoding>
        <spring.version>5.0.6.RELEASE</spring.version>
        <jetty.version>9.4.10.v20180503</jetty.version>
        <jackson.version>2.9.5</jackson.version>
    </properties>
    <dependencies>
        <dependency>
            <groupId>org.springframework</groupId>
            <artifactId>spring-webmvc</artifactId>
            <version>${spring.version}</version>
        </dependency>
        <dependency>
            <groupId>org.eclipse.jetty</groupId>
            <artifactId>jetty-servlet</artifactId>
            <version>${jetty.version}</version>
            <scope>provided</scope>
        </dependency>
        <dependency>
            <groupId>com.fasterxml.jackson.core</groupId>
            <artifactId>jackson-core</artifactId>
            <version>${jackson.version}</version>
        </dependency>
        <dependency>
            <groupId>com.fasterxml.jackson.core</groupId>
            <artifactId>jackson-databind</artifactId>
            <version>${jackson.version}</version>
        </dependency>
    </dependencies>

</project>
```

其中：

- spring-webmvc 是为了使用 Spring MVC 的功能。
- jetty-servlet 是为了提供内嵌的 Servlet 容器，这样我们就无须依赖外部的容器，可以直接运行我们的应用。
- jackson-core 和 jackson-databind 为我们的应用提供 JSON 序列化的功能。

创建一个 User 类，代表用户信息。User 是一个 POJO 类。

```
public class User {
    private String username;
    private Integer age;

    public User(String username, Integer age) {
        this.username = username;
        this.age = age;
    }

    public String getUsername() {
        return username;
    }
```

```
    public void setUsername(String username) {
        this.username = username;
    }

    public Integer getAge() {
        return age;
    }

    public void setAge(Integer age) {
        this.age = age;
    }

}
```

创建 HelloController 用于处理用户的请求。

```
@RestController
public class HelloController {

    @RequestMapping("/hello")
    public String hello() {
        return "Hello World! Welcome to visit waylau.com!";
    }

    @RequestMapping("/hello/way")
    public User helloWay() {
        return new User("Way Lau", 30);
    }
}
```

其中，映射到“/hello”的方法将会返回“Hello World!”的字符串；而映射到“/hello/way”的方法则会返回一个包含用户信息的 JSON 字符串。

3. 应用配置

在本项目中，我们采用基于 Java 注解的配置。

AppConfiguration 是我们的主应用配置。

```
import org.springframework.context.annotation.ComponentScan;
import org.springframework.context.annotation.Configuration;
import org.springframework.context.annotation.Import;

@Configuration
@ComponentScan(basePackages = { "com.waylau.spring" })
@Import({ MvcConfiguration.class })
public class AppConfiguration {

}
```

AppConfiguration 会扫描“com.waylau.spring”包下的文件，并自动将相关的 bean 进行注册。

AppConfiguration 同时又引入了 MVC 的配置类 MvcConfiguration。

```
@EnableWebMvc
@Configuration
public class MvcConfiguration implements WebMvcConfigurer {

    public void extendMessageConverters(List<HttpMessageConverter<?>> converters) {
        converters.add(new MappingJackson2HttpMessageConverter());
    }
}
```

MvcConfiguration 配置类一方面启用了 MVC 的功能，另一方面添加了 Jackson JSON 的转换器。

最后，我们需要引入 Jetty 服务器 JettyServer。

```
import org.eclipse.jetty.server.Server;
import org.eclipse.jetty.servlet.ServletContextHandler;
import org.eclipse.jetty.servlet.ServletHolder;
import org.springframework.web.context.ContextLoaderListener;
import org.springframework.web.context.WebApplicationContext;
import org.springframework.web.context.support.AnnotationConfigWebApplicationContext;
import org.springframework.web.servlet.DispatcherServlet;
import com.waylau.spring.mvc.configuration.AppConfiguration;

public class JettyServer {
    private static final int DEFAULT_PORT = 8080;
    private static final String CONTEXT_PATH = "/";
    private static final String MAPPING_URL = "/*";

    public void run() throws Exception {
        Server server = new Server(DEFAULT_PORT);
        server.setHandler(servletContextHandler(webApplicationContext()));
        server.start();
        server.join();
    }

    private ServletContextHandler servletContextHandler(
            WebApplicationContext context) {
        ServletContextHandler handler = new ServletContextHandler();
        handler.setContextPath(CONTEXT_PATH);
        handler.addServlet(new ServletHolder(new DispatcherServlet(context)),
                MAPPING_URL);
        handler.addEventListener(new ContextLoaderListener(context));
        return handler;
    }

    private WebApplicationContext webApplicationContext() {
        AnnotationConfigWebApplicationContext context =
            new AnnotationConfigWebApplicationContext();
        context.register(AppConfiguration.class);
        return context;
    }
}
```

JettyServer 将在 Application 类中启动。

```
public class Application {

    public static void main(String[] args) throws Exception {
        new JettyServer().run();;
    }

}
```

4. 运行项目

在编辑器中，直接运行 Application 类即可。启动之后，应能看到以下控制台信息。

```
    2018-06-07 22:19:23.572:INFO::main: Logging initialized @305ms to org.eclipse.
jetty.util.log.StdErrLog
    2018-06-07 22:19:23.982:INFO:oejs.Server:main: jetty-9.4.10.v20180503; built:
2018-05-03T15:56:21.710Z; git: daa59876e6f384329b122929e70a80934569428c; jvm 1.8.0_162-b12
    2018-06-07 22:19:24.096:INFO:oejshC.ROOT:main: Initializing Spring root
WebApplicationContext
```

```
六月 07, 2018 10:19:24 下午 org.springframework.web.context.ContextLoader
initWebApplicationContext
信息: Root WebApplicationContext: initialization started
六月 07, 2018 10:19:24 下午 org.springframework.context.support.AbstractApplicationContext
prepareRefresh
信息: Refreshing Root WebApplicationContext: startup date [Thu Jun 07 22:19:24 CST 2018];
root of context hierarchy
六月 07, 2018 10:19:24 下午 org.springframework.web.context.support.
AnnotationConfigWebApplicationContext loadBeanDefinitions
信息: Registering annotated classes: [class com.waylau.spring.mvc.configuration.
AppConfiguration]
六月 07, 2018 10:19:25 下午 org.springframework.web.servlet.handler.
AbstractHandlerMethodMapping$MappingRegistry register
信息: Mapped "{[/hello]}" onto public java.lang.String com.waylau.spring.mvc.
controller.HelloController.hello()
六月 07, 2018 10:19:25 下午 org.springframework.web.servlet.handler.
AbstractHandlerMethodMapping$MappingRegistry register
信息: Mapped "{[/hello/way]}" onto public com.waylau.spring.mvc.vo.User com.waylau.
spring.mvc.controller.HelloController.helloWay()
六月 07, 2018 10:19:26 下午 org.springframework.web.servlet.mvc.method.annotation.
RequestMappingHandlerAdapter initControllerAdviceCache
信息: Looking for @ControllerAdvice: Root WebApplicationContext: startup date [Thu Jun
07 22:19:24 CST 2018]; root of context hierarchy
六月 07, 2018 10:19:26 下午 org.springframework.web.context.ContextLoader
initWebApplicationContext
信息: Root WebApplicationContext: initialization completed in 2073 ms
2018-06-07 22:19:26.191:INFO:oejshC.ROOT:main: Initializing Spring FrameworkServlet
'org.springframework.web.servlet.DispatcherServlet-246ae04d'
六月 07, 2018 10:19:26 下午 org.springframework.web.servlet.FrameworkServlet
initServletBean
信息: FrameworkServlet 'org.springframework.web.servlet.DispatcherServlet-246ae04d':
initialization started
六月 07, 2018 10:19:26 下午 org.springframework.web.servlet.FrameworkServlet
initServletBean
信息: FrameworkServlet 'org.springframework.web.servlet.DispatcherServlet-246ae04d':
initialization completed in 31 ms
2018-06-07 22:19:26.226:INFO:oejsh.ContextHandler:main: Started
o.e.j.s.ServletContextHandler@4ae9cfc1{/,null,AVAILABLE}
2018-06-07 22:19:26.610:INFO:oejs.AbstractConnector:main: Started
ServerConnector@5bf0fe62{HTTP/1.1,[http/1.1]}{0.0.0.0:8080}
2018-06-07 22:19:26.611:INFO:oejs.Server:main: Started @3346ms
```

分别在浏览器中访问“http://localhost:8080/hello”和“http://localhost:8080/hello/way”地址进行测试，能看到图 8-2 和图 8-3 所示的响应效果。

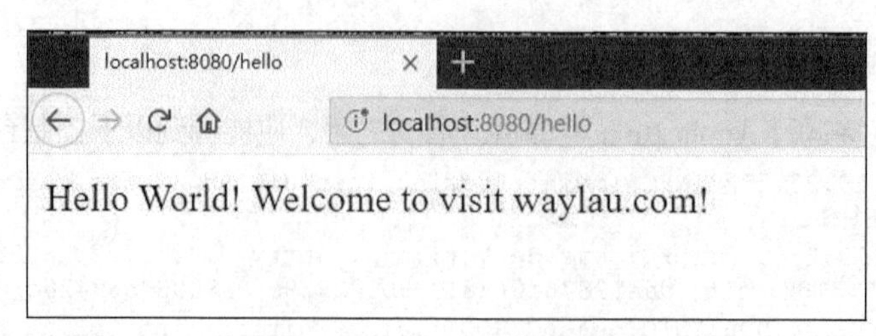

图 8-2 “/hello”接口的返回内容

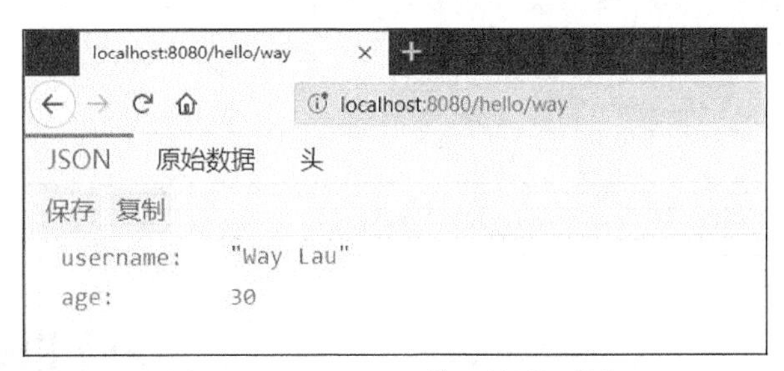

图 8-3　“/hello/way”接口的返回内容

本小节示例，可以在 spring-rest 项目下找到。

8.7　本章小结

本章介绍了 REST 风格的架构，其中包括 REST 风格的概念、REST 设计原则、REST 成熟度模型、REST API 管理等方面的内容。同时，针对 Java 领域，着重讲解了 Java 实现 REST 所需要的常用技术，并列举了丰富的案例。

8.8　习题

- 请简述 REST 风格的架构的特征。
- 设计 REST 风格的架构应该遵循哪些原则？
- 请简述成熟度模型的级别及其特点。
- 如何才能正确管理 REST API？
- 请用你熟悉的编程语言，实现一个 REST 服务。

第 9 章 微服务架构

自 2014 年业界提出"微服务（Microservices）"的概念以来，微服务架构就不断演进，并且日趋火爆。越来越多的企业拥抱微服务，期望通过微服务的架构来解决大型项目的管理与运维。

那么什么是微服务？微服务架构与传统的 SOA 架构有什么区别？何时应该采用微服务架构？如何构建微服务？本章就针对上述提到的问题，来简单介绍下微服务架构。

9.1 什么是微服务架构

微服务架构（Microservices Architecture，MSA）的出现并非偶然，而是与这个时代的软件思想、技术工具的发展有着密切的联系。比如，将业务功能服务化，是 SOA 的延续；RESTful 等架构的兴起，让我们可以考虑更多轻量化的通信机制；领域驱动设计指导我们如何分析并模型化复杂的业务；敏捷方法论帮助我们拥抱变化，快速反应；持续集成和持续交付（CI/CD）促使我们构建更快、更可靠、更频繁的软件部署和交付能力；虚拟化和容器技术的发展，使我们简化了部署环境的创建、安装；DevOps 文化的流行以及全栈自治团队的出现，使得小团队更加全功能化。这些都是推动微服务架构诞生和发展的重要因素。

实际上，业界对于微服务本身并没有一个严格的定义。James Lewis 和 Martin Fowler 对微服务架构做了如下定义。

简言之，微服务架构风格就像是把小的服务开发成单一应用的形式，运行在其自己的进程中，并采用轻量级的机制进行通信（一般是 HTTP 资源 API）。这些服务都是围绕业务能力来构建的，通过全自动部署工具来实现独立部署。这些服务可以使用不同的编程语言和不同的数据存储技术，并保持最小化集中管理。

MSA 包含以下特征。

- 组件以服务形式来提供。正如其名，微服务也是面向服务的。
- 围绕业务功能进行组织。微服务更倾向围绕业务功能对服务结构进行划分、拆解。这样的服务，是针对业务领域有着相关完整实现的软件，它包含使用接口、持久存储以及对应的交互。因此团队应该是跨职能的，包含完整的开发技术——用户体验、数据库以及项目管理。
- 产品不是项目。传统的开发模式致力于提供一些被认为是完整的软件。一旦开发完成，软件将移交给维护或者实施部门，然后开发组就可以解散了。而微服务要求开发团队对软件产品的整个生命周期负责。这要求开发者每天都关注软件产品的运行情况，并与用户联系更紧密，同时承担一些售后支持。越小的服务粒度越容易促进用户与服务提供商之间的关系。
- 强化终端及弱化通道。微服务的应用致力于松耦合和高内聚，它们更喜欢简单的 REST 风格，而不是复杂的协议（如 WS 或者 BPEL 或者集中式框架），或者采用轻量级消息总线（如 RabbitMQ 或 ZeroMQ 等）来发布消息。

- 分散治理。这是与传统的集中式管理有很大区别的地方。微服务把整体式框架中的组件拆分成不同的服务，在构建它们时将会有更多的选择。
- 分散数据管理。当整体式的应用使用单一逻辑数据库对数据持久化时，企业通常选择在应用的范围内使用一个数据库。微服务让每个服务管理自己的数据库：无论是相同数据库的不同实例，或者是不同的数据库系统。
- 基础设施自动化。云计算，特别是 AWS 的发展，降低了构建、发布、运维微服务的复杂性。微服务的团队更加依赖于基础设施的自动化，毕竟发布工作相当无趣。近些年开始火爆的容器技术，诸如 Docker 也是一个不错的选择（有关容器技术以及 Docker 的内容在后面章节会涉及）。
- 容错性设计。任何服务都可能因为供应商的不可靠而出现故障。微服务应为每个应用的服务及数据中心提供日常的故障检测和恢复。
- 改进设计。由于设计会不断更改，微服务所提供的服务应该能够替换或者报废，而不是要长久地发展。

9.2　微服务架构与 SOA 架构的区别

微服务架构（MSA）与面向服务架构（SOA）有相似之处，比如，都是面向服务的，通信大多基于 HTTP。通常传统的 SOA 意味着大而全的单体架构（Monolithic Architecture）的解决方案。单体架构有时也被称为“单块架构”，这种架构风格会让设计、开发、测试、发布的难度都增加，其中任何细小的代码变更，都将导致整个系统需要重新测试、部署。而微服务架构恰恰把所有服务都打散，设置合理的颗粒度，各个服务间保持低耦合，每个服务都在其完整的生命周期中存活，将互相之间的影响降到最低。SOA 需要对整个系统进行规范，而 MSA 的每个服务都可以有自己的开发语言、开发方式，灵活性大大提升。

9.2.1　单体架构的例子

我们假设在构建一个电子商务应用，应用从客户处接收订单，验证库存和可用额度，并派送订单。应用包含多个组件，包括 UI 组件（用来实现用户接口），以及一些后台服务（用于检测信用额度、维护库存和派送订单）。

应用作为一体应用部署。例如，一个 Java Web 应用运行在 Tomcat 之类 Web 容器上，仅包含单个 WAR 文件；一个 Rails 应用使用 Phusion Passenger 部署在 Apache/Nginx 上，或者使用 JRuby 部署在 Tomcat 上，它们都仅包含单个目录结构。为了伸缩和提升可用性，我们可以在一个负载均衡器下面运行该应用的多份实例。

单体架构的开发、部署和伸缩如图 9-1 所示。

这个方案有以下一些好处。

- 易于开发。当前开发工具和 IDE 的目标就是支持这种一体应用的开发。
- 易于部署。只需要将 WAR 文件或目录结构放到合适的运行环境下。
- 易于伸缩。只需要在负载均衡器下面运行应用的多份副本就可以伸缩。

但是，一旦应用变大、团队增长，这个方案的缺点就更加明显，缺点如下。

- 代码库庞大。巨大的一体代码库可能会吓到开发者，尤其是团队的新人。代码库庞大带来的问题：第一，应用难以理解和修改，开发速度通常会减缓；第二，由于没有模块硬边界，模块化会随着时间的增加而被破坏；第三，代码的变更会比较困难，代码质量会随着时间的增加而逐渐下降。这是个恶性循环。

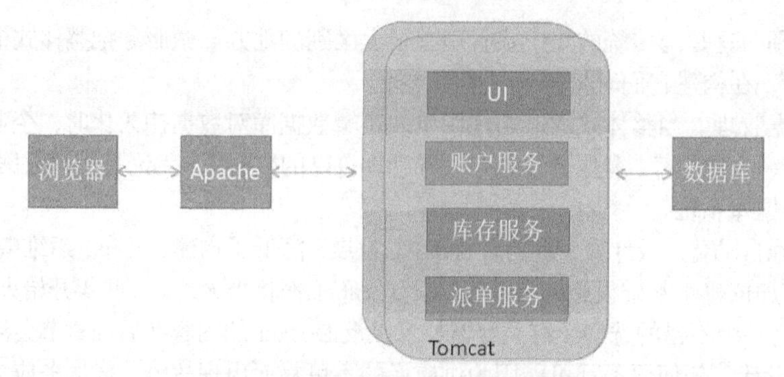

图 9-1 单体架构的开发、部署和伸缩

- IDE 超载。代码库越大，IDE 运行越慢，开发效率越低。
- Web 容器超载。应用越大，容器启动时间越长。因此开发者大量的时间被浪费在等待容器启动上。这也会影响部署。
- 难以持续部署。对于频繁部署，巨大的单体架构应用也是个问题。为了更新一个组件，你必须重新部署整个应用。这还会中断后台任务（如 Java 应用的 Quartz 作业），不管变更是否影响这些任务，这都有可能引发问题。未被更新的组件也可能因此不能正常启动。因此，鉴于重新部署的相关风险会增大，不鼓励频繁更新。尤其对用户界面的开发者来说，因为他们通常需要快速迭代，频繁重新部署。
- 难以伸缩应用。单体架构只能在一个维度伸缩。一方面，它可以通过运行多个副本来伸缩以满足业务量的增加。某些云服务甚至可以动态地根据负载调整应用实例的数量。但是另一方面，该架构不能通过伸缩来满足数据量的增加。每个应用实例都要访问全部数据，这使得缓存低效，并且增大了内存占用和 I/O 流量。而且，不同的组件所需的资源不同，有些可能是 CPU 密集型的，另一些可能是内存密集型的。单体架构下，我们不能独立地伸缩各个组件。
- 难以调整开发规模。单体应用对调整开发规模也是个障碍。一旦应用达到一定规模，将工程组织分成专注于特定功能模块的团队通常更有效。比如，我们可能需要 UI 团队、会计团队、库存团队等。单体架构应用的问题是它阻碍组织团队相互独立地工作，团队之间必须在开发进度和重新部署上进行协调。对团队来说也很难改变和更新产品。
- 需要对一个技术栈长期投入。单体架构迫使你采用开发初期选择的技术栈（某些情况下，是那项技术的某个版本）。单体架构下，很难递增式地采用更新的技术。比如，你选了 JVM，除了 Java 你还可以选择其他使用 JVM 的语言，比如 Groovy 和 Scala 也可以与 Java 很好地进行互操作。但是单体架构下，非 JVM 写的组件就不行。而且，如果应用使用了后期过时的平台框架，将应用迁移到更新更好的框架上就很有挑战性。还有可能为了采用新的平台框架，需要重写整个应用，这样就太冒险了。

微服务架构正是解决单体架构缺点的替代模式。

9.2.2 微服务架构的例子

一个微服务架构的应用，或是多层架构的，或是六角架构的，并且包含多种类型的组件。

- 表示组件（Presentation Components）。响应处理 HTTP 请求，并返回 HTML 或 JSON/XML（对于 Web Service API 而言）。
- 业务逻辑（Business Logic）。应用的业务逻辑。
- 数据库访问逻辑（Database Access Logic）。数据访问对象用于访问数据库。
- 应用集成逻辑（Application Integration Logic）。消息层，如基于 Spring 的集成。

这些逻辑组件分别响应应用中不同的功能模块。

最终微服务架构的解决方案如下。

- 通过采用伸缩立方（Scale Cube），特别是 y 轴方向上的伸缩来架构应用，将应用按功能分解为一组相互协作的服务的集合。每个服务实现一组有限并相关的功能。比如，一个应用可能包含订单管理服务、客户管理服务等。
- 服务间通过 HTTP/REST 等同步协议或 AMQP 等异步协议进行通信。
- 服务独立开发和部署。
- 每个服务为了与其他服务解耦，都有自己的数据库。必要时，数据库间的一致性通过数据库复制机制或应用级事件来维护。

微服务架构的服务部署如图 9-2 所示。

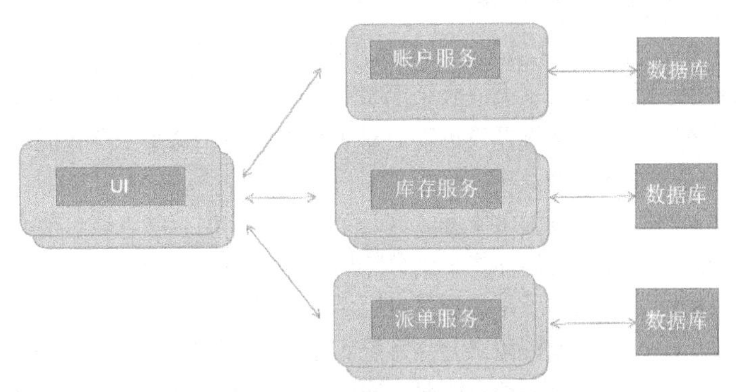

图 9-2 微服务架构的服务部署

这个方案有以下一些优点。

- 每个微服务都相对较小。

  易于开发者理解。

  IDE 反应更快，开发更高效。

  Web 容器启动更快，开发更高效，并提升了部署速度。
- 每个服务都可以独立部署，易于频繁部署新版本的服务。
- 易于伸缩开发组织结构。我们可以对多个团队的开发工作进行组织。每个团队负责单个服务。每个团队可以独立于其他团队开发、部署和伸缩服务。
- 提升故障隔离（Fault Isolation）。比如，如果一个服务存在内存泄漏，那么如果只有该服务受影响，其他服务仍然可以处理请求。相比之下，单体架构的一个组件出错可以拖垮整个系统。
- 每个服务可以单独开发和部署。
- 消除了任何对技术栈的长期投入。

这个方案也有一些缺点。

- 开发者要处理分布式系统的额外复杂度。
- 开发者 IDE 大多是面向构建单体架构应用的，并没有显示提供对开发分布式应用的支持。
- 测试更加困难。
- 开发者需要实现服务间通信机制。
- 不使用分布式事务实现跨服务的用例更加困难。
- 实现跨服务的用例需要团队间的细致协作。
- 生产环境的部署复杂度高，对于包含多种不同服务类型的系统，部署和管理的操作复杂度仍然存在。

- 内存消耗增加。微服务架构使用 $N \times M$ 个服务实例来替代 N 个单体架构应用实例。如果每个服务运行在自己独立的 JVM 上，通常有必要对实例进行隔离，对这么多运行的 JVM，就有 M 倍的开销。另外，如果每个服务运行在独立的虚拟机上，那么开销会更大。

9.3 何时采用微服务架构

微服务使开发变得更简单、更快捷。以前开发人员耗费时间来搭建环境、熟悉代码结构，在微服务的世界里会简单许多。但是，微服务带来了一系列的非功能性需求，比如事务、服务治理（注册、发现、负载、路由、认证授权、隔离）、监控（日志、性能监控、告警、调用链路）、部署、测试等。微服务依赖于“基础设施自动化”。

微服务不是“银弹”，何时采用微服务还需考虑企业自身的需求。

在开发应用的初期，我们通常不会遇到采用微服务这种方法来试图解决问题的情况。而且，使用这个精细、分布式的架构将会拖慢开发进度。对于初创公司，这是个严重问题，因为它们的最大挑战通常是如何快速发展业务模型及相关应用。

另一个挑战是如何将系统分割为微服务。这是个技术活，但有些策略可能有帮助。一种方法是通过动词或用例来分隔。比如，之后你将看到分隔后的电子商务应用有个负责派送已完成订单的派单服务。另一个通过动词分隔的例子是实现登录用例的登录服务。

另一种分隔方法是通过名称或资源来分隔系统。这种服务负责对应给定类型的实体/资源的所有操作。比如，之后会发现为何电子商务系统有个库存服务来跟踪产品是否在库存中。

如果你熟悉 DDD（领域驱动设计），那么采用 DDD 来设计微服务，不但可以降低微服务环境中通用语言的复杂性，而且可以帮助团队搞清楚领域的边界，理清上下文边界。建议将每个微服务都设计成一个 DDD 限界上下文（Bounded Context），为系统内的微服务提供一个逻辑边界。

理论上，每个服务应该只承担很小的职责。Bob Martin 讲过使用单一职责原则（SRP）来设计类。SRP 定义类的职责作为变化的原因，而且类应该只有一个变化的原因。使用 SRP 来设计服务也是合理的。

另一个有助于服务设计的类是 UNIX 实用工具的设计方法。UNIX 提供了大量的实用工具如 grep、cat 和 find。每个工具只用于做一件事，通常做得非常好，并且可以与其他工具使用 shell 脚本组合来执行复杂任务。

9.4 常用技术

如何构建微服务是一个大话题，本节不会涉及细节，后面章节将会详细讲解。

在单体架构中，项目经常会打包成 WAR 文件部署在 Tomcat 或者 Jetty 等 Servlet 容器中。这种部署形式被称为基于 Servlet 的部署（Servlet-based Deployment）。这种部署环境也是使用最广泛的。

有时我们会有这样的需求，当 Web 应用不是很复杂，对应用性能要求不是很高时，需要将 HTTP Server 内嵌在我们的 Java 程序中，只要运行 Java 程序，相应的 HTTP Server 也就跟着启动了，而且启动速度很快。这就是本节所介绍的基于 Java SE 部署环境（Java SE Deployment）来提供 REST 微服务。

9.4.1　Jetty HTTP Server

Jetty 是流行的 Servlet 容器和 HTTP 服务器。在此我们不深究 Jetty 作为 Servlet 容器的能力（尽管在我们的测试和实例中都使用它），因为作为基于 Servlet 部署模型它并没有什么特别，我们在这里只重点描述如何使用 Jetty 的 HTTP 服务器。

Jersey 和 Jetty HTTP Server 用法如下。

```
URI baseUri = UriBuilder.fromUri("http://localhost/").port(9998).build();
ResourceConfig config = new ResourceConfig(MyResource.class);
Server server = JettyHttpContainerFactory.createServer(baseUri, config);
```

要加入容器扩展模块依赖。

```
<dependency>
    <groupId>org.glassfish.jersey.containers</groupId>
    <artifactId>jersey-container-jetty-http</artifactId>
    <version>2.30</version>
</dependency>
```

Jetty HTTP 容器不支持部署在除了根路径是（"/"）的上下文路径。非根路径的上下文路径在部署中是被忽略的。

9.4.2　构建 REST 程序

构建一个实体类 MyBean.java。

```
@XmlRootElement
public class MyBean {

    private String name;
    private int age;

    public String getName() {
        return name;
    }
    public void setName(String name) {
        this.name = name;
    }
    public int getAge() {
        return age;
    }
    public void setAge(int age) {
        this.age = age;
    }
}
```

构建资源类 MyResource.java，分别向外暴露各种类型资源，包括文本、XML、JSON 格式。

```
@Path("myresource")
public class MyResource {

    /**
     * 方法处理 HTTP GET 请求。返回的对象以"text/plain"媒体类型给客户端
     *
     * @return String 以 text/plain 形式响应
     */
    @GET
```

```
        @Produces(MediaType.TEXT_PLAIN)
        public String getIt() {
            return "Got it!";
        }

        /**
         * 方法处理HTTP GET请求。返回的对象以“application/xml”媒体类型给客户端
         *
         * @return MyPojo以application/xml形式响应
         */
        @GET
        @Path("pojoxml")
        @Produces(MediaType.APPLICATION_XML)
        public MyBean getPojoXml() {
            MyBean pojo = new MyBean();
            pojo.setName("waylau.com");
            pojo.setAge(28);
            return pojo;
        }

        /**
         * 方法处理HTTP GET请求。返回的对象以“application/json”媒体类型给客户端
         *
         * @return MyPojo 以 application/json 形式响应
         */
        @GET
        @Path("pojojson")
        @Produces(MediaType.APPLICATION_JSON)
        public MyBean getPojoJson() {
            MyBean pojo = new MyBean();
            pojo.setName("waylau.com");
            pojo.setAge(28);
            return pojo;
        }
    }
```

程序的应用配置为RestApplication.java，该配置说明了要扫描的资源类所在的包路径com.waylau.rest.resource，以及支持JSON转换MultiPartFeature。

```
public class RestApplication extends ResourceConfig {

    public RestApplication() {
        // 资源类所在的包路径
        packages("com.waylau.rest.resource");

        // 注册MultiPart
        register(MultiPartFeature.class);
    }
}
```

主应用程序入口类App.java。

```
public class App {
    // HTTP server所要监听的uri
    public static final String BASE_URI = "http://127.0.0.1:8080/";
```

```
    /**
     * Main method.
     *
     * @param args
     * @throws IOException
     */
    public static void main(String[] args) throws IOException {

        JettyHttpContainerFactory.createServer(URI.create(BASE_URI),
                new RestApplication());
    }
}
```

9.4.3　运行

该程序编译后，会生成一个可执行的 javase-rest-1.0.0.jar 文件，用 java -jar 执行即可。

```
java -jar javase-rest-1.0.0.jar
```

该程序提供了如下 API。

- http://127.0.0.1:8080/myresource。
- http://127.0.0.1:8080/myresource/pojoxml。
- http://127.0.0.1:8080/myresource/pojojson。

本节示例可以在 javase-rest 项目下找到。

9.5　实战：基于 Spring Boot 实现微服务

在 Java 开发领域，Spring Boot 算得上是一个颗耀眼的“明星”了。自 Spring Boot 诞生以来，秉着简化 Java 企业级应用的宗旨，受到广大 Java 开发者的好评。特别是微服务架构的兴起，Spring Boot 被称为构建 Spring 应用中微服务的最有力的工具之一。Spring Boot 中众多的开箱即用的 Starter，为广大开发者尝试开启一个新服务提供了最快捷的方式。

本节将介绍如何基于 Spring Boot 来实现微服务。

9.5.1　配置环境

为了演示本例子，需要依赖于 Spring Boot Web Starter。

Spring Boot Web Starter 集成了 Spring MVC，可以方便地构建 RESTful Web 应用，并使用 Tomcat 作为默认内嵌 Servlet 容器。

本节例子 spring-boot-rest 的 pom.xml 内容如下。

```
<?xml version="1.0" encoding="UTF-8"?>
<project xmlns="http://maven.apache.org/POM/4.0.0"
    xmlns:xsi="http://www.w3.org/2001/XMLSchema-instance"
    xsi:schemaLocation="http://maven.apache.org/POM/4.0.0
    http://maven.apache.org/xsd/maven-4.0.0.xsd">
    <modelVersion>4.0.0</modelVersion>
    <parent>
        <groupId>org.springframework.boot</groupId>
        <artifactId>spring-boot-starter-parent</artifactId>
        <version>2.1.2.RELEASE</version>
        <relativePath/> <!-- lookup parent from repository -->
    </parent>
```

```
    <groupId>com.waylau</groupId>
    <artifactId>spring-boot-rest</artifactId>
    <version>1.0.0</version>
    <packaging>jar</packaging>
    <name>spring-boot-rest</name>

    <properties>
        <java.version>1.8</java.version>
    </properties>

    <dependencies>
        <dependency>
            <groupId>org.springframework.boot</groupId>
            <artifactId>spring-boot-starter-web</artifactId>
        </dependency>

        <dependency>
            <groupId>org.springframework.boot</groupId>
            <artifactId>spring-boot-starter-test</artifactId>
            <scope>test</scope>
        </dependency>
    </dependencies>

    <build>
        <plugins>
            <plugin>
                <groupId>org.springframework.boot</groupId>
                <artifactId>spring-boot-maven-plugin</artifactId>
            </plugin>
        </plugins>
    </build>

</project>
```

9.5.2 REST API 设计

在本节，我们将实现一个简单版本的“用户管理”RESTful 服务。通过“用户管理”的 API，就能方便地进行用户的增、删、改、查等操作。

用户管理的整体 API 设计如下。

- GET /users：获取用户列表。
- POST /users：保存用户。
- GET /users/{id}：获取用户信息。
- PUT /users/{id}：修改用户。
- DELETE /users/{id}：删除用户。

这样，相应的控制器可以定义如下。

```
@RestController
@RequestMapping("/users")
public class UserController {

    /**
     * 获取用户列表
     *
     * @return
```

```
     */
    @GetMapping
    public List<User> getUsers() {
        return null;
    }

    /**
     * 获取用户信息
     *
     * @param id
     * @return
     */
    @GetMapping("/{id}")
    public User getUser(@PathVariable("id") Long id) {
        return null;
    }

    /**
     * 保存用户
     *
     * @param user
     */
    @PostMapping
    public User createUser(@RequestBody User user) {
        return null;
    }

    /**
     * 修改用户
     *
     * @param id
     * @param user
     */
    @PutMapping("/{id}")
    public void updateUser(@PathVariable("id") Long id, @RequestBody User user) {
    }

    /**
     * 删除用户
     *
     * @param id
     * @return
     */
    @DeleteMapping("/{id}")
    public void deleteUser(@PathVariable("id") Long id) {
    }
}
```

9.5.3 编写程序代码

下面进行后台编码实现，编码涉及实体类、仓库接口、仓库实现类及控制器类。

1．实体类

com.waylau.spring.boot.domain 包，用于放置实体类。我们定义一个保存用户信息的实体 User。

```
public class User {
```

```
    private Long id;

    private String name;

    private String E-mail;

    public User() {
    }

    public User(String name, String E-mail) {
        this.name = name;
        this.E-mail = E-mail;
    }

    // 省略 getter/setter 方法

    @Override
    public String toString() {
        return String.format("User[id=%d, name='%s', E-mail='%s']", id, name, E-mail);
    }
}
```

2. 仓库接口及实现类

com.waylau.spring.boot.repository 包，用于放置仓库接口及仓库实现类，也就是我们的数据存储。

用户仓库接口 UserRepository 如下。

```
public interface UserRepository {

    /**
     * 新增或者修改用户
     *
     * @param user
     * @return
     */
    User saveOrUpateUser(User user);

    /**
     * 删除用户
     *
     * @param id
     */
    void deleteUser(Long id);

    /**
     * 根据用户 id 获取用户
     *
     * @param id
     * @return
     */
    User getUserById(Long id);

    /**
     * 获取所有用户的列表
```

```
     *
     * @return
     */
    List<User> listUser();
}
```

UserRepository 的实现类如下。

```
@Repository
public class UserRepositoryImpl implements UserRepository {

    private static AtomicLong counter = new AtomicLong();

    private final ConcurrentMap<Long, User> userMap = new ConcurrentHashMap<Long,
User>();

    @Override
    public User saveOrUpateUser(User user) {
        Long id = user.getId();
        if (id == null || id <= 0) {
            id = counter.incrementAndGet();
            user.setId(id);
        }
        this.userMap.put(id, user);
        return user;
    }

    @Override
    public void deleteUser(Long id) {
        this.userMap.remove(id);
    }

    @Override
    public User getUserById(Long id) {
        return this.userMap.get(id);
    }

    @Override
    public List<User> listUser() {
        return new ArrayList<User>(this.userMap.values());
    }

}
```

其中，我们用 ConcurrentMap<Long, User>userMap 来模拟数据的存储，AtomicLong counter 用来生成一个递增的 id，作为用户的唯一编号。@Repository 注解用于标识 UserRepositoryImpl 类是一个可注入的 Bean。

3. 控制器类

com.waylau.spring.boot.controller 包，用于放置控制器类，也就是我们需要实现的 API。

UserController 实现如下。

```
@RestController
@RequestMapping("/users")
public class UserController {

    @Autowired
    private UserRepository userRepository;
```

```
/**
 * 获取用户列表
 *
 * @return
 */
@GetMapping
public List<User> getUsers() {
    return userRepository.listUser();
}

/**
 * 获取用户信息
 *
 * @param id
 * @return
 */
@GetMapping("/{id}")
public User getUser(@PathVariable("id") Long id) {
    return userRepository.getUserById(id);
}

/**
 * 保存用户
 *
 * @param user
 */
@PostMapping
public User createUser(@RequestBody User user) {
    return userRepository.saveOrUpateUser(user);
}

/**
 * 修改用户
 *
 * @param id
 * @param user
 */
@PutMapping("/{id}")
public void updateUser(@PathVariable("id") Long id, @RequestBody User user) {
    User oldUser = this.getUser(id);

    if (oldUser != null) {
        user.setId(id);
        userRepository.saveOrUpateUser(user);
    }

}

/**
 * 删除用户
 *
 * @param id
 * @return
 */
@DeleteMapping("/{id}")
```

```
    public void deleteUser(@PathVariable("id") Long id) {
        userRepository.deleteUser(id);
    }
}
```

9.5.4　安装 REST 客户端

为了测试 REST 接口，我们需要一款 REST 客户端。

有非常多的 REST 客户端可供选择，比如，Chrome 浏览器的 Postman 插件，或者 Firefox 浏览器的 RESTClient 以及 HttpRequester 插件，都能方便用于 REST API 的调试。

这里，笔者就 RESTClient 以及 HttpRequester 插件的安装，做一下简单的介绍。

1. Firefox 安装 REST 客户端插件

为了方便测试 REST API，我们需要一款 REST 客户端来协助我们。由于这里用 Firefox 浏览器居多，所以推荐安装 RESTClient 或者 HttpRequester 插件。当然，你可以根据个人喜好来安装其他软件。

在 Firefox 安装插件的界面，输入关键字 “restclient” 就能看到这两款插件的信息。单击 “安装” 即可，如图 9-3 所示。

图 9-3　Firefox 安装 REST 客户端插件

2. 用 HttpRequester 来测试

在我们运行程序后，我们可以对 http://localhost:8080/users/1 接口进行测试。

我们在 HttpRequester 中的请求 URL 中输入接口地址，而后单击 “Submit” 来提交测试请求。在右侧响应界面，能看到返回的 JSON 数据。图 9-4 展示了 HttpRequester 的使用过程。

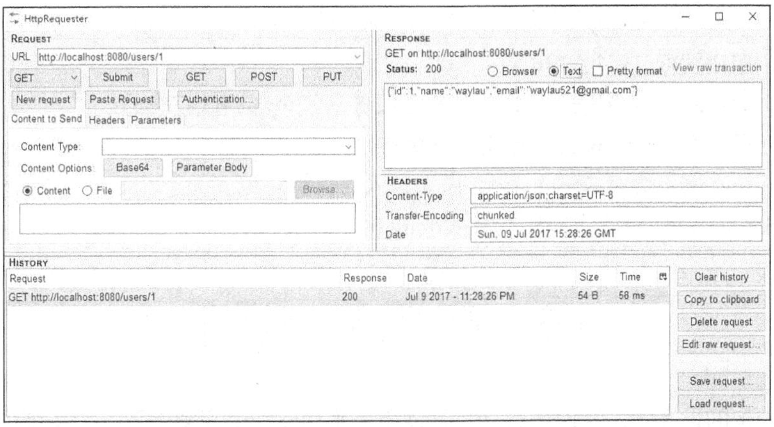

图 9-4　HttpRequester 的使用过程

9.5.5 运行、测试程序

运行程序，项目在 8080 端口启动。

首先，我们发送 GET 请求到 http://localhost:8080/users，可以看到，响应返回的是一个空的列表[]。

我们发送 POST 请求到 http://localhost:8080/users，用来创建一个用户。请求内容如下。

```
{"name":"waylau","E-mail":"abcd@mail.com"}
```

发送成功，我们能看到响应的状态是 200，响应的数据如下。

```
{
    "id": 1,
    "name": "waylau",
    "E-mail": "abcd@mail.com"
}
```

我们通过该接口，再创建几条测试数据，并发送 GET 请求到 http://localhost:8080/users，可以看到，响应返回的是一个有数据的列表。

```
[
    {
        "id": 1,
        "name": "waylau",
        "E-mail": "abcd@mail.com"
    },
    {
        "id": 2,
        "name": "老卫",
        "E-mail": "abcd@163.com"
    }
]
```

我们发送 PUT 方法到 http://localhost:8080/users/2，来修改 id 为 2 的用户信息，修改为以下内容。

```
{"name":"柳伟卫","E-mail":"efg@qq.com"}
```

发送成功，我们能看到响应的状态是 200。我们通过发送 GET 请求到 http://localhost:8080/users/2 来查看 id 为 2 的用户信息如下。

```
{
    "id": 2,
    "name": "柳伟卫",
    "E-mail": "efg@qq.com"
}
```

可以看到，用户数据已经被变更了。

自此，这个简单的“用户管理”的 RESTful 服务已经全部调试完毕。

本节示例，可以在 spring-boot-rest 项目下找到。

受限于篇幅，本书不会对 Spring Boot 做太深入的讲解。更多关于 Spring Boot 的内容可以参阅笔者所著的《Spring Boot 企业级应用开发实战》。

9.6 微服务与通信

在微服务架构的世界中，我们通过一系列微服务来构建一个完整的系统。系统中的每个微服务都符合以下特征。

- 松散耦合。
- 可维护和可测试。
- 可以独立部署。

微服务架构中的每个服务都解决了应用中的业务问题，或至少支持一个。一个团队对应用中的一个或多个服务负责。

使用微服务架构可以带来以下好处。

- 它们通常更容易构建和维护。
- 服务是围绕业务问题组织的。
- 它们可以提高生产力和速度。
- 它们鼓励自主、独立的团队。

这些好处是微服务越来越受欢迎的一个重要原因。但有微服务的架构并不是百分之百完美的架构，微服务中的任何技术选型都需要切实考虑自身架构的特定，其中一个重要的方面就是微服务之间的通信。

该体系结构的目标是创建松散耦合的服务，并且通信在实现这一目标中起着关键作用。在本节，我们将重点关注在微服务架构中进行通信的 3 种方式，每一种都有其自己的利弊和权衡。

9.6.1 HTTP 通信

选择服务如何相互通信时，最直接的方式往往是 HTTP。事实上，我们可以提出一个案例，即所有通信渠道都来自这个渠道。但是除此之外，服务之间的 HTTP 调用是服务到服务通信的可行选择。

HTTP 通信方式在前面几章已经做了非常充分的介绍，“大” Web 服务及 RESTful Web 服务都是基于 HTTP 通信。

这种方法的优点是可以使服务彼此隔离，并且耦合松散。缺点是服务之间调用是同步的，要想及时获取服务器的状态，只能通过轮询的方式，直到请求完成。这也引入了客户端的复杂性，因为必须检查请求的进度。

9.6.2 消息通信

另一种通信模式是基于消息的通信。

与 HTTP 通信不同，消息通信所涉及的服务不直接相互通信。服务将消息推送到其他服务订阅的消息代理。这消除了许多与 HTTP 通信相关的复杂性。

它不需要服务知道该如何相互交流，它消除了直接相互调用的服务需求。所有服务都知道消息代理，并且它们将消息推送到该代理。其他服务可以订阅代理中自己关心的消息。

在第 7 章中，已经详细介绍了面向消息的分布式架构及消息中间件。

9.6.3 事件驱动的通信

最后一种模式是事件驱动模式。这是另一种异步方法，它看起来完全消除了服务之间的耦合。

与消息传递模式不同，事件驱动方法不需要服务必须知道公共消息结构。服务之间的通信通过各个服务产生的事件进行。

此处仍然需要消息代理，因为各个服务会将其事件写入其中。但是与消息方法不同，消费服务不需要知道事件的细节，它们对事件的发生做出反应，而不是产生会或可能不会传递的信息。

在形式上，这通常被称为“仅事件驱动的通信”。

当使用异步事件驱动通信时，一个微服务领域模型发生更新时，会发布一个集成事件，然后另外一个微服务可能需要关注这个事件，比如在一个在线购物网站系统中，当产品分类微服务发生价格变动的时候，另外的微服务需要订阅这个事件，这样就可以以异步的方式来接收这个事件。然后当事件触发的时候，订阅端就可以更新自己的领域模型，从而集成发送端的事件。事件总线（Event Bus）可以设计为一个抽象类或接口，集成 API 订阅或取消订阅事件和发布事件。事件总线还可以有一个或多个基于任何进程间消息传递代理的实现，如一个消息队列或服务总线支持异步通信和发布/订阅模型。

如果集成事件驱动达成了最终一致性，那么用户应该清楚这种行为，客户端用户及其业务必须显式地拥抱最终一致性并且意识到在许多情况下这种业务没有任何问题。

你可以跨越多个微服务来集成事件驱动，这些服务之间拥有最终一致性。一个最终一致性的“事务”可能是由多个分布式的事件操作组成的一个集合。在每一个事件中，相关的微服务都在更新自己的领域实体并且发布另外一个需要集成的事件到事件总线中。

很重要的一点是，可能需要多个微服务订阅一个事件。因此，可以使用基于事件驱动的发布/订阅消息模式的消息通信，如图 9-5 所示。这种发布/订阅的机制不是微服务独有的。它类似于 DDD 中边界上下文之间的通信方式，或者类似于 CQRS 架构中的从写库更新数据到读库的这种模式。它最终的目标是在整个分布式系统多个数据源之间保持最终的一致性。

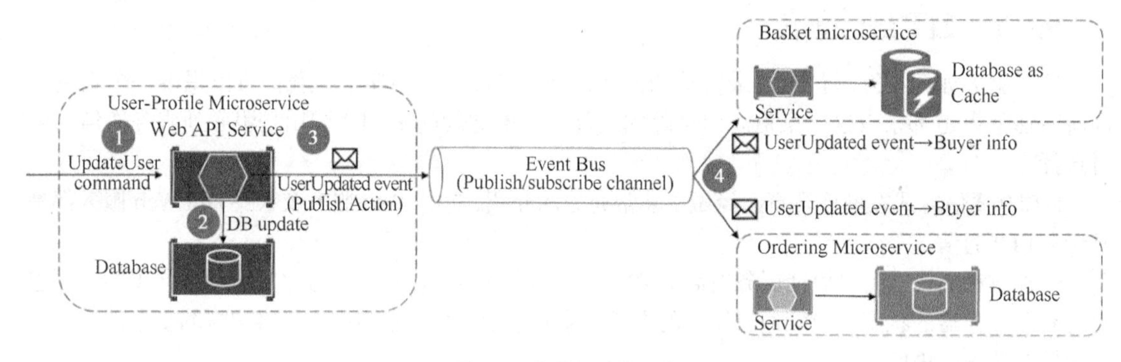

图 9-5　事件驱动的通信

9.7　了解 CQRS

在传统的三层架构中，通常都是通过数据访问层来修改或者查询数据，一般修改和查询使用的是相同的实体。在一些业务逻辑简单的系统中可能没有什么问题，但是随着系统逻辑变得复杂，用户增多，这种设计就会出现一些性能问题。虽然在数据库层面可以做一些读写分离的设计，但在业务上如果在读写方面混合在一起的话，仍然会出现一些问题。

命令查询职责分离（Command Query Responsibility Segregation，CQRS）旨在从业务上分离命令和查询的行为。从而使得逻辑更加清晰，便于对不同部分进行针对性的优化。

那么，到底什么是 CQRS？使用 CQRS 能带来什么好处呢？下面为你揭晓。

9.7.1　CQRS 概述

CQRS 最早来自 Betrand Meyer 在 *Object-Oriented Software Construction* 这本书中提到的一种命令查询分离（Command Query Separation，CQS）的概念。其基本思想在于，任何一个对象的方法可以分为两大类。

- 命令（Command）：不返回任何结果（void），但会改变对象的状态。
- 查询（Query）：返回结果，但是不会改变对象的状态，对系统没有副作用。

根据 CQS 的思想，任何一个方法都可以拆分为命令和查询两部分，比如在 Java 中 POJO 对象中的属性操作，通常会有 getter/setter 方法。

```
public class City {

    private String cityName;

    public String getCityName() {
        return cityName;
    }

    public void setCityName(String cityName) {
        this.cityName = cityName;
    }
}
```

根据 CQS 的定义，这里的 setCityName 就是命令，getCityName 就是查询。

命令和查询分离使得我们能够更好地把握对象的细节，能够更好地理解哪些操作会改变系统的状态。

CQRS 是由 CQS 模式进一步改进的一种简单模式。它由 Greg Young 在 *CQRS，Task Based UIs，Event Sourcing agh!*这篇文章中提出。CQRS 使用分离的接口将数据查询操作和数据修改操作分离开来，这也意味着在查询和更新过程中使用的数据模型也是不一样的，这样读和写逻辑就隔离开来了。观察下面的 CustomerService 例子。

```
void makeCustomerPreferred(CustomerId)
Customer getCustomer(CustomerId)
CustomerSet getCustomersWithName(Name)
CustomerSet getPreferredCustomers()
void changeCustomerLocale(CustomerId, NewLocale)
void createCustomer(Customer)
void editCustomerDetails(CustomerDetails)
```

CustomerService 是传统的服务接口定义模式，混杂了数据查询操作和数据修改操作。

在此基础上应用 CQRS 之后，将产生两种服务：CustomerWriteService 和 CustomerReadService。

其中，CustomerWriteService 就是命令。

```
void makeCustomerPreferred(CustomerId)
void changeCustomerLocale(CustomerId, NewLocale)
void createCustomer(Customer)
void editCustomerDetails(CustomerDetails)
```

CustomerReadService 代表查询。

```
Customer getCustomer(CustomerId)
CustomerSet getCustomersWithName(Name)
CustomerSet getPreferredCustomers()
```

9.7.2　CQRS 与 Event Sourcing 的关系

CQRS 与 Event Sourcing 经常放在一起使用。在 CQRS 中，查询直接通过方法查询数据库，然后通过 DTO 将数据返回。命名是通过发送 Command 实现，首先由 CommandBus 处理特定的 Command，然后由 Command 将特定的 Event 发布到 EventBus 上，最后 EventBus 使用特定的 Handler 来处理事件，执行一些诸如新增、删除、更新等操作。这里，所有与 Command 相关的操作都通过 Event 实现。这样我们可以通过记录 Event 来记录系统的运行历史记录，并且能够方便地回滚到某一历史状态。而 Event Sourcing 就是用来进行存储和管理事件的。

9.7.3 CQRS 好处

与传统的代码组织方式相比，应用 CQRS 模式看上去改动并不是很大，只是将方法分为了命令和查询两大阵营。但是应用 CQRS 可以带来比较大的益处，特别是可以令系统设计人员认识到它们在处理命令和查询时是不同的架构属性。例如，它允许我们以不同的方式承载 CustomerWriteService 和 CustomerReadService 这两种服务。例如，我们可以在 25 台服务器上承载读取服务，在两台服务器上承载写入服务。命令和查询的处理基本上是不对称的，而是根据实际的需要来进行相应的扩展。

总结来说，使用 CQRS 可以带来以下好处。

- 使得查询变得更加简单高效。
- 分工明确，可以负责不同的部分。
- 能够提升系统的性能、可扩展性和安全性。
- 逻辑清晰，能够看到系统中的哪些行为或者操作导致了系统的状态变化。
- 可以从数据驱动（Data-Driven）转到任务驱动（Task-Driven）以及事件驱动（Event-Driven）。

9.8 实战：基于 CQRS 微服务通信

Axon Framework 是一个适用于 Java 的、基于事件驱动的轻量级 CQRS 框架，既支持直接持久化 Aggregate 状态，也支持采用 Event Sourcing。

Axon Framework 的应用架构如图 9-6 所示。

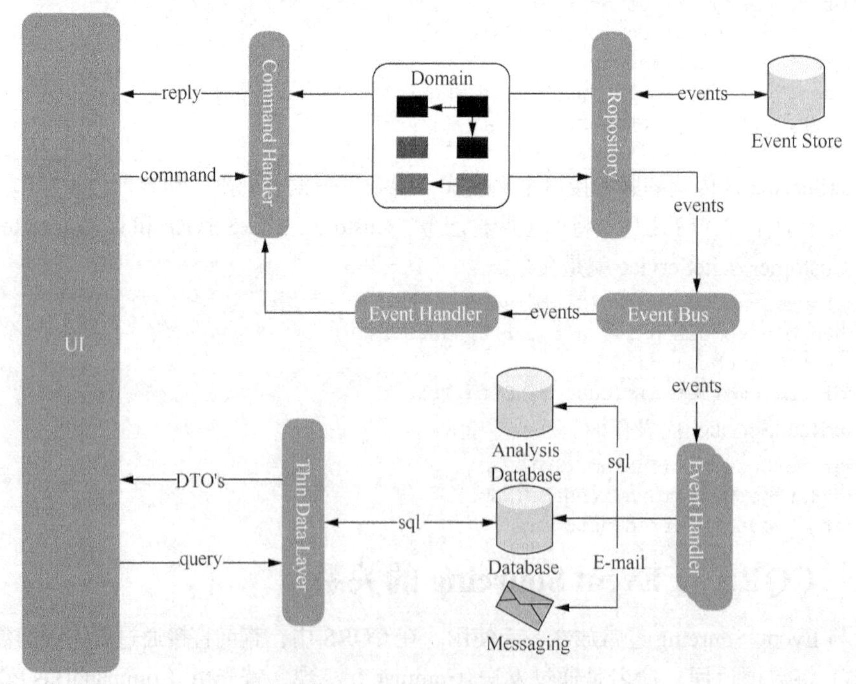

图 9-6 Axon Framework 应用架构

本节，我们将基于 Axon Framework 来实现一个 CQRS 应用“axon-cqrs”。该应用展示了：“开通银行账户，取钱”这样一个逻辑业务。

9.8.1　配置

配置依赖如下。

```
<properties>
    <project.build.sourceEncoding>UTF-8</project.build.sourceEncoding>
    <spring.version>5.2.3.RELEASE</spring.version>
    <axon.version>3.4.3</axon.version>
    <log4j.version>2.13.0</log4j.version>
</properties>
<dependencies>
    <dependency>
        <groupId>org.springframework</groupId>
        <artifactId>spring-context</artifactId>
        <version>${spring.version}</version>
    </dependency>
    <dependency>
        <groupId>org.axonframework</groupId>
        <artifactId>axon-core</artifactId>
        <version>${axon.version}</version>
    </dependency>
    <dependency>
        <groupId>org.axonframework</groupId>
        <artifactId>axon-spring</artifactId>
        <version>${axon.version}</version>
    </dependency>
    <dependency>
        <groupId>org.apache.logging.log4j</groupId>
        <artifactId>log4j-core</artifactId>
        <version>${log4j.version}</version>
    </dependency>
    <dependency>
        <groupId>org.apache.logging.log4j</groupId>
        <artifactId>log4j-jcl</artifactId>
        <version>${log4j.version}</version>
    </dependency>
    <dependency>
        <groupId>org.apache.logging.log4j</groupId>
        <artifactId>log4j-slf4j-impl</artifactId>
        <version>${log4j.version}</version>
    </dependency>
</dependencies>
```

其中，采用了 Axon Framework 以及日志框架。

9.8.2　Aggregate

BankAccount 是 DDD 中的 Aggregate，代表了银行账户。

```
package com.waylau.axon.cqrs.command.aggregates;

import static org.axonframework.commandhandling.model.AggregateLifecycle.apply;
import static org.slf4j.LoggerFactory.getLogger;

import java.math.BigDecimal;

import org.axonframework.commandhandling.CommandHandler;
import org.axonframework.commandhandling.model.AggregateIdentifier;
```

```
import org.axonframework.eventhandling.EventHandler;
import org.slf4j.Logger;

import com.waylau.axon.cqrs.command.commands.CreateAccountCommand;
import com.waylau.axon.cqrs.command.commands.WithdrawMoneyCommand;
import com.waylau.axon.cqrs.common.domain.AccountId;
import com.waylau.axon.cqrs.common.events.CreateAccountEvent;
import com.waylau.axon.cqrs.common.events.WithdrawMoneyEvent;

public class BankAccount {

    private static final Logger LOGGER = getLogger(BankAccount.class);

    @AggregateIdentifier
    private AccountId accountId;
    private String accountName;
    private BigDecimal balance;

    public BankAccount() {
    }

    @CommandHandler
    public BankAccount(CreateAccountCommand command){
        LOGGER.debug("Construct a new BankAccount");
        apply(new CreateAccountEvent(command.getAccountId(),
                command.getAccountName(),
                command.getAmount()));
    }

    @CommandHandler
    public void handle(WithdrawMoneyCommand command){
        apply(new WithdrawMoneyEvent(command.getAccountId(),
                command.getAmount()));
    }

    @EventHandler
    public void on(CreateAccountEvent event){
        this.accountId = event.getAccountId();
        this.accountName = event.getAccountName();
        this.balance = new BigDecimal(event.getAmount());
        LOGGER.info("Account {} is created with balance {}",
                accountId,
                this.balance);
    }

    @EventHandler
    public void on(WithdrawMoneyEvent event){
        BigDecimal result = this.balance.subtract(
                new BigDecimal(event.getAmount()));
       if(result.compareTo(BigDecimal.ZERO)<0)
           LOGGER.error("Cannot withdraw more money than the balance!");
       else {
           this.balance = result;
           LOGGER.info("Withdraw {} from account {}, balance result: {}",
                   event.getAmount(), accountId, balance);
       }
```

```
    }
}
```

其中，注解@CommandHandler 和@EventHandler 代表了对 Command 和 Event 的处理。@AggregateIdentifier 代表的 AccountId，是一个 Aggregate 的全局唯一的标识符。

AccountId 声明如下。

```
package com.waylau.axon.cqrs.common.domain;

import org.axonframework.common.Assert;
import org.axonframework.common.IdentifierFactory;

import java.io.Serializable;

public class AccountId implements Serializable {

    private static final long serialVersionUID = 7119961474083133148L;
    private final String identifier;

    private final int hashCode;

    public AccountId() {
        this.identifier =
                IdentifierFactory.getInstance().generateIdentifier();
        this.hashCode = identifier.hashCode();
    }

    public AccountId(String identifier) {
        Assert.notNull(identifier, ()->"Identifier may not be null");
        this.identifier = identifier;
        this.hashCode = identifier.hashCode();
    }

    @Override
    public boolean equals(Object o) {
        if (this == o) return true;
        if (o == null || getClass() != o.getClass()) return false;

        AccountId accountId = (AccountId) o;

        return identifier.equals(accountId.identifier);

    }

    @Override
    public int hashCode() {
        return hashCode;
    }

    @Override
    public String toString() {
        return identifier;
    }

}
```

其中：

- 实现 equal 和 hashCode 方法，因为它会被拿来与其他标识对比。

- 实现 toString 方法，其结果也应该是全局唯一的。
- 实现 Serializable 接口以表明可序列化。

9.8.3 Command

该应用共有两个 Command：创建账户和取钱。

CreateAccountCommand 代表了创建账户。

```
package com.waylau.axon.cqrs.command.commands;

import com.waylau.axon.cqrs.common.domain.AccountId;

public class CreateAccountCommand {

    private AccountId accountId;
    private String accountName;
    private long amount;

    public CreateAccountCommand(AccountId accountId,
            String accountName,
            long amount) {
        this.accountId = accountId;
        this.accountName = accountName;
        this.amount = amount;
    }

    public AccountId getAccountId() {
        return accountId;
    }

    public String getAccountName() {
        return accountName;
    }

    public long getAmount() {
        return amount;
    }
}
```

WithdrawMoneyCommand 代表了取钱。

```
package com.waylau.axon.cqrs.command.commands;
import org.axonframework.commandhandling.TargetAggregateIdentifier;
import com.waylau.axon.cqrs.common.domain.AccountId;

public class WithdrawMoneyCommand {

    @TargetAggregateIdentifier
    private AccountId accountId;
    private long amount;


    public WithdrawMoneyCommand(AccountId accountId, long amount) {
        this.accountId = accountId;
        this.amount = amount;
    }

    public AccountId getAccountId() {
```

```
        return accountId;
    }

    public long getAmount() {
        return amount;
    }
}
```

9.8.4 Event

Event 是系统中发生任何改变时产生的事件类，典型的 Event 就是对 Aggregate 状态的修改。与 Command 相对应，会有两个事件。

CreateAccountEvent 代表了创建账户的 Event。

```
package com.waylau.axon.cqrs.common.events;

import com.waylau.axon.cqrs.common.domain.AccountId;

public class CreateAccountEvent {
    private AccountId accountId;
    private String accountName;
    private long amount;

    public CreateAccountEvent(AccountId accountId,
            String accountName, long amount) {
        this.accountId = accountId;
        this.accountName = accountName;
        this.amount = amount;
    }

    public AccountId getAccountId() {
        return accountId;
    }

    public String getAccountName() {
        return accountName;
    }

    public long getAmount() {
        return amount;
    }
}
```

WithdrawMoneyEvent 代表了取钱的 Event。

```
package com.waylau.axon.cqrs.common.events;
import com.waylau.axon.cqrs.common.domain.AccountId;

public class WithdrawMoneyEvent {
    private AccountId accountId;
    private long amount;

    public WithdrawMoneyEvent(AccountId accountId, long amount) {
        this.accountId = accountId;
        this.amount = amount;
    }

    public AccountId getAccountId() {
```

```
        return accountId;
    }

    public long getAmount() {
        return amount;
    }
}
```

9.8.5 测试

为了方便测试，我们创建一个 Application 类。

```
package com.waylau.axon.cqrs;
import static org.slf4j.LoggerFactory.getLogger;
import org.axonframework.config.Configuration;
import org.axonframework.config.DefaultConfigurer;
import org.axonframework.eventsourcing.eventstore.inmemory.
InMemoryEventStorageEngine;
import org.slf4j.Logger;
import com.waylau.axon.cqrs.command.aggregates.BankAccount;
import com.waylau.axon.cqrs.command.commands.CreateAccountCommand;
import com.waylau.axon.cqrs.command.commands.WithdrawMoneyCommand;
import com.waylau.axon.cqrs.common.domain.AccountId;

public class Application {
    private static final Logger LOGGER = getLogger(Application.class);

    public static void main(String args[]) throws InterruptedException{
        LOGGER.info("Application is start.");
        Configuration config = DefaultConfigurer.defaultConfiguration()
                .configureAggregate(BankAccount.class)
                .configureEmbeddedEventStore(c -> new InMemoryEventStorageEngine())
                .buildConfiguration();
        config.start();
        AccountId id = new AccountId();
        config.commandGateway().send(new CreateAccountCommand(id, "MyAccount",1000));
        config.commandGateway().send(new WithdrawMoneyCommand(id, 500));
        config.commandGateway().send(new WithdrawMoneyCommand(id, 500));
        config.commandGateway().send(new WithdrawMoneyCommand(id, 500));

        // 线程先睡 5s，等事件处理完
        Thread.sleep(5000L);

        LOGGER.info("Application is shutdown.");
    }

}
```

在该类中，我们创建了一个账户，并执行了 3 次取钱动作。由于账户总额为 1000，所以，当执行第 3 次取钱动作时，预期是会因为余额不足而失败。

运行该 Application 类，能看到以下输出。

```
22:11:52.432 [main] INFO  com.waylau.axon.cqrs.Application - Application is start.
22:11:52.676 [main] INFO  com.waylau.axon.cqrs.command.aggregates.BankAccount -
Account cc0653ff-afbd-49f5-b868-38aff296611c is created with balance 1000
22:11:52.719 [main] INFO  com.waylau.axon.cqrs.command.aggregates.BankAccount -
Account cc0653ff-afbd-49f5-b868-38aff296611c is created with balance 1000
22:11:52.725 [main] INFO  com.waylau.axon.cqrs.command.aggregates.BankAccount -
```

```
Withdraw 500 from account cc0653ff-afbd-49f5-b868-38aff296611c, balance result: 500
    22:11:52.725 [main] INFO  com.waylau.axon.cqrs.command.aggregates.BankAccount -
Account cc0653ff-afbd-49f5-b868-38aff296611c is created with balance 1000
    22:11:52.725 [main] INFO  com.waylau.axon.cqrs.command.aggregates.BankAccount -
Withdraw 500 from account cc0653ff-afbd-49f5-b868-38aff296611c, balance result: 500
    22:11:52.727 [main] INFO  com.waylau.axon.cqrs.command.aggregates.BankAccount -
Withdraw 500 from account cc0653ff-afbd-49f5-b868-38aff296611c, balance result: 0
    22:11:52.727 [main] INFO  com.waylau.axon.cqrs.command.aggregates.BankAccount -
Account cc0653ff-afbd-49f5-b868-38aff296611c is created with balance 1000
    22:11:52.728 [main] INFO  com.waylau.axon.cqrs.command.aggregates.BankAccount -
Withdraw 500 from account cc0653ff-afbd-49f5-b868-38aff296611c, balance result: 500
    22:11:52.728 [main] INFO  com.waylau.axon.cqrs.command.aggregates.BankAccount -
Withdraw 500 from account cc0653ff-afbd-49f5-b868-38aff296611c, balance result: 0
    22:11:52.728 [main] ERROR com.waylau.axon.cqrs.command.aggregates.BankAccount - Cannot
withdraw more money than the balance!
    22:11:57.729 [main] INFO  com.waylau.axon.cqrs.Application - Application is shutdown.
```

本节示例，可以在 axon-cqrs 项目下找到。

9.9 本章小结

本章介绍了微服务架构的概念及构建微服务常用的技术。同时，也介绍了在微服务中常用的 3 种通信方式：HTTP、消息、事件驱动。在微服务中，我们可以使用 CQRS 来降低构建微服务通信的复杂度。

9.10 习题

- 请简述微服务架构的概念。
- 实现微服务架构有哪些常用的技术？
- 在微服务架构中，常用的通信方式有几种？各有哪些利弊？
- 请简述 CQRS 的特征，并用你熟悉的技术，实现一个 CQRS 的应用。

第10章 Serverless架构

在目前主流云计算基础设施即服务（Infrastructure-as-a-Service，IaaS）和平台即服务（Platform-as-a-Service，PaaS）中，开发者进行业务开发时，仍然需要关心很多和服务器相关的服务器开发工作，比如缓存、消息服务、Web应用服务器、数据库，以及对服务器进行性能优化，考虑存储和计算资源，考虑负载和扩展，考虑服务器容灾稳定性等非业务逻辑的开发。对于这些服务器的运维和开发，知识和经验极大地限制了开发者进行业务开发的效率。设想一下，如果开发者直接租用服务或者开发服务而无须关注如何在服务器中运行部署服务，是否可以极大地提升开发效率和产品质量？这种去服务器而直接使用服务的架构，我们称之为无服务器架构（Serverless架构）。

本章详细介绍Serverless架构。

10.1 什么是Serverless架构

如今，随着移动和物联网应用蓬勃发展，伴随着面向服务架构以及微服务架构的盛行，造就了Serverless架构平台的迅猛发展。在Serverless架构中，开发者无须考虑服务器的问题，计算资源作为服务而不是服务器的概念出现。这样开发者只需要关注面向客户的客户端业务程序开发，后台服务由第三方服务公司完全或者部分提供，开发者调用相关的服务即可。Serverless架构是一种构建和管理基于微服务架构的完整流程，允许我们在服务部署级别而不是服务器部署级别来管理应用部署，甚至可以管理某个具体功能或端口的部署，这就能让开发者快速迭代，更快速地交付软件。

这种新兴的云计算服务交付模式为开发人员和管理员带来了许多益处。它提供了合适的灵活性和控制性级别，因而在IaaS和PaaS之间找到了一条“中间道路”。由于服务器端几乎没有什么要管理的，Serverless架构正在彻底改变软件开发和部署领域，比如，推动了NoOps模式的发展。

Serverless架构是新兴的架构体系，业界也没有一个明确的关于Serverless架构的定义。麦克·罗伯茨（Mike Roberts）认为的Serverless架构主要有下面两种形式。

- 首先，Serverless架构用于描述依赖第三方服务（“云端”）实现对逻辑和状态进行管理的应用。这些应用包括典型的富客户端应用，比如单页Web应用或移动应用，它们使用基于云的数据库（比如Parse或Firebase），还有授权服务（比如Auth0、AWS Cognito等），这类服务以前曾经被描述为（移动）后端即服务（(Mobile) Backend as a Service，BaaS）。
- 其次，Serverless架构也可以指这样的一类应用，一部分服务逻辑由应用实现，但与传统架构不同的是，它们运行在无状态的容器中，可以由事件触发，短暂、完全地被第三方管理。一种观点认为这是函数服务（Functions as Service，FaaS），而AWS Lambda就是一种流行的FaaS实现，当然还有其他。

云计算的发展从 IaaS、PaaS、SaaS，到最新的 BaaS，在这个趋势中 Serverless（去服务器化）的趋势越来越明显。IaaS 将真实的物理机变成了虚拟机，PaaS 进一步将虚拟机变成了包含基础设施的中间件服务。作为 Paas 和 Saas 的中间架构，Baas 的创建是为了满足移动互联网的快速发展需求，并提供后端功能作为服务。这些是云计算解决效率和成本的重要体现。Serverless 这种无服务器架构，用服务代替服务器，无须了解落实服务，进一步降低了云计算的成本，提高了云计算的效率，从而为 BaaS 这种新时代云计算提供了架构基础。

BaaS 要被开发者广泛接受，需要在云端解决以下限制。

- BaaS 服务的治理。
- BaaS 服务需要提供逻辑定制扩展。
- BaaS 服务能独立部署，快速启动。
- BaaS 服务可以弹性扩展，满足大并发需要。
- BaaS 服务可以被监控、计费。
- BaaS 服务要解决 DevOps 相关的问题。

要实现 Serverless 架构，需要利用以下技术和方案。

- 实现 BaaS 中的云代码特性，开发者可以直接开发在云端的业务代码，实现 FaaS。
- 实现 API 网关，用 API 代表服务的入口，并对所有服务进行治理。
- 微服务架构技术，用微服务的概念来实施服务的开发。
- 利用 Docker 等容器技术部署运行微服务。

10.2　Serverless 架构的典型应用

Serverless 架构的典型应用主要有 UI 驱动的应用和消息驱动的应用两大类。

10.2.1　UI 驱动的应用

先讨论一个带有服务功能逻辑的、传统面向客户端的三层应用——一个典型的电子商务应用 Pet Store（在线宠物商店）。其一般架构如图 10-1 所示，假设服务端用 Java 开发完成，客户端用 HTML/JavaScript。

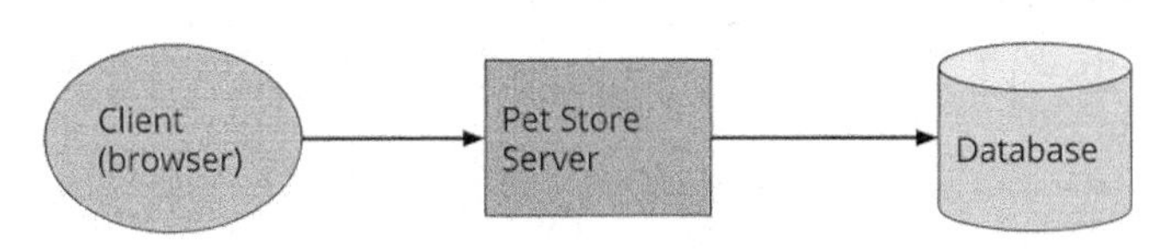

图 10-1　传统面向客户端的三层应用

这种架构中，服务端不得不实现诸多系统逻辑，例如认证、页面导航、搜索、交易等都需要在服务端完成，而客户端则显得比较简单。如果采用 Serverless 架构来对该应用进行改造，则架构如图 10-2 所示。

与传统面向客户端的三层应用架构相比，Serverless 架构有以下 5 个方面的差异。

- 删除了认证逻辑，用第三方 BaaS 服务来替代。
- 使用另外一个 BaaS，允许客户端直接访问架构与第三方（例如 AWS Dynamo）的数据子库。通过这种方式提供给客户更安全的访问数据库模式。

- 前两点中包含着很重要的第三点，也就是以前运行在 Pet Store 服务端的逻辑现在都转移到客户端中，例如跟踪用户访问，理解应用的 UX 架构（例如页面导航），读取数据库并转化为可视视图等。客户端则慢慢转化为单页面应用。

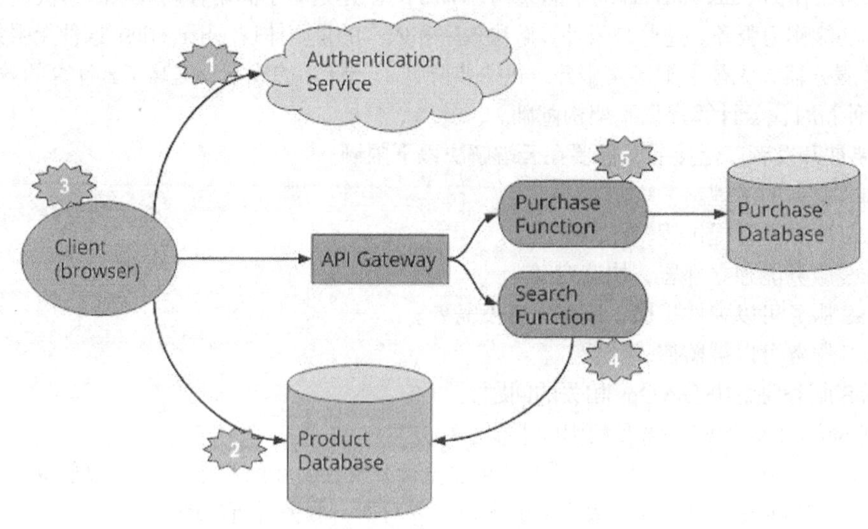

图 10-2　Serverless 架构的应用

- 某些我们想保留在服务端的 UX 相关功能，例如，计算敏感或者需要访问大量数据，比如搜索这类应用。对于搜索这类需求，我们不需要运行一个专用服务，而是通过 FaaS 模块，通过 API Gateway 对 HTTP 访问提供响应。这样可以使得客户端和服务端都从同一个数据库中读取相关数据。由于原始服务使用 Java 开发，AWS Lambda（FaaS 提供者）支持 Java 功能，因此可以直接从服务端将代码移植到搜索功能上来，而不用重写代码。
- 最后，可以将“Purchase”功能用另外一个 FaaS 功能取代，因为安全原因放在服务端还不如在客户端重新实现，当然客户端还是 API Gateway。

10.2.2　消息驱动的应用

消息驱动的应用是一个纯后台数据处理服务，如图 10-3 所示。例如正在编写一个面向用户的应用，需要对 UI 请求快速响应，但是同时还想获取所有发生的行为。我们设想一个 Ad Server（在线广告系统），当用户点击一个广告时，希望快速导向目标，但是同时需要搜集点击量以便向广告商收取费用。

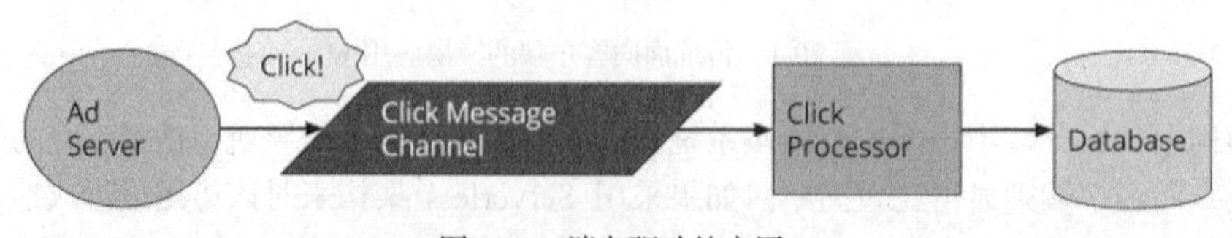

图 10-3　消息驱动的应用

在传统的架构中，Ad Server 同步地响应客户，但是同时还会向异步处理“点击量”的应用发送一个消息，并更新到便于以后向广告商收费的数据库。而在采用 Serverless 架构的情况下，将会改为图 10-4 所示的方式。

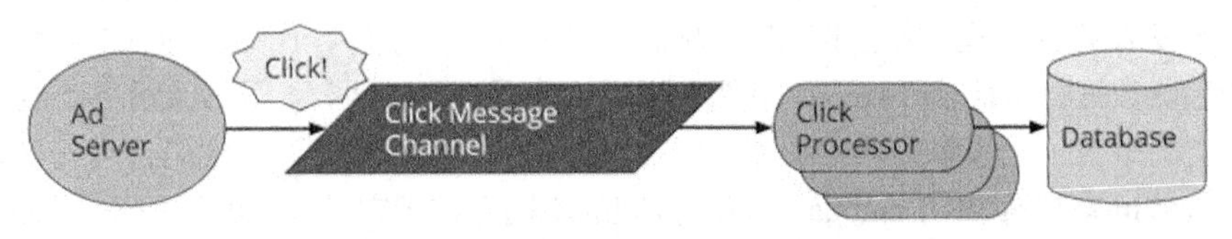

图 10-4　Serverless 的消息驱动的应用

这个架构跟第一个例子有些许不同，这里我们用 FaaS 功能取代了一个一直运行的应用。此 FaaS 运行于第三方提供商提供的消息驱动上下文之间。需要注意的是，供应商提供了消息代理和 FaaS，两者将更加紧密地合作在一起。

FaaS 环境通过复制出若干实例来并行处理这些点击，这无疑带来了全新开发体验和执行效率。

10.3　常见的 Serverless 架构

以下是常见的 Serverless 架构。

10.3.1　AWS Lambda

在 2014 年 11 月 14 日的 AWS re:Invent 大会上，Amazon Web Services（以下简称“AWS”）发布了 AWS Lambda。AWS Lambda 是如今市面上最早、最成熟、稳定的 Serverless 架构之一。这项服务最初支持 Node.js，现在支持 Java 和 Python。移动和物联网开发人员之所以喜欢 Lambda，是由于它带来了强大功能和灵活性。它与 Alexa Skills Kit 紧密集成，成为在为 Amazon Echo 开发语音应用程序的开发人员当中最受青睐的平台。亚马逊提供交互式控制台和命令行工具，以便上传和管理代码片段。

10.3.2　Google Cloud Functions

Google 站在微服务架构的最前沿。除了有力地推动了 Kubernetes，Google 还投资了 AWS Lambda 的竞争对手——Cloud Functions，该架构可在其公共云基础设施上运行。Google Cloud Functions 是用 JavaScript 编写的，目前支持 Node.js 运行环境，不过预计在将来会添加更多的语言。只有几项服务与 Cloud Functions 进行了集成，比如 Google Cloud Storage 和 Google Cloud Pub/Sub。考虑到 Google API 的覆盖面颇为广泛，该架构将会支持另外多项服务，比如 Gmail、Cloud Messaging、Maps 及其他服务。

10.3.3　Iron.io

Iron.io 的初衷就是为企业级应用提供微服务。Iron.io 的后台是用 Go 编写的，用于处理高并发、高性能计算服务。最近，Iron.io“拥抱”Docker，并集成现有的服务，提供一种连贯完整的微服务平台。Iron.io 的 Serverless 平台的代号为 Project Kratos，旨在将 AWS Lambda 引入企业。Project Kratos 可以在包括公共云和私有云在内的多个环境下，运行包装成 Docker 容器的现有 AWS Lambda 功能。Iron.io 平台由 IronWorker、IronMQ、IronCache 以及 IronDashboard 等组件组成。

10.3.4　IBM OpenWhisk

在 2016 年 2 月的 InterConnect 大会上，IBM 发布了 OpenWhisk，这种事件驱动型开源计算平台旨在与 AWS Lambda 一较高下。IBM OpenWhisk 是一种可替代 AWS Lambda 的开源架构。OpenWhisk 平台让广大开发人员能够迅速构建微服务，从而可以响应诸多事件，比如鼠标点击或收到来自监视摄像头的传感器数据，执行软件代码。事件发生后，代码会自动执行。开发人员不需要为预先配置基础设施之类的事情（比如服务器或系统运行）操心——他们只需专注于代码，因此显著加快了工作流程。OpenWhisk 与 AWS Lambda 等解决方案的不同点在于它是开源的。另外 OpenWhisk 包括诸多功能，比如“链接”，这项功能让开发人员可以构建一系列微服务，以后将它们连接起来，可以让事件来触发它们。该系统基于 Docker 容器。

10.3.5 Serverless Framework

Serverless Framework 是无服务器应用架构和生态系统，旨在简化开发和部署 AWS Lambda 应用程序的工作。这种开源架构最初名为 JAWS，一亮相就引起了开发人员的关注。2015 年，Amazon 邀请开发人员在 re:Invent 大会上展示该架构。Serverless Framework 作为 Node.js NPM 模块来提供，填补了 AWS Lambda 存在的许多缺口。它提供了多个样板模板，可以迅速启动 AWS Lambda 的开发。借助诸多插件，这种架构让用户很容易将 AWS 服务与其他第三方服务集成起来。

10.3.6 Azure WebJobs

WebJobs 是一项 Azure Web 应用功能，可在与 Web、API 应用相同的上下文中运行程序或脚本。我们可以上传并运行可执行文件，如 cmd、bat、exe（.NET）、ps1、sh、php、py、js 和 jar。WebJobs 提供 SDK，用于简化针对 Web 作业可以执行的常见任务（例如图像处理、队列处理、RSS 聚合、文件维护和发送电子邮件）编写的代码。WebJobs SDK 中的内置功能使用 Azure 存储空间和 Service Bus，用于计划任务和处理错误，以及用于许多其他常见方案。此外，它还设计为可扩展的。WebJobs SDK 是开源的，并且有用于扩展的开源存储库。WebJobs SDK 包括以下组件。

- NuGet 程序包。为添加到 Visual Studio 控制台的应用程序项目 NuGet 包提供一个架构，代码可通过使用 WebJobs SDK 属性修饰方法来使用此架构。
- 仪表板。Azure Web 应用中包含 WebJobs SDK 部分，它可针对使用 NuGet 程序包的程序提供丰富的监视和诊断功能，无须编写代码就可以使用这些监视和诊断功能。

10.4 Serverless 架构原则

Peter Sbarski 和 Sam Kroonenburg 合著的 *Serverless Architectures on AWS* 一书中总结了 Serverless 架构的以下 5 个原则，运用这些原则可以帮助我们在构建 Serverless 架构应用时做出正确的决定。

- 根据需要使用计算服务执行代码（没有服务器）。
- 编写单一用途的无状态函数。
- 设计基于推送的、事件驱动的管道。
- 创建更粗实、更强大的前端。
- 拥抱第三方服务。

接下来详细地分析每一个原则。

10.4.1 根据需要使用计算服务执行代码

Serverless 架构是 SOA 概念的自然延伸。在 Serverless 架构中，所有自定义代码作为孤立的、独立的、一般是细粒度的函数来编写和执行。这些函数在 AWS Lambda 之类的无状态计算服务中运行。开发人员可以编写函数，执行几乎任何常见的任务，比如读取和写入数据源，调用函数以及执行计算。在比较复杂的情况下，开发人员可以构建更复杂的管道，编排多个函数的调用。可能会有这种场景：仍需要服务器来处理某个任务。然而，这种情况并不多见，作为开发人员，我们应该尽量避免运行服务器并与之交互。

10.4.2 编写单一用途的无状态函数

作为软件工程师，我们在设计函数时应该尽量着眼于单一职责原则。单单处理某一项任务的函数更容易测试、运行更稳定，而且带来的错误和意外的副作用比较少。以一种松散编排的方式将函数和服务组合起来，我们照样能构建易于理解、易于管理的复杂后端系统。拥有明确定义的接口的细粒度函数也更有可能在无服务器架构里面被重复使用。

为 Lambda 等计算服务编写的代码应该以无状态方式来构建。它不得假设本地资源或进程会在当前的会话之后保存下去。无状态性功能很强大，因为它让平台得以迅速扩展，以处理数量不断变化的入站事件或请求。

10.4.3 设计基于推送的、事件驱动的管道

可以构建满足任何用途的无服务器架构。系统可以一开始就构建成无服务器，也可以逐步重新设计现有的整体单一式应用程序，以便充分发挥这种架构的优势。最灵活、最强大的无服务器设计是事件驱动型的。

构建事件驱动的、基于推送的系统常常有望降低成本和复杂性（我们不需要运行额外代码来轮询变更），可能让整个用户体验更流畅。不言而喻，虽然事件驱动的、基于推送的模式是个美好的目标，但它们并非在所有情况下都是适当的或可以实现的。有时候，我们不得不实施一个 Lambda 函数来轮询事件源或按时间表运行。

10.4.4 创建更粗实、更强大的前端

有必要记住这一点，在 Lambda 中运行的自定义代码应该快速执行。较早终结的函数较“便宜”，因为 Lambda 的定价基于请求数量、执行时间段以及分配的内存量。在 Lambda 中要处理的事务比较少、比较“省钱”。此外，拥有调用服务的更丰富的前端有利于实现更好的用户体验。在线资源之间更少的环节和缩短的延迟会让人觉得应用程序的性能和可用性更好。

数字签名的令牌让前端可以与不同的服务（包括数据库）直接进行通信。相比之下，在传统系统中，所有通信经由后端服务器来实现。让前端与服务进行通信有助于减少创建环节、尽快获得所需的资源系统。

然而，不是一切服务都可以或者都应该在前端执行。有些私密信息无法交给客户端设备来处理，比如，信用卡或向用户发送电子邮件只能由不受最终用户控制的服务来完成。在这种情况下，就需要计算服务来协调动作、验证数据，并实施安全。

另外要考虑的重要一点是一致性。如果前端负责写入多个服务，可是中途出现故障，就会导致系统处于不一致的状态。在这种情况下，应该使用 Lambda 函数，因为它可以从容地处理错误，重新尝试失败的操作。一致性在 Lambda 函数中实现起来和控制起来比在前端容易得多。

10.4.5 拥抱第三方服务

如果第三方服务能提供价值、减少自定义代码，自然欢迎它们加入。如今，开发人员可以充分利用许多服务，从用于验证的 Auth0 服务，到用于支付处理的 Stripe 或 Braintree 服务，不一而足。只要考虑到价格、性能和可用性等因素，开发人员就应该试着采用第三方服务。开发人员花时间解决其领域独有的问题要比重复构建别人已经实施的功能有意义得多。如果已有了切实可行的第三方服务和 API，别纯粹为了构建而构建，应站在“巨人的肩上”达到新的高度。

10.5 实战：使用 AWS 平台实现 Serverless 架构

本例将演示利用 AWS 平台的 Serverless 架构来让游戏实现全球同服。

全球同服的游戏架构有以下需求。

- 全球所有玩家的持久化信息（包括用户基本信息、等级、装备、进度等状态信息）都保存在中心站点。玩家统一通过 HTTP(S)登录中心站点并获取状态信息。
- 对战初始，由中心站点对玩家进行重定向到对应的 Game Server。在对战过程中，使用 TCP 长连接从而保证更好的游戏体验。
- 对战结束后，客户端与 Game Server 中断 TCP 连接，对战结果数据回滚到中心站点并保存最终的状态信息。

基于上述的架构，游戏完全构建在统一的“大世界”中（唯一中心站点），并且由分布在全球的 Game Server 来保证游戏的低延迟。由于 Game Server 分布在全球不同的地区，如何做到资源的快速扩展和按需伸缩将是一个难点。下面将以 Serverless 架构的方式阐述实现这一需求。首先，AWS 平台提供了非常完整的 API 接口，开发者可以选择各种语言的 SDK 完成对资源的调度，这里我们可以将代码运行在 Lambda 中。如下所示，我们的中心站点（即 Lambda 部署的站点）选择的是 Virginia（弗吉尼亚，美国东部地区），通过 Node.js SDK 跨地区到 Tokyo（东京，日本首都）来启动 EC2 服务器。

```
var AWS = require('aws-sdk');
exports.handler = function (event, context) {
    console.log("Received data as:", event);
    var ec2 = new AWS.EC2({region: 'ap-northeast-1'});
    var params = {
        ImageId: 'ami-29160d47',
        InstanceType: 't2.micro',
        KeyName: 'Tech-labs',
        SecurityGroupIds: ['sg-d0aa1bb4'],
        IamInstanceProfile: {Name: 'EC2-Admin'},
        MinCount: 1,
        MaxCount: 1
    };

    // 创建实例
    ec2.runInstances(params, function (err, data) {
        if (err) {
            console.log("Could not create instance", err);
            context.fail(err);
```

```
        }
        var instanceId = data.Instances[0].InstanceId;
        console.log("Created instance", instanceId);

        // 存储实例 id 并设置状态
        context.succeed(instanceId);
    });
};
```

由于启动 EC2 的过程是一个异步过程，所以我们需要记录相关的服务器启动信息，并定义另一接口接收 Game Server 在服务就绪后返回的回执信息，代码如下。

```
var AWS = require('aws-sdk');
exports.handler = function (event, context) {
    console.log("Received data as:", event);
    var instanceId = event.instanceId;
    var region = event.region;
    var publicIp = event.publicIp;
    var version = event.version;
    ...

    // 检查 instanceId 并在线更新实例状态
};
```

同时，这种回执接口的 API（包括其他 API）都可以考虑使用 Amazon API Gateway 服务进行部署。API Gateway 可以帮助我们将现有函数快速发布为 RESTful 的 API 接口，并同时利用 CloudFront 的边缘节点进行部署，以保证访问端能获得更低的延迟。按照上例的回执，Lambda 函数可以构造 API Gateway 的配置，如图 10-5 所示。

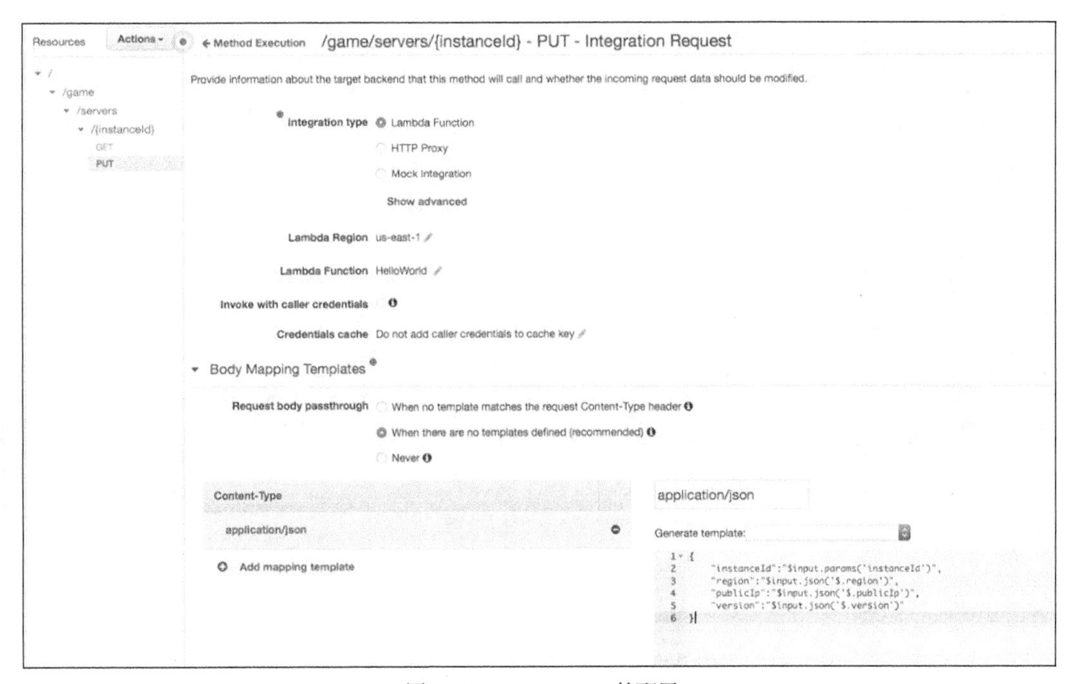

图 10-5　API Gateway 的配置

请求示例如下。

```
/game/servers/i-dd861842
```

```
{
"region":"ap-northeast-1",
"publicIp":"52.193.34.102",
"version":"110"
}
```

接下来，为了确保 Game Server 的状态是正常的，使得玩家能被路由到正确的服务器上，可以构造另一个类似心跳的 Lambda 函数，用来接收 Game Server 的状态信息。心跳频率可根据需求进行调整，当然，如果在频率不需要很高的情况下（≥1min），也可以利用 CloudWatch 来发起报警，并同时发起 SNS 通知 Lambda 函数以更新 Game Server 的状态。

最后，在 Game Server 具备了自动按需扩展（Scale out）的能力后，我们就需要考虑如何解决 Game Server 的缩减（Scale in）了。在这里，我们采用 CloudWatch->SNS->Lambda (cross region)的方式来实现 Game Server 的缩减，具体流程说明如下。

（1）Game Server 自定义指标（Custom Metrics）将当前服务器的在线人数发送到 CloudWatch 中。

```
#!/bin/bash
#get instance-id from local meta-data id=$(curl -s http://169.254.169.254/
latest/meta-data/instance-id)
#get current onlinePlayers players=$(...) aws cloudwatch put-metric-data --metric-name
"OnlinePlayers" --namespace "GameServer" --dimension InstanceId= $id --value $players
```

（2）设定 CloudWatch 的报警规则，当服务器在线人数为零时，会触发 SNS 通知，如图 10-6 所示。

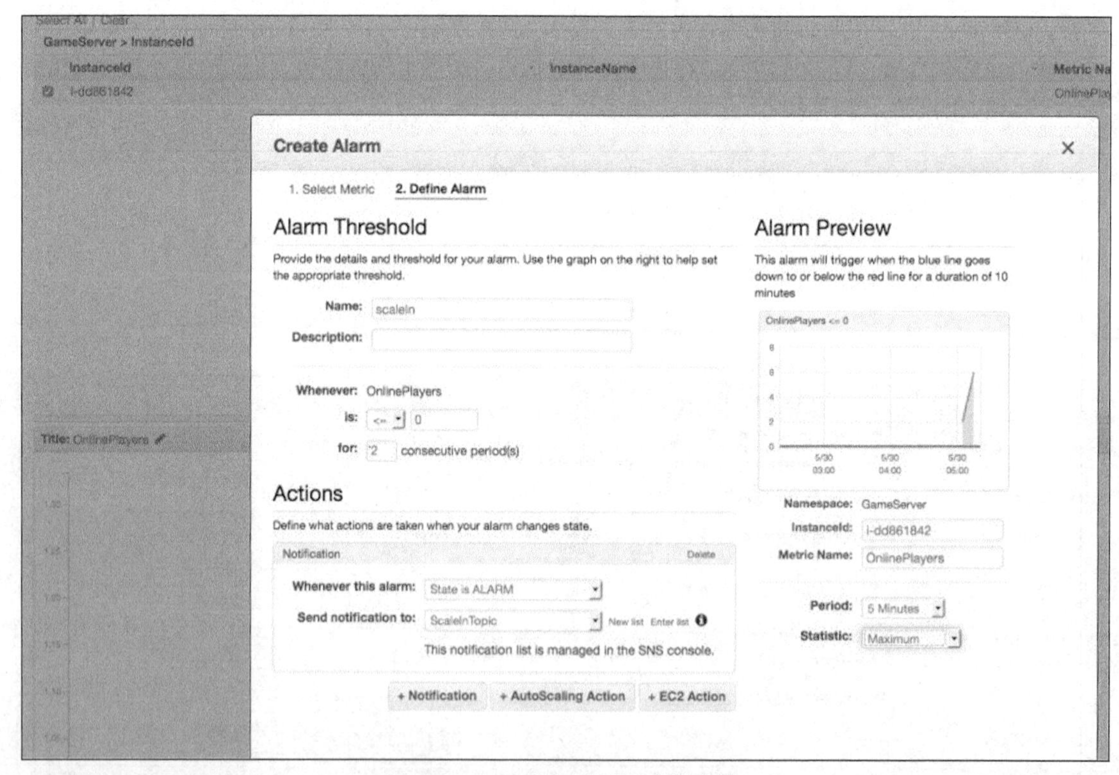

图 10-6　CloudWatch 自定义指标报警

在实际场景中，需要通过以下脚本自动建立报警。

```
aws cloudwatch put-metric-alarm --alarm-name $id-players--alarm-description "Alarm when
online players less than 0" --metric-name "OnlinePlayers" --namespace "GameServer" --dimension
"Name=InstanceId,Value=$id" --statistic Maximum --period 300 --threshold 0
--comparison-operator LessThanOrEqualToThreshold --evaluation-periods 2 --alarm-actions
```

```
arn:aws:sns:ap-northeast-1:111111111222: ScaleInTopic
```

（3）订阅了 SNS 服务通知的中心站点的 Lambda 函数，用于终止服务器，如图 10-7 所示。

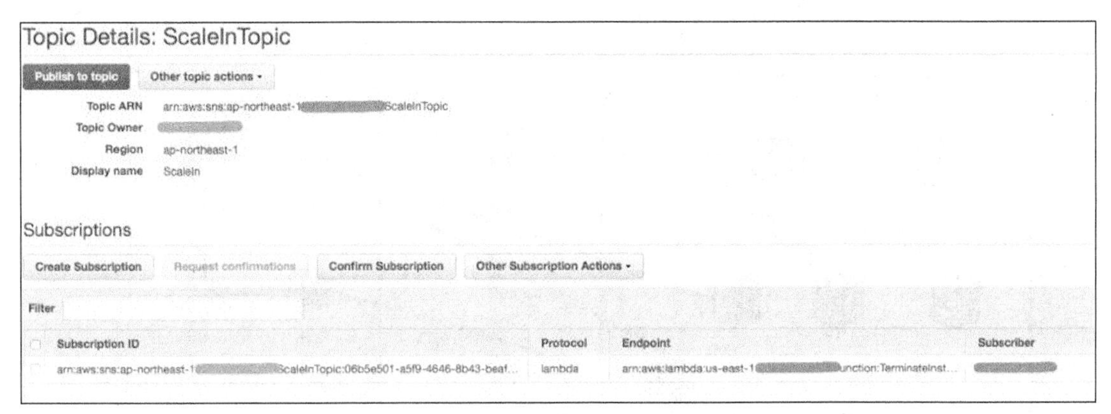

图 10-7 Lambda 函数订阅 SNS 服务通知

用于终止服务器的 Lambda 函数如下。

```
var AWS = require('aws-sdk');
exports.handler = function (event, context) {
    console.log("Received data as:", event);
    var message = JSON.parse(event.Records[0].Sns.Message);
    var region = event.Records[0].EventSubscriptionArn.split(":")[3];
    console.log("Need to terminate the server in region:", region);
    var ec2 = new AWS.EC2({region: region});
    console.log("Need to terminate the server:", message);
    var instanceId = message.Trigger.Dimensions[0].value;
    console.log("Need to terminate the server:", instanceId);

    // 检查实例的状态是否可以从 DynamoDB 中终止，并在终止时更新状态
    var params = {InstanceIds: [instanceId]};

    // 终止实例
    ec2.terminateInstances(params, function (err, data) {
        if (err) {
            console.log("Could not terminate instance", err);

        // 回滚终止的实例
          context.fail(err);
        }
        for (var i in data.TerminatingInstances) {
            var instance = data.TerminatingInstances[i];
            console.log('TERM:\t' + instance.InstanceId);

            // 删除终止的实例
        }
        context.succeed(data.TerminatingInstances);
    });
};
```

通过以上方法，我们已基本实现了基于事件触发的 Serverless 架构对全球分布的 Game Server 的调度，Serverless 全球同服游戏架构如图 10-8 所示。

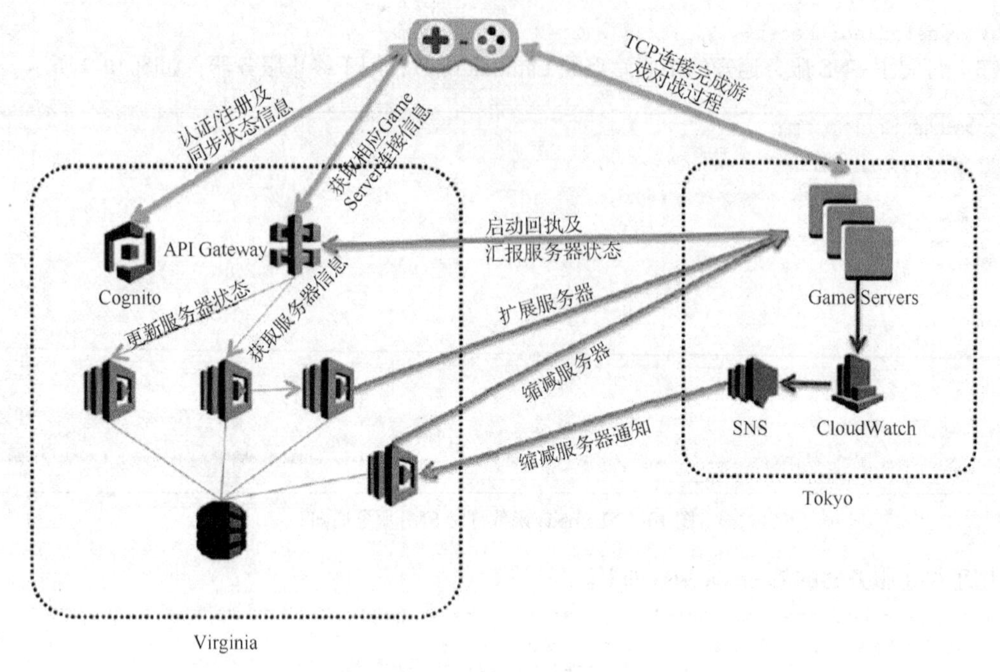

图 10-8　Serverless 全球同服游戏架构

本节示例，可以在 game-server 项目下找到。

10.6　本章小结

本章介绍了 Serverless 架构的概念及其应用场景、设计原则。本章也列举了非常多的 Serverless 框架，并演示了如何通过 AWS 平台来实现 Serverless 架构。

10.7　习题

- 请简述 Serverless 架构的概念。
- Serverless 架构有哪些应用场景？请列举。
- Serverless 架构有哪些设计原则？请列举。
- 请用你熟悉的 Serverless 框架，来实现一个 Serverless 架构的应用。

第 11 章 Cloud Native 架构

未来越来越多的企业将会“拥抱云”。特别是对于中小企业及个人开发者而言，以云架构为优先的 Cloud Native 应用开发模式将会深入人心。Cloud Native 能帮助企业快速推出产品，同时节省成本。

本章详细介绍 Cloud Native 架构。

11.1 Cloud Native 概述

当今软件行业正发生着巨变。自 20 世纪 50 年代计算机诞生以来，软件从最初的手工作坊式的交付方式，逐渐演变成了职业化开发、团队化开发，进而制订了软件行业的相关规范，形成了软件产业。

今天，无论是大型企业还是个人开发者，都或多或少采用了云的方式来开发、部署应用。不管是私有云，还是公有云，都终将给整个软件产业带来革命。个人计算机或者以手机为代表的智能设备已经走进千家万户。每个人几乎都拥有手机，手机不仅仅是通信工具，还能发语音、看视频、玩游戏，让人与人之间的联系变得更加紧密。智能手环随时监控你的身体状况，并根据你每天的运动量、身体指标来给你提供合理的饮食运动建议。出门逛街甚至不需要带钱包，吃饭购物搭车时使用手机就可以支付费用，多么方便快捷。智能家居系统更是你生活上的“管家”，什么时候该睡觉了，智能家居系统就自动拉上窗帘，关灯；早上起床了，智能家居系统会自动拉开窗帘，并播放动人的音乐，让你可以愉快地享受新的一天的来临；你再也不用担心家里的安全情况，智能家居系统会帮你监控一切，有异常情况时会及时发送通知到你的手机，让你第一时间掌握家里的状况。未来，每个人都能够拥有《钢铁侠》(*Iron Man*) 中所描述的智能管家 Jarvis。而这一切，都离不开背后那个神秘的巨人——分布式系统。正是那些看不见的分布式系统，每天处理着数以亿计的计算，提供可靠而稳定的服务。这些系统往往是以 Cloud Native 方式来部署、运维的。

11.1.1 软件需求的发展

早期的软件，大多数是由使用该软件的个人或机构研制的，所以软件往往带有非常强烈的个人色彩。早期的软件开发也没有什么系统的方法论可以遵循，完全是“个人英雄主义”，也不存在所谓的软件设计，纯粹就是个人头脑中的思想的表达。而且，当时的软件往往是围绕硬件的需求来定制化开发的，有什么样的硬件就有什么样的软件。所以，软件缺乏通用性。同时，由于软件开发过程不需要与他人协作，所以，软件除了源代码外，往往没有软件设计、使用说明书等文档。这样，就造成了软件行业缺乏经验的传承。

从 20 世纪 60 年代中期到 70 年代中期是计算机系统发展的第二个时期，在这一时期软件开始被当作一种产品被广泛使用。所谓产品，就是可以提供给不同的人使用，从而提升了软件的重用率，降低了软件开发的成本。比如，以前一套软件只能专门提供给某个人使用。现在，同一套软件可以批量卖给不同的人，显然，分摊到相同软件上的开发成本而言，卖得越多，成本自然就越低。这个时期，出现了类似“软件作坊”的、专职替别人开发软件的团体。虽然是团体协作，但软件开发的方法基本上仍然沿用早期的个体化软件开发方式，这样导致的问题是，软件的数量急剧膨胀，软件需求日趋复杂，软件的维护难度也就越来越大，开发成本变得越来越高，从而导致软件项目频频遭遇失败。这就演变成了“软件危机”。

“软件危机”迫使人们开始思考软件的开发方式，使得人们开始对软件及其特性进行更加深入的研究，人们对待软件的观念也在发生悄然的改变。在早期，由于计算机的数量很少，只有少数军方或者科研机构才有机会接触到计算机，这就让大多数人认为，软件开发人员都是稀少且优秀的（一开始确实也是如此，毕竟计算机最初制作者都是数学界的天才）。由于软件开发的技能只能被少数人掌握，所以大多数人对于“什么是好的软件”缺乏共识。实际上，早期那些被认为是优秀的程序常常很难被别人看懂，里面充斥着各种程序技巧。加之，当时的硬件资源比较紧缺，迫使开发人员在编程时往往需要考虑更少的机器资源占用，从而会采用不易阅读的“精简”方式来开发，这更加加重了软件的个性化。而现在人们普遍认为，优秀的程序除了功能正确、性能优良之外，还应该更加让人容易看懂、容易使用、容易修改和扩充。这就是软件可维护性的要求。

1968 年北大西洋公约组织（NATO）会议上首次提出“软件危机（Software Crisis）”这个名词，同时，提出了期望通过“软件工程（Software Engineering）”来解决“软件危机”。“软件工程”的目的，就是要把软件开发从“艺术”和“个体行为”向“工程”和“群体协同工作”转化，从而解决“软件危机”包含的两方面问题。

- 如何开发软件，以满足不断增长、日趋复杂的需求？
- 如何维护数量不断膨胀的软件产品？

事实证明，在软件的可行性分析方面，事先对软件进行可行性分析，可以有效规避软件失败的风险，提高软件开发的成功率。

在需求方面，软件行业的规范是，需要制订相应的软件规格说明书、软件需求说明书，从而让开发工作有依据，划清开发边界，并在一定程度上减少“需求蔓延”的情况的发生。

在架构设计方面，需制订软件架构说明书，划分系统之间的界限，约定系统间的通信接口，并将系统分为多个模块。这样，更容易将任务分解，从而降低系统的复杂性。

今天，制订软件需求的方式越来越多样化。客户与系统分析师也许只是经过简单的口头讨论，制订粗略的协议，就安排开发工程师进行原型设计了。开发工程师开发一个微服务并部署到云容器中，从而可以实现软件的交付。甚至，可以不用编写任何后台代码，直接使用云服务供应商所提供的 API，使应用快速推向市场。客户在使用完这个应用时，马上就能将自己的体验反馈到开发团队，使开发团队能够快速响应客户的需求变化，并促使软件进行升级。

通过敏捷的方式，最终软件形成了“开发—测试—部署—反馈”的良性循环，软件产品也得到了进化。而这整个过程，都比传统的需求获取的方式更加迅捷。

11.1.2 开发方式的巨变

早些年，瀑布模型还是标准的软件开发模型。瀑布模型将软件生命周期划分为制订计划、需求分析、软件设计、程序编写、软件测试和运行维护等 6 个基本活动，并且规定了它们自上而下、相互衔接的固定次序，如同瀑布流水，逐级下落。在瀑布模型中，软件开发的各项活动严格按照线性方式进行，当前活动接受上一项活动的工作结果，实施完成所需的工作内容。当前活动的工作结果需要进行验证，如果验证通过，则该结果作为下一项活动的输入，继续进行下一项活动，否则返回修改。

瀑布模型的优点是严格遵循预先计划的步骤顺序进行，一切按部就班，整个过程比较严谨。同时，瀑布模型强调文档的作用，并要求每个阶段都要仔细验证文档的内容。但是，这种模型的线性过程太理想化，主要存在以下 4 个方面的问题。

- 各个阶段的划分完全固定，阶段之间产生大量的文档，极大地增加了工作量。
- 由于开发模型是线性的，用户只有等到整个过程的末期才能见到开发成果，从而增加了开发的风险。
- 早期的错误可能要等到开发后期的测试阶段才能发现，进而带来严重的后果。
- 各个软件生命周期衔接花费时间较长，团队人员交流成本大。

瀑布式方法在需求不明并且在项目进行过程中可能变化的情况下基本是不可行的，所以瀑布式方法非常适合需求明确的软件开发。但在如今，时间就是金钱，如何快速抢占市场，是每个互联网企业需要考虑的第一要素。所以，快速迭代、频繁发布的原型开发、敏捷开发方式，被越来越多的互联网企业采用。甚至，很多传统企业，也在逐步向敏捷的“短平快”的开发方式靠拢。毕竟，谁愿意等待呢？

客户将需求告诉了你，当然是越快希望得到反馈越好，那么，最快的方式莫过于在原有系统的基础上，搭建一个原型提供给客户作为参考。客户拿到原型之后，肯定会反馈他的意见，好的或者坏的方面都会有。这样，开发人员就能根据客户的反馈，对原型进行快速更改，快速发布新的版本，从而实现了良好的反馈闭环。

今天，Cloud Native 的开发方式正在流行。Cloud Native 是以云架构为优先的应用开发模式。Cloud Native 有利于最大化整合现有的云计算所提供的资源，同时也最大化节约了项目启动的成本。

11.1.3 云是大势所趋

目前，越来越多的企业已经在大规模拥抱云，在云环境下开发应用、部署应用、发布应用。未来，越来越多的开发者也将采用 Cloud Native 来开发应用。

那么，为什么我们需要使用 Cloud Native？

- 云计算的第一个浪潮是关于成本节约和业务敏捷性，尤其是云计算的基础设施更加廉价。随着云计算的不断发展，企业开始采用基础架构即服务（IaaS）和平台即服务（PaaS），并利用它们构建利用云的弹性和可伸缩性的应用程序，同时也能够满足云环境下的容错性。
- 很多企业倾向于使用微服务架构来开发应用。微服务开发快速，职责单一，能够更快速地被客户采纳。同时，这些应用能够通过快速迭代的方式，得到进化，赢得客户的认可。Cloud Native 可以打通微服务开发、测试、部署、发布的整个流程环节。
- 云供应商为迎合市场，提供了满足各种场景方案的 API，例如用于定位的 Google Maps、用于社交协作的认证平台等。将所有这些 API 与企业业务的特性和功能混合在一起，可以让它们为客户构建独特的方案。所有这些整合都在 API 层面进行，这意味着，不管是移动应用还是传统的桌面应用都能无缝集成。所以，采用 Cloud Native 所开发的应用都具备极强的可扩展性。
- 软件不可能不出故障。传统的企业级开发方式，需要有专职人员来对企业应用进行监控与维护。而在 Cloud Native 架构下，底层的服务或者 API 都将部署到云中，等价于将繁重的运维工作转移给了云平台供应商。这意味着客户应用将得到更加专业的看护，同时，也节省了运维成本。

11.2 Cloud Native 特性

Cloud Native 是一种以云架构为优先的应用开发模式。那么这种开发模式又有怎样的特点呢？它与分布式系统、微服务架构之间又存在怎样的联系呢？本节将为你揭晓这些答案。

11.2.1 以云为基础架构

顾名思义，Cloud Native 以云作为基础架构。开发应用时，首先应考虑能够使用最大化的云基础设施。

举例来说，有一个创业项目，需要发布 10 个微服务，在考虑部署的方式时，应首选云基础设施。理由如下。

- 10 个微服务意味着需要 10 台主机，购买这些主机将是一笔不小的费用。
- 如果企业需要从 0 开始架设这些主机，需要配置额外的网络管理员。
- 为了保障主机能够正常运转，需要配置额外的运维工程师，并且需要运维工程师全天候值守。
- 需要挨个安装容器及应用运行环境。
- 需要安装主机监控软件。

从 0 开始架构基础设施是困难的，最为重要的是，我们没有这么多时间从 0 开始。特别是互联网应用，谁越早进入市场谁就越有机会把握话语权，毕竟“一万年太久，只争朝夕”。此时，花费少量的资金，选择一款合适的云基础架构设施，便是非常正确的选择。云基础架构设施，使你站在巨人的肩膀上，更能专注自己的核心业务，并且更快地推出产品。

云基础架构设施就是 IaaS。现在，市面上有大量的云基础架构设施可供选择，大多数的云供应商都提供了这些云基础架构设施，比如 Amazon、Azure、阿里云、腾讯云、华为云等。

11.2.2 云服务

云服务就是 PaaS 以及软件即服务（Software-as-a-Service，SaaS）的总称。云服务可以帮助用户减少搭建平台所需的时间和成本。以 Azure 为例，Azure 提供了诸如计算服务、存储服务、网络服务、Web 和移动服务、数据库、智能和分析服务、物联网服务、企业集成、安全和标识服务、开发人员工具、监视和管理等在内的众多云服务，用户需要什么样的服务，只需要选购相应的服务。

云服务一般是按需计费的，甚至有些服务是免费的。还是以 Azure 为例，Azure 提供了 MySQL 关系型数据库服务，所需费用仅为 0.09 元/h 起。而如果是使用 Azure 的多重身份验证，则是免费的。

11.2.3 无服务

在目前主流云计算 IaaS 和 PaaS 中，开发者进行业务开发时，仍然需要关心很多和服务器相关的服务端开发工作，比如缓存、消息服务、Web 应用服务器、数据库，以及对服务器进行性能优化、考虑存储和计算资源、考虑负载和扩展、考虑服务器容灾稳定性等非业务逻辑的开发。这些服务器的运维和开发，知识和经验极大地限制了开发者进行业务开发的效率。设想下，如果开发者无须在服务器实现和部署服务，而直接租用服务或者开发服务而无须关注如何在服务器中运行部署服务，是否可以极大地提升开发效率和产品质量？而这种去服务器而直接使用服务的架构，我们称之为无服务器架构（Serverless 架构）。

无服务架构是新兴的架构体系，业界也没有一个明确的对于无服务架构的定义。无服务架构可以理解为是 SaaS 更进一步的发展。Mike Roberts 认为的无服务架构主要有下面两种形式。

- 首先，无服务架构用于描述依赖第三方服务（“云端”）实现对逻辑和状态进行管理的应用。这些应用包括典型的富客户端应用，比如单页 Web 应用或移动应用，它们使用基于云的数据库如 Parse 或 Firebase，还有授权服务如 Auth0、AWS Cognito 等，这类服务以前曾经被描述为 BaaS。
- 其次，无服务架构也可以指这样的一类应用，一部分服务逻辑由应用实现，但是与传统架构不同在于，它们运行于无状态的容器中，可以由事件触发，短暂的，完全被第三方管理。另一种观点认为这是函数即服务（Functions-as-a-Service，FaaS），而 AWS Lambda 就是一种流行的 FaaS 实现，当然还有其他。

11.2.4　可扩展

为了更快地开发软件，我们需要考虑各级的规模。从一般意义上说，规模是产生价值的成本的函数。降低这个价值的不可预测性水平被称为风险。由于构建软件充满风险，我们不得不在这方面限制规模。然而，开发人员往往被要求以更快的速度向生产环境提供功能，这在一定程度上将增加运营风险，而这些风险并不总是为运维人员所知。这样做的结果是运维人员将越来越不信任开发人员所生产的软件。

Cloud Native 推崇 DevOps 方法论，即开发人员与运维人员处于同一个团队，甚至开发人员与运维人员是相同职责人，换言之，开发和运维要在职责上做统一。这也是 Amazon 所推崇的“谁运维，谁负责”的原则。

实施了 DevOps 之后，就能第一时间获知生产环境的应用运行情况，并能第一时间对产品调整做出决策。当我们的应用需要更多的计算资源的时候，便是对系统进行扩展的时机。

使用 Cloud Native 带来的便利之一就是实现了可扩展性。有些云供应商也提供自动扩展的能力，这样，服务实例就能够根据实际的流量的规模来自动扩展应用规模或者削减应用规模。

自动扩展是一种基于资源使用情况自动扩展实例的方法，通过复制要缩放的服务来满足服务等级协议（Service-Level Agreement，SLA）。

具备自动扩展能力的系统，会自动检测到流量的增加或者减少。如果是流量增加，则会增加服务实例，从而能够使其用于流量处理。如果是流量下降，则系统从服务中取回活动实例从而减少了服务实例的数量。

实现自动扩展机制有很多好处。在传统部署中，运维人员会针对每个应用程序预留一组服务器。通过自动扩展，这个预分配将不再需要。因为这些预分配的服务器，可能会导致在很长一段时间内未充分得到利用，从而演变成一种浪费。在这种情况下，即使邻近的服务需要争取更多的资源，这些空闲的服务器也不能使用。通过数百个微服务实例，为每个微服务预分配固定数量的服务器并不利于成本效益。更好的方法是为一组微服务预留一些服务器实例，而不用预分配。这样，根据需求，一组服务可以共享一组可用的资源。这样，可以通过优化使用资源，将微服务动态移动到可用的服务器实例中。

下面，我们将讨论常用的自动扩展的方法和策略。

1. 根据资源限制进行自动扩展

这种方法基于通过监测机制收集的实时服务指标。一般来说，资源调整方法需要基于 CPU、内存或机器磁盘来进行决策。这也可以通过查看服务实例本身收集的统计信息（如堆内存使用情况）来完成。

当机器的 CPU 利用率超过 60%时，一个典型的策略是新增另外一个实例，如图 11-1 所示。同样，如果堆内存大小超出了一定的阈值，我们也可以添加一个新的实例。当资源利用率低于设定的阈值时，缩小计算容量也是一样的，可以通过逐渐停止服务器来完成。

在典型的生产场景中，创建附加服务不是在首次发生超过阈值时完成的。最合适的方法是定义一个滑动窗口或等待期。

以下是一些常见的例子。

- 一个响应滑动窗口的例子是，设置了 60%的响应时间，当一个特定的事务总是超过设定的阈值为 60s 的采样窗口，那么就增加服务实例。

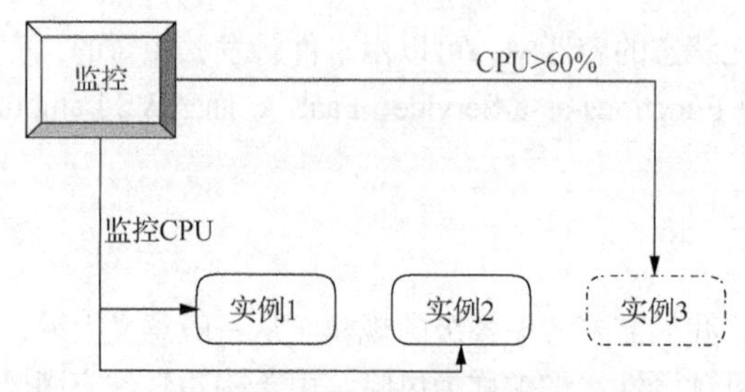

图 11-1　根据资源限制进行自动扩展

- 在 CPU 滑动窗口中，如果 CPU 利用率一直超过 70%，并超过阈值为 5min 的滑动窗口，那么就创建一个新的实例。
- 例外滑动窗口的例子是，80%的事务在阈值 60s 的滑动窗口，或者有 10 个因连续执行导致的特定的系统异常（例如，由于耗尽线程池导致的连接超时），在这种情况下，就创建一个新的服务实例。

在很多情况下，我们会设定一个比实际预期更低的门槛。例如，不是将 CPU 利用率阈值设置为 80%，而是将其设置为 60%，这样，系统在停止响应之前有足够的时间来启动一个实例。

同样，当缩小规模时，我们使用比实际更低的阈值。例如，我们将使用 40%的 CPU 利用率而不是 60%。这让我们有一个冷静的时期，以便在关闭时不会有任何资源竞争来影响关闭实例。

基于资源的缩放也适用于服务级别的参数，如服务吞吐量、延迟、应用程序线程池、连接池等。这也同样适用于应用程序级别的参数。

2. 根据特定时间段进行自动扩展

根据特定时间段进行自动扩展是指基于一天、一个月或一年中的特定时段来扩展服务以处理季节性或业务高峰的一种方法。例如，在“双 11”期间，各大电商网站都会迎来全年交易量的高峰，而在平时，交易数量相对而言就没有那么多。在这种情况下，服务根据时间段来自动调整以满足需求。图 11-2 所示为根据特定时间段来进行自动扩展。

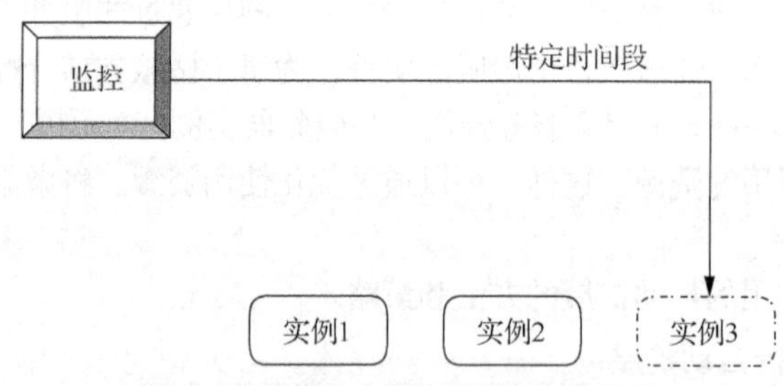

图 11-2　根据特定时间段进行自动扩展

又比如，很多的 OA 系统，在白天的工作时间使用的人数较多，而在夜间，就基本上没有人用。那么，这种场景就非常适合将工作时间作为自动扩展的基准。

3. 根据消息队列的长度进行自动扩展

当微服务基于异步通信时，根据消息队列的长度进行自动扩展是特别有用的。如图 11-3 所示，在这种方法中，当队列中的消息超出一定的阈值时，新的消费者就被自动添加。

这种方法是基于竞争的消费模式。在这种情况下，一个实例池被用来消费消息。根据消息阈值，添加新实例以消耗额外的消息。

4. 根据业务参数进行扩展

根据业务参数进行扩展是指，添加实例是基于某些业务参数的，例如，在处理销售结算交易之前就扩展一个新实例。这样，一旦监控服务收到预先配置的业务事件，就会新增一个新的实例，以处理预期到来的大量交易。这样就做到了根据业务规则来进行细化控制。

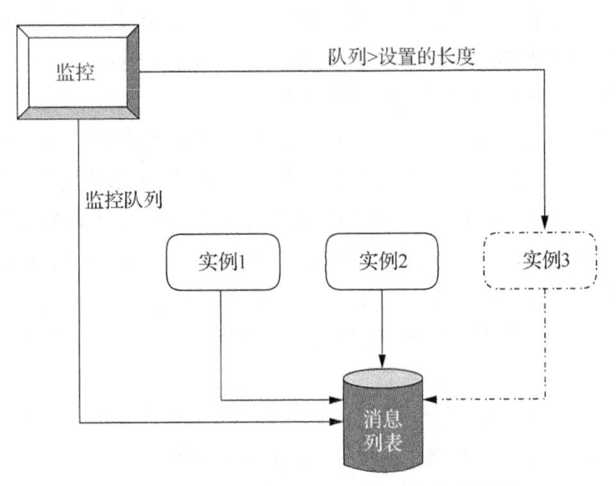

图 11-3　根据消息队列的长度进行自动扩展

如图 11-4 所示，在这种方法中，接收到有特定的业务参数时，新的实例会被自动添加。

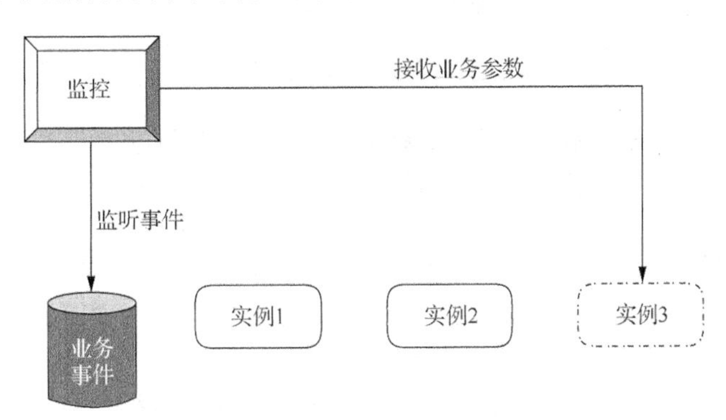

图 11-4　根据业务参数进行扩展

5. 根据预测进行扩展

根据预测进行扩展是一种新型的自动扩展方式，与传统的基于实时指标的自动扩展有着非常大的不同。预测引擎将获取多种输入，例如历史信息、当前趋势等来预测可能的事务模式。自动扩展是基于这些预测来完成的。预测性自动扩展有助于避免硬编码规则和时间窗口。相反，系统可以自动预测这样的时间窗口。在更复杂的部署中，预测分析可以使用认知计算机制来进行预测。

在突发流量高峰的情况下，传统的自动扩展可能无济于事。在自动扩展组件对这种情况做出反应之前，这个高峰就会对系统造成不可逆的损害。而预测系统可以理解这些情景并在实际发生之前预测到它们。

Netflix Scryer 就是这样一个可以预先预测资源需求的系统的例子。

更多有关自动扩展的内容，可以参阅笔者所著的《Spring Cloud 微服务架构开发实战》。

11.2.5　高可用

计算机的高可用性是指计算机平均能够正常运行多长时间才发生一次故障。计算机的可用性越高，平均无故障时间越长。

HP、IBM、SUN 等小型机以上档次的服务器中，单机往往具有比较高的可用性，性能要求也极其苛刻。它们的主要特色在于年宕机时间只有几小时，所以又被统称为 z 系列。但即便是上述性能要求最苛刻的计算机，也无法保证不出故障。集中式的系统的一个最大的问题在于，就是不出问题还好，一出问题，就会造成单点故障，所有功能就不能正常工作了，即所谓的“一荣俱荣，一损俱损”。由于集中式的系统相关的技术只被少数厂商掌握，个人要对这些系统进行扩展和升级往往也比较麻烦，一般的企业级应用很少会用到集中式系统。

而分布式系统恰恰相反。分布式系统是通过中间软件来对现有计算机的硬件能力和相应的软件功能进行重新配置和整合。它是一种多处理器的计算机系统，各处理器通过网络互连构成统一的系统。系统采用分布式计算结构，即把原来系统内中央处理器处理的任务分散给相应的处理器，实现不同功能的各个处理器相互协调，共享系统的外设与软件。这样就加快了系统的处理速度，简化了主机的逻辑结构。它甚至不需要很高的配置，一些低配置“退休”下来的机器也能被重新纳入分布式系统中使用，这样无疑就降低了硬件成本，而且还易于维护。同时，分布式系统往往由多个主机组成，任何一台主机宕机都不影响整体系统的使用，所以分布式系统的可用性往往比较高。

基于 Cloud Native 开发的应用，则天然具备了分布式系统的优点。Cloud Native 中的应用往往被拆分为多个服务（微服务），这些微服务往往又会部署为多个服务实例，并通过负载均衡器来进行协调。使用 Cloud Native 部署多个服务实例，具有以下优势。

- 水平扩展计算能力。通过调整服务的实例数，可以水平扩展计算能力，比如，当处于业务高峰时段，就增加服务的实例，否则，就减少服务的实例。
- 确保服务始终可用。其中，某一个实例不可用，则负载均衡器将流量切换到了其他可用的实例上。
- 提升可用性。理论上，服务的实例数越多，可用性就越强。举例来说，单个实例的可用性是 98%，那么，如果是 3 个实例所组成的集群，则可用性变为了 99.9992%（1-2%×2%×2%）。

11.2.6 敏捷

在开发和运维过程中，我们常常采用敏捷来作为指导思想。敏捷思想迫使公司调整应用的架构，朝着分布式系统、微服务架构转变，从而使软件的开发速度更快，故障风险更小。

- Cloud Native 则使得这一切变得更加简单。Cloud Native 构建了“开发——测试——部署——发布”的自动流水线，让产品可以第一时间交付给用户。
- Cloud Native 自动化的运维方式，则解放了手工操作，避免了不必要的人工错误。

简言之，Cloud Native 确保了软件通过不断重组其开发流程，从而可以更快地交付软件项目并将应用程序部署到生产环境中，最终得到正向的反馈。

11.2.7 云优先

Cloud Native 在项目设计时，采用以云架构优先的应用开发模式。

具体采用何种云的方式，业界并没有具体的规定，项目组可以根据自身的情况来选型。

比如，在一个大型互联网公司，往往自己有能力去构建属于自己的私有云。这种私有云可以是从最底层的 IaaS 开始，继而实现 PaaS 以及 SaaS。公司内部项目组可以共享这些私有云所带来的便利。

对于小公司或者个人开发者而言，由于并没有这么多的资金和技术来实现私有云，则云供应商所提供的公有云服务是不二之选。

总结起来，IaaS、PaaS 及 SaaS 三者的关系可以用图 11-5 表示。

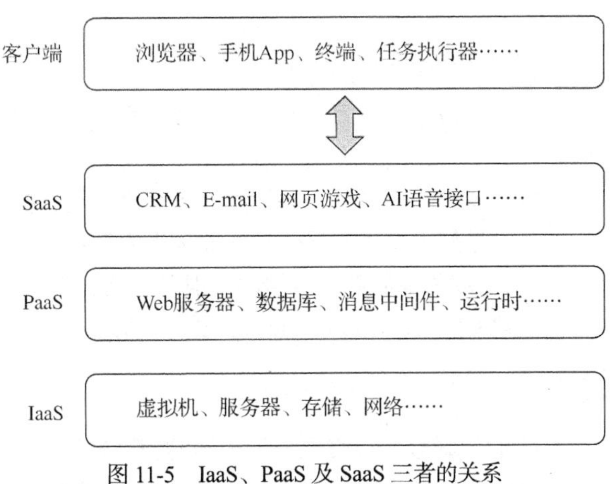

图 11-5　IaaS、PaaS 及 SaaS 三者的关系

- IaaS：包含云 IT 的基本构建块，通常提供对联网功能、计算机（虚拟或专用硬件）以及数据存储空间的访问。IaaS 提供最高等级的灵活性和对 IT 资源的管理控制，其机制与现今众多 IT 部门和开发人员所熟悉的现有 IT 资源最为接近。
- PaaS：消除了组织对底层基础设施（一般是硬件和操作系统）的管理需要，可以将更多精力放在应用程序的部署和管理上面。这有助于提高效率，因为不用操心资源购置、容量规划、软件维护、补丁安装或任何与应用程序运行有关的不能产生价值的繁重工作。
- SaaS：提供一种完善的产品，其运行和管理皆由服务提供商负责。通常人们所说的软件即服务指的是终端用户应用程序。使用 SaaS 产品时，服务的维护和底层基础设施的管理都不用操心，你只需要考虑怎样使用 SaaS 软件。SaaS 的常见应用是基于 Web 的电子邮件，在这种应用场景中，你可以收发电子邮件而不用管理电子邮件产品的功能添加，也不需要维护电子邮件程序所运行的服务器和操作系统。

不管是公有云还是私有云，在开发应用时，采用 Cloud Native 架构，使得应用能够更快更方便地部署到云上。Cloud Native 已经帮你考虑了部署到云上的诸多挑战，如下。

- 应用如何拆分为微服务？
- 微服务的颗粒度如何把握？
- 服务之间如何来实现相互发现？
- 服务间的通信方式？
- 如何进行测试？
- 如何确保安全？
- 如何实现数据的集成？
- 如何实现任务的自动化调度？
- 如何部署、发布应用？

……

当然，实际项目中所面临的问题远不止这些。本书将会深度探讨如何来设计、实现 Cloud Native。更多 Cloud Native 的内容也可参阅笔者所著的《Cloud Native 分布式架构原理与实践》。

11.3　12-Factor

12-Factor（Twelve-Factor），也称为“十二要素”，是一套流行的应用程序开发原则。12-Factor

的目标在于以下 5 点。

- 使用标准化流程自动配置，从而使新的开发者花费最少的学习成本加入项目。
- 和底层操作系统之间尽可能地划清界限，在各个系统中提供最大的可移植性。
- 适合部署在现代的云计算平台，从而在服务器和操作系统管理方面节省资源。
- 将开发环境和生产环境的差异降至最低，并使用持续交付实施敏捷开发。
- 可以在工具、架构和开发流程不发生明显变化的前提下实现扩展。

12-Factor 可以适用于任意语言和后端服务（数据库、消息队列、缓存等）开发的应用程序，自然也适用于 Cloud Native。在构建 Cloud Native 应用时，也需要考虑这 12 个方面的内容。

11.3.1 基准代码

代码是程序的根本，什么样的代码最终会表现为什么样的程序软件。从源代码编写到产品发布，中间会经历多个环节，比如开发、编译、测试、构建、部署等，这些环节可能都有自己不同的部署环境，而不同的环境相应的责任人关注产品的不同阶段。比如，测试人员主要关注测试的结果，而业务人员可能关注生产环境的最终的部署结果。但不管是在哪个环节，部署到怎么样的环境中，他们所依赖的代码是一致的，即所谓的"一份基准代码（Codebase），多份部署（Deploy）"。

现代的代码管理，往往需要进行版本的管理。即便是个人的工作，采用版本管理工具进行管理，对于方便查找特定版本的内容，或者是回溯历史修改内容都是极其必要的。版本控制系统就是帮助人们协调工作的工具，它能够帮助我们和其他小组成员监测同一组文件，比如软件源代码，升级过程中所做的变更，也就是说，它可以帮助我们轻松地将工作进行融合。

版本控制工具发展到现在已经有几十年了，简单地可以将其分为 4 代。

- 文件式版本控制系统，比如 SCCS、RCS。
- 树状版本控制系统——服务器模式，比如 CVS。
- 树状版本控制系统——双服务器模式，比如 Subversion。
- 树状版本控制系统——分布式模式，比如 Bazaar、Mercurial、Git。

目前，企业广泛采用服务器模式的版本控制系统，但越来越多的企业开始倾向于采用分布式模式版本控制系统。

11.3.2 依赖

应该明确声明应用程序依赖关系（Dependency），这样，所有的依赖关系都可以从工件的存储库中获得，并且可以使用依赖管理器（例如 Apache Maven、Gradle）进行下载。

显式声明依赖的优点之一是为新进开发者简化了环境配置流程。新进开发者可以检测出应用程序的基准代码、安装编程语言环境和它对应的依赖管理工具，通过一个构建命令来安装所有的依赖项，即可开始工作。

比如，项目组统一采用 Gradle 来进行依赖管理，那么可以使用 Gradle Wrapper。Gradle Wrapper 免去了用户在使用 Gradle 进行项目构建时需要安装 Gradle 的烦琐步骤。每个 Gradle Wrapper 都绑定到一个特定版本的 Gradle，所以当你第一次在给定 Gradle 版本下运行下面的命令之一时，它将下载相应的 Gradle 发布包，并使用它来执行构建。Gradle Wrapper 的发布包默认指向官网的 Web 服务地址，相关配置记录在了 gradle-wrapper.properties 文件中。我们查看下 Spring Boot 提供的这个 Gradle Wrapper 的配置，参数"distributionUrl"就是用于指定发布包的位置。

```
distributionBase=GRADLE_USER_HOME
distributionPath=wrapper/dists
zipStoreBase=GRADLE_USER_HOME
zipStorePath=wrapper/dists
```

```
distributionUrl=https\://services.gradle.org/distributions/gradle-4.5.1-bin.zip
```

这个 gradle-wrapper.properties 文件是作为依赖项而被纳入代码存储库的。

11.3.3　配置

相同的应用，在不同的部署环境（如预发布、生产环境、开发环境等）下，可能有不同的配置内容，如下。

- 数据库、Redis 以及其他后端服务的配置。
- 第三方服务的证书。
- 每份部署特有的配置，如域名等。

这些配置项不可能硬编码在代码中，因为我们必须保证同一份基准代码能够多份部署。一种解决方法是使用配置文件，但不把它们纳入版本控制系统，就像 Rails 的 config/database.yml。这相对于在代码中硬编码常量，已经是长足进步，但仍然有缺点。

- 不小心将配置文件签入了代码库。
- 配置文件可能会分散在不同的目录，并有着不同的格式，不方便统一管理。
- 这些格式通常是语言或框架特定的，不具备通用性。

所以，推荐的做法是将应用的配置存储于环境变量中。好处在于如下 3 点。

- 环境变量可以非常方便地在不同的部署文件上做修改，却不改动一行代码。
- 与配置文件不同，不小心把它们签入代码库的概率微乎其微。
- 与一些传统的解决配置问题的机制（比如 Java 的属性配置文件）相比，环境变量与语言和系统无关。

11.3.4　后端服务

后端服务（Backing Services）是指程序运行所需要的通过网络调用的各种服务，如数据库（MySQL、CouchDB）、消息/队列系统（RabbitMQ、Beanstalkd）、SMTP 邮件发送服务（Postfix），以及缓存系统（Memcached、Redis）。

这些后端服务，通常由部署应用程序的系统管理员一起管理。除了本地服务之外，应用程序有可能使用了第三方发布和管理的服务。示例包括 SMTP（例如 Postmark）、数据收集服务（例如 New Relic、Loggly）、数据存储服务（如 Amazon S3），以及使用 API 访问的服务（例如 Google Maps）。

12-Factor 应用不会区别对待本地或第三方服务。对应用程序而言，本地或第三方服务都是附加资源，都可以通过一个 URI 或是其他存储在配置中的服务定位或服务证书来获取数据。12-Factor 应用的任意部署，都应该可以在不进行任何代码改动的情况下，将本地 MySQL 数据库换成第三方服务（例如 Amazon RDS）。类似地，本地 SMTP 服务应该也可以和第三方 SMTP 服务（例如 Postmark）互换。比如，在上述两个例子中，仅需修改配置中的资源地址。

每个不同的后端服务都是一份资源 。例如，一个 MySQL 数据库是一个资源，两个 MySQL 数据库（用来数据分区）就被当作两个不同的资源。12-Factor 应用将这些数据库都视作附加资源，这些资源和它们附属的部署保持松耦合。

使用后端服务的好处在于，部署可以按需加载或卸载资源。例如，如果应用的数据库服务由于硬件问题出现异常，管理员可以从最近的备份中恢复一个数据库，卸载当前的数据库，然后加载新的数据库，整个过程都不需要修改代码。

11.3.5　构建、发布、运行

基准代码进行部署需要以下 3 个阶段。

- 构建阶段：是指将代码仓库转化为可执行包的过程。构建时会使用指定版本的代码，获取和打包依赖项，编译成二进制文件和资源文件。
- 发布阶段：会将构建的结果和当前部署所需配置相结合，并能够立刻在运行环境中投入使用。
- 运行阶段：是指针对选定的发布版本，在执行环境中启动一系列应用程序进程。

应用严格区分构建、发布、运行这 3 个阶段。举例来说，直接修改处于运行状态的代码是非常不可取的做法，因为这些修改很难再同步回构建阶段。

部署工具通常都提供了发布管理工具，必要时还是可以退回至较旧的发布版本。

每一个发布版本必须对应一个唯一的发布 ID，例如可以使用发布时的时间戳（2011-04-06-20:32:17），或是一个增长的数字（v100）。发布的版本就像一本只能追加的账本，一旦发布就不可修改，任何变动都应该产生一个新的发布版本。

新的代码在部署之前，需要开发人员触发构建操作。但是，运行阶段不一定需要人为触发，而是可以自动进行。如服务器重启，或是进程管理器重启了一个崩溃的进程。因此，运行阶段应该保持尽可能少的模块，这样假设半夜发生系统故障而开发人员又捉襟见肘也不会引起太大问题。构建阶段是可以相对复杂一些的，因为错误信息能够立刻展示在开发人员面前，从而得到妥善处理。

11.3.6 进程

12-Factor 应用推荐以一个或多个无状态进程运行应用。这里的“无状态”是与 REST 中的无状态是一个意思，即进程的执行不依赖于上一个进程的执行。

举例来说，内存区域或磁盘空间可以作为进程在做某种事务型操作时的缓存，例如下载一个很大的文件，对其操作并将结果写入数据库的过程。12-Factor 应用根本不用考虑这些缓存的内容是不是可以保留给之后的请求来使用，这是因为应用启动了多种类型的进程，将来的请求多半会由其他进程来服务。即使在只有一个进程的情形下，先前保存的数据（内存或文件系统中）也会因为重启（如代码部署、配置更改，或运行环境将进程调度至另一个物理区域执行）而丢失。

一些互联网应用依赖于“黏性 Session”，这是指将用户 Session 中的数据缓存至某进程的内存中，并将同一用户的后续请求路由到同一个进程。黏性 Session 是 12-Factor 极力反对的，12-Factor 认为 Session 中的数据应该保存在诸如 Memcached 或 Redis 这样的带有过期时间的缓存中。

与有状态的应用相比，无状态具有更好的可扩展性。

11.3.7 端口绑定

传统的互联网应用有时会运行于服务器的容器之中。例如 PHP 经常作为 Apache HTTPD 的一个模块来运行，而 Java 应用往往会运行于 Tomcat 中。

12-Factor 应用完全具备自我加载的能力，而不依赖于任何 Web 服务器就可以创建一个面向网络的服务。互联网应用通过端口绑定（Port Binding）来提供服务，并监听发送至该端口的请求。

举例来说，Java 程序完全能够在程序中内嵌一个 Tomcat，从而自己就能启动并提供服务，省去了将 Java 应用部署到 Tomcat 中的烦琐过程。在这方面，Spring Boot 框架的倡导者 Josh Long 有句名言“Make JAR not WAR”，即 Java 应用程序应该被打包为可以独立运行的 JAR 文件，而不是传统的 WAR 包。

以 Spring Boot 为例，构建一个具有内嵌容器的 Java 应用是非常简单的，只需要引入以下依赖。

```
// 依赖关系
dependencies {
```

```
    // 该依赖用于编译阶段
    compile('org.springframework.boot:spring-boot-starter-web')

}
```

这样，该 Spring Boot 应用就包含了内嵌 Tomcat 容器。

如果想使用其他容器，比如 Jetty、Undertow 等，只需要在依赖中加入相应 Servlet 容器的 Starter 就能实现默认容器的替换。

- spring-boot-starter-jetty：使用 Jetty 作为内嵌容器，可以替换 spring-boot-starter-tomcat。
- spring-boot-starter-undertow：使用 Undertow 作为内嵌容器，可以替换 spring-boot-starter-tomcat。

可以使用 Spring Environment 属性配置常见的 Servlet 容器的相关设置。通常你将在 application.properties 文件中来定义属性。

常见的 Servlet 容器设置包括如下 5 点。

- 网络设置：监听 HTTP 请求的端口（server.port），绑定到 server.address 的接口地址等。
- 会话设置：会话是否持久（server.session.persistence）、会话超时（server.session.timeout）、会话数据的位置（server.session.store-dir）和会话 cookie 配置（server.session.cookie.*）。
- 错误管理：错误页面的位置（server.error.path）等。
- SSL。
- HTTP 压缩。

Spring Boot 尽可能地尝试公开这些常见公用设置，但也会有一些特殊的配置。对于这些例外的情况，Spring Boot 提供了专用命名空间来对应特定于服务器的配置（比如 server.tomcat、server.undertow）。

11.3.8　并发

在 12-Factor 应用中，进程是“一等公民”。由于进程之间不会共享状态，这意味着应用可以通过进程的扩展来实现并发。

类似于 UNIX 守护进程模型，开发人员可以运用这个模型设计应用架构，将不同的工作分配给不同的进程。例如，HTTP 请求可以交给 Web 进程来处理，而常驻的后台工作则交由 worker 进程负责。

在 Java 中，往往通过多线程的方式来实现程序的并发。线程允许在同一个进程中同时存在多个线程控制流。线程会共享进程范围内的资源，例如内存句柄和文件句柄，但每个线程都有各自的程序计数器、栈以及局部变量。线程还提供了一种直观的分解模式来充分利用操作系统中的硬件并行性，而在同一个程序中的多个线程也可以被同时调度到多个 CPU 上运行。

毫无疑问，多线程编程使得程序任务并发成为可能。而并发控制主要是为了解决多个线程之间资源争夺等问题。并发一般发生在数据聚合的地方，只要有聚合，就有争夺发生，传统解决争夺的方式采取线程锁机制，这是强行对 CPU 管理线程进行人为干预，线程唤醒成本高，新的无锁并发策略来源于异步编程、非阻塞 I/O 等编程模型。

并发的使用并非没有风险。多线程并发会带来以下问题。

- 安全性问题。在没有充分同步的情况下，多个线程中的操作执行顺序是不可预测的，甚至会产生奇怪的结果。线程间的通信主要是通过共享访问字段及其字段所引用的对象来实现的。这种形式的通信是非常有效的，但可能导致两种错误：线程干扰（Thread Interference）和内存一致性错误（Memory Consistency Errors）。

- 活跃度问题。一个并行应用程序的及时执行能力被称为它的活跃度（Liveness）。安全性的含义是“永远不发生糟糕的事情”，而活跃度则关注于另外一个目标，即“某件正确的事情最终会发生”。当某个操作无法继续执行下去，就会发生活跃度问题。在串行程序中，活跃度问题形式之一就是无意中造成的无限循环（死循环）。而在多线程程序中，常见的活跃度问题主要有死锁、饥饿以及活锁。
- 性能问题。在设计良好的并发应用程序中，线程能提升程序的性能，但无论如何，线程总是带来某种程度的运行时开销。而这种开销主要是在线程调度器临时关闭活跃线程并转而运行另外一个线程的上下文切换操作（Context Switch）上，因为执行上下文切换，需要保存和恢复执行上下文，丢失局部性，并且 CPU 时间将更多地花在线程调度而不是线程运行上。当线程共享数据时，必须使用同步机制，而这些机制往往会抑制某些编译器优化，使内存缓存区中的数据无效，以及增加贡献内存总线的同步流量。所以这些因素都会带来额外的性能开销。

11.3.9 易处理

12-Factor 应用的进程是易处理（Disposable）的，这意味着它们可以瞬间启动或停止。比如，Spring Boot 应用，它可以无须依赖容器，而采用内嵌容器的方式来实现自启动。这有利于迅速部署变化的代码或配置，保障系统的可用性，并在系统负荷到来前快速实现扩展。

进程应当追求最短启动时间。理想状态下，进程从敲下命令到真正启动并等待请求应该只需很短的时间。更少的启动时间提供了更敏捷的发布以及扩展过程，此外还增强了健壮性，因为进程管理器可以在授权情形下容易地将进程迁移到新的物理机器上。

进程一旦接收终止信号（SIGTERM）就会“优雅”地终止。就网络进程而言，优雅终止是指停止监听服务的端口，即拒绝所有新的请求，并继续执行当前已接收的请求，然后退出。

对于 worker 进程来说，优雅终止是指将当前任务退回队列。例如，RabbitMQ 中，worker 可以发送一个 NACK 信号。Beanstalkd 中，任务终止并退回队列会在 worker 断开时自动触发。有锁机制的系统诸如 Delayed Job 则需要确定释放了系统资源。

11.3.10 开发环境与线上环境等价

我们期望一份基准代码可以部署到多个环境，但如果环境不一致，最终也可能导致运行程序的结果不一致。

比如，在开发环境，我们采用了 MySQL 作为测试数据库，而在线上生产环境，则采用了 Oracle。虽然 MySQL 和 Oracle 都遵循相同的 SQL 标准，但两者在很多语法上还是存在细微的差异。这些差异非常有可能导致两者的执行结果不一致，甚至某些 SQL 语句在开发环境能够正常执行，而在生产环境根本无法执行。这都给调试增加了复杂性，同时，也无法保障最终的测试效果。

所以，一个好的指导意见是，不同的环境设置尽量保持一样。开发环境、测试环境与线上环境设置成一样，以便更早发现测试问题，而不至于在生产环境才暴露出问题。

11.3.11 日志

在应用程序中输出日志是一个好习惯。日志使得应用程序运行的动作变得透明。日志是在系统出现故障时排查问题的有力帮手。

日志应该是事件流的汇总，它将所有运行中进程和后端服务的输出流按照时间顺序收集起来。尽管在回溯问题时可能需要看很多行，日志最原始的格式确实是一个事件一行。日志没有确定开始和结束，但随着应用在运行时会持续增加。对于传统的 Java EE 应用程序而言，有许多框架和库可用于日志记录。Java Logging（JUL）是 Java 自身所提供的现成选项。除此之外，Log4j、Logback

和 SLF4J 是其他一些流行的日志框架。

对于传统的单块架构而言，日志管理本身并不存在难点，毕竟所有的日志文件都存储在应用所部署的主机上，获取日志文件或者搜索日志内容都比较简单。但在 Cloud Native 应用中，情况则有非常大的不同。分布式系统，特别是微服务架构所带来的部署应用方式的重大转变，都使得微服务的日志管理面临很多新的挑战。一方面随着微服务实例的数量的增长，日志文件递增。另一方面，日志被散落在各自的实例所部署的主机上，不方便整合和回溯。

在这种情况下，将日志进行集中化的管理变得意义重大。

11.3.12　管理进程

开发人员经常希望执行以下一些管理或维护应用的一次性任务。

- 运行数据移植（Django 中的 manage.py migrate、Rails 中的 rake db:migrate）。
- 运行一个控制台（也被称为 REPL shell），来执行一些代码或是针对线上数据库做一些检查。大多数语言都通过解释器提供了一个 REPL 工具（Python、Perl），或是其他命令（Ruby 使用 irb，Rails 使用 rails console）。
- 运行一些提交到代码仓库的一次性脚本。

一次性管理进程应该和正常的常驻进程使用同样的环境。这些管理进程和任何其他的进程一样使用相同的代码和配置，并基于某个发布版本运行。后台管理代码应该随其他应用程序代码一起发布，从而避免同步问题。

所有进程类型应该使用同样的依赖隔离技术。例如，如果 Ruby 的 Web 进程使用了命令 bundle exec thin start，那么数据库移植应使用 bundle exec rake db:migrate。同样如果一个 Python 程序使用了 Virtualenv，则需要在运行 Tornado Web 服务器和任何 manage.py 管理进程时引入 bin/python。

11.4　Cloud Native 成功案例分析

有非常多的公司在使用 Cloud Native，这些公司包括国外知名企业如 Amazon、Netflix 等，也包括国内的知名企业淘宝。本节介绍这些企业如何从小企业转变成为 Cloud Native 的实践者？

11.4.1　Amazon

Amazon 公司是在 1995 年 7 月 16 日由 Jeff Bezos 创立的，一开始叫 Cadabra，其本质就是一个网络书店。然而具有远见的 Jeff Bezos 看到了网络的潜力和特色，当实体的大型书店提供 20 万本书时，网络书店能够提供比 20 万本书更多的选择给读者。

1. 在线平台

1999 年，Amazon 推出了 Amazon Marketplace，为小型零售商和个人提供在 Amazon 出售商品（不仅限书籍）的平台。2000 年，Amazon 又迈进了一步，允许第三方零售商和卖家使用其电子商务平台。数以百万计的小企业和个体零售商选择 Amazon 的 Selling on Amazon、Fulfillment by Amazon 等平台，希望借此获得 Amazon 的庞大客户群。

2. 服务化领头羊

2006 年，Amazon 推出 AWS 云服务，利用规模庞大的数据中心开拓了利润丰厚的云存储业务，进而成为该领域的领军企业。

迈出第一步总是困难的，出于安全性和可靠性考虑，拥抱云计算的用户不多。当时 Amazon 的云计算尚不稳定，曾由于雷电等原因多次出现服务器中断的故障。因此 AWS 早期推广和现在的会员制一样，都是先投钱，先推出一个月免费试用云服务来积累客户，同时慢慢改进技术。

在 2009 年年初，美国 Salesforce 公司公布了 2008 财年年度报告，数据显示公司云服务收入超过了 10 亿美元。

这对于新兴的云计算业务来说是个破纪录的数字，同时，这一数字也让整个行业对云计算开始另眼看待。

于是在 2009—2011 年，世界级的供应商都无一例外地参与到了云市场的竞争中。于是出现了第二梯队：IBM、VMWare、微软和 AT&T。它们大都是传统的 IT 企业，由于云计算的出现不得不选择转型。

除了在价格上发力，AWS 也不断提升业务能力。在扩展旧服务的同时，也开发了提供企业功能的新服务。Amazon 自 2012 年起，每年都会举办 AWS re:Invent 大会。

AWS 每次都会在会上发布一系列的技术创新和应用，积累到 2017 年已发布了 3951 项新功能和服务。根据美国摩根士丹利和国际知名调研机构 Gartner 的报告，AWS 比竞争对手拥有更多的计算能力。

于是，Amazon 的"龙头老大"的地位得到不断巩固，云业务进入了良性循环。更大的 ASW 使用量意味着建设更多的基础设施，从而通过扩大规模来降低成本，最终减少服务费用。

3. 业务多样化

2007 年，Amazon 凭借 Kindle 电子阅读器进军硬件市场。除了纸质书外，Amazon 还出售电子书籍以及阅读器。2011 年，Amazon 推出廉价 Kindle Fire，希望挑战苹果在平板电脑市场中的主导地位。2012 年，Kindle Fire HD 版开售。不久，Amazon 发布了 Fire TV 和 Fire Phone，开发了应用商店和 MP3 音乐商店。随后，定制视频服务 Amazon Instant Video 使 Amazon 成为 Netflix 的竞争对手。

4. 线上线下打通

2015 年 11 月，Jeff Bezos 在西雅图大学村开了一家实体书店，这家书店中的书价与 Amazon 网上书城同步，每本书都配有评级牌，显示读者评价及排名。Amazon 利用其海量用户数据，让实体书店的顾客更好地了解店内的畅销书。

开设实体书店不只是 Amazon 精心设计的公关噱头，还是实体形式的试水之举。无论如何，Amazon 接下来的发展依旧让人期待，尤其是有望在近几年内实现的无人机送货服务。

11.4.2 Netflix

如今，Netflix 作为流媒体服务供应商，其所有的服务都运行在云端。Netflix 由 Reed Hastings 和 Marc Randolph 于 1997 年在加州 Scotts Valley 成立。Netflix 最初提供在线 DVD 租赁服务。客户使用 Netflix 网站来选择想要租赁的电影，成功下单后，Netflix 会通过邮递的方式，将电影 DVD 寄给客户。

在 2008 年，Netflix 经历了一次重大数据库故障后，开始意识到数据安全的重要性。

Netflix 为了防止其在线服务失败，决定摆脱纵向扩展的基础设施和单点故障，转而走向分布式的部署方式。

Netflix 将其客户数据迁移到分布式 NoSQL 数据库，这是一个名为 Apache Cassandra 的开源数据库项目。从此，Netflix 开始踏上构建 Cloud Native 的道路，它将其所有软件应用程序作为云中的高度分布式和弹性服务运行。Netflix 通过在扩展基础架构模型中增加其应用程序和数据库的冗余来增强其在线服务的稳健性。

作为 Netflix 转向云计算的决定的一部分，它需要迁移它的大部分应用程序并部署到高度可靠的分布式系统。Netflix 的团队将不得不重新构建他们的应用程序，同时从一个先进的数据中心迁移到公共云。2009 年，Netflix 开始转向使用 AWS，并着重于 3 个主要目标：可伸缩性、性能和可用性。

1. 微服务

Cloud Native 与微服务存在某些关联性。构建微服务的主要思想之一是让功能团队围绕特定业务功能来组织自身和应用程序。

微服务为我们提供了一种方式，可以在昨天做出糟糕的决定，而在今天马上做出调整，来弥补昨天的错误。微服务让启动应用更快，从而降低了试错的成本。

微服务让我们专注于小事，而理解一件小事是相对容易的。易于理解的程序则将更加易于维护。

而 Cloud Native 则进一步让微服务的优化得到最大化的发挥。Cloud Native 已经大大降低了管理基础设施所需的成本。今天，我们能够使用自助服务工具为我们的应用程序按需配置基础架构。Netflix 转为 Cloud Native 后，得到了两大好处：灵活性和可靠性。

2. 拆分单块架构

Netflix 的架构在开始 Cloud Native 架构改造之前是由一个单一的 Java 应用程序组成的。虽然有部署一整个单块架构的应用在项目的初期有多个优点，但主要的缺点是开发团队由于需要协调其变更而放慢了发布的速度。

单块架构的另外一个缺点在于其不可靠。由于组件部署在同一主机上，共享资源时，一个组件中的故障可能会传播给其他组件，从而导致用户停机，最终导致应用的所有组件不可用。 通过将整体分割成更小、更集中的服务，可以在团队的独立发布周期内以更小的批量进行部署。

Netflix 不仅需要改变其构建和运行软件的方式，还需要改变其组织文化。Netflix 转移成名为 DevOps 的新运营模式。在这个新的运营模式中，每个团队都成为一个产品组，从传统的项目组结构中移开。在一个产品组中，团队是垂直组合的，将开发和产品运维嵌入每个团队。产品团队将拥有构建和操作软件所需的一切。

3. Netflix OSS

随着 Netflix 转型成为 Cloud Native 公司后，它也开始积极参与开源。Netflix 开源了超过 50 个内部项目，其中每个项目都成为 Netflix OSS 品牌的一部分。

随着 Amazon 进入云计算市场，它通过转向云计算市场集体经验和内部工具融入一系列服务。Netflix 在 Amazon 的服务背后也做了同样的事情。一路走来，Netflix 开放源于它的经验和工具，才转变为基于 Amazon AWS 提供的虚拟基础架构服务构建的 Cloud Native 公司。这就是规模经济如何推动云计算行业的革命。

11.4.3　淘宝网

淘宝网是国内家喻户晓的网购零售平台。淘宝网最初是由几个人创建的小网站，而今天，淘宝网拥有近 5 亿的注册用户数，每天有超过 6000 万的固定访客，同时每天在线商品数已经超过了 8 亿件，平均每分钟售出 4.8 万件商品。淘宝网更是“双 11”网购狂欢节的缔造者，促进了中国网络购物的发展，带动了国内市场消费。2014 年，中国成全球第一大电子商务国。2016 年“双 11”期间，淘宝、天猫的总交易额为 1207 亿元人民币，较 2015 年增长 32.35%，占所有中国电商平台总量的 67%，位居榜首。而今天，在全球十大电商公司中，淘宝网的母公司阿里巴巴以 26.6%的市场份额，毫无争议地成为全球第一电商公司。

不积跬步，无以至千里；不积小流，无以成江海。淘宝网发展成为中国最大的购物网站，离不开其背后技术的演进变化。而支撑这个庞大电商背后所使用的技术，恰恰是能够决胜“双 11”的关键。可以说淘宝网的发展，见证了电子商务系统从传统的集中式系统走向大型分布式系统再到 Cloud

Native 的完整的历程。

1. 从 LAMP 到 Java 平台的转变

出于时间和成本的考虑，淘宝网并没有从零开始开发一个购物网站，而是选用了基于 LAMP（Linux-Apache-MySQL-PHP）架构的 PHPAuction（美国的一个拍卖系统）作为最初的原型。LAMP 网站架构，在当时乃至目前都是非常流行的 Web 框架，号称 Web 界的“平民英雄”。该架构所包括的所有技术、Linux 操作系统、Apache 网络服务器、MySQL 数据库以及 PHP 编程语言，均是开源的，而且这些技术在当时都非常成熟，被很多流行的商业应用所采取。LAMP 具有 Web 资源丰富、轻量、快速开发等特点，在当时与同期其他产品架构相比，LAMP 具有通用、跨平台、高性能、低价格的优势，因此无论性能、质量还是价格，LAMP 在当时都是企业搭建网站的首选平台。

随着用户需求和流量的不断增长，在系统上面也做了很多的日常改进。比如，服务器由最初的一台变成了三台，其中一台负责发送 E-mail，一台负责运行数据库，一台负责运行 Web 应用。随着淘宝网访问量和数据量的飞速上涨，数据库性能问题很快就凸显出来了。所以项目从 MySQL 切换到了 Oracle 数据库。在选用 Oracle 后，还需要对数据库进行调优。由于更换数据库不是只换库就可以的，访问方式、SQL 语法都要跟着变，最重要的一点是，Oracle 并发访问能力之所以如此强大，有一个关键性的设计——连接池。淘宝团队采用了一个开源的连接池代理服务 SQL Relay，该产品经过修改就能够提供连接池的功能。

在 2004 年初的时候，淘宝所采用的数据库连接池 SQL Relay 经常会出现死锁，而这些问题没有办法在 PHP 语言级别进行解决，于是淘宝网的架构开始向 Java 平台转变。

2. 坚定不移地走“去 IOE”的道路

由于淘宝网业务的飞速发展，淘宝团队不仅在系统架构上做了调整，底层的基础设施也发生了很大的转变，比如数据库、文件存储等。

淘宝网在向 Java 平台转移过程中，开发语言本身已经不再是系统的瓶颈，而业务带来的压力更多地集中到了数据和存储上。Oracle 原先的存储是在 NAS 上的，到后面 NAS 支撑不住了，就采购了 EMC 的 SAN 存储。然后 Oracle 的 RAC 也支撑不住了，数据的存储方面就不得不考虑使用小型机了。淘宝就是选购了 IBM 小型机。

此时，淘宝网已经全面使用了“IOE”（IBM 小型机、Oracle 数据库、EMC 存储）产品。

在 2004 年底，淘宝上线 1 年之后，淘宝已经有超 400 万种商品了，日均超 4000 万个 PV，注册会员超 400 万，全网成交额超 10 亿。

早期的淘宝，支撑其业务发展的主要是靠高端硬件，思路就是用钱解决问题，所以才会采购“IOE”这类高端服务器、数据库和存储设备。但当淘宝网的业务再进一步发展之后，发现市面上已经没有可以购买的技术方案了，于是，淘宝网走上自研的道路，开始“去 IOE”。

3. 打造云计算，决战“双 11”

2008 年，阿里巴巴启动“大淘宝”战略，推进淘宝从 C2C 集市向电子商务平台的演进，并着手打通商家、第三方合作伙伴和物流等产业链上下游。“大淘宝”战略组成公司包括淘宝网、支付宝、阿里云计算、中国雅虎以及各公司之下属公司及相关部门。特别是阿里云公司的成立，为淘宝网乃至整个阿里巴巴提供了云计算的大数据技术支持。至此淘宝网进入了大数据时代，也为其后来决胜“双 11”打下了坚实的基础。

涉足云计算，成立阿里云计算公司，是“大淘宝”战略重要的一环。新成立的阿里云由原阿里软件、阿里巴巴集团研发院以及 B2B 与淘宝的底层技术团队组成，由阿里巴巴集团首席架构师、阿里集团研发院院长王坚负责。

随着全球云计算技术的普及，越来越多的企业选择将应用部署到“云”上。阿里云计算也迎来了良好的发展机遇。2016 年第二季度数据显示，阿里云营收 12.43 亿元，同比增长 156%，持续保持三位数的增长。而在 2016 年的“双 11”当天，阿里云就收获了超 1.9 亿元的收入。近日，在最新公布的财报显示，阿里云在 2018 财年（2017 年 4 月至 2018 年 3 月底）营收达 133.9 亿元，季度营收连续 12 个季度保持规模翻番。在全球云计算行业，阿里云的增速已大幅领先。阿里云全球市场份额排名第三，仅次于亚马逊 AWS 和微软 Azure，被合称为全球云计算“3A”。

有关淘宝网的发展历史，更多详情可以参阅笔者所著的《分布式系统常用技术及案例分析》。

11.5　Cloud Native 与微服务架构的关系

Cloud Native 与微服务存在某种意义上的联系，可以说微服务的盛行加快了 Cloud Native 的实践，而 Cloud Native 的实践反过来又提供了利于微服务架构实施的基础设施。

微服务的部署具有以下特点。

- 首先每个微服务实例都是整个分布式系统的组成部分，这个部分是不可分割的、最小的自治单元。为了便于部署和运维微服务，推荐采用每台主机部署一个单独的微服务实例的方式，而这种方式往往需要占用较多的主机数量。
- 为了系统的可扩展性，微服务实例可以被设计为可以扩展或者减少，以适应业务的变化。

Cloud Native 环境以云为优先，可以自己搭建私有云，也可以租用运营商提供的公有云服务，但不管怎么样，按需使用云服务，都可以最大化节省部署微服务所带来的成本。所以，从这个意义上讲，Cloud Native 促进了微服务架构的流行。

11.6　Cloud Native 与 Serverless 架构的关系

Serverless 架构依赖第三方服务（“云端”）来实现对逻辑和状态进行管理的应用。因此，Cloud Native 环境以云为优先，自然成了为 Serverless 架构提供服务支持的土壤。

11.7　Cloud Native 的优点及面临的挑战

最早提出 Cloud Native 概念的是 Pivotal 公司的 Matt Stine。在他的 *Migrating to Cloud-Native Application Architectures* 书中，详细解释了 Cloud Native 产生的背景。Cloud Native 这个概念是多种不同思想的一个集合，这些思想与许多公司正在转移到云平台的趋势是一致的。这些思想包括 DevOps、持续交付、微服务、敏捷基础设施、康威定律，以及根据商业能力对公司进行重组。Cloud Native 既包含技术（比如微服务、敏捷基础设施等），也包含管理（比如 DevOps、持续交付、康威定律、重组等）。Cloud Native 也可以说是一系列 Cloud 技术、企业管理方法的集合。

11.7.1　Cloud Native 优点

总结一下，Cloud Native 具有以下优点。

1. 降低成本

毫无疑问，实施 Cloud Native 可以帮助企业降低成本，无论是使用云基础架构设施，还是使用 PaaS 或者 SaaS，企业都能够按需使用云服务，按需缴费。无论是个人应用，还是超大规模的集群部署，都可以帮助他们减少运营成本，从而增加利润。

另外一个成本来自运维。实施了 Cloud Native 的企业，可以将运维成本转嫁给云供应商，从而避免了企业自己招聘专业人员来维护，有效降低了人力成本。

2. 提升速度

无论是个人开发者，还是公司，Cloud Native 可以把一个新产品或者服务更快速地推向市场。一个初创公司或者一个企业想要更快速地发展，它们实施 Cloud Native 架构是为了更快速地创新。那么 Cloud Native 是如何做到提升速度的?

云服务供应商往往提供比较成熟而且全面的云服务解决方案，可以帮助企业快速接入它们的服务。这些服务包括了从基础架构到中间件，再到云存储、云缓存、云计算等各个方面，企业可以开箱即用地采用这些服务，省去了自研这些服务所花费的时间。

同时，由于云服务都是按需使用、按需购买的，企业可以用比较少的成本去“试错”。这样，企业更加愿意去尝试一些新的技术方案，从而缩短了项目前期的技术调研和准备，加快了推出产品的速度。

Cloud Native 推崇持续集成、持续交付的理念，这会帮助企业构建自动发布的流水线，从而加快了从编码到测试再到发布的进程。

3. 可扩展

具备自动扩展的云服务，可以帮助企业应用实现自动扩展。

在流量高峰，运维机制监测到预警阈值，会自动扩展服务实例。类似地，在流量的低谷，运维机制也能监测到预警阈值，会自动减少服务实例。这样，企业无须担心市场扩展的速度。

举例来说，在“双 11”期间，各大电商都会迎来流量的高峰，那么这个时候可以多预备服务实例，以应对并发访问的压力。当淡季来临，将多余的服务实例关闭，从而减少运营的成本。而这一切对于客户来说都是无感知的。

4. 减少风险

以前，传统的运维需要有专门的人员全天候轮流值守，生产环境一旦出现问题，马上需要人员去处理。因为，风险不可控，不知道什么时候来临。

而今，使用 Cloud Native 省去了很多人工运维的工作。自动化运维系统承担了几乎所有的监测的工作，并且能够胜任处理大部分异常问题。比如，上面提到的突如其来的流量高峰，系统能够自动监测到这类异常，并通过自动扩展服务实例的方式来应对这些问题。

当然，系统并不能代替人的所有工作。但在系统遇到无法处理问题的时候，系统也可以通过邮件、短信等方式来通知运维人员，从而使运维人员可以异步处理这些问题，而不用时刻守候在监控器前。

11.7.2 Cloud Native 不是“银弹”

任何技术都不是“银弹”，Cloud Native 同样如此。虽然理论上，所有的技术都可以上云，但也要区分场景。

比如，我想要做一个手机版本的记事本软件或者单机版本的计算器。这类应用的特征都是纯粹的客户端程序，无须连接服务器，没有后台，自然也就没有必要采用 Cloud Native。

当然，可以换一个场景，比如，我希望这个记事本软件，无论是在手机端还是在 PC 端，都能做到数据的同步，那么这个时候就需要有一个服务端程序来做数据同步以及数据的存储，此时，采用 Cloud Native 架构就是一个非常不错的选择。Cloud Native 可以降低部署服务端程序的成本。

11.7.3 面临的挑战

使用 Cloud Native 架构对于企业来说是一场革命。这场革命所带来的影响，并不全是技术上的，同时也包括了管理上的。

从技术上来说，Cloud Native 所影响的技术有微服务、敏捷基础设施、容器技术、持续集成工具等多方面的话题。

- 使用 IaaS：运行的服务器可以灵活地按需分配。
- 使用或演变为微服务架构设计系统：每个组件都很小并且互相解耦。
- 自动化和编码：取代人工执行脚本和代码。
- 容器化：把应用进行封装处理，使它们测试和部署时更加容易。
- 编排：使用现成的管理和编排工具抽象化生产环境中的服务器个体。

从管理上来说，Cloud Native 需要团队拥有敏捷开发、DevOps、持续交付、康威定律等方面的思想。

- 敏捷开发：面向问题的解放方式。
- DevOps：打造全职能的项目团队。
- 持续交付：构建了从编码、测试、部署、发布的自动化交付流水线。
- 康威定律：组织沟通方式决定系统设计。

不管怎么样，越早面对这些挑战，越早将企业架构转变为 Cloud Native，越能在当今的软件市场占有一席之地。

11.8 本章小结

本章介绍了 Cloud Native 架构的概念、特征及成功案例，也对比了 Cloud Native 架构与微服务架构、Serverless 架构的区别和联系。同时我们也要认识到 Cloud Native 架构不是“银弹”，仍然需要面临非常多的挑战。

11.9 习题

- 请简述 Cloud Native 架构的概念。
- 请简述 Cloud Native 架构有哪些特征。
- 对比 Cloud Native 架构与微服务架构，请简述两者的区别和联系。
- 对比 Cloud Native 架构与 Serverless 架构，请简述两者的区别和联系。
- 采用 Cloud Native 需要面临哪些挑战?

第12章 虚拟化与容器技术

虚拟化技术已经改变了现代计算方式，它能够提升系统资源的使用效率，消除应用程序和底层硬件之间的依赖关系，同时加强负载的可移植性和安全性，但是Hypervisor和虚拟机只是部署虚拟负载的方式之一。作为一种能够替代传统虚拟化技术的解决方案，容器虚拟化技术凭借其高效性和可靠性得到了快速发展，它能够提供新的特性，以帮助数据中心专家解决新的顾虑。

本章介绍虚拟化技术与容器技术。

12.1 虚拟化技术

所谓虚拟化技术就是将事物从一种形式转变成另一种形式，最常用的虚拟化技术有操作系统中内存的虚拟化，实际运行时用户需要的内存空间可能远远大于物理机器的内存大小，利用内存的虚拟化技术，用户可以将一部分硬盘虚拟化为内存，而这对用户是透明的。又如，可以利用虚拟专用网技术（VPN）在公共网络中虚拟化一条安全、稳定的“隧道”，用户感觉像是在使用私有网络。

虚拟机技术是虚拟化技术的一种，虚拟机技术最早由IBM于20世纪60、70年代提出，被定义为硬件设备的软件模拟实现，通常的使用模式是分时共享昂贵的大型机。Hypervisor是一种运行在基础物理服务器和操作系统之间的中间软件层，可允许多个操作系统和应用共享硬件，也可称为虚拟机监视器（Virtual Machine Monitor，VMM）。VMM是虚拟机技术的核心，用来将硬件平台分割成多个虚拟机。VMM运行在特权模式，主要作用是隔离并且管理上层运行的多个虚拟机，仲裁它们对底层硬件的访问，并为每个客户操作系统虚拟一套独立于实际硬件的虚拟硬件环境（包括处理器、内存、I/O设备）。VMM采用某种调度算法在各个虚拟机之间共享CPU，如采用时间片轮转调度算法。

12.2 容器与虚拟机

容器具有轻量级特性，所需的内存空间较少，提供非常快的启动速度，而虚拟机提供了专用操作系统的安全性和更牢固的逻辑边界。如果是虚拟机，虚拟机管理程序与硬件对话，就如同虚拟机的操作系统和应用程序构成了一个单独的物理机。虚拟机中的操作系统可以完全不同于主机的操作系统。

容器提供了更高级的隔离机制，许多应用程序在主机操作系统下运行，所有应用程序共享某些操作系统库和操作系统的内核。已经证明过的屏障可以阻止运行中的容器彼此冲突，但是这种隔离存在一些安全方面的问题，我们稍后会探讨。

容器和虚拟机都具有高度可移植性，但方式不一样。就虚拟机而言，可以在运行同一虚拟机管理程序（通常是 VMware 的 ESX、微软的 Hyper-V，或者开源 Zen 或 KVM）的多个系统之间进行移植。而容器不需要虚拟机管理程序，因为它与某个版本的操作系统绑定在一起。但是容器中的应用程序可以移到任何地方，只要那里有一份该操作系统的副本。

容器的一大好处就是应用程序以标准方式进行了格式化之后才放到容器中。开发人员可以使用同样的工具和工作流程，不管目标操作系统是什么。一旦在容器中，每种类型的应用程序都以同样的方式在网络上移动。这样一来，容器酷似虚拟机，它们又是程序包文件，可以通过互联网或内部网络来移动。

目前，应用最为广泛的容器技术是 Docker。Docker 支持包括 Linux 容器、Solaris 容器、FreeBSD 容器以及 Windows 容器在内的各种操作系统容器。

Docker 容器里面的应用程序无法从一个操作系统迁移到另一个操作系统。确切地说，它能够以标准方式在网络上移动，因而更容易在数据中心内部或数据中心之间移动软件。单一容器总是与单一版本的操作系统内核关联起来。

12.2.1 成熟度方面的比较

虚拟机是一项高度发展、非常成熟的技术，事实证明其可以运行最关键的业务工作负载。虚拟化软件厂商已开发出了能处理成千上万个虚拟机的管理系统，那些系统旨在适合企业数据中心的现有运维。

容器代表了未来的新技术，而这种大有希望的新兴技术未必能解决每一个困难。开发人员正在开发相应的管理系统，以便一启动就将属性分配给一组容器，或者将要求相似的容器分成一组，以便组成网络或加强安全，但是这类系统仍在开发之中。

Docker 最初的格式化引擎正成为一种平台，并附有许多工具和工作流程。而容器获得了一些大牌技术厂商的支持。IBM、Red Hat、Microsoft 和 Docker 都加入了 Google 的 Kubernetes 项目，这个开源容器管理系统可用于将诸多 Linux 容器作为单一系统来管理。

Docker 有 730 家厂商为其容器平台贡献代码。CoreOS 是一款旨在运行现代基础设施堆栈的 Linux 发行版，它将广大开发人员的目光吸引到了 Rocket，这是一种新的容器运行时环境。

12.2.2 启动速度的比较

创建容器的速度比虚拟机要快得多，那是由于虚拟机必须从存储系统检索 10GB～20GB 的空间给操作系统。容器中的工作负载使用主机服务器的操作系统内核，避免了这一步。容器可以实现秒级启动。

拥有这么快的速度让开发团队可以激活项目代码，以不同的方式测试代码，或者在其网站上推出额外的电子商务容量——这一切都非常快。

12.2.3 安全方面的比较

就目前来说，一项安全问题是，虚拟机比容器有更高的安全性，容器技术并不像看上去那么可靠。以应用 Libcontainers 作为技术支持的 Docker 为例，在 Linux 系统的工作模式下，Libcontainers 可以访问 5 个命名空间：流程、网络、安装、主机名和共享内存。这固然很好、很强大，然而仍然有很多重要的 Linux 核心子系统不能被容器兼容，包括所有的设备、SELinux、Cgroup 以及/sys 下的所有文件系统。这意味着，如果某位用户或者应用程序获取了容器内部的超级用户权限，底层操作系统理论上可以被破解。这是一件非常糟糕的事情。

现在出现了很多保护 Docker 和其他容器技术的措施。举例来说，我们可以将一个/sys 文件系统设置为“只读”，或者强制某个容器进程对特定的文件系统执行“只写”操作，或者设置网络命名空间以使其只能与特定的企业内联网交流信息。但是，这些办法都不能从根本上解决问题，如此维护容器安全需要耗费大量的时间和精力。

另一项安全问题是，很多人都在发布基于容器的应用，如果未对网络上的这些应用加以识别，很可能会下载到带有木马的应用，这样就可能给我们的服务器带来严重的安全隐患。

12.2.4 性能方面的比较

2014 年，IBM 研究部门发表了一篇关于容器和虚拟机环境性能比较的论文 *An Updated Performance Comparison of Virtual Machines and Linux Containers*。这篇论文使用了 Docker 和 KVM 作为研究对象，阐述了 Docker 使用 NAT 或 AUFS 时的开销，并且质疑了在虚拟机上运行容器的实践方法。

论文作者在原生、容器和虚拟化环境中运行了 CPU、内存、网络和 I/O 的 Benchmark。其中，分别使用 KVM 和 Docker 作为虚拟化和容器技术的代表。Benchmark 也包含了对不同环境下 Redis 和 MySQL 负载的采样。通过小数据包和多客户端的对比发现，Redis 侧重于网络栈的性能，而 MySQL 侧重于内存、网络和文件系统的性能。

结果显示，在每一项测试中，Docker 的性能等同于或超出 KVM 的性能。在 CPU 和内存性能方面，KVM 和 Docker 都引入了明显的但可忽略不计的开销。但是，对于 I/O 密集型的应用，两者都需要进行调整以减少开销带来的影响。

当使用 AUFS 存储文件时，Docker 的性能会降低。而相比之下，使用卷（Volume）能够获得更好的性能。卷是一种专门设计的目录，存在于一个或多个容器内。通过这种目录能够绕过联合文件系统（Union File System）。这样它就没有了存储后端可能带来的开销。默认的 AUFS 后端会引起显著的 I/O 开销，特别是当有多层目录深度嵌套的时候。

Docker 的默认网络选项是–net=bridge，由于 NAT 会重写数据包，因此也引入了性能开销。当数据包收发率变高时，这种开销会变得很明显。可以通过使用–net=host 来改善网络的性能。这个选项告诉 Docker 不要为容器创建一个独立的网络栈，并允许容器拥有宿主机网络接口的完全访问权限。但是，使用这个选项时要小心，因为它允许容器内的进程像其他根进程一样使用数值较小的端口，并允许容器内的进程访问本地网络服务，如 D-bus。这使得容器内的进程可以做一些预料之外的事情，如重启宿主机。

尽管自诞生以来，KVM 的性能有了相当大的提升，但它仍然不适用于对延时敏感或高 I/O 访问率的工作负载。因为每次 I/O 操作，它都会增加一些开销。这个开销对于耗时较短的 I/O 操作是有意义的，但对于耗时较长的 I/O 操作是可以忽略的。

尽管在虚拟环境中运行容器是一种常见的实践方法，但是论文中建议直接在物理的 Linux 服务器上运行它们。否则，相比于直接运行在非虚拟化的 Linux 上的方法，由于虚拟机的性能开销，这种实践方法不会得到任何额外的好处。

12.3 基于容器的持续部署

随着 Docker 等容器技术的纷纷涌现及开源发布，软件开发行业对于现代化应用的打包以及部署方式发生了巨大的变化。想象在没有容器等虚拟化技术的年代，程序经常需要手工部署和测试，这种工作极其烦琐且容易出错，特别是服务器数量多的时候，重复性的工作总是令人厌烦。由于开发环境、测试环境以及最终的生产环境的不一致，同样的程序，有可能在不同的环境出现不同问题，所以经常会出现开发人员和测试人员“扯皮”的事。开发机上没有出现问题，部署到测试服务器上就出问题了。

现在就来介绍一下如何基于容器来解决持续部署上面提到的种种问题。

12.3.1　持续部署管道

持续部署管道（Continuous-Deployment Pipeline）是指在每次代码提交时会执行的一系列步骤。管道的目的是执行一系列任务，将一个经过完整测试的功能性服务或应用部署至生产环境。唯一一个手工操作就是向代码仓库执行一次签入操作，之后的所有步骤都是自动完成的。这种流程可以在一定程度上消除人为产生错误的因素，从而增强可靠性。并且可以让机器完成它们最擅长的工作——运行重复性的过程，而不是创新性思考，从而增加了系统的吞吐量。之所以每次提交都需要通过这个管道，原因就在于“持续”这个词。如果选择延迟这一过程的执行，例如在某个 Sprint 结束前再运行，那么整个测试与部署过程都不再是持续的了。

延迟测试以及延迟部署程序到生产环境，也就延误了发现系统潜在问题的时机，最终导致的结果是修复这些问题需要投入更多的精力，毕竟在问题发生一个月后再去尝试修复，比起在问题发生一周内进行修复的成本要高得多。与之类似的是，如果在代码提交的几分钟内立即发出 Bug 的通知，那么定位该 Bug 所需的时间就显得微不足道了。持续部署的意义不仅在于节省维护与 Bug 修复的投入，它还能够让我们更快地将新特性发布至生产环境，开发功能并最终交付给用户使用之间的时间越短，我们就能够越快地从中受益。

我们先从一个最小的子集开始，探讨一种持续部署的方案。这个最小子集能够让我们对服务进行测试、构建以及部署，如图 12-1 所示。这些任务都是必不可少的。缺少了测试，我们就无法保证该服务能够正常运行；缺少了构建，就没有什么东西可部署；而缺少了部署，用户就无法从新的发布中受益。

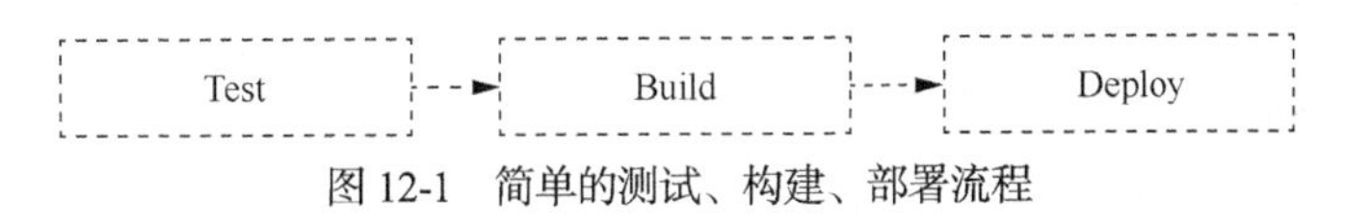

图 12-1　简单的测试、构建、部署流程

12.3.2　测试

传统的软件测试方式是对源代码进行单元测试，这种方式虽然能够带来较高的代码覆盖率，但不见得一定能够保证特性按照预期的方式工作，也无法保证单独的代码单元（方法、函数、类等）的行为符合设计要求。为了对特性进行验证，往往需要进行功能性测试，这种方式偏向于黑盒测试，与代码没有直接的关联。功能性测试的一个问题在于对系统存在依赖。举例来说，Java 应用可能需要一个特定的 JDK 版本，而 Web 应用可能需要在大量的浏览器上进行测试。在不同的系统条件组合中对相同的测试集需要进行大量重复的测试。

一个令人遗憾的事实是，许多组织的测试并不充分，这无法确保一次新的发布能够在没有人工干预的情况下部署至生产环境。即使这些测试本身是可靠的，但往往没有将这些测试在所有可能出现在生产环境中的相同条件下运行。出现这一问题的原因与我们对基础设施的管理方式有关。以人工方式对基础设施进行设置的代价是非常高的。大多数企业都需要用到多种不同的环境。比方说某个环境需要运行 Ubuntu 而另一个需要运行 Red Hat，或者是某个环境需要 JDK8 而另一个环境需要 JDK7。这是一种非常费时费力的途径，尤其当这些环境作为静态环境（与之相对的是通过云计算托管的“创建与销毁”途径）时更为明显。即使为了满足各种组合而设置了足够的服务器，仍然会遇到速度与灵活性的问题。举例来说，如果某个团队决定开发一个新服务，或是使用不同的技术对某个现有的服务进行重构，从请求搭建新环境直至该环境具备完整的可操作性为止也会浪费大量时间。在这段过程中，持续部署过程将陷入停顿。如果在这种环境添加微服务，则浪费的时间将呈指数级增长。在过去，开发者通常只需关注有限的几个应用程序，而如今则需要关注几十个、几百个乃至上千个服务。毕竟，微服务的益处包括为某个用例选择最佳技术的灵活性，以及高速的发布。我们不希望等到整个系统开发完成才去部署，而是希望完成某个属于单一微服务的功能后立即进行发布。

容器技术的出现可以轻松地处理各种测试问题，因为测试和最后需要部署到生产环境的将是同一个容器，里面包含的系统运行所需要的运行时与依赖都是相同的。这样开发者在测试过程中选择应用所需的组件，通过团队所用的持续部署工具构建并运行容器，让这一容器执行所需的各种测试。当代码通过全部测试之后，就可以进入下一阶段的工作了。测试所用的容器应当在注册中心（可选择私有或公有）进行注册，以便之后重用。在测试执行结束之后，就可以销毁该容器，使服务器回到原来的状态。如此一来，就可以使用同一台服务器（或服务集群）对全部服务进行测试了。

图 12-2 所示的流程已经开始显得有些复杂了。

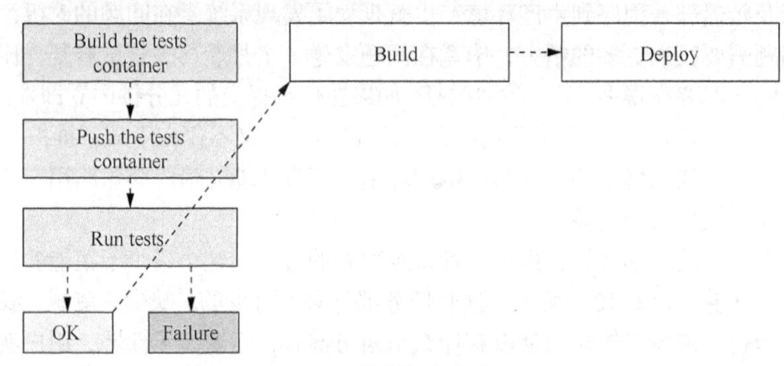

图 12-2　持续集成中的测试

12.3.3 构建

当执行完所有测试后，就可以开始创建容器，并最终将其部署至生产环境中了。由于我们很可能会将其部署至一个与构建所用不同的服务器中，因此同样应当将其注册在注册中心，如图 12-3 所示。

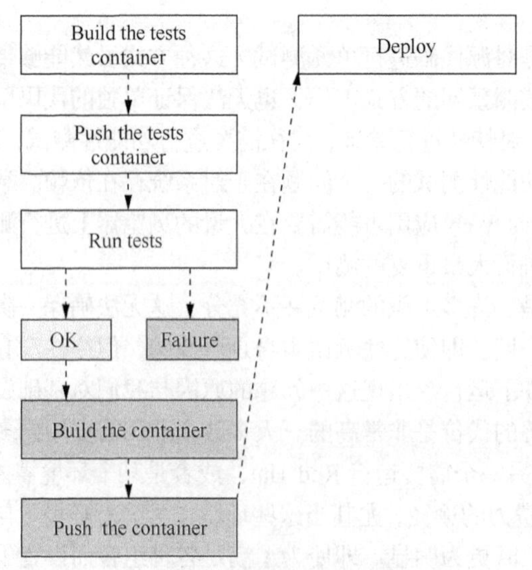

图 12-3　持续集成中的构建

当完成测试并构建好新的发布后，就可以准备将其部署至生产服务器中了。我们所要做的就是拉取对应的镜像并运行容器，如图 12-4 所示。

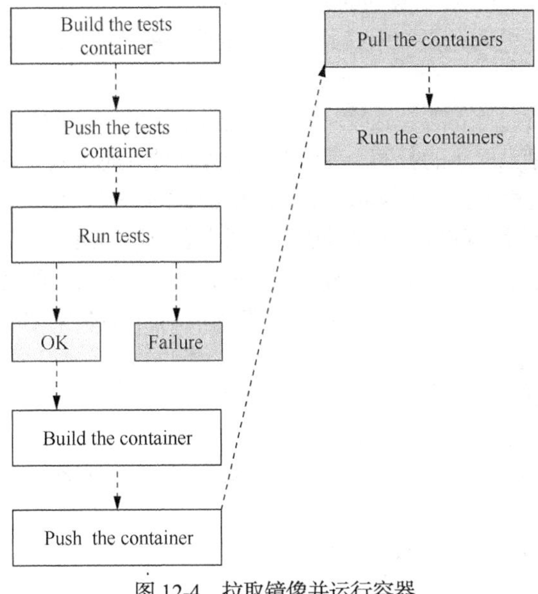

图 12-4　拉取镜像并运行容器

12.3.4　部署

当容器上传至注册中心后，就可以在每次签入之后部署我们的微服务，并以前所未有的速度将新的特性交付给用户。

但目前所定义的流程还远远谈不上一个完整的持续部署管道。它还遗漏了许多步骤、需要考虑的内容以及必需的路径。让我们依次找出这些问题并逐个解决。

12.3.5　蓝 – 绿部署

整个管道中最危险的步骤可能就是部署了。如果我们获取了某个新的发布并开始运行，容器就会以新的发布取代旧的发布。也就是说，在过程中会出现一定的宕机时间。容器需要停止旧的发布并启动新的发布，同时我们的服务也需要进行初始化。虽然这一过程可能只需几分钟、几秒甚至是几微秒，但还是造成了宕机时间。如果实施了微服务与持续部署实践，那么发布的次数会比之前更频繁。最终，我们可能会在一天之内进行多次部署。无论决定采用怎样的发布频率，对用户的干扰都是我们应当避免的。

应对这一问题的解决方案是蓝 – 绿部署。简单地说，这个过程将部署一个新发布，使其与旧发布并行运行。可将某个版本称为“蓝”，另一个版本称为“绿”。由于两者是并行运行的，因此不会产生宕机时间（至少不会由于部署流程引起宕机）。并行运行两个版本的方式为我们带来了一些新的可能性，但同时也造成了一些新的挑战。

在实践蓝 – 绿部署时要考虑的第一件事就是，如何将用户的请求从旧的发布重定向至新的发布？在此之前的部署方式中，我们只是简单地将旧的发布替换为新的发布，因此它们将在相同的服务器与端口上运行。而蓝 – 绿部署将并行运行两个版本，每个版本将使用自己的端口。有可能我们已经使用了某些代理服务（NGINX、HAProxy 等），那么我们可能会面对一个新的挑战，即这些代理不能是静态的了。在每次新发布中，代理的配置需要进行持续变更。如果在集群中进行部署，那么该过程将变得更为复杂。不仅端口需要变更，IP 地址也需要变更。为了有效地使用集群，我们需要将服务部署在当时最适合的服务器上。决定最适合服务器的条件包括可用的内存、磁盘和 CPU 的类型等。通过这种方式，我们能够以最佳的方式分布服务，并极大地优化可用资源的利用率。而这又造成了新的问题，最紧迫的问题是如何找到所部署的服务的 IP 地址与端口号。对这个问题的答案是使用服务发现。

服务发现包括 3 个部分。首先需要通过一个服务注册中心保存服务的信息。其次需要某个进程对新的服务进行注册，并撤销已中止的服务。最后需要通过某种方式获取服务的信息。举例来说，当部署一个新的发布时，注册进程需要在服务注册中心保存 IP 地址与端口信息。随后，代理可发现这些信息，并通过信息对本身进行重新配置。常见的服务注册中心包括 etcd、Consul 和 ZooKeeper。可以使用 Registrator 来注册和撤销服务，以及用 confd 和 Consul Template 来实现服务发现与创建模板。

现在，我们已经找到了一种保存及获取服务信息的机制，可利用该机制对代理进行重新配置，唯一一个还未解答的问题就是要部署哪个版本（颜色）。当我们进行手工部署时，自然知道之前部署的是哪个颜色。如果之前部署了绿色，那么现在当然要部署蓝色。如果一切都是自动化执行的，就需要将这一信息保存起来，让部署流程能够访问它。由于我们在流程中已经建立了服务发现功能，所以可以将部署颜色与服务 IP 地址和端口信息一同保存起来，以便在必要时获取该信息。

在完成了以上工作后，管道将变为图 12-5 中所显示的状态。由于步骤的数量增加了，因此将这些步骤划分为预部署、部署以及部署后 3 个组。

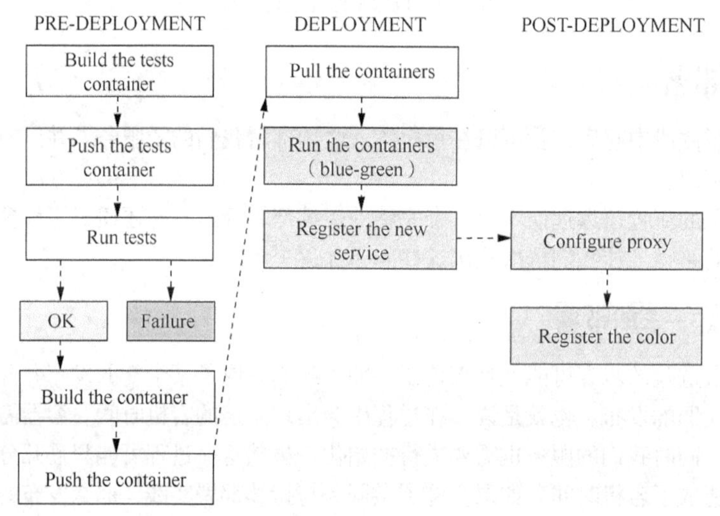

图 12-5　蓝 – 绿部署

12.3.6　运行预集成以及集成后测试

虽然测试的运行至关重要，但它无法验证要部署至生产环境中的服务是否真的能够按预期运行。服务在生产环境上无法正常工作的原因是多种多样的，许多环节都有可能产生错误，可能是没有正确地安装数据库或是防火墙阻碍了对服务的访问。即使代码按预期工作，也不代表已验证了部署的服务得到了正确的配置。即便搭建了一个预发布服务器以部署我们的服务，并且进行了又一轮测试，也无法完全确信在生产环境中总是能够得到相同的结果。为了区分不同类型的测试，Viktor Farcic 将其称为“预部署（Pre-Deployment）”测试，这些测试的相同点是在构建与部署服务之前运行。

蓝 – 绿部署流程为我们展现了一种新的机会。由于旧发布与新发布是并行运行的，我们可以对新发布进行测试，随后再对代理进行重新配置，以指向新的发布。通过这种方式，我们可以放心地将新发布部署至生产环境并进行测试，而代理仍会将我们的用户重定向至旧的发布。Viktor Farcic 将这一阶段的测试称为“预集成（Pre-Integration）”测试。它意味着我们在将新发布与代理服务集成之前（在代理进行重新配置之前）所需运行的测试。这些测试可以让我们忽略预发布环境（这种环境与生产环境永远做不到完全一致），使用对代理重新配置之后用户将使用完全相同的配置对新发布进行测试。

最后，当我们重新配置代理之后，还需要再进行一轮测试。这一轮测试称为“集成后（Post-Integration）”测试，如图 12-6 所示。这一过程应当能够快速完成，因为唯一需要验证的就是代理是否确实正确地配置了。通常来说，只需对 80（HTTP）与 443（HTTPS）端口进行几次请求作为测试。

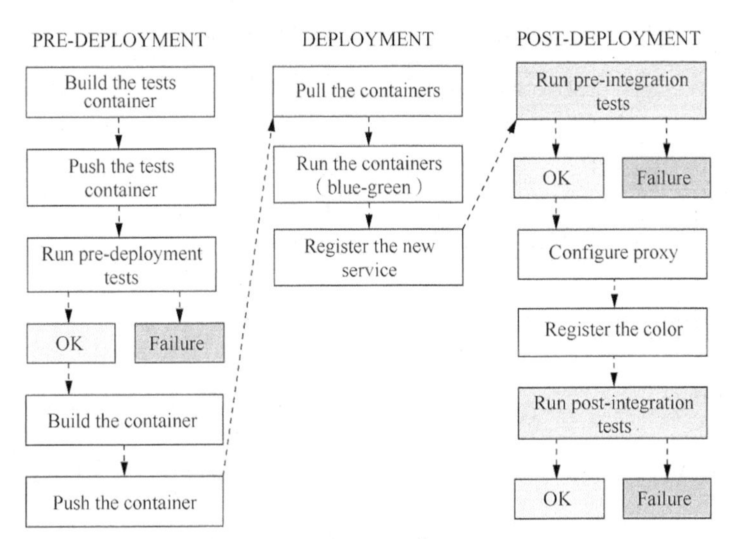

图 12-6　预集成以及集成后测试

12.3.7　回滚与清理

如果在整个流程中有任何一部分出错，整个环境就应当保持与该流程尚未初始化之前相同的状态，即状态回滚。即使整个过程如计划般一样顺利执行，也仍然有一些清理工作需要处理。我们需要停止旧的发布，并删除其注册信息。

回滚与清理如图 12-7 所示。

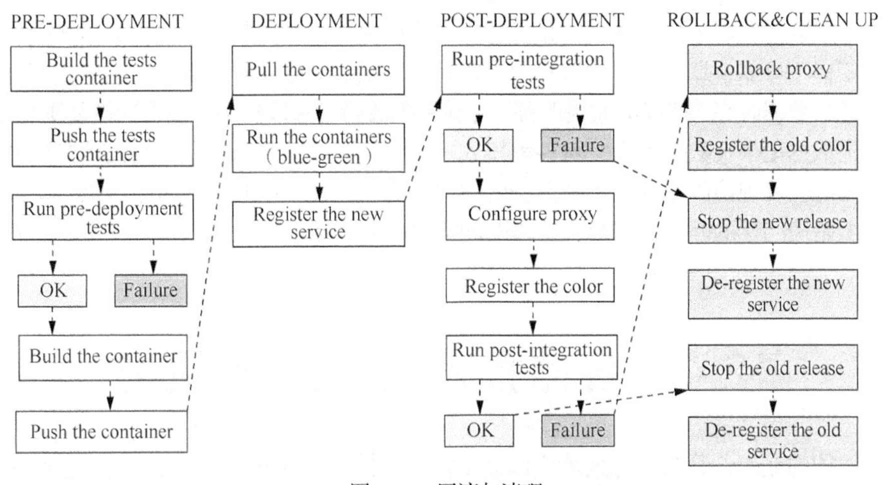

图 12-7　回滚与清理

12.3.8 决定每个步骤的执行环境

决定每个步骤的执行环境是至关重要的。按照一般的规则来说，尽量不要在生产服务器中执行。这表示除了部署相关的任务，其他任务都应当在一个专属于持续部署的独立的集群中执行。在图 12-8 中（此图请下载源文件查看原图，见资源包文件），我们将这些任务标记为黄色，并将需要在生产环境中执行的任务标记为蓝色。请注意，即使是蓝色的任务也不应当直接在生产环境中执行，而是通过工具的 API 执行。举例来说，如果使用 Docker Swarm 进行容器的部署，那么无须直接访问主节点所在的服务，而是创建 DOCKER_HOST 变量，将最终的目标地址发送到本地 Docker 客户端。

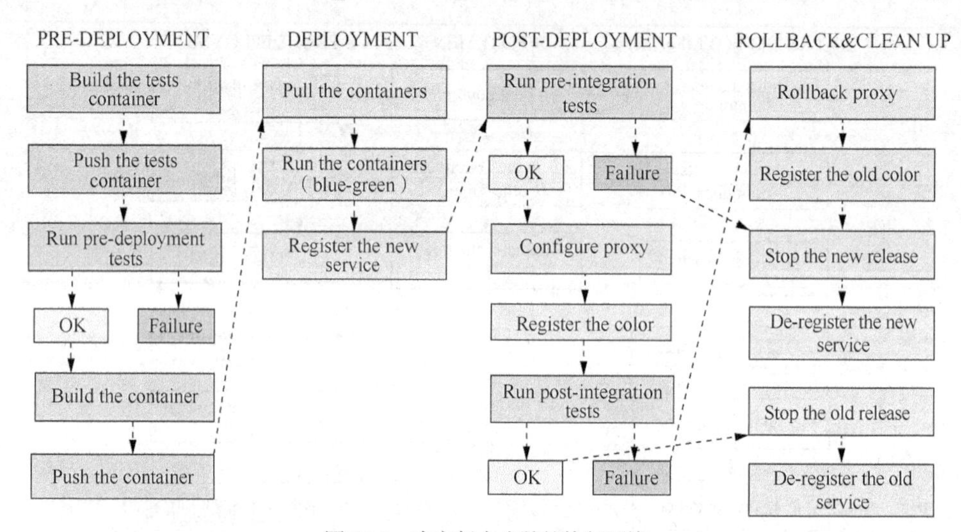

图 12-8 决定每个步骤的执行环境

12.3.9 完成整个持续部署流

现在我们已经能够可靠地将每次签入部署至生产环境中了，但我们的工作只完成了一半。另一半工作是对部署进行监控，并根据实时数据与历史数据进行相应的操作。由于我们的最终目标是将代码签入后的一切操作实现自动化，因此人为的交互将会降至最低。创建一个具备自恢复能力的系统是一个很大的挑战，它需要我们进行持续的调整。我们不仅希望系统能够从故障中恢复（响应式恢复），同时也希望尽可能第一时间防止这些故障出现（预防性恢复）。

如果某个服务进程出于某种原因中止了运行，系统应当再次将其初始化。如果产生故障的原因是某个节点变得不可靠，那么初始化过程应当在另一个正常的服务器中运行。响应式恢复的要点在于通过工具进行数据收集、持续的监控服务，并在发生故障时采取行动。预防性恢复则要复杂许多，它需要将历史数据记录在数据库中，对各种模式进行评估，以预测未来是否会发生某些异常情况。预防性恢复可能会发现访问量处于不断上升的情况，需要在几个小时之内对系统进行扩展。也可能每个周一早上是访问量的峰值，系统在这段时间需要扩展，随后在访问量恢复正常之后收缩成原来的规模。

12.4 容器技术与微服务架构

微服务架构的诞生，是云计算技术应用以及持续交付、DevOps 深入人心的综合产物，它是未来软件架构朝着灵活动态伸缩和分布式架构发展的一个方向。同时，以 Docker 为代表的容器虚拟化技术的盛行，将大大降低微服务实施的成本，为微服务落地以及大规模使用提供了基础和保障。

容器和微服务相辅相成，两大技术成熟的时间点非常契合。容器技术的成熟为微服务提供了得天独厚的客观条件。轻量化的容器是微服务的最佳运行环境，微服务应用只有在容器环境下才能保障运维效率的提升。同时，微服务应用架构对外在组件的管理会变得困难，需要用容器平台去管理中间件，才能发挥出更大价值。

微服务架构是由一组小但是独立的服务组成，各服务有独立的进程，需要独立部署，服务部署需要快速、可靠并且性价比高。选择基于容器部署的方式能满足上述需求。常见的容器技术管理架构主要有 Google Kubernetes 和 DaoCloud DCE。

12.4.1　基于 Google Kubernetes 架构

Google Kubernetes 提供了完整的微服务运行环境，完全满足前述微服务调用、微服务管理与监控的要求。

- API Server/etcd：作为注册中心，微服务实例将在其中注册。
- kube-proxy：实现反向代理，能够自动根据服务实例的运行状态调整其代理策略。
- 通过 Kubernetes Service 定义，保证集群中指定 Service 的实例数量。
- 具备完整的容器运行状态监控能力。

Kubernetes 提供了完整的微服务架构实现方案，但其概念及实现方式与原生的 Docker 解决方案并不一致，与 Docker 版本的更新时间不同步。

12.4.2　基于 DaoCloud DCE 架构

DaoCloud 提供的运行环境以及集群监控能力能满足前述基本目标中监控相关的要求。

DaoCloud 基于原生 Docker 提供容器集群管理方案，仅作为容器管理产品使用，自动的服务发现和负载均衡需要通过 HAProxy+etcd 自行实现。

因此具体实现为以下 4 点。

- 微服务调用均通过 HAProxy 进行，HAProxy 作为反向代理（负载均衡器）。
- etcd 作为注册中心。
- 每个微服务启动时向 etcd 注册。
- HAProxy 自动发现 etcd 中微服务实例的变化并透明代理。

12.5　容器技术与 Cloud Native 架构

贯穿软件交付生命周期的 Cloud Native 架构能让用户更有效地运维和扩展，成功拥有敏捷性，能够快速为软件添加新功能，同时保持生产环境的稳定性和安全性。Cloud Native 架构能做到这一点的原因是它把运行应用程序所需的基础设施、中间件和后台服务完全自动化。

传统的自动化方法建立在面向虚拟化的编排的基础上，需要用户编写定制的自动化脚本。Cloud Native 架构完全超越这种自动化方法。真正的 Cloud Native 架构包含完全自主的自动化和编排的容器管理技术，用户只需提出自己的需求，不用描述如何做。在一个 Cloud Native 架构环境中，很难维护临时、专门的自动化。Cloud Native 架构内置的自动化管理服务起到了契约的作用，执行策略和保证承诺。换句话说，这种自动化容器管理技术使得构建能被自动管理的应用程序变得容易。

新的体系架构方法，要求新的软件开发方法。开发者必须运用新的一系列架构实践——例如微服务和容器技术——来确保应用程序能被 Cloud Native 架构平台恰当地管理。Cloud Native 架构不仅带来软件开发速度的提升，还带来运维方面的好处：方便移植的应用实例，一致的日志记录和保证应用在线，以及数据流的监控功能。

想要了解 Cloud Native 架构的好处，可以引入运行时合约，即运行软件的一系列指南。Cloud Native 架构框架帮助开发者编写满足云平台运行时合约的应用程序。

12.6 实战：基于 Docker 发布微服务

Docker 是目前市面上比较流行的容器技术之一。本节我们将带领大家一起使用 Docker 来演示如何构建、运行、发布微服务。

原先，Docker 只支持 Linux 环境下的安装。自从微软与 Docker 展开了深入合作之后，对于 Windows 平台的支持力度也加大了许多。目前，已经知道支持的 Windows 平台有 Windows 10 和 Windows Server 2016。

本书将基于 Windows 10 来演示安装的过程。本例所使用的 Docker 版本为 17.09.1-ce-win42。

12.6.1 创建微服务

我们新建一个应用“hello-docker”。“hello-docker”就是一个普通的 Spring Boot 应用。

```
package com.waylau.docker.controller;

import org.springframework.web.bind.annotation.RequestMapping;
import org.springframework.web.bind.annotation.RestController;


@RestController
public class HelloController {

    @RequestMapping("/hello")
    public String hello() {
        return "Hello World! Welcome to visit waylau.com!";
    }

}
```

同时，我们执行 gradlew build 来编译“hello-docker”应用。编译成功之后，就能运行该编译文件。

```
java -jar build/libs/hello-docker-1.0.0.jar
```

此时，在浏览器访问 http://localhost:8080/hello，应能看到“Hello World! Welcome to visit waylau.com!”字样的内容，则说明该微服务构建成功。

12.6.2 微服务容器化

我们需要将微服务应用包装为 Docker 容器。Docker 使用 Dockerfile 文件格式来指定 image 层。我们在“hello-docker”应用的根目录下创建 Dockerfile 文件。

```
FROM openjdk:8-jdk-alpine
VOLUME /tmp
ARG JAR_FILE
ADD ${JAR_FILE} app.jar
ENTRYPOINT ["java","-Djava.security.egd=file:/dev/./urandom","-jar","/app.jar"]
```

这个 Dockerfile 是非常简单的，因为本例中的微服务应用相对比较简单。

- FROM 可以理解为我们这个 image 依赖于另外一个 image。因为我们的应用是一个 Java 应用，所以依赖于 JDK。
- 项目 JAR 文件以“app.jar”的形式添加到容器中，然后在 ENTRYPOINT 中执行。
- VOLUME 指定了临时文件目录为/tmp。其效果是在主机/var/lib/docker 目录下创建了一个临时文件，并链接到容器的/tmp。该步骤是可选的，如果涉及文件系统的应用，就很有必要了。/tmp 目录用来持久化到 Docker 数据文件夹，因为 Spring Boot 使用的内嵌 Tomcat 容器默认使用/tmp 作为工作目录。
- 为了缩短 Tomcat 启动时间，添加一个系统属性指向/dev/./urandom。

12.6.3　使用 Gradle 来构建 Docker image

为了使用 Gradle 来构建 Docker image，需要添加 docker 插件在应用的 build.gradle 中。

```
buildscript {
...
    // 依赖关系
    dependencies {

        ...

        classpath('gradle.plugin.com.palantir.gradle.docker:gradle-docker:0.17.2')
    }
}
...
apply plugin: 'com.palantir.docker'

docker {
    name "${project.group}/${jar.baseName}"
    files jar.archivePath
    buildArgs(['JAR_FILE': "${jar.archiveName}"])
}
```

执行 gradlew build docker 来构建 Docker image。

```
> gradlew build docker --info
...
Putting task artifact state for task ':dockerPrepare' into context took 0.0 secs.
Executing task ':dockerPrepare' (up-to-date check took 0.001 secs) due to:
  Output property 'destinationDir' file D:\workspaceGithub\cloud-native-book-demos\
samples\ch11\hello-docker\build\docker has changed.
  Output property 'destinationDir' file D:\workspaceGithub\cloud-native-book-demos\
samples\ch11\hello-docker\build\docker\Dockerfile has been removed.
  Output property 'destinationDir' file D:\workspaceGithub\cloud-native-book-demos\
samples\ch11\hello-docker\build\docker\hello-docker-1.0.0.jar has been removed.

:dockerPrepare (Thread[Task worker,5,main]) completed. Took 0.488 secs.
:docker (Thread[Task worker,5,main]) started.

> Task :docker
Putting task artifact state for task ':docker' into context took 0.0 secs.
Executing task ':docker' (up-to-date check took 0.0 secs) due to:
  Task has not declared any outputs.
Starting process 'command 'docker''. Working directory: D:\workspaceGithub\cloud-
native-book-demos\samples\ch11\hello-docker\build\docker Command: docker build --build-arg
JAR_FILE=hello-docker-1.0.0.jar -t com.waylau.docker/hello-docker .
Successfully started process 'command 'docker''
```

```
Sending build context to Docker daemon  16.16MB
Step 1/5 : FROM openjdk:8-jdk-alpine
 ---> 3642e636096d
Step 2/5 : VOLUME /tmp
 ---> Using cache
 ---> f467a7d1c267
Step 3/5 : ARG JAR_FILE
 ---> Using cache
 ---> 4406b96eca35
Step 4/5 : ADD ${JAR_FILE} app.jar
 ---> 65061e5f5b24
Step 5/5 : ENTRYPOINT java -Djava.security.egd=file:/dev/./urandom -jar /app.jar
 ---> Running in af551abcbdb7
 ---> f9154bcb1ac3
Removing intermediate container af551abcbdb7
Successfully built f9154bcb1ac3
Successfully tagged com.waylau.docker/hello-docker:latest
SECURITY WARNING: You are building a Docker image from Windows against a non-Windows Docker
host. All files and directories added to build context will have '-rwxr-xr-x' permissions.
It is recommended to double check and reset permissions for sensitive files and directories.

:docker (Thread[Task worker,5,main]) completed. Took 4.326 secs.

BUILD SUCCESSFUL in 8s
9 actionable tasks: 3 executed, 6 up-to-date
Stopped 0 worker daemon(s).
```

构建成功，可以在控制台看到以上信息。因篇幅有限，这里省去了大部分内容。

12.6.4　运行 image

在完成 Docker image 构建之后，使用 Docker 来运行该 image。

```
docker run -p 8080:8080 -t com.waylau.docker/hello-docker
```

图 12-9 展示了运行 image 的过程。

图 12-9　运行 image

12.6.5　访问应用

image 运行成功之后，就能在浏览器访问 http://localhost:8080/hello，应能看到“Hello World! Welcome to visit waylau.com!”字样的内容。

12.6.6　关闭容器

可以先通过 docker ps 命令来查看正在运行的容器的 ID，而后可以执行 docker stop 命令来关闭容器。命令如下。

```
    C:\Users\Administrator>docker ps
    CONTAINER ID        IMAGE                                          COMMAND                    CREATED
STATUS              PORTS                    NAMES
    ceb88279ab3a        com.waylau.docker/hello-docker   "java -Djava.secur..."   2 minutes
ago       Up 2 minutes        0.0.0.0:8080->8080/tcp   keen_darwin

    C:\Users\Administrator>docker stop ceb88279ab3a
    ceb88279ab3a
```

12.6.7　Docker 发布微服务

当我们的微服务包装成 Docker 的 image 之后，就能进行分发了。Docker Hub 是专门用于托管 image 的云服务。用户可以将自己的 image 推送到 Docker Hub 上，以方便其他人下载。

12.7　本章小结

本章介绍了虚拟化技术及容器技术，同时也介绍了如何基于容器来实现持续部署、发布应用。

12.8　习题

- 什么是虚拟化技术？
- 请简述容器与虚拟机的区别。
- 如何实现基于容器的持续部署？
- 有哪些容器技术？
- 请用你熟悉的技术实现应用在容器下的部署。

第 13 章 分布式计算

分布式计算就是将一个大的计算任务分解成多个小任务，然后分配给多台计算机分别计算，再上传运算结果后统一合并得出数据结论。

本章详细介绍分布式计算。

13.1 分布式计算概述

在过去的 20 年里，互联网产生了大量的数据，比如，爬虫文档、Web 请求日志等，也包括了计算各种类型的派生数据，比如，倒排索引、Web 文档的图结构的各种表示、每台主机页面数量的概要、每天被请求数量最多的集合，等等。这些数据每天需要通过大量的计算产生，显然在单机上是无法做到的，必须使用分布式计算。

分布式计算在概念上非常容易理解。举例来说，工厂里面要生产一批货物，一个工人来干，则需要 10 天才能完成。那么，在工人的工作效率相当的情况下，把相同的活派给多个工人来干，显然能够缩短整个工期。分布式计算也是如此，当输入的数据量很大时，这些计算必须被分摊到多台机器上才有可能在可以接受的时间内完成。机器越多，所需要的总时间将会越短。这就是分布式计算所带来的优势——通过扩展机器数，就能实现计算能力的水平扩展。

所以，所谓分布式计算，就是将大量计算的项目数据分割成小块，由多台计算机分别计算，再上传运算结果后统一合并得出数据结论。

设计分布式计算平台需要面临非常多的挑战，比如，分布式平台是怎样来实现并行计算？是如何分发数据的？又是如何进行错误处理？等等。这些问题综合在一起，使得原本很简洁的计算，因为要大量的复杂代码来处理这些问题，而变得让人难以处理。

目前市面上已经有很多分布式计算产品可供选择，本书会对这些产品做一一介绍。

13.2 分布式计算应用场景

是否需要使用分布式计算，需要根据自己项目业务情况而定。虽然分布式计算可以使整体的计算能力实现水平扩展，但也并非所有的计算任务都需要分布式计算平台来解决。比如，在 Oracle 数据库中，有 100 万条工人的薪资单数据，我们要统计这些工人的薪资的总和。像这种情况，直接在 PL/SQL 执行 SUM 函数，显然要比导入分布式计算平台要快。但如果数据量是在 TB 级别，那么最好就采用分布式计算了，毕竟 Oracle 等关系型数据库并不擅长大数据的计算。

同时，使用分布式计算需要一定的学习成本，而一般的企业也不大可能具备拥有用于分布式计算的大规模的机器数。这个时候，使用现在的分布式计算云服务，则可能是最为经济的享受分布式计算的方式。比如阿里云、腾讯云、华为云等，都提供了类似的用于分布式计算的云服务。

13.3　分布式计算常用技术

作为世界领先的科技公司，Google 公司为了应对大数据的处理，内部已经实现了数以百计的为专门目的而写的计算程序，其中 MapReduce 就是其著名的计算框架之一，与 GFS、Bigtable 一起被称为 Google 技术的“三宝”。而在开源界，基于 MapReduce 思想的分布式计算产品也大有所在，比较有名的有 Apache Hadoop、Apache Spark、Apache Mesos 等。本书接下来将会对这些技术做详细的介绍。

13.3.1　MapReduce

1. MapReduce 简介

MapReduce 是一个编程模型，用于大规模数据集（TB 级）的并行运算。有关 MapReduce 的论文介绍，最早可以追溯到由 Google 的 Jeffrey Dean 和 Sanjay Ghemawat 发表在 2004 年 OSDI（USENIX Symposium on Operating Systems Design and Implementation）的 *MapReduce: Simplified Data Processing on Large Clusters*。这篇文章详细描述了 Google 如何分割、处理、整合它们令人难以置信的大数据集。随后，开源软件先驱 Doug Cutting 等人受到该论文的启发，开始尝试实现 MapReduce 计算框架，并将它与 NDFS（Nutch Distributed File System）结合，以支持 Nutch 引擎的主要算法。由于 NDFS 和 MapReduce 在 Nutch 引擎中有着良好的应用，所以它们于 2006 年 2 月被分离出来，成为一套完整而独立的软件，并命名为 Hadoop（有关 Hadoop 的内容会在后面章节介绍）。到了 2008 年年初，Hadoop 已成为 Apache 的顶级项目，包含众多子项目。它被应用到包括 Yahoo!在内的很多互联网公司。现在的 Hadoop 版本已经发展成包含 HDFS、MapReduce 子项目，与 Pig、ZooKeeper、Hive、HBase 等项目相关的大型应用工程。MapReduce 操作流程如图 13-1 所示。

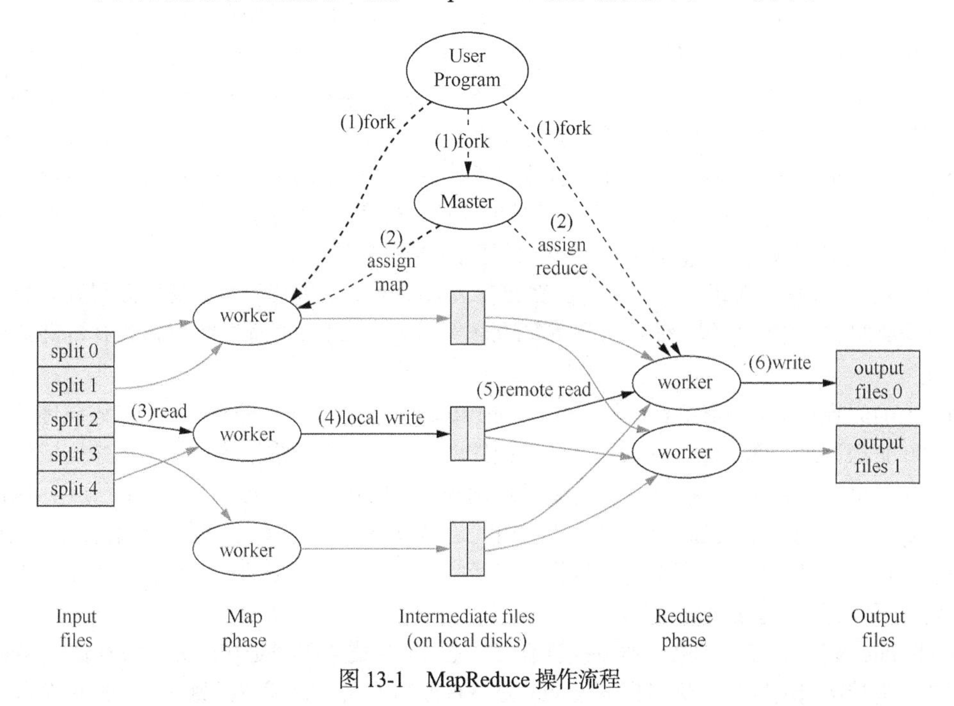

图 13-1　MapReduce 操作流程

MapReduce 程序模型应用的成功要归功于以下几个方面。首先，由于该模型隐藏了并行、容错、本地优化以及负载平衡的细节，所以即便是那些没有并行和分布式系统经验的程序员也能容易地使用该模型。其次，MapReduce 计算可以很容易地表达大数据的各种问题。比如，MapReduce 用于为 Google 的网页搜索服务生成数据，用于排序，用于数据挖掘，用于机器学习以及其他许多系统。再次，MapReduce 的实现符合“由数千台机器组成的大集群”的尺度，有效地利用了机器资源，所以非常适合解决许多大型计算问题。

2. MapReduce 的编程模型

MapReduce 是一个用于大规模数据集（TB 级）并行运算的编程模型，其基本原理就是将大的数据分成小块逐个分析，再将提取出来的数据汇总分析，最终获得我们想要的内容。从名字可以看出，“Map（映射）”和“Reduce（归约）”是 MapReduce 模型的核心，其灵感来源于函数式语言（比如 Lisp）中的内置函数 Map 和 Reduce：用户通过定义一个 Map 函数，处理 key-value（键值对）以生成一个中间 key-value 集合，MapReduce 库将所有拥有相同的 key（key I）的中间状态 key 合并起来传递到 Reduce 函数；一个叫作 Reduce 的函数用于合并所有先前 Map 过后的有相同 key（key I）的中间量。

```
map (k1,v1) -> list(k2,v2)
reduce (k2,list(v2)) -> list(k3, v3)
```

但上面的定义显然还是过于抽象。现实世界中的许多任务在这个模型中得到了很好的表达，Shekhar Gulati 就在他的博客文章 *How I explained MapReduce to my Wife* 里举了一个洋葱辣椒酱制作过程的例子，来形象地描述 MapReduce 的原理，如下文所述。

洋葱辣椒酱制作的过程是这样的，先取一个洋葱和一根辣椒，把它们切碎，然后拌入盐和水，最后放进混合研磨机里研磨。这样就能得到洋葱辣椒酱了。

现在，假设你想用薄荷、洋葱、番茄、辣椒、大蒜弄一瓶混合辣椒酱。你会怎么做呢？你会取薄荷叶一撮，洋葱一个，番茄一个，辣椒一根，大蒜一颗，切碎后加入适量的盐和水，再放入混合研磨机里研磨，这样你就可以得到一瓶混合辣椒酱了。

现在把 MapReduce 的概念应用到食谱上，Map 和 Reduce 其实是两种操作。

- Map：把洋葱、番茄、辣椒和大蒜切碎，是各自作用在这些物体上的一个 Map 操作。所以你给 Map 一个洋葱，Map 就会把洋葱切碎。 同样地，你把辣椒、大蒜和番茄一一地拿给 Map，你也会得到各种碎块。所以，当你在切像洋葱这样的蔬菜时，你执行的就是一个 Map 操作。Map 操作适用于每一种蔬菜，它会相应地生产出一种或多种碎块，在我们的例子中生产的是蔬菜块。在 Map 操作中可能会出现有个洋葱坏掉了的情况，你只要把坏洋葱丢了就行了。所以，如果出现坏洋葱了，Map 操作就会过滤掉这个坏洋葱而不会生产出任何的坏洋葱块。

- Reduce：在这一阶段，你将各种蔬菜碎都放入研磨机里进行研磨，就可以得到一瓶辣椒酱了。这意味要制成一瓶辣椒酱，你得研磨所有的原料。因此，研磨机通常将 Map 操作的蔬菜碎聚集在了一起。

当然上面内容只是 MapReduce 的一部分，MapReduce 的强大在于分布式计算。假设你每天需要生产 10000 瓶辣椒酱，你会怎么办呢？这个时候你就不得不雇佣更多的人和研磨机来完成这项工作了，你需要几个人一起切蔬菜。每个人都要处理满满一袋的蔬菜，而每一个人都相当于在执行一个简单的 Map 操作。每一个人都将不断地从袋子里拿出蔬菜来，并且每次只对一种蔬菜进行处理，也就是将它们切碎，直到袋子空了为止。这样，当所有的工人都切完以后，工作台（每个人工作的地方）上就有了洋葱块、番茄块和蒜蓉等。

MapReduce 将所有输出的蔬菜碎都搅拌在了一起，这些蔬菜碎都是在以 key 为基础的 Map 操作下产生的。搅拌将自动完成，你可以假设 key 是一种原料的名字，就像洋葱一样。所以全部的洋葱

key 都会搅拌在一起，并转移到研磨洋葱的研磨机里。这样，你就能得到洋葱辣椒酱了。同样地，所有的番茄也会被转移到标记着番茄的研磨机里，并制造出番茄辣椒酱。

13.3.2 Apache Hadoop

Apache Hadoop 是一个由 Apache 基金会开发的分布式系统基础架构，它可以让用户在不了解分布式底层细节的情况下，开发出可靠、可扩展的分布式计算应用。

Apache Hadoop 框架允许用户使用简单的编程模型来实现计算机集群的大型数据集的分布式处理。它的目的是支持从单一服务器到上千台机器的扩展，充分利用了每台机器所提供的本地计算和存储，而不是依靠硬件来提供高可用性。其本身被设计成在应用层检测和处理故障的库，对于计算机集群来说，其中每台机器的顶层都被设计成可以容错的，以便提供一个高度可用的服务。

Apache Hadoop 的框架最核心的设计就是 HDFS 和 MapReduce。HDFS 为海量的数据提供了存储，而 MapReduce 则为海量的数据提供了计算。

1. Apache Hadoop 简介

正如 13.3.1 小节 MapReduce 所提到的那样，Apache Hadoop 受到了 Google 的 GFS 和 MapReduce 的启发，前者产生了 Apache Hadoop 的分布式文件系统 NDFS（Nutch Distributed File System），而后者也作为核心组件之一被纳入 Apache Hadoop。

Apache Hadoop 的雏形开始于 2002 年的 Apache 的 Nutch。Nutch 是一个开源 Java 实现的搜索引擎。它提供了我们运行自己的搜索引擎所需的全部工具，包括全文搜索 Web 爬虫。

随后在 2003 年，Google 发表了一篇关于 Google 文件系统（GFS）技术的学术论文。GFS 也就是 Google File System，是 Google 公司为了存储海量搜索数据而设计的专用文件系统。

2004 年 Nutch 的创始人 Doug Cutting（同时也是 Apache Lucene 的创始人）基于 Google 的 GFS 论文实现了分布式文件存储系统，命名为 NDFS。

2004 年 Google 又发表了一篇技术学术论文，向全世界介绍了 MapReduce。2005 年 Doug Cutting 又基于 MapReduce，在 Nutch 搜索引擎中实现了该功能。

2006 年，Yahoo! 雇用了 Doug Cutting，Doug Cutting 将 NDFS 和 MapReduce 升级并命名为 Hadoop。Yahoo! 建立了一个独立的团队给 Goug Cutting，用于专门研究和发展 Hadoop。

2008 年 1 月，Hadoop 成为 Apache 的顶级项目。之后 Hadoop 被成功地应用在了其他公司，其中包括 Last.fm、《纽约时报》等。

2008 年 2 月，Yahoo!宣布其搜索引擎产品部署在了一个拥有 10000 个内核的 Hadoop 集群上。

Apache Hadoop 主要有以下 5 个优点。

- 高可靠性。Hadoop 按位存储和处理数据的能力值得人们信赖。
- 高扩展性。Hadoop 是在可用的计算机集簇间分配数据并完成计算任务的，这些集簇可以方便地扩展到数以千计的节点中。
- 高效性。Hadoop 能够在节点之间动态地移动数据，并保证各个节点的动态平衡，因此处理速度非常快。
- 高容错性。Hadoop 能够自动保存数据的多个副本，并且能够自动将失败的任务重新分配。
- 低成本。Hadoop 是开源的，因此项目的软件成本会大大降低。

2. Apache Hadoop 核心组件

Apache Hadoop 包含以下模块。

- Hadoop Common。常见实用工具，用来支持其他 Hadoop 模块。
- Hadoop Distributed File System（HDFS）。分布式文件系统，它提供对应用程序数据的高吞吐量访问。

- Hadoop YARN。一个作业调度和集群资源管理框架。
- Hadoop MapReduce。基于 YARN 的大型数据集的并行处理系统。

其他与 Apache Hadoop 相关的项目如下。

- Ambari。一个基于 Web 的工具，用于配置、管理和监控的 Apache Hadoop 集群，其中包括支持 Hadoop HDFS、Hadoop MapReduce、Hive、HCatalog、HBase、ZooKeeper、Oozie、Pig 和 Sqoop。Ambari 还提供了仪表盘用于查看集群的健康，如热图，并能够以用户友好的方式来查看 MapReduce、Pig 和 Hive 应用，方便诊断其性能。
- Avro：数据序列化系统。
- Cassandra：可扩展的、无单点故障的多主数据库。
- Chukwa：数据采集系统，用于管理大型分布式系统。
- HBase：一个可扩展的分布式数据库，支持结构化数据的大表存储。
- Hive：数据仓库基础设施，提供数据汇总以及特定的查询。
- Mahout：一种可扩展的机器学习和数据挖掘库。
- Pig：一个高层次的数据流并行计算语言和执行框架。
- Spark：Hadoop 数据的快速和通用计算引擎。Spark 提供了简单和强大的编程模型以支持广泛的应用，其中包括 ETL、机器学习、流处理和图形计算（有关 Spark 的内容，会在 13.3.3 小节讲述）。
- TEZ：通用的数据流编程框架，建立在 Hadoop YARN 之上。它提供了一个强大而灵活的引擎来执行任意 DAG 任务，以实现批量和交互式数据的处理。TEZ 正在被 Hive、Pig 和 Hadoop 生态系统中的其他框架采用，也可以通过其他商业软件（例如，ETL 工具），以取代 Hadoop MapReduce 作为底层执行引擎。
- ZooKeeper：一个高性能的分布式应用程序协调服务（有关 ZooKeeper 的内容会在 15.3.4 小节讲述）。

13.3.3 Apache Spark

Apache Spark 是一个快速和通用集群计算系统。它提供了 Java、Scala、Python 和 R 等语言的高级 API，以及支持通用执行图计算的优化引擎。它还支持一组丰富的更高级别的工具，包括执行 SQL 和结构化数据处理的 Spark SQL、机器学习的 MLlib、进行图形处理的 GraphX，以及 Spark Streaming。

1. Apache Spark 简介

2009 年，Spark 诞生于 UC Berkeley AMP Lab，最初属于 UC Berkeley 大学的研究性项目。它于 2010 年正式开源，于 2013 年成为 Apache 基金会项目，并于 2014 年成为 Apache 基金的顶级项目，整个过程不到 5 年时间。

由于 Spark 出自 UC Berkeley 大学，其在整个发展过程中都烙上了学术研究的标记，对于一个在数据科学领域的平台而言，这也是题中应有之义，Spark 的来源甚至决定了它的发展动力。Spark 的核心弹性分布式数据集（Resilient Distributed Datasets，RDD），以及流处理、SQL 智能分析、机器学习等功能，都脱胎于学术研究论文。

Apache Spark 有以下特点。

- 快速：Apache Spark 具有支持循环数据流和内存计算的先进的 DAG 执行引擎，所以比 Hadoop MapReduce 在内存计算上快 100 倍，在硬盘计算上快 10 倍。
- 易于使用：Apache Spark 提供了 Java、Scala、Python 和 R 等语言的高级 API，可以用于快速开发相关语言的应用。Apache Spark 提供了超过 80 个高级的操作，可以轻松构建并行应用程序。
- 全面：Apache Spark 提供了 Spark SQL、机器学习的 MLlib、进行图形处理的 GraphX，以及

Spark Streaming 等库。你可以在同一应用程序无缝地合并这些库。

- 到处运行：可以使用它的 standalone cluster mode 运行 EC2、Hadoop YARN 或者 Apache Mesos。可以访问 HDFS、Cassandra、HBase、Hive、Tachyon，以及任意的 Hadoop 数据源。

2. Apache Spark 与 Apache Hadoop 的关系

从以下两方面来比较 Apache Spark 与 Apache Hadoop。

- 解决问题的层面不同：首先，Apache Spark 与 Apache Hadoop 两者都是大数据框架，但是各自存在的目的不尽相同。Hadoop 实质上更多是一个分布式数据基础设施：它将巨大的数据集分派到一个由普通计算机组成的集群中的多个节点进行存储，意味着我们不需要购买和维护昂贵的服务器硬件。同时，Hadoop 还会索引和跟踪这些数据，让大数据处理和分析效率达到前所未有的高度。Spark 则是一个专门用来对那些分布式存储的大数据进行处理的工具，它并不会进行分布式数据的存储。
- 数据处理方式不同：Spark 因其处理数据的方式不一样，会比 Hadoop MapReduce 快很多。Hadoop MapReduce 是分步对数据进行处理的，先从集群中读取数据，进行一次处理，将结果写到集群，从集群中读取更新后的数据，再进行下一次的处理，将结果写到集群。 而反观 Spark，它会在内存中以接近“实时”的时间完成所有的数据分析，集群中读取数据，完成所有必需的分析处理，将结果写回集群，整个计算过程就完成了。所以 Spark 的批处理速度比 Hadoop MapReduce 快近 10 倍，内存中的数据分析速度则快近 100 倍。如果需要处理的数据和结果需求大部分情况下是静态的，而且你也有耐心等待批处理完成，Hadoop MapReduce 的处理方式也是完全可以接受的。但如果你需要对流数据进行分析，比如那些来自工厂的传感器收集回来的数据，又或者说你的应用是需要多重数据处理的，那么你也许更应该使用 Spark 进行处理。

大部分机器学习算法都是需要多重数据处理的。此外，通常会用到 Spark 的应用场景有 4 个方面：实时的市场活动、在线产品推荐、网络安全分析、机器日记监控等。

3. 容灾处理

两者的灾难恢复方式迥异，但是都很不错。因为 Hadoop 将每次处理后的数据都写入磁盘，所以其天生就能很有弹性地对系统错误进行处理。Spark 的数据对象存储在分布于数据集群中的弹性分布式数据集中。这些数据对象既可以放在内存中，也可以放在磁盘中，所以 RDD 同样也可以提供完整的灾难恢复功能。

4. 两者各为互补

Hadoop 除了提供我们熟悉的 HDFS 分布式数据存储功能，还提供了 MapReduce 的数据处理功能、YARN 的资源调度系统。所以这里我们完全可以抛开 Spark，使用 Hadoop 自身的 MapReduce 来完成对数据的处理。

相反，Spark 也不是非要依附于 Hadoop 才能生存。但如上所述，毕竟它没有提供文件管理系统，所以，它必须和其他的分布式文件系统进行集成才能运作。这里我们可以选择 Hadoop 的 HDFS，也可以选择其他的，比如 Red Hat GlusterFS。当需要外部的资源调度系统来支持时，Spark 可以跑在 YARN 上，也可以跑在 Apache Mesos 上（有关 Mesos 内容会在下面章节详细讲述），当然可以用 Standalone 模式。但 Spark 默认还是被用在 Hadoop 上面的，毕竟，大家都认为它们的结合是最好的。

13.4　实战：基于 Spark 词频统计

下面，我们将演示基于 Spark 框架来实现词频统计功能。

13.4.1 项目概述

我们将创建一个名为“spark-word-count”的应用。在该应用中，我们将使用 Spark 来实现对文章中单词的出现频率进行统计。

为了能够正常运行该应用，需要在应用中添加以下 Spark 依赖。

```
<properties>
    <project.build.sourceEncoding>UTF-8</project.build.sourceEncoding>
    <spark.version>2.3.0</spark.version>
</properties>

<dependencies>
    <dependency>
        <groupId>org.apache.spark</groupId>
        <artifactId>spark-core_2.11</artifactId>
        <version>${spark.version}</version>
    </dependency>
    <dependency>
    <groupId>org.apache.spark</groupId>
        <artifactId>spark-sql_2.11</artifactId>
        <version>${spark.version}</version>
    </dependency>
</dependencies>
```

13.4.2 项目配置

我们事先在 D 盘下准备了一个 TXT 文本文件——rfc7230.txt。该文件是 HTTP 规范 RFC 7230 的全文内容。

当我们的应用启动之后，会读取该文件的内容，作为词频统计的基础。

13.4.3 编码实现

基于 Spark 的词频统计程序将会变得非常简单。以下是应用 JavaWordCount 的所有内容。

```
package com.waylau.spark;
import scala.Tuple2;

import org.apache.spark.api.java.JavaPairRDD;
import org.apache.spark.api.java.JavaRDD;
import org.apache.spark.sql.SparkSession;

import java.util.Arrays;
import java.util.List;
import java.util.regex.Pattern;

public final class JavaWordCount {
    private static final Pattern SPACE = Pattern.compile(" ");

    public static void main(String[] args) throws Exception {

        if (args.length < 1) {
            System.err.println("Usage: JavaWordCount <file>");
            System.exit(1);
        }

        SparkSession   spark   =   SparkSession.builder().appName("JavaWordCount").
```

```
getOrCreate();

            JavaRDD<String> lines = spark.read().textFile(args[0]).javaRDD();

            JavaRDD<String> words = lines.flatMap(s -> Arrays.asList(SPACE.split(s)).
iterator());

            JavaPairRDD<String, Integer> ones = words.mapToPair(s -> new Tuple2<>(s, 1));

            JavaPairRDD<String, Integer> counts = ones.reduceByKey((i1, i2) -> i1 + i2);

            List<Tuple2<String, Integer>> output = counts.collect();
            for (Tuple2<?, ?> tuple : output) {
                System.out.println(tuple._1() + ": " + tuple._2());
            }
            spark.stop();
        }
    }
```

13.4.4　运行

为了能够正常运行该程序，我们要在应用启动参数中指定待统计的文件 rfc7230.txt 所在的路径。同时，设置程序为 local 模式。启动参数设置如图 13-2 所示。

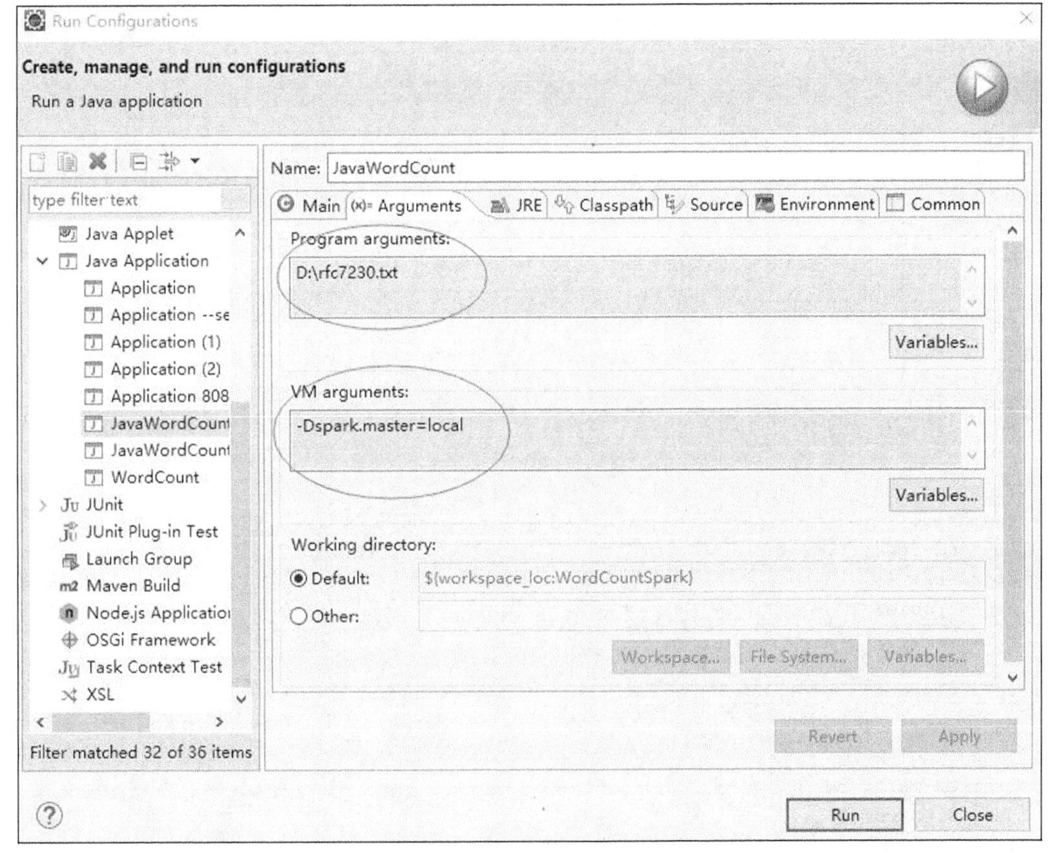

图 13-2　启动参数设置

应用正常启动之后，应能在控制台看到以下词频统计信息。

```
Unfortunately,: 2
..................................................56: 1
constraints: 1
retry.: 2
Saurabh: 1
"accelerator": 1
desirable: 1
listening: 5
components.: 1
GmbH: 1
order: 29
7234,: 1
Compression: 2
Supported: 1
behind: 2
merge: 1
end: 6
been: 64
evaluating: 1
Failures: 2
accomplished: 2
"?": 8
A.2.: 2
clients: 18
9.: 2
knows: 2
selective: 1
less: 2
Reed,: 1
supporting: 2
64]: 1
expanded.: 1
Nathan: 1
RWS: 12
ignore: 13
entry: 2
(DQUOTE: 1
are: 145
"path-abempty",: 1
2.: 5
Nilsson,: 1
Isomaki,: 1
Content-Type:: 1
consists: 4
undesirable: 1
Miles: 1
qvalues: 1
records: 1
different: 11
Smuggling: 2
trailer-part: 5
necessitated: 1
...
```

当然，词频统计列表较长，这里只展示了列表中的部分单词。

本节示例，可以在 spark-word-count 项目下找到。

13.5　本章小结

本章介绍了分布式计算概念、应用场景及常用技术。同时，也演示了基于 Spark 实现词频统计。

13.6　习题

- 请简述分布式计算的概念。
- 请简述分布式计算的应用场景。
- 分布式计算有哪些常用技术？请用你熟悉的技术实现一个分布式计算的例子。

第14章 分布式存储

互联网每天产生数以亿计的数据，这些数据如何能够被正确地存储、解析、利用，是摆在每个数据公司面前的挑战。传统的关系型数据库，对于处理大规模的数据显得力不从心，由此以NoSQL为代表的分布式存储应运而生。

NoSQL，泛指非关系型的数据库。NoSQL数据库的产生旨在解决大规模数据集合多重数据种类带来的挑战，尤其是大数据应用的难题。

本章介绍分布式存储。

14.1 分布式存储概述

分布式存储系统，是将数据分散存储在多台独立的设备上。传统的网络存储系统采用集中的存储服务器存放所有数据，存储服务器的空间有限成为系统性能的瓶颈，也是可靠性和安全性的焦点，不能满足大规模存储应用的需要。分布式网络存储系统采用可扩展的系统结构，利用多台存储服务器分担存储负载，利用位置服务器定位存储信息，它不但提升了系统的可靠性、可用性和存取效率，还易于扩展。

分布式存储系统在实现时往往需要考虑以下因素。

1. 一致性

分布式存储系统需要使用多台服务器共同存储数据，而随着服务器数量的增加，服务器出现故障的概率也在不断增大。为了保证在有服务器出现故障的情况下系统仍然可用，一般做法是把一个数据分成多份存储在不同的服务器中。但是由于故障和并行存储等情况的存在，同一个数据的多个副本之间可能存在不一致的情况。这里称保证多个副本的数据完全一致的性质为一致性。

2. 可用性

分布式存储系统需要多台服务器同时工作。当服务器数量增多时，其中的一些服务器出现故障是在所难免的。我们希望这样的情况不会对整个系统造成太大的影响。在系统中的一部分节点出现故障之后，系统的整体运行不影响客户端的读/写请求称为可用性。

3. 分区容错性

分布式存储系统中的多台服务器通过网络进行连接。但是我们无法保证网络是一直通畅的，分布式系统需要具有一定的容错性来处理网络故障带来的问题。一个令人满意的情况是，当一个网络因为故障而分解为多个部分的时候，分布式存储系统仍然能够工作。

14.2 分布式存储应用场景

传统的关系型数据库，在部署上往往采用单机部署的方式，这在容错性方面存在限制。而且，关系型数据库对于大数据处理能力较弱，无法应对海量数据的应用场景。

以 NoSQL 为代表的分布式存储正在着力于解决上述问题。以下场景非常适合使用 NoSQL。

- 分布式部署。主流的 NoSQL 都支持分布式存储，这非常适合对容错性要求比较高的业务场景。
- 海量数据存储。当数据量达到 TB 规模以上时，无论是 MySQL 还是 Oracle，传统的关系型数据库，都已经无法支撑数据的及时处理，此时宜选用 NoSQL。
- 高性能。分布式存储产品，充分利用多处理器和多核计算机的性能，并考虑在分布于多个数据中心的大量此类服务器上运行。它可以一致而且无缝地扩展到数百台机器，因此，即便在高负载的场景下，依然拥有良好表现。

是否使用分布式存储，需要根据自己的项目情况来斟酌。一是要看自己应用的数量量规模，看是否达到了 TB 级别以上；二是要看业务对于应用的容错、可扩展性、性能等方面的考量。同时，使用分布式存储相比于传统的关系型数据库而言，需要一定的学习成本，所以，在技术选型时，也需要综合考虑企业自身的人力资源情况。

14.3　分布式存储常用技术

分布式存储技术在业界已经非常成熟。Bigtable 是 Google 三宝之一，在 Google 自己的产品和项目上都有着广泛的应用。Apache HBase、Apache Cassandra 都是开源的分布式存储技术，可以实现与 Apache Hadoop、Apache Spark 等计算平台无缝集成。Memcached、Redis 是常用的分布式缓存方案，适用于高性能的缓存数据存取。MongoDB 是一个介于关系型数据库和非关系型数据库之间，是非关系型数据库当中功能最丰富、最像关系型数据库的产品，因此理论上可以直接作为关系型数据库的替代。

接下来将会对这些技术做详细的介绍。

14.3.1　Bigtable

Bigtable 是非关系型数据库，是一个稀疏的、分布式的、持久化存储的多维度排序 Map。Bigtable 设计目的是快速且可靠地处理 PB 级别的数据，并且能够部署到上千台机器上。

Bigtable 已经实现了 4 个目标：适用性广泛、可扩展、高性能和高可用性。

Bigtable 已经在超过 60 个 Google 的产品和项目上得到了应用，包括 Google Analytics、GoogleFinance、Orkut、Personalized Search、Writely 和 GoogleEarth 等。这些产品对 Bigtable 提出了不同的需求，有的需要高吞吐量的批处理（从 URL 到网页到卫星图像），有的则需要及时响应数据给最终用户（从后端的批量处理到实时数据服务）。它们使用的 Bigtable 集群的配置也有很大的差异，有的集群只有几台服务器，而有的则需要上千台服务器、存储几百 TB 的数据。尽管应用需求差异很大，但是，针对 Google 的这些产品，Bigtable 还是成功地提供了一个灵活的、高性能的解决方案。

1. Bigtable 简介

在很多方面，Bigtable 和传统的数据库很类似，也使用了很多数据库的实现策略，拥有并行数据库和内存数据库所具备的可扩展性和高性能，同时 Bigtable 提供了一个和这些系统完全不同的接口。

Bigtable 不支持完整的关系数据模型，与之相反，Bigtable 为客户提供了简单的数据模型，利用这个模型，客户可以动态控制数据的分布和格式，用户也可以自己考虑如何实现底层存储数据的位置相关性。数据的下标是 row 和 column 的名字，名字可以是任意的字符串。

Bigtable 将存储的数据都视为字符串，但是 Bigtable 本身不去解析这些字符串，客户程序通常会在把各种结构化或者半结构化的数据串行化到这些字符串里。通过仔细选择数据的模式，客户可以控制数据的位置相关性。最后，可以通过 Bigtable 的模式参数来控制数据是存放在内存中还是硬盘上。

Bigtable 技术本身是闭源的，Cloud Bigtable 是 Google 提供的大数据存储云服务。业界相关的 Bigtable 模型的开源实现有 Apache HBase（该技术会在后面讲述）。

Bigtable 具备以下特点。

- 适合大规模海量数据（PB 级数据）。
- 分布式、并发数据处理，效率极高。
- 易于扩展，支持动态伸缩。
- 适用于廉价计算机设备。

Bigtable 也有以下的局限性。

- 适合读操作，不适合写操作。
- 不适用于传统关系型数据库。

2. Bigtable 的数据模型

Bigtable 是一个稀疏的、分布式的、持久化存储的多维度排序 Map。Map 在编程语言中是一种非常常见的数据结构，由 key 和 value 组成。Map 的索引是由 row key（行键）、column key（列键）以及 timestamp（时间戳）来确定的。Map 中的每个 value 都是一个未经解析的 byte 数组。映射关系如下。

```
(row:string,column:string,time:int64)->string
```

为了更加形象地解释 Bigtable 的数据模型，我们先举个具体的例子，从这个例子可以看出当初 Bigtable 的设计者是如何设计这个模型的。假设我们想要存储海量的网页及相关信息，我们姑且称这个特殊的表为 Webtable。在 Webtable 里，我们使用 URL 作为 row key，使用网页的某些属性作为 column 名，网页的内容存在“contents:”列中，并用获取该网页的 timestamp 作为标识，如图 14-1 所示。

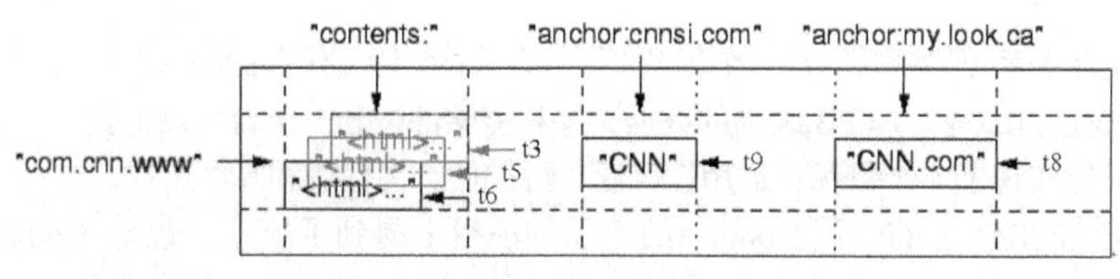

图 14-1 Webtable 示例

图 14-1 所示是一个 Webtable 的部分片段，用于存储 Web 页面。row 名是一个反向 URL。contents column 族存放的是网页的内容，anchor column 族存放引用该网页的锚链接文本。CNN 的主页被 Sports Illustrater 和 MY-look 的主页引用，因此该 row 包含了名为“anchor:cnnsi.com”和“anchor:my.look.ca”的 column。每个 anchor 链接只有一个版本（时间戳标识了列的版本，t9 和 t8 分别标识了两个 anchor 链接的版本）。而 contents column 则有 3 个版本，分别由时间戳 t3、t5 和 t6 标识。

- 行（Row）：表中的 row key 可以是任意的字符串（目前支持最大 64kB 的字符串，但是对大多数用户，10～100bytes 就足够了）。对同一个 row key 的读或者写操作都是原子的（不管读或者写这一 row 里多少个不同 column），这个设计决策能够使用户很容易地理解程序在对同一个 row 进行并发更新操作时的行为。

- 列族（Column Family）：column key 组成的集合叫作“column family（列族）”，column family 是访问控制的基本单位。存放在同一 column family 下的所有数据通常都属于同一个类型（我们可以把同一个 column family 下的数据压缩在一起）。column family 在使用之前必须先创建，然后才能在 column family 中任何的 column key 下存放数据。column family 创建后，其中的任何一个 column key 下都可以存放数据。一张表中的 column family 不能太多（最多几百个），并且 column family 在运行期间很少改变。与之相对应的，一张表可以有无限多个 column。column key 的命名语法为 family:qualifier。column family 的名字必须是可输出显示的字符串，而限定符的名字可以是任意的字符串。比如，Webtable 有个 column family 叫 language，language 用来存放撰写网页的语言。我们在 language 中只使用一个 column key ，用来存放每个网页的语言标识 ID。Webtable 中另一个有用的 column family 是 anchor。这个 column family 的每一个 column key 代表一个 anchor 链接，如图 14-1 所示。这个 column family 的 qualifier（限定符）是引用该网页的站点名。这个 column family 的每列的数据项存放的是链接文本。访问控制、磁盘和内存的使用统计都是在 column family 层面进行的。在 Webtable 的例子中，上述的控制权限能帮助我们管理不同类型的应用：我们允许一些应用可以添加新的基本数据，一些应用可以读取基本数据并创建继承的 column family，一些应用则只允许浏览数据（甚至可能因为隐私不能浏览所有数据）。
- 时间戳（Timestamp）：在 Bigtable 中，表的每一个数据项都可以包含同一份数据的不同版本，不同版本的数据通过 timestamp 来索引。Bigtable 的 timestamp 类型是 64 位整型。Bigtable 可以给 timestamp 赋值，用来表示精确到毫秒的“实时”时间。用户程序也可以给 timestamp 赋值。如果应用程序需要避免数据版本冲突，那么它必须自己生成具有唯一性的 timestamp。数据项中，不同版本的数据按照 timestamp 倒序排序，即最新的数据排在最前面。为了减轻多个版本数据的管理负担，每一个 column family 都配有两个设置参数，Bigtable 通过这两个参数可以对废弃版本的数据自动进行垃圾收集。用户可以指定只保存最后 *n* 个版本的数据，或者只保存“足够新”的版本的数据，比如，只保存最近 7 天的内容写入的数据。在 Webtable 的例子里，“ contents:”列存储的时间信息是 Web 爬虫抓取一个页面的时间。上面提及的垃圾收集机制可以让我们只保留最近 3 个版本的网页数据。

14.3.2　Apache HBase

Apache HBase（以下简称 HBase）是一个分布式的、面向列的开源数据库。正如 14.3.1 小节所提到的，该技术来源于 Google 的 Bigtable。就像 Bigtable 利用了 GFS 所提供的分布式数据存储一样，HBase 在 Hadoop 之上提供了类似于 Bigtable 的能力。HBase 是 Apache 的 Hadoop 项目的子项目。HBase 不同于一般的关系型数据库，第一，它是一个适合于非结构化数据存储的数据库；第二，它是基于列的而不是基于行的模式。 HBase 由 Powerset 在 2007 年创建，最初是 Hadoop 项目的一部分，在 2010 年演变成 Apache 的顶级项目。

1. HBase 的简介

HBase（Hadoop Database）是一个高可靠性、高性能、面向列、可伸缩的分布式存储系统，利用 HBase 技术可在廉价 PC 上搭建起大规模结构化存储集群。

HBase 是 Google Bigtable 的开源实现，类似 Google Bigtable 利用 GFS 作为其文件存储系统，HBase 利用 Hadoop HDFS 作为其文件存储系统；Google 运行 MapReduce 来处理 Bigtable 中的海量数据，HBase 同样利用 Hadoop MapReduce 来处理 HBase 中的海量数据；Google Bigtable 利用 Chubby 作为协同服务，HBase 利用 ZooKeeper 作为对应。

HBase 是一种 NoSQL 数据库。从技术上来说，HBase 更像是“Data Store（数据存储）”，因为 HBase 缺少很多 RDBMS 的特性，如列类型、第二索引、触发器、高级查询语言等。

然而，HBase 有许多特征同时支持线性化和模块化扩充。HBase 集群通过增加 RegionServer 来进行扩展，而且只需要将它放到普通的服务器中。例如，如果集群从 10 个扩充到 20 个 RegionServer，存储空间和处理容量都同时翻倍。RDBMS 也能进行扩充，但仅针对某个点——特别是对一个单独数据库服务器的大小——同时，为了更好的性能，需要依赖特殊的硬件和存储设备，而 HBase 并不需要这些。

2. HBase 的特性

- 强一致性读写：HBase 不是"Eventual Consistentcy（最终一致性）"数据存储，这让它很适合高速计数聚合类任务。
- 自动分片（Automatic sharding）：HBase 表通过 region 分布在集群中，数据增长时，region 会自动分割并重新分布。
- RegionServer 自动故障转移。
- Hadoop/HDFS 集成：HBase 支持开箱即用的 HDFS 作为它的分布式文件系统。
- MapReduce：HBase 通过 MapReduce 支持大并发处理。
- Java 客户端 API：HBase 支持易于使用的 Java API 进行编程访问。
- Thrift/REST API：HBase 也支持 Thrift 和 REST 作为非 Java 前端的访问。
- Block Cache 和 Bloom Filter：对于大容量查询优化，HBase 支持 Block Cache 和 Bloom Filter。
- 运维管理：HBase 支持 JMX 提供内置网页用于运维。

3. HBase 的应用场景

HBase 不适合所有场景。

- 首先，确信有足够多数据，如果有上亿或上千亿行数据，HBase 是很好的备选。如果只有上千或上百万行，则传统的 RDBMS 可能是更好的选择。因为所有数据如果只需要在一两个节点进行存储，会导致集群其他节点的闲置。
- 其次，确信可以不依赖所有 RDBMS 的额外特性。例如，列数据类型、第二索引、事务、高级查询语言等。
- 最后，确保有足够的硬件。因为 HDFS 在小于 5 个数据节点时，基本上体现不出它的优势。虽然 HBase 能在单独的笔记本上运行良好，但这应仅当成是开发阶段的配置。

4. HBase 的优缺点

HBase 的优点如下。

- 列可以动态增加，并且列为空就不存储数据，节省存储空间。
- HBase 可以自动切分数据，使得数据存储自动具有水平扩展功能。
- HBase 可以提供高并发读写操作的支持。
- 与 Hadoop MapReduce 相结合有利于数据分析。
- 容错性。
- 版权免费。
- 非常灵活的模式设计（或者说没有固定模式的限制）。
- 可以和 Hive 集成，使用类 SQL 查询。
- 自动故障转移。
- 客户端接口易于使用。
- 行级别原子性，即 PUT 操作一定是完全成功或者完全失败。

HBase 的缺点如下。

- 不能支持条件查询，只支持按照 row key 来查询。

- 容易产生单点故障（在只使用一个 HMaster 的时候）。
- 不支持事务。
- JOIN 不是数据库层支持的，而需要用 MapReduce。
- 只能在单个 row key 上索引和排序。
- 没有内置的身份和权限认证。

3. HBase 与 Hadoop/HDFS 的差异

HDFS 是分布式文件系统，适合保存大文件。官方宣称它并非普通用途的文件系统，不提供文件的个别记录的快速查询。HBase 基于 HDFS，并能够提供大表记录的快速查找和更新。HBase 内部将数据放到索引好的"StoreFiles"存储文件中，以便提供高速查询，而存储文件位于 HDFS 中。

14.3.3 Apache Cassandra

Apache Cassandra（以下简称 Cassandra）是一个开源的、分布式、去中心化、弹性可扩展、高可用性、容错、一致性可调、面向行的数据库，它基于 Amazon Dynamo 的分布式设计和 Google Bigtable 的数据模型。它最初由 Facebook 创建，用于存储收件箱等简单格式的数据，于 2008 年开源。此后，由于 Cassandra 良好的可扩展性，被 Twitter 等知名网站所采纳，成为一种流行的分布式结构化数据存储方案。

1. Cassandra 的简介

Cassandra 是 Facebook 于 2008 年 7 月在 Google Code 上开源的项目，最早是由 Amazon 前雇员和一位 Microsoft 的工程师写成的。这个系统受到 Amazon Dynamo 的巨大影响 Cassandra 实现了 Dynamo 风格的副本复制模型和没有单点失效的架构，增加了更加强大的 column family 数据模型。

2009 年 1 月，Cassandra 被接纳为 Apache 基金会的孵化器项目，并于 2010 年 3 月成为顶级项目。此时，很多知名公司包括 Facebook、Rackspace、Twitter 等都成为 Cassandra 的用户。

伴随着业界对于 Cassandra 商业化、产品化的需求，在 2010 年 4 月 Apache Cassandra 项目主席 Jonathan Ellis 及其同事 Matt Pfeil 成立了一家服务公司，称为 DataStax（原先的名字为 Riptano）。DataStax 雇用了多名 Cassandra 贡献者，成为领导和支持 Cassandra 项目的主力。2015 年 11 月，Cassandra 发布了 3.0 版本，其底层的存储引擎已被重写，支持全局索引，支持 Java 8，并将基于 Thrift 命令行的界面移除了。

2. Cassandra 的特性

Cassandra 具有以下特性。

- 分布式与去中心化：Cassandra 是分布式的，这意味着它可以运行在多台机器上，并呈现给用户一个一致的整体。对于很多存储系统（如 MySQL、Bigtable、HBase 等），一旦开始扩展它，就需要把某些节点设为主节点，其他则作为从节点。但 Cassandra 是去中心的，也就是说每个节点都是一样的，没有节点会承担特殊的管理任务。与主从模式（master-slave）相反，Cassandra 的协议是 P2P 的，并使用 gossip 来维护存活或死亡节点的列表。去中心化这一事实意味着 Cassandra 不会存在单点失效。Cassandra 集群中的所有节点的功能都完全一样， 所以不存在一个特殊的主机作为主节点来承担协调任务。有时这被叫作"server symmetry（服务器对称）"。综上所述，因为 Cassandra 是分布式、去中心化的，它不会有单点失效的问题，所以支持高可用性。
- 弹性可扩展：可扩展性是指系统架构可以让系统提供更多的服务而不降低使用性能的特性。最简单的达到可扩展性的手段，就是给现有的机器增加硬件的容量、内存来进行垂直扩展。而水平扩展则需要增加更多机器，每台机器提供全部或部分数据，这样所有主机都不必负担全部业务请求。但软件自己需要有内部机制来保证集群中节点间的数据同步。弹性可扩展是指水平扩展的特性，即集群可以在不间断的情况下，方便扩展或缩减服务的规模。这样，用户就不需要重新启动进程，不必修改应用的查询，也无须自己手工重新均衡数据分布。在 Cassandra 里，只要加入新的计算机，Cassandra 就会自动发现它并让它开始工作。

- 高可用与容错：系统的可用性是由满足请求的能力来度量的。但计算机可能会有各种各样的故障，从硬件器件故障到网络中断都有可能。所以它们一般都有硬件冗余，并在发生故障事件的情况下会自动响应并进行热切换。从软件的层次来说，设置多个数据中心，就是“软件冗余”，它能保障在灾难发生时，故障中断的功能在剩余系统上能够进行恢复。 Cassandra 就是高可用的。用户可以在不中断系统的情况下替换故障节点，还可以把数据分布到多个数据中心里，从而提供更好的本地访问性能，并且在某一数据中心发生火灾、洪水等不可抗灾难的时候防止系统彻底瘫痪。

- 可调一致性（Tuneable Consistency）：一致性的基本含义是读操作一定会返回最新写入的结果。扩展数据存储系统就意味着我们不得不在数据一致性、节点可用性和分区容错性之间做某些折中（即 CAP 理论）。Cassandra 常被称为是“最终一致性”的，简单地说，Cassandra 牺牲了一点一致性来换取了完全的可用性。但是 Cassandra 实际更应该表述为“可调一致性”，它允许用户方便地选定需要的一致性水平与可用性水平，在二者之间找到平衡点。客户端可以控制在更新到达多少个副本之前，必须阻塞系统。通过设置 replication factor（副本因子）来调节与之相对的一致性级别。通过 replication factor，用户可以决定准备牺牲多少性能来换取一致性。replication factor 是用户要求更新在集群中传播到的节点数（注意，更新包括所有增加、删除和更新操作）。客户端每次操作还必须设置一个 consistency level（一致性级别）参数，这个参数决定了多少个副本写入成功才可以认定写操作是成功的，或者读取过程中读到多少个副本正确就可以认定是读成功的。这里，Cassandra 把决定一致性程度的权利留给了用户自己。所以，如果需要，用户可以设定 consistency level 和 replication factor 相等，从而达到一个较高的一致性水平，不过这样就必须付出同步阻塞操作的代价，只有所有节点都被更新完成才能成功返回一次更新。而实际上，Cassandra 一般都不会这么用，原因显而易见（这样就丧失了可用性，影响性能，而且这不是用户选择 Cassandra 的初衷）。而如果一个客户端设置 consistency level 低于 replication factor，即使有节点宕机了，仍然可以写成功。

- 面向行（Row-Oriented）：Cassandra 不是真正意义上的“Column-Oriented（面向列）”的数据库，而是“Row-Oriented”的， 它的数据结构不是关系型的，而是一个多维稀疏哈希表。“稀疏”意味着任何一行都可能会有一列或者几列，但每行都不一定（像关系模型那样）和其他行有一样的列。每行都有一个唯一的键值，用于进行数据访问。所以，更确切地说，应该把 Cassandra 看作一个有索引的、Row-Oriented 的存储系统。Cassandra 的数据存储结构基本可以看作一个多维哈希表。这意味着不必事先精确地决定具体数据结构或是记录应该包含哪些具体字段，因而特别适合处于草创阶段、还在不断增加或修改服务特性的应用，而且也特别适合应用在敏捷开发项目中，不必进行长达数月的预先分析。对于使用 Cassandra 的应用，如果业务发生变化了，只需要在运行中增加或删除某些字段，不会造成服务中断。当然，这不是说不需要考虑数据，相反，Cassandra 需要我们换个角度看数据。在 RDBMS 里，首先得设计一个完整的数据模型，然后考虑查询方式，而在 Cassandra 里，可以首先思考如何查询数据，然后提供这些数据就可以了。

- 灵活的模式（Flexible Schema）：早期版本的 Cassandra 忠实于 Bigtable 的设计，采用的是“schema-free（无模式）”的数据模型，新的 column 可以被动态定义。schema-free 模式的数据库在处理大数据时有非常强的可扩展和高性能的优势。但这种模式的主要缺点是在确定数据的含义和数据的格式时存在难点，而这限制了执行复杂查询的能力。CQL（Cassandra Query Language）正是为了解决这一问题而产生的。CQL 提供了一种通过类似于 SQL（Structured Query Language）的语法来定义的模式。起初，CQL 是基于 Apache Thrift 项目的 schema-free 接口来提供额外的 Cassandra 接口的。在这个过渡阶段，模式是可选的，可以通过 CQL 来定义，也可以通过 Thrift API 来实现在添加新的 column 时动态扩展。自 Cassandra 3.0 以来，将不推荐采用通过基于 Thrift API 来实现动态创建 column

的方式。Cassandra 的底层存储已重新实现，并与 CQL 更紧密地结合起来。Cassandra 并不限制动态扩展模式，但它的工作方式已经显著不同了。CQL 的集合，如 list、set，特别是 map 提供在无结构化的格式里面添加内容的能力，从而能扩展现有的模式。CQL 还提供了改变列的类型的能力，以支持 JSON 格式的文本的存储。 因此，Cassandra 支持“灵活的模式”。

- 高性能：Cassandra 在设计之初就特别考虑了要充分利用多处理器和多核计算机的性能，并考虑在分布于多个数据中心的大量这类服务器上运行。它可以一致而且无缝地扩展到数百台机器。Cassandra 已经显示出了高负载下的良好表现，在一个非常普通的工作站上，Cassandra 也可以提供非常高的写吞吐量。而如果增加更多的服务器，你还可以继续保持 Cassandra 所有的特性而无须牺牲性能。

14.3.4 Memcached

Memcached 是一个高性能的分布式内存对象缓存系统，用于动态 Web 应用以减轻数据库负载。它通过在内存中缓存数据和对象来减少读取数据库的次数，从而提高动态、数据库驱动网站的速度。Memcached 是基于一个存储 key-value 的哈希表，其守护进程是用 C 编写的，但是客户端可以用任何语言来编写，并通过 Memcached 协议与守护进程通信。

1. Memcached 的简介

Memcached 是免费、开源、高性能、分布式的内存对象缓存系统，通用性强，主要用于减轻数据库负载，加快动态 Web 应用程序。 Memcached 是基于内存的 key-value 模型，可以用于存储来自数据库调用、API 调用或网页渲染后的任意小块数据（字符串、对象）。 Memcached 是简单而强大的。其简单的设计加强了快速部署，易于开发，解决了大量数据高速缓存的很多问题。它的 API 可用于最流行的语言。 Memcached 最初是由 Brad Fitzpatrick 在 2003 年为 LiveJournal 所开发的，今天它已经广泛用于 LiveJournal 等各大网站，成为大规模互联网架构的重要组成部分。

Memcached 作为高速运行的分布式缓存服务器，具有以下特点。

- 协议简单。
- 基于 libevent 的事件处理。
- 内置内存存储方式。
- Memcached 不互相通信的分布式。

Memcached 主要由以下 4 个部分组成。

- 客户端软件：能够获取可用的 Memcached 服务器的列表。
- 基于客户端的散列算法：它会根据“key”来选择服务器。
- 服务器软件：存储 key-value 到内部哈希表。
- 最近最少使用算法（Least Recently Used，LRU）：决定何时要清除掉旧数据（如果内存不足的话），或重复使用内存。

2. Memcached 的架构

Memcached 拥有非常精简的架构设计理念，它可以按需来更好地利用内存。为了方便理解其工作原理，我们举个例子，假设我们有两个部署方案，如图 14-2 所示。

- 图 14-2 上方所示的部署方案（非 Memcached 方案）中的每个节点是完全独立的。
- 图 14-2 下方所示的部署方案（Memcached 方案）中的每个节点可以利用来自其他节点的内存。

图 14-2 上方所示的方案是比较常见的部署策略，但是你会发现，它在某种意义上是一种浪费，因为，所需缓存的总量只是 Web 应用的实际容量的一小部分，而且还需要努力保持所有这些节点上的缓存是一致的。

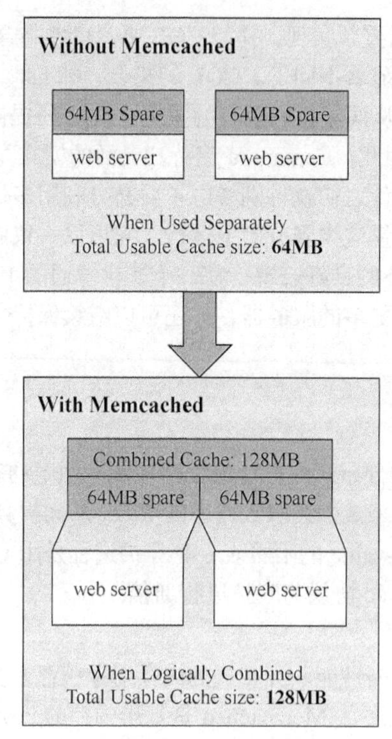

图 14-2 Memcached 的工作原理

而在图 14-2 下方所示的 Memcached 方案中可以看到，所有的服务器都在使用相同的虚拟内存池。这意味着在整个集群里面，同一个数据总是从相同的位置中存储和检索的。

此外，Memcached 方案也能适应应用程序数据不断增长的需求。在这个示例中，虽然只是简单地用两台 Web 服务器作为演示，但如果有 50 台 Web 服务器，在图 14-2 上方所示的方案中，仍然只能使用到 64MB 的可用缓存，但在 Memcached 方案中，却能使用到 3.2GB 的可用缓存。

当然，在实际应用中，一般不会将 Web 服务器作为缓存。许多用户都会在使用 Memcached 时，搭建专门的 Memcached 服务器作为缓存。

Memcached 主要包括以下核心设计理念。

- 简单的 key-value 存储：Memcached 服务器并不关心数据是什么样子。数据由一个 key、过期时间、可选的标志以及原始数据组成。无须关心数据结构的问题，只需要按预先的序列上传数据。可以使用某些命令（incr/decr）来实现以简单的方式对基础数据进行操作。
- 逻辑一半在客户端，一半在服务器：Memcached 的实现，一部分在客户端，另一部分在服务器。用户知道如何选择所要读取或写入的服务器，如何在无法连接到服务器时做出反应。这些服务器知道如何存储和获取数据。它们还管理着可以被清除或重用的内存。
- 各个服务器之间是无连接的：Memcached 服务器之间并不知道对方的存在，它们之间不会有回应，不会同步数据，不会广播消息，也不会互相复制数据。添加服务器就能够增加可用的存储，简化了缓存失效机制，由客户端来直接删除或覆盖它在服务器上所拥有的数据。
- O（1）：所有的命令都被设计为尽可能快和对锁友好。这提高了所有用例的确定性查询的速度。在慢的机器中应在 1ms 内能够执行完查询。高端服务器可以拥有每秒百万次的吞吐量。
- “遗忘”功能：Memcached 在默认情况下，采用了“Least Recently Used（最近最少使用）”的缓存机制，数据会在指定时间后过期。这两者都是很多问题的“优雅”的解决方案，既限制了陈旧未使用的数据，也能保证缓存了经常使用的数据。垃圾回收器无须“pauses（暂停）”等待，以确保低延迟和懒加载空闲的空间。

- 缓存失效：无须广播服务器的变化到所有可用的主机上，作为替代者，客户端可以直接解决服务器保存的数据失效的问题。

14.3.5 Redis

Redis 是一个 key-value 模型的内存数据存储系统。和 Memcached 类似，但它支持存储的 value 类型相对更多，包括支持 string（字符串）、hash（哈希类型）list（链表）、set（集合）和 sorted set（有序集合）的 range query（范围查询），以及位图、hyperloglogs、空间索引等的 radius query（半径查询）。内置复制、Lua 脚本、LRU 回收、事务以及不同级别磁盘持久化功能，同时通过 Redis Sentinel 提供高可用，通过 Redis Cluster 提供自动分区。Redis 是完全开源免费的、遵守 BSD 的协议。

Redis 是一个高性能的 key-value 数据库。Redis 的出现，很大程度弥补了 Memcached 这类 key-value 存储的不足，在部分场合可以对关系型数据库起到很好的补充作用。它提供了 ActionScript、Bash、C、C#、C++、Clojure、Common Lisp、Crystal、D、Dart、Delphi、Elixir、emacs lisp、Erlang、Fancy、gawk、GNU Prolog、Go、Haskell、Haxe、Io、Java、Julia、Lasso、 Lua、Matlab、mruby、Nim、Node.js、Objective-C、OCaml、Pascal、Perl、PHP、Pure Data、Python、R、Racket、Rebol、Ruby、Rust、Scala、Scheme、Smalltalk、Swift、Tcl、VB、VCL 等众多客户端，使用很方便。

Redis 支持主从同步。可以从主服务器向任意数量的从服务器上同步数据，从服务器可以是关联其他从服务器的主服务器。这使得 Redis 可执行单层树复制，内存可以有意无意地对数据进行写操作。由于完全实现了发布/订阅机制，从数据库在任何地方进行数据同步时，可订阅一个频道并接收主服务器完整的消息发布记录。同步对读取操作的可扩展性和数据冗余很有帮助。

用户可以在 Redis 数据类型上执行原子操作，比如，追加字符串，增加哈希表中的某个值，在列表中增加一个元素，计算集合的交集、并集或差集，获取一个有序集合中最大排名的元素，等等。

为了获取其卓越的性能，Redis 在内存数据集合上工作。是否工作在内存这取决于用户，如果用户想持久化其数据，可以通过偶尔转储内存数据集到磁盘上或在一个日志文件中写入每条操作命令来实现。如果用户仅需要一个内存数据库，那么持久化操作可以被选择性禁用。

Redis 是用 ANSI C 编写的，在大多数 POSIX 系统中工作——如 Linux、*BSD、OS X 等——而无须添加其他额外的依赖。Linux 和 OS X 系统是 Redis 的开发和测试最常用的两个操作系统，所以建议使用 Linux 来部署 Redis。Redis 可以工作在像 SmartOS 那样的 Solaris 派生的系统上，但支持是有限的。官方没有对 Windows 构建的支持，但 Microsoft 开发和维护了 Redis 的 Win-64 的接口。

Redis 具有以下特点。

- 事务。
- 发布/订阅。
- Lua 脚本。
- key 有生命时间限制。
- 按照 LRU 机制来清除旧数据。
- 自动故障转移。

14.3.6 MongoDB

与 Redis 或者 HBase 等不同，MongoDB 是一个介于关系型数据库和非关系型数据库之间的产品，是非关系型数据库当中功能最丰富、最像关系型数据库的，旨在为 Web 应用提供可扩展的高性能数据存储解决方案。它支持的数据结构非常松散，是类似 JSON 的 BSON 格式，因此可以存储比较复杂的数据类型。MongoDB 最大的特点是其支持的查询语言非常强大，其语法有点类似于面向对象的查询语言，几乎可以实现类似关系型数据库表单查询的绝大部分功能，而且还支持对数据建立索引。

MongoDB Server 是用 C++编写的、开源的、面向文档的数据库（Document Database），它的特点是高性能、高可用性，以及可以实现自动化扩展，存储数据非常方便。其主要功能特性如下。

- MongoDB 将数据存储为一个文档，数据结构由 field-value（字段-值）对组成。
- MongoDB 文档类似于 JSON 对象，字段的值可以包含其他文档、数组及文档数组。

MongoDB 的文档结构如图 14-3 所示。

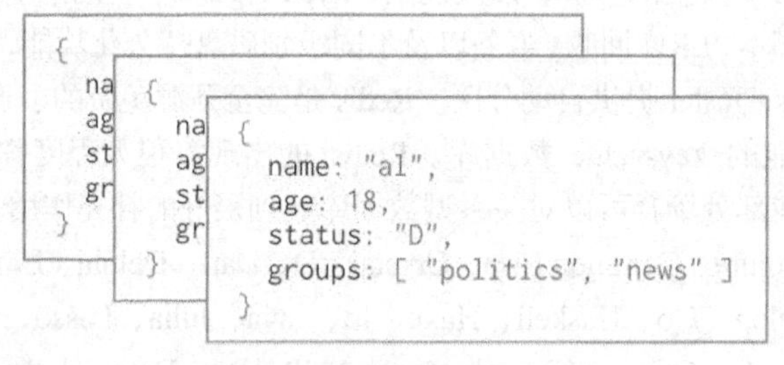

图 14-3　MongoDB 的文档结构

使用文档的优点有以下 3 点。

- 文档（即对象）在许多编程语言里可以对应于原生数据类型。
- 嵌入式文档和数组可以减少昂贵的连接操作。
- 动态模式支持流畅的多态性。

MongoDB 的特点是高性能、易部署、易使用，存储数据非常方便。主要功能特性如下所述。

1. 高性能

MongoDB 中提供了以下高性能的数据持久化。

- 对于嵌入式数据模型的支持，减少了数据库系统的 I/O 活动。
- 支持索引，用于快速查询。其索引对象可以是嵌入文档或数组的 key。

2. 丰富的查询语言

MongoDB 支持以下查询语言。

- 读取和写入。
- 数据聚合。
- 文本搜索和地理空间查询。

3. 高可用

MongoDB 的复制设备被称为 replica set，提供了以下功能。

- 自动故障转移。
- 数据冗余。

replica set 是一组保存相同数据集合的 MongoDB 服务器，提供了数据冗余并增强了数据的可用性。

4. 横向扩展

MongoDB 提供水平横向扩展并作为其核心功能部分。

- 将数据分片到一组计算机集群上。
- 标签意识分片（Tag Aware Sharding）允许将数据传到特定的碎片，比如在分片时考虑碎片的地理分布。

5. 支持多个存储引擎

MongoDB 支持以下存储引擎。

- WiredTiger Storage Engine。
- MMAPv1 Storage Engine。

此外，MongoDB 中提供插件式存储引擎的 API，允许第三方来开发 MongoDB 的存储引擎。

14.4 实战：基于 MongoDB 文件服务器

本节，我们将介绍如何基于 MongoDB 技术来存储二进制文件，从而实现一个文件服务器 MongoDB File Server。

14.4.1 文件服务器的需求

本文件服务器致力于小型文件的存储，比如博客中的图片、普通文档等。由于 MongoDB 支持多种数据格式的存储，对于二进制的存储自然也是不在话下，所以可以很方便地用于存储文件。由于 MongoDB 的 BSON 文档对于数据量大小的限制（每个文档不超过 16MB），所以本文件服务器主要针对的是小型文件的存储。对于大型文件的存储（比如超过 16MB），MongoDB 官方已经提供了成熟的产品 GridFS，读者朋友可以自行了解。

文件服务器应能够提供与平台无关的 REST API 供外部系统调用。

文件服务器整体的 API 设计如下。

- GET /files/{pageIndex}/{pageSize}：分页查询已经上传了的文件。
- GET /files/{id}：下载某个文件。
- GET /view/{id}：在线预览某个文件。比如，显示图片。
- POST /upload：上传文件。
- DELETE /{id}：删除文件。

我们创建一个新项目，称之为 mongodb-file-server。

14.4.2 所需技术

本例子采用的开发技术如下。

- MongoDB 3.4.6。
- Spring Boot 2.0.0.M2。
- Spring Data Mongodb 2.0.0.M4。
- Thymeleaf 3.0.6.RELEASE。
- Thymeleaf Layout Dialect 2.2.2。
- Embedded MongoDB 2.0.0。

其中，Spring Boot 用于快速构建一个可独立运行的 Java 项目；Thymeleaf 作为前端页面模板，方便展示数据；Embedded MongoDB 则是一款由 Organization Flapdoodle OSS 出品的内嵌 MongoDB，可以在不启动 MongoDB 服务器的前提下，方便进行相关的 MongoDB 接口测试。

本文所演示的项目，是采用 Gradle 进行组织以及构建的，如果对 Gradle 不熟悉，也可以自行将项目转为 Maven 项目。

build.gradle 文件完整配置内容如下。

```
buildscript { // buildscript 代码块中脚本优先执行

    // ext 用于定义动态属性
    ext {
```

```
        springBootVersion = '2.0.0.M2'
    }

    // 使用了 Maven 的中央仓库（也可以指定其他仓库）
    repositories {
        //mavenCentral()
        maven { url "https://repo.spring.io/snapshot" }
        maven { url "https://repo.spring.io/milestone" }
        maven { url "http://maven.aliyun.com/nexus/content/groups/public/" }
    }

    // 依赖关系
    dependencies {

        // classpath 声明说明了在执行其余的脚本时，ClassLoader 可以使用这些依赖项
        classpath("org.springframework.boot:spring-boot-gradle-plugin:${springBoot
Version}")
    }
}

// 使用插件
apply plugin: 'java'
apply plugin: 'eclipse'
apply plugin: 'org.springframework.boot'
apply plugin: 'io.spring.dependency-management'

// 指定了生成的编译文件的版本，默认是打成了 jar 包
version = '1.0.0'

// 指定编译 .java 文件的 JDK 版本
sourceCompatibility = 1.8

// 使用了 Maven 的中央仓库（也可以指定其他仓库）
repositories {
    //mavenCentral()
    maven { url "https://repo.spring.io/snapshot" }
    maven { url "https://repo.spring.io/milestone" }
    maven { url "http://maven.aliyun.com/nexus/content/groups/public/" }
}

// 依赖关系
dependencies {

    // 该依赖用于编译阶段
    compile('org.springframework.boot:spring-boot-starter-web')

    // 添加 Thymeleaf 的依赖
    compile('org.springframework.boot:spring-boot-starter-thymeleaf')

    // 添加 Spring Data Mongodb 的依赖
    compile('org.springframework.boot:spring-boot-starter-data-mongodb')

    // 添加  Embedded MongoDB 的依赖用于测试
    compile('de.flapdoodle.embed:de.flapdoodle.embed.mongo')
```

```
    // 该依赖用于测试阶段
    testCompile('org.springframework.boot:spring-boot-starter-test')
}
```

该 build.gradle 文件中的各配置项的注释已经非常详尽了，这里就不再赘述其配置项的含义了。

14.4.3　文件服务器的实现

在 mongodb-file-server 项目基础上，我们将实现文件服务器的功能。

1．领域对象

首先，我们要对文件服务器进行建模。相关的领域模型如下。

文档类是类似与 JPA 中的实体的概念。不同的是 JPA 是采用@Entity 注解，而文档类是采用@Document 注解。

在 com.waylau.spring.boot.fileserver.domain 包下，我们创建了一个 File 类。

```
import org.bson.types.Binary;
import org.springframework.data.annotation.Id;
import org.springframework.data.mongodb.core.mapping.Document;

...

@Document
public class File {
    @Id  // 主键
    private String id;
    private String name; // 文件名称
    private String contentType; // 文件类型
    private long size;
    private Date uploadDate;
    private String md5;
    private Binary content; // 文件内容
    private String path; // 文件路径

    // 省略 getter/setter 方法

    protected File() {
    }

    public File(String name, String contentType, long size,Binary content) {
        this.name = name;
        this.contentType = contentType;
        this.size = size;
        this.uploadDate = new Date();
        this.content = content;
    }

    @Override
    public boolean equals(Object object) {
       if (this == object) {
           return true;
       }
       if (object == null || getClass() != object.getClass()) {
           return false;
```

```
        }
        File fileInfo = (File) object;
        return java.util.Objects.equals(size, fileInfo.size)
                && java.util.Objects.equals(name, fileInfo.name)
                && java.util.Objects.equals(contentType, fileInfo.contentType)
                && java.util.Objects.equals(uploadDate, fileInfo.uploadDate)
                && java.util.Objects.equals(md5, fileInfo.md5)
                && java.util.Objects.equals(id, fileInfo.id);
    }

    @Override
    public int hashCode() {
        return java.util.Objects.hash(name, contentType, size, uploadDate, md5, id);
    }

    @Override
    public String toString() {
        return "File{"
                + "name='" + name + '\''
                + ", contentType='" + contentType + '\''
                + ", size=" + size
                + ", uploadDate=" + uploadDate
                + ", md5='" + md5 + '\''
                + ", id='" + id + '\''
                + '}';
    }
}
```

需要注意以下两点。

- 文档类，主要采用的是 Spring Data MongoDB 中的注解，用于标识这是 NoSQL 中的文档概念。
- 文件的内容，我们是用 org.bson.types.Binary 类型来进行存储。

2. 存储库 FileRepository

存储库用于提供与数据库“打交道”的常用的数据访问接口。其中 FileRepository 接口继承自 org.springframework.data.mongodb.repository.MongoRepository 即可，无须自行实现该接口的功能，Spring Data MongoDB 会自动实现接口中的方法。

```
import org.springframework.data.mongodb.repository.MongoRepository;
import com.waylau.spring.boot.fileserver.domain.File;

public interface FileRepository extends MongoRepository<File, String> {
}
```

3. 服务接口及实现类

FileService 接口定义了对于文件的 CURD 操作，其中查询文件接口是采用的分页处理，以有效提升查询性能。

```
public interface FileService {
    /**
     * 保存文件
     * @param File
     * @return
     */
    File saveFile(File file);

    /**
```

```
     * 删除文件
     * @param File
     * @return
     */
    void removeFile(String id);

    /**
     * 根据 id 获取文件
     * @param File
     * @return
     */
    File getFileById(String id);

    /**
     * 分页查询，按上传时间降序
     * @param pageIndex
     * @param pageSize
     * @return
     */
    List<File> listFilesByPage(int pageIndex, int pageSize);
}
```

FileServiceImpl 实现了 FileService 中所有的接口。

```
@Service
public class FileServiceImpl implements FileService {

    @Autowired
    public FileRepository fileRepository;

    @Override
    public File saveFile(File file) {
        return fileRepository.save(file);
    }

    @Override
    public void removeFile(String id) {
        fileRepository.deleteById(id);
    }

    @Override
    public Optional<File> getFileById(String id) {
        return fileRepository.findById(id);
    }

    @Override
    public List<File> listFilesByPage(int pageIndex, int pageSize) {
        Page<File> page = null;
        List<File> list = null;

        Sort sort = new Sort(Direction.DESC,"uploadDate");
        Pageable pageable = PageRequest.of(pageIndex, pageSize, sort);

        page = fileRepository.findAll(pageable);
        list = page.getContent();
        return list;
    }
}
```

4. 控制层、API资源层

FileController控制器作为API的提供者，接收用户的请求及响应。API的定义符合RESTful的风格。

```
@CrossOrigin(origins = "*", maxAge = 3600) // 允许所有域名访问
@Controller
public class FileController {

    @Autowired
    private FileService fileService;

    @Value("${server.address}")
    private String serverAddress;

    @Value("${server.port}")
    private String serverPort;

    @RequestMapping(value = "/")
    public String index(Model model) {
        // 展示最新20条数据
        model.addAttribute("files", fileService.listFilesByPage(0, 20));
        return "index";
    }

    /**
     * 分页查询文件
     *
     * @param pageIndex
     * @param pageSize
     * @return
     */
    @GetMapping("files/{pageIndex}/{pageSize}")
    @ResponseBody
    public List<File> listFilesByPage(@PathVariable int pageIndex,
            @PathVariable int pageSize) {
        return fileService.listFilesByPage(pageIndex, pageSize);
    }

    /**
     * 获取文件片信息
     *
     * @param id
     * @return
     */
    @GetMapping("files/{id}")
    @ResponseBody
    public ResponseEntity<Object> serveFile(@PathVariable String id) {

        Optional<File> file = fileService.getFileById(id);

        if (file.isPresent()) {
            return ResponseEntity.ok()
                    .header(HttpHeaders.CONTENT_DISPOSITION, "attachment; fileName=\""
                    + file.get().getName() + "\"")
                    .header(HttpHeaders.CONTENT_TYPE, "application/octet-stream")
```

```
                .header(HttpHeaders.CONTENT_LENGTH, file.get().getSize() + "")
                .header("Connection", "close")
                .body(file.get().getContent().getData());
        } else {
            return ResponseEntity.status(HttpStatus.NOT_FOUND).body("File was not 
found");
        }

    }

    /**
     * 在线显示文件
     *
     * @param id
     * @return
     */
    @GetMapping("/view/{id}")
    @ResponseBody
    public ResponseEntity<Object> serveFileOnline(@PathVariable String id) {

        Optional<File> file = fileService.getFileById(id);

        if (file.isPresent()) {
            return ResponseEntity.ok()
                .header(HttpHeaders.CONTENT_DISPOSITION, "fileName=\""
                    + file.get().getName() + "\"")
                .header(HttpHeaders.CONTENT_TYPE, file.get().getContentType())
                .header(HttpHeaders.CONTENT_LENGTH, file.get().getSize() + "")
                .header("Connection", "close")
                .body(file.get().getContent().getData());
        } else {
            return ResponseEntity.status(HttpStatus.NOT_FOUND).body("File was not 
found");
        }

    }

    /**
     * 上传
     *
     * @param file
     * @param redirectAttributes
     * @return
     */
    @PostMapping("/")
    public String handleFileUpload(@RequestParam("file") MultipartFile file,
            RedirectAttributes redirectAttributes) {

        try {
            File f = new File(file.getOriginalFilename(), file.getContentType(),
                    file.getSize(), new Binary(file.getBytes()));
           f.setMd5(MD5Util.getMD5(file.getInputStream()));
           fileService.saveFile(f);
        } catch (IOException | NoSuchAlgorithmException ex) {
            ex.printStackTrace();
            redirectAttributes.addFlashAttribute("message", "Your "
```

```
                + file.getOriginalFilename() + " is wrong!");
            return "redirect:/";
        }

        redirectAttributes.addFlashAttribute("message",
                "You successfully uploaded " + file.getOriginalFilename() + "!");

        return "redirect:/";
    }

    /**
     * 上传接口
     *
     * @param file
     * @return
     */
    @PostMapping("/upload")
    @ResponseBody
    public ResponseEntity<String> handleFileUpload(@RequestParam("file") MultipartFile
file) {
        File returnFile = null;
        try {
            File f = new File(file.getOriginalFilename(), file.getContentType(), file.
getSize(),
                    new Binary(file.getBytes()));
            f.setMd5(MD5Util.getMD5(file.getInputStream()));
            returnFile = fileService.saveFile(f);
            String path = "//" + serverAddress + ":" + serverPort + "/view/" +
returnFile.getId();
            return ResponseEntity.status(HttpStatus.OK).body(path);

        } catch (IOException | NoSuchAlgorithmException ex) {
            ex.printStackTrace();
            return  ResponseEntity.status(HttpStatus.INTERNAL_SERVER_ERROR).body(ex.
getMessage());
        }

    }

    /**
     * 删除文件
     *
     * @param id
     * @return
     */
    @DeleteMapping("/{id}")
    @ResponseBody
    public ResponseEntity<String> deleteFile(@PathVariable String id) {

        try {
            fileService.removeFile(id);
            return ResponseEntity.status(HttpStatus.OK).body("DELETE Success!");
        } catch (Exception e) {
            return ResponseEntity.status(HttpStatus.INTERNAL_SERVER_ERROR)
                    .body(e.getMessage());
        }
```

```
    }
}
```

其中@CrossOrigin(origins = "*", maxAge = 3600)注解标识了 API 可以被跨域请求。

14.4.4　运行

有多种方式可以运行 Gradle 的 Java 项目。使用 Spring Boot Gradle Plugin 插件运行是较为简便的一种方式，只需要执行：

```
$ gradlew bootRun
```

项目成功运行后，通过浏览器访问 http://localhost:8081 即可。如图 14-4 所示，首页提供了上传的演示界面，上传后，就能看到上传文件的详细信息。

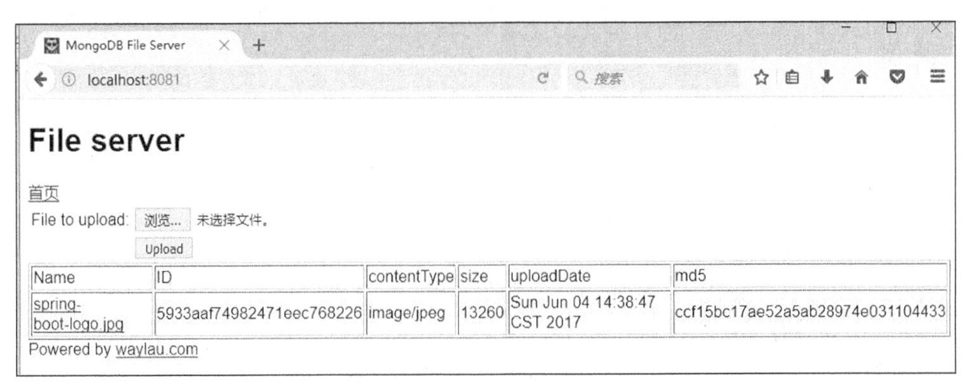

图 14-4　上传界面

14.4.5　其他配置项

我们打开 application.properties 配置文件，可以看到以下配置。

```
server.address=localhost
server.port=8081

# Thymeleaf
spring.thymeleaf.encoding=UTF-8
spring.thymeleaf.cache=false
spring.thymeleaf.mode=HTML5

# limit upload file size
spring.http.multipart.max-file-size=1024KB
spring.http.multipart.max-request-size=1024KB

# independent MongoDB server
#spring.data.mongodb.uri=mongodb://localhost:27017/test
```

这些配置的含义如下。

- server.address 和 server.port 用来指定文件服务器启动的位置和端口号。
- spring.http.multipart.max-file-size 和 spring.http.multipart.max-request-size 用来限制上传文件的大小，这里设置最大是 1MB。
- 当 spring.data.mongodb.uri 没有被指定的时候，默认会采用内嵌 MongoDB 服务器。如果要使用独立部署的 MongoDB 服务器，那么设置这个配置，并指定 MongoDB 服务器的地址。同时，将内嵌 MongoDB 的依赖注释掉，操作如下。

```
dependencies {
```

```
    //...

    // 注释掉内嵌的 MongoDB
    // compile('de.flapdoodle.embed:de.flapdoodle.embed.mongo')

    //...
}
```

14.5 本章小结

本章介绍了分布式存储的概念、应用场景及常用技术，并演示了如何基于 MongoDB 来实现一款文件服务器。

14.6 习题

- 请简述分布式存储的概念。
- 请简述分布式存储的应用场景。
- 请列举分布式存储常用技术。
- 请用你熟悉的编程语言编写应用，以实现一个操作分布式存储系统的例子。

第 15 章 分布式监控

相比于单机的部署模式，应用在分布式部署下带来了新的挑战。一方面，应用往往有多个实例，这些实例需要在分布式多个节点上进行部署；另一方面，通过人工手动操作命令来监控这些应用，已经变得越来越困难。特别是在微服务架构下，每个微服务往往需要设置单独的监控，这意味着服务越多监控越多。而且每个微服务可能使用不同的技术或语言，依靠不同的机器或容器，使用其特有的版本控制，这也大大增大了监控的复杂性。

本章将介绍分布式下常用的监控技术，这些技术都能够解决上面所提到的问题。

15.1 分布式监控概述

运维离不开监控就像鱼离不开水，一款功能强大的监控系统可以有力地保证业务的性能和稳定性。特别是在分布式系统架构下，节点数量众多，手工维护这些节点的状态已经不可能了。因此，分布式系统往往会配套搭建监控系统，以保障分布式系统的持续可用。

15.2 分布式监控应用场景

如果你所处的项目，是单机的部署的应用，或者节点数不超过 3 个，那么即便不使用专业的监控产品，也能满足你平常的运维需要。你可以手工操作登录到部署应用的主机上，通过执行命令行来观察主机资源占用的情况，比如 CPU、硬盘、内存等；也可以通过观察应用的日志文件，来排查应用运行过程中的问题。

但是，当部署的节点数达到一定量，比如 10 个甚至更多，通过手工操作来监测主机便变成了一个不可能完成的任务。一方面，手工操作费时费力，重复性操作令人乏味；另一方面，也是最为重要的一点，手工操作加大出错的可能性。所以，把重复性的工作交给计算机来做是明智之举。采用成熟的分布式监控产品帮助你减少不必要的劳动，省心省力。你要做的只是设置必要的执行脚本或者报警阈值，分布式监控产品会自动帮你运维。当运维过程中监测到异常时，你会收到来自监控系统的告警通知。这样，让人主动去轮询排查运维问题，转变成了被动接收告警通知，从而大大解放了人力。

15.3 分布式监控常用技术

目前，市面上开源的监控产品比较多，功能也很丰富。比如，Nagios、Zabbix 便是两款老牌的工业级的监控产品，可以胜任大部分的场景，包括硬件资源以及软件资源的监控。Consul 和 ZooKeeper 则更加专注于服务的管理，比如服务的注册与发现、维护服务的高可用等。接下来将会对这些技术做详细的介绍。

15.3.1 Nagios

Nagios 是一款开源的免费网络监视工具，致力于打造符合行业标准的 IT 基础架构的监控系统。Nagios 提供了服务器、网络和应用的完整的 IT 监控和报警，可以有效监控 Windows、Linux 和 UNIX 的主机状态，以及交换机、路由器、打印机等网络设备。在系统或服务状态异常时可以发出邮件或短信报警，第一时间通知网站运维人员，在状态恢复后发出正常的邮件或短信进行通知。

Nagios 的产品系列如下。

- Nagios XI：提供最强大的 IT 基础设施的监控和 IT 监控软件报警，适用于苛刻的组织级要求。
- Nagios Log Server：强大的企业级日志监控、管理和分析应用程序，允许企业快速、轻松地从所有的机器生成的日志数据里进行浏览、查询和分析。
- Nagios Network Analyzer：为商业级网络流量和带宽信息提供数据分析解决方案。Nagios Network Analyzer 可以积极主动地解决故障、检测异常行为，并能在它们影响关键业务流程之前揭露其安全威胁。
- Nagios Fusion：整个基础设施监控的集中可视化工具。
- Nagios Core：IT 监控软件的行业标准。Nagios Core 引擎已经在网络基础设施监控领域成为行业标准长达十多年，提供强大的性能和灵活性。Nagios XI 使用 Nagios Core 作为其基础核心组件。

在上述产品中，除了 Nagios Core 是开源、免费的产品，其他的都是商业软件。学习或者开发 Nagios，了解 Nagios Core 是必不可少的，本节内容也主要围绕 Nagios Core 来展开。为了避免概念上的混淆，下文中所指的 Nagios 特指 Nagios Core 产品。

Nagios Core 主要提供以下功能特性。

- 监控网络服务（SMTP、POP3、HTTP、NNTP、PING 等）。
- 监控主机资源（处理器负荷、磁盘利用率等）。
- 简单的插件设计使得用户可以方便地扩展自己服务的检测方法。
- 并行服务检测机制。
- 具备定义网络分层结构的能力，用“parent”主机定义来表达网络主机间的关系，这种关系可被用来发现和明晰主机宕机或不可达状态。
- 当服务或主机产生问题以及问题解决时将告警通知发送给联系人（通过 E-mail、短信或者用户定义方式）。
- 具备定义事件句柄功能，它可以在主机或服务的事件发生时获取更多问题定位。
- 自动的日志文件回滚。
- 可以支持并实现对主机的数据冗余监控。
- 可选的 Web 界面用于查看当前的网络状态、通知和故障历史、日志文件等。

Nagios Core 的开源协议是 GNU General Public License Version 2。

15.3.2 Zabbix

Zabbix 是一个基于 Web 界面的提供分布式系统监控和网络监控功能的企业级开源解决方案。

Zabbix 能监视各种网络参数，保证服务器系统的安全运行，并提供灵活的通知机制，让系统管理员可以快速定位以及解决存在的各种问题。

1. Zabbix 简介

Alexei Vladishev 创建了 Zabbix 项目，当前处于活跃开发状态，Zabbix SIA 对其提供支持。

Zabbix 是一个企业级的、开源的、分布式的监控套件。Zabbix 可以监控服务器、虚拟机和网络设备的运行状况。Zabbix 利用灵活的告警机制，允许用户对事件发送基于 E-mail 的告警通知，这样可以保证用户快速地对问题做出响应。

Zabbix 提供了数据采集强大的性能和可扩展性；提供了 Zabbix 代理，让分布式监控得以实现；Zabbix 带有一个基于 Web 的界面、安全的用户认证和灵活的用户权限架构；支持 polling 和 trapping 模式，与本地高性能代理协作，几乎可以收集来自流行的操作系统的所有数据；同时，也提供了无代理的监控方法。

Zabbix 可以自动发现网络服务器和设备。

Zabbix 是近乎零成本的，因为 Zabbix 的编写和发布基于 GPL General Public License version 2 协议，意味着源代码是免费发布的。当然，Zabbix 公司也提供商业化的技术支持。

Zabbix 是一个高度集成的网络监控套件，通过一个软件包即可提供以下特性。

- 数据收集。
  - 可用性及性能检测。
  - 支持 SNMP（trapping 及 polling）、IPMI、JMX、VMware 等的监控。
  - 自定义检测。
  - 自定义间隔来收集收据。
  - 通过 server/proxy 和 agent 来执行。
- 灵活的阈值定义。
  - 允许灵活地自定义阈值，在 Zabbix 中称为触发器（Trigger），其存储在后端数据库中。
- 高级告警配置
  - 可以发送自定义的升级计划、接收者及媒体类型的通知。
  - 通知信息可以配置并允许使用宏（Macro）变量。
  - 通过远程命令等实行自动化动作。
- Web 监控功能。
  - Zabbix 可以按照在网站上模拟鼠标点击的路径来检查功能和响应时间。
- 实时绘图。
  - 通过内置的绘图方法实现监控数据实时绘图。
- 扩展的图形化显示。
  - 允许自定义创建多监控项的视图。
  - 网络拓扑（Network Maps）。
  - 自定义的面板和界面，并允许在控制面板页面显示。
  - 报告。
  - 高等级（商业）监控资源。
- 历史数据存储。
  - 数据存储在数据库中。
  - 历史数据可配置。
  - 内置数据清理机制。
- 配置简单。
  - 通过添加监控设备方式来添加主机。
  - 只需在数据库中配置一次，就能长期监控。

  - 监控设备允许使用模板。
- 模板使用。
  - 模板中可以添加组监控。
  - 模板允许继承。
- 网络自动发现。
  - 自动发现网络设备。
  - agent 自动注册。
  - 自动发现文件系统、网卡设备、SNMP OID 等。
- 快速的 Web 界面。
  - Web 前端采用 PHP 编写。
  - 访问无障碍。
  - 你想怎么做就能怎么做。
  - 审计日志。
- Zabbix API。
  - Zabbix API 提供程序级别的访问接口，第三方程序可以很快接入。
- 权限系统。
  - 安全的权限认证。
  - 用户可以限制允许维护的列表。
- 全特性、agent 易扩展。
  - 在被监控目标上进行部署。
  - 支持 Linux 及 Windows。
- 二进制守护进程。
  - C 语言开发，高性能，低内存消耗。
  - 易移植。
- 具备应对复杂环境情况的能力。
  - 通过 Zabbix proxy 可以非常容易地创建远程监控。

2. Zabbix 对于容器的支持

随着容器技术越来越流行，用容器来安装应用已经越来越普遍。目前，以 Docker 镜像形式的容器来安装 Zabbix 已被支持。

下面是以 Docker 来安装、使用 Zabbix 的常见示例。

本示例演示如何运行 MySQL 版本的 Zabbix server，其 Zabbix Web 界面基于 NGINX Web 服务器和 Zabbix Java gateway。

（1）开启一个空的 MySQL server 实例如下。

```
# docker run --name mysql-server -t \
      -e MYSQL_DATABASE="zabbix" \
      -e MYSQL_USER="zabbix" \
      -e MYSQL_PASSWORD="zabbix_pwd" \
      -e MYSQL_ROOT_PASSWORD="root_pwd" \
      -d mysql:5.7
```

（2）开启一个 Zabbix Java gateway 实例如下。

```
# docker run --name zabbix-java-gateway -t \
      -d zabbix/zabbix-java-gateway:latest
```

（3）开启 Zabbix server 实例，并链接到创建的 MySQL server 实例如下。

```
# docker run --name zabbix-server-mysql -t \
```

```
      -e DB_SERVER_HOST="mysql-server" \
      -e MYSQL_DATABASE="zabbix" \
      -e MYSQL_USER="zabbix" \
      -e MYSQL_PASSWORD="zabbix_pwd" \
      -e MYSQL_ROOT_PASSWORD="root_pwd" \
      -e ZBX_JAVAGATEWAY="zabbix-java-gateway" \
      --link mysql-server:mysql \
      --link zabbix-java-gateway:zabbix-java-gateway \
      -p 10051:10051 \
      -d zabbix/zabbix-server-mysql:latest
```

（4）开启 Zabbix Web 实例，并链接到创建的 MySQL server 和 Zabbix server 实例。

```
# docker run --name zabbix-web-nginx-mysql -t \
      -e DB_SERVER_HOST="mysql-server" \
      -e MYSQL_DATABASE="zabbix" \
      -e MYSQL_USER="zabbix" \
      -e MYSQL_PASSWORD="zabbix_pwd" \
      -e MYSQL_ROOT_PASSWORD="root_pwd" \
      --link mysql-server:mysql \
      --link zabbix-server-mysql:zabbix-server \
      -p 80:80 \
      -d zabbix/zabbix-web-nginx-mysql:latest
```

15.3.3 Consul

Consul 是 HashiCorp 公司推出的开源工具，用于实现分布式系统的服务发现、监控与配置。与其他分布式服务注册与发现的方案相比，Consul 的方案更"一站式"，内置了服务注册与发现框架、分布一致性协议实现、健康检测、Key-Value 存储、多数据中心方案等，而且不再需要依赖其他工具（比如 ZooKeeper 等），使用起来也较为简单。Consul 是用 Go 开发的，因此具有天然可移植性（支持 Linux、Mac OS X、FreeBSD、Solaris 和 Windows）；安装包仅包含一个可执行文件，方便部署，与 Docker 等轻量级容器可无缝配合。

1. Consul 简介

Consul 可以为基础设施提供服务发现和配置。其核心的功能如下。

- 服务发现（Service Discovery）：Consul 客户端提供了能被其他客户端诸如 API 或 MySQL 等发现的服务。使用 DNS 或 HTTP，应用程序可以很容易地找到它们所依赖的服务。
- 健康检测（Health Checking）：Consul 客户端可以提供任何数量的健康检测，可以是给定服务，或是本地节点。此功能可以用来监控集群的通信情况。
- Key-Value 存储：应用程序可以利用 Key-Value 存储，实现包括动态配置、功能降级、协调、领导人选举（Leader Election）等。简单的 HTTP API 使得它更易于使用。
- 多数据中心（Multi Datacenter）：Consul 支持开箱即用的多数据中心。

Consul 的设计对 DevOps 社区和应用开发者来说非常友好，使得它非常适合现代的、弹性的基础设施。与其他同类型的产品相比，Consul 具有以下优势。

- 使用 Raft 算法来保证一致性，比复杂的 Paxos 算法更直接。相比较而言，ZooKeeper 采用的是 Paxos，而 etcd 使用的则是 Raft。
- 支持多数据中心，内外网的服务采用不同的端口进行监听。多数据中心集群可以避免单数据中心的单点故障，而其部署则需要考虑网络延迟、分片等情况。ZooKeeper 和 etcd 均不提供对多数据中心功能的支持。
- 支持健康检测，etcd 不提供此功能。
- 支持 HTTP 和 DNS 协议接口。ZooKeeper 的集成较为复杂，etcd 只支持 HTTP。

- 官方提供 Web 管理界面，etcd 无此功能。

简单来说，相比 ZooKeeper，Consul 更轻量，依赖轻（Go 与 Java 的对比），Raft 算法要比 Paxos 算法简单得多，而且效率高。相比 etcd，Consul 提供了更多的功能，比如 DNS server、多数据中心同步、Web 界面等。

2. Consul 架构

Consul 是一个复杂的系统，该系统由许多不同的部件组成。图 15-1 所示是来自官方文档的 Consul 架构。

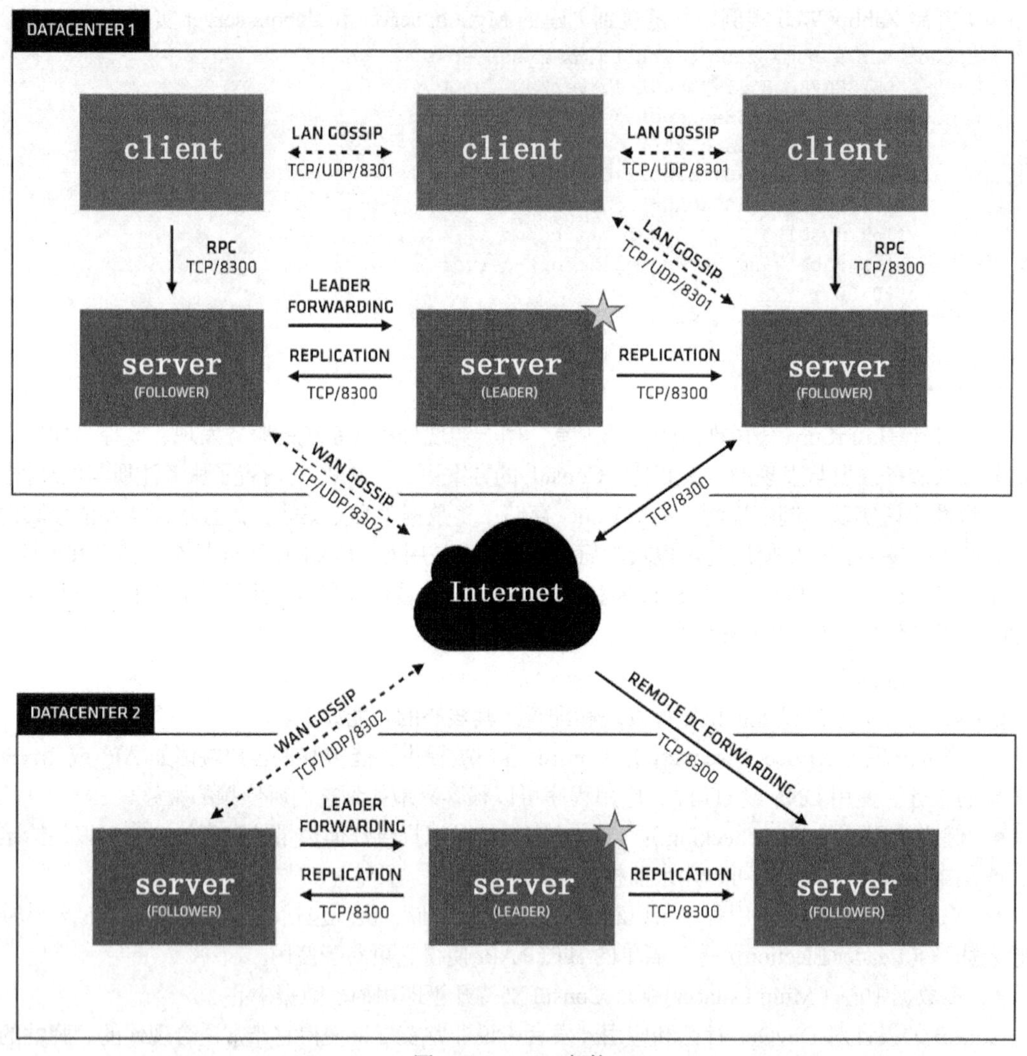

图 15-1 Consul 架构

首先，Consul 支持多数据中心（Datacenter），从这个架构图中可以看到有两个数据中心，分别标记为“DATACENTER 1”和“DATACENTER 2”。每个数据中心都是由 server 和 client 组成的。基于故障处理和性能平衡的考虑，建议有 3～5 个 server。随着机器的增多，则 consensus 会越来越慢。对 client 没有限制，可以很容易地扩展到成千上万。

同一个数据中心的所有节点都要加入 Gossip 协议，这意味着 Gossip pool 包含给定数据中心的所有节点，原因如下。

- 没有必要为 client 配置 server、地址参数，发现是自动完成的。
- 节点故障检测的工作不是放置在 server 上，而是分布式系统完成的。这使故障检测比心跳机制更具可扩展性。
- 当重要的事件发生时，如 leader election，可用来作为消息层的通知。

每个数据中心的 server 都属于一个 Raft 对等端。这意味着它们一起工作，在它们的中间选出一个 leader。leader 是有额外职责的，需要负责处理所有的查询和事务。事务也必须通过 consensus 协议复制到所有的伙伴中。由于这一要求，当非 leader server 接收到一个 RPC 请求时，会转发到集群的 leader 中。

server 节点也作为 WAN gossip pool 的一部分。这个 pool 与 LAN pool 是不同的，它为具有更高延迟的网络响应做了优化，并且可能包含其他 Consul 集群的 server 节点。设计 WAN gossip pool 的目的是让数据中心能够以 low-touch（低接触）的方式发现彼此。将一个新的数据中心加入现有的 WAN Gossip 中是很容易的。因为 pool 中的所有 server 都是可控制的，所以能够满足跨数据中心的要求。当一个 server 接收到不同的数据中心的要求时，它把这个请求转发给相应数据中心的任一 server。然后，接收到请求的 server 可能会转发给本地 leader。

多个数据中心之间是低耦合的，但由于需要满足故障检测、连接缓存和多路复用等需求，跨数据中心被设计为能够快速和可靠地响应请求。

15.3.4 ZooKeeper

ZooKeeper 分布式服务框架是 Apache Hadoop 的一个子项目，主要用来解决分布式应用中经常遇到的一些数据管理问题，如统一命名服务、状态同步服务、集群管理、分布式应用配置项的管理等。ZooKeeper 的目标就是封装好复杂易出错的关键服务，将简单易用的接口和性能高效、功能稳定的系统提供给用户。

1. ZooKeeper 简介

正如 ZooKeeper（动物园管理员）名称的含义，整个协调分布式系统（Coordinating Distributed Systems）就是一个动物园（Zoo），系统里面的各种组件被定义为各种动物（比如，Hadoop 就是大象，Whirr 就是飞鸟，Hive 是蜜蜂，Pig 是肥猪），而 ZooKeeper 在里面起协调管理作用。

ZooKeeper 是分布式应用的高性能协调服务。它暴露了常见的服务——例如命名、配置管理、同步和组服务——在一个简单的界面，让你不必从头开始编写它们。它被设计为易于编程，使用与文件系统目录树结构类似的数据模型。ZooKeeper 使用 Java 编写。

协调服务（Coordination Services）的开发是非常困难的。它们特别容易出错，比如会出现竞态条件和死锁。ZooKeeper 的出现，正好缓解了分布式应用程序从头开始实施协调服务所产生的问题。

2. 设计目标

ZooKeeper 的设计目标。

- 操作简单：ZooKeeper 主要用来协调处理分布式任务（通过一个叫多层次的命名空间，这种命名空间类似于文件系统）。一个命名空间就是一个数据寄存器，称为 znode，按照 ZooKeeper 的说法，多层次的命名空间就是文件与目录的关系。但 ZooKeeper 的数据保存在内存中，可以实现高吞吐量和低延迟。
- 自我复制：像图 15-2 所示的这个分布式系统，ZooKeeper 主要是在各个 server 间复制数据，ZooKeeper 服务必须彼此知道对方的存在。它们维持一个内存中的状态图像，以及持久存储中的事务日志和快照。只要大多数的 ZooKeeper 机器可以运行，ZooKeeper 就可以提供正常的服务。当一个 Client 需要的服务可通过 TCP 连接到一个 server 时，如果这个 server 挂掉了，它就会自动连接另一个 server。

- 有序：ZooKeeper 通过更新一个计数器来反映 ZooKeeper 的事务顺序，子操作可以通过这个计数器来实现更高层次的抽象，例如原语同步。
- 快速：ZooKeeper 尤其在读取时表现的性能更为强悍，因为 ZooKeeper service 可以同时由很多机器提供，而且读的速度是写的速度的 10 倍。

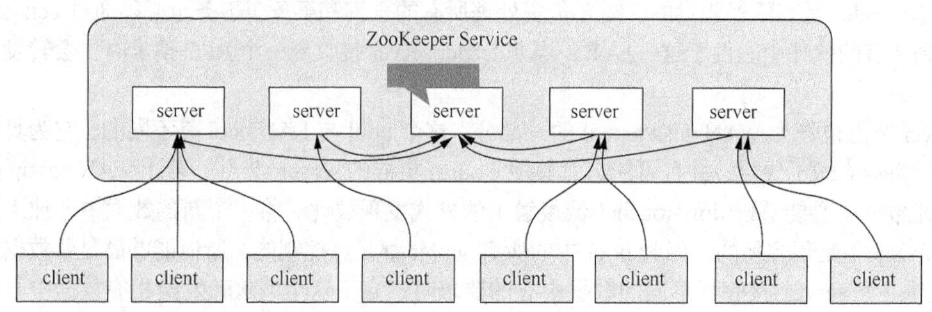

图 15-2 ZooKeeper 系统示意

3. 数据模型和多层次命名空间

ZooKeeper 的多层次命名空间就像常见的文件系统，每个节点的路径是唯一的，如图 15-3 所示。

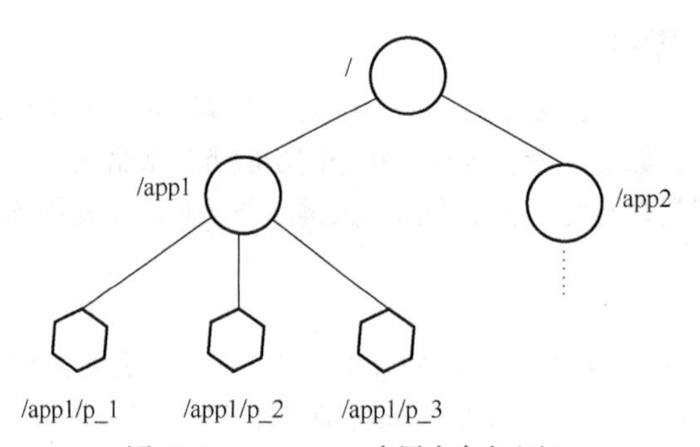

图 15-3 ZooKeeper 多层次命名空间

4. ZooKeeper 节点和临时节点

ZooKeeper 的节点是通过像树一样的结构来进行维护的，并且每一个节点通过路径来标示和访问。除此之外，每一个节点还拥有自身的一些信息，包括数据、数据长度、创建时间、修改时间，等等。从这样一类既含有数据，又作为路径标示的节点的特点中可以看出，ZooKeeper 的节点既可以被看作一个文件，又可以被看作一个目录，它同时具有二者的特点。为了便于表达，一般使用 znode 来表示所讨论的 ZooKeeper 节点。具体地说，znode 通过管理包含数据、访问控制列表(Access Control List，ACL)、时间戳的版本号数据结构，来实现缓存生效以及协调更新。每当 znode 中的数据更新后，它所维护的版本号将增加，这非常类似于数据库中计数器时间戳的操作方式。

另外，znode 还具有原子性操作的特点：命名空间中，每一个 znode 的数据将被原子地读写。读操作将读取与 znode 相关的所有数据，写操作将替换掉所有的数据。除此之外，每一个节点都有一个访问控制列表，这个访问控制列表规定了用户操作的权限。

ZooKeeper 中同样存在临时节点。这些节点与 session 同时存在，当 session 生命周期结束，这些临时节点也将被删除。临时节点在某些场合也发挥着非常重要的作用。

5. 有条件的 update 和 watch

ZooKeeper 支持 watch 的概念。client 可以在 znode 上设置 watch。当 znode 变更时，watch 将被

触发并移除。当 watch 被触发后，client 就会收到一个数据包，说明 znode 已经改变了。如果在 client 和 ZooKeeper server 之间的连接被断开，则 client 将接收到本地通知。

6. 保证

ZooKeeper 的速度非常快，非常简单。为了支撑其更复杂的服务，提供了以下保证。

- 顺序一致性（Sequential Consistency）：client 更新后将在它们应用时按照顺序进行发送。
- 原子性（Atomicity）：更新非成功即失败。
- 单一系统映像（Single System Image）：一个 client 将看到相同的服务视图，而不管它连接到哪个服务器。
- 可靠性（Reliability）：一旦更新已被应用，它会从那个时候开始一直持续，直到 client 再次更新为止。
- 时效性（Timeliness）：该系统的 client 视图保证在一定时间内是最新的。

7. 简单 API

ZooKeeper 提供了非常简单的编程接口，它仅支持以下操作。

- create：在树中的位置创建一个节点。
- delete：删除一个节点。
- exists：测试一个节点是否出现在某个位置。
- get data：从一个节点读取数据。
- set data：写入数据到节点。
- get children：检索节点的子节点的列表。
- sync：等待数据被传播。

8. 实现

图 15-4 展示了 ZooKeeper 服务的高层组件。除了请求处理器（Request Processor），构成 ZooKeeper 服务的每个服务器都有一个备份。

复制的数据库（Replicated Database）是一个内存数据库，包含整个数据树。为了可恢复，更新日志会被记录到磁盘，并且在更新这个内存数据库之前，先序列化到磁盘。

每个 ZooKeeper server 都为 client 提供服务。client 只连接到一个 server，并提交请求。读请求直接由本地的副本数据库提供数据。对服务状态进行修改的请求、写请求通过一个约定的协议进行通信。

作为这个协议的一部分，所有的写请求都被传送到一个叫“leader”的 server，而其他的 server 叫作“follower”。follower 从 leader 接收信息修改的提议，并决定是否同意进行修改。当 leader 发生故障时，协议的信息层（Messaging Layer）关注 leader 的替换，并同步到所有的 follower。

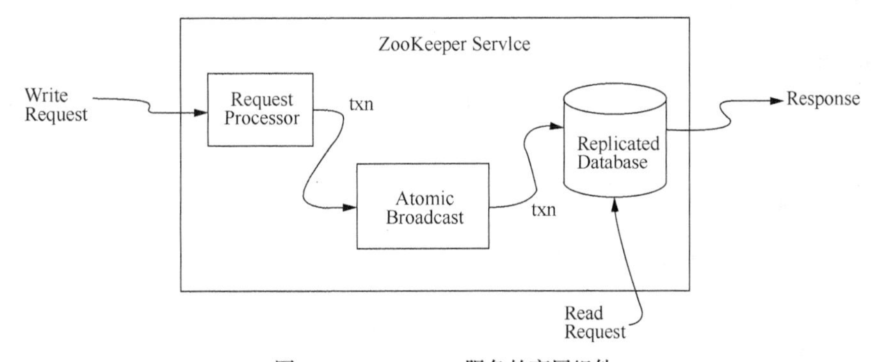

图 15-4　ZooKeeper 服务的高层组件

ZooKeeper 采用一个自定义的信息层原子操作协议，由于信息层的操作是原子性的，ZooKeeper 能保证本地的副本数据库不会产生不一致。当 leader 接收到一个写请求时，它计算出写之后系统的状态，把它变成一个事务。

15.4 实战：基于 ZooKeeper 的服务注册和发现

在分布式架构的系统中，系统经常被暴露为服务以供其他系统调用，这也是 SOA 或者是微服务架构常用的模式。

为了能使服务之间互相通信，需要有一个协调系统来管理这些服务，以便这些服务能够互相找到对方，这就是服务注册与发现机制。这个协调系统，有时也被称为“注册中心”。

下面，我们将介绍如何基于 ZooKeeper 来实现服务的注册和发现功能。

15.4.1 项目概述

我们将创建一个名为“zk-registry-discovery”的应用。在该应用中，我们演示基于 ZooKeeper 来实现服务的注册和发现功能。 为了能够正常运行该应用，需要在应用中添加以下依赖。

```
<dependencies>
    <dependency>
        <groupId>com.101tec</groupId>
        <artifactId>zkclient</artifactId>
        <version>0.10</version>
    </dependency>
    <dependency>
        <groupId>org.springframework</groupId>
        <artifactId>spring-context</artifactId>
        <version>5.0.6.RELEASE</version>
    </dependency>
    <dependency>
        <groupId>com.google.guava</groupId>
        <artifactId>guava</artifactId>
        <version>25.0-jre</version>
    </dependency>
    <dependency>
        <groupId>junit</groupId>
        <artifactId>junit</artifactId>
        <version>4.12</version>
        <scope>test</scope>
    </dependency>

</dependencies>
```

其中，我们采用了 ZooKeeper 的 Java 客户端 zkclient，同时，使用了 Spring、Guava 作为应用的常用工具包。

15.4.2 项目配置

配置 ZooKeeper 的配置文件 zoo.cfg。

```
tickTime=2000
initLimit=10
syncLimit=5
dataDir=D:\\zookeeper\\data
```

```
dataLogDir=D:\\zookeeper\\log
clientPort=2181
```

我们让 ZooKeeper 服务器启动在 2181 端口。为了方便测试，我们仅仅启动了一个 ZooKeeper 节点。

15.4.3 编码实现

定义了如下服务注册的接口。

```
public interface ServiceRegistry {

    /**
     * 注册服务
     *
     * @param serviceName
     * @param serviceAddress
     */
    void registry(String serviceName, String serviceAddress);
}
```

服务注册的实现如下。

```
package com.waylau.zk.registry;

import org.I0Itec.zkclient.ZkClient;

import com.waylau.zk.Constant;

public class ZkServiceRegistry implements ServiceRegistry {

    /**
     * ZK 地址
     */
    private String zkAddress  = "localhost";

    /**
     * ZK 客户端
     */
    private ZkClient zkClient;

    public void init() {
        zkClient = new ZkClient(zkAddress,
                Constant.ZK_SESSION_TIMEOUT,
                Constant.ZK_CONNECTION_TIMEOUT);

        System.out.println(">>>connect to zookeeper");
    }

    @Override
    public void registry(String serviceName, String serviceAddress) {
        // 创建 registry 节点（持久）
        String registryPath = Constant.ZK_REGISTRY;
        if (!zkClient.exists(registryPath)) {
            zkClient.createPersistent(registryPath);

            System.out.println(">>>create registry  node:" + registryPath);
```

```
        }

        // 创建service节点（持久）
        String servicePath = registryPath + "/" + serviceName;
        if (!zkClient.exists(servicePath)) {
            zkClient.createPersistent(servicePath);
            System.out.println(">>>create service node:" + servicePath);
        }

        // 创建address节点（临时）
        String addressPath = servicePath + "/address-";
        String addressNode =
            zkClient.createEphemeralSequential(addressPath, serviceAddress);

            System.out.println(">>>create address node:" + addressNode);
    }

}
```

同时，我们定义了如下服务发现的接口。

```
public interface ServiceDiscovery {

    /**
     * 服务发现
     *
     * @param name
     * @return
     */
    String discover(String name);
}
```

服务发现的实现如下。

```
package com.waylau.zk.discovery;

import java.util.List;
import java.util.concurrent.ThreadLocalRandom;

import org.I0Itec.zkclient.ZkClient;
import org.springframework.util.CollectionUtils;

import com.google.common.collect.Lists;
import com.waylau.zk.Constant;

public class ZkServiceDiscovery implements ServiceDiscovery {

    /**
     * ZK 地址
     */
    private String zkAddress = "localhost";

    /**
     * 缓存所有的服务 IP 和端口
     */
    private final List<String> addressCache =
            Lists.newCopyOnWriteArrayList();
```

```
    /**
     * ZK 客户端
     */
    private ZkClient zkClient;

    public void init() {
        zkClient = new ZkClient(zkAddress,
                Constant.ZK_SESSION_TIMEOUT,
                Constant.ZK_CONNECTION_TIMEOUT);

        System.out.println(">>>connect to zookeeper");
    }

    @Override
    public String discover(String name) {
        try {
            String servicePath = Constant.ZK_REGISTRY + "/" + name;

            // 获取服务节点
            if (!zkClient.exists(servicePath)) {
                throw new RuntimeException(
                        String.format(">>>can't find any service node on path {}",
                                servicePath));
            }

            // 从本地缓存获取某个服务地址
            String address;
            int addressCacheSize = addressCache.size();
            if (addressCacheSize > 0) {
                if (addressCacheSize == 1) {
                    address = addressCache.get(0);
                } else {
                    address = addressCache.get(
                        ThreadLocalRandom.current().nextInt(addressCacheSize));

                    System.out.println(">>>get only address node:" + address);
                }

                // 从 ZK 服务注册中心获取某个服务地址
            } else {
                List<String> addressList = zkClient.getChildren(servicePath);
                addressCache.addAll(addressList);

                // 监听 servicePath 下的子文件是否发生变化
                zkClient.subscribeChildChanges(servicePath, (parentPath, currentChilds)
-> {

                    System.out.println(">>>servicePath is changed:" + parentPath);

                    addressCache.clear();
                    addressCache.addAll(currentChilds);
                });

                if (CollectionUtils.isEmpty(addressList)) {
                    throw new RuntimeException(
```

```
                            String.format(">>>can't find any address node on path {}",
                                servicePath));
                }

                int nodes = addressList.size();
                if (nodes == 1) {
                    address = addressList.get(0);
                } else {

                    // 如果多个，随机取一个
                    address =
                        addressList.get(ThreadLocalRandom.current().nextInt(nodes));
                }

                System.out.println(">>>get address node:" + address);
            }

            // 获取 ip 和端口号
            String addressPath = servicePath + "/" + address;
            String hostAndPort = zkClient.readData(addressPath);
            return hostAndPort;
        } catch (Exception e) {

            System.out.println(">>>service discovery exception" + e.getMessage());

            zkClient.close();
        }
        return null;
    }

}
```

以下是两个服务公用的常量。

```
public interface Constant {

    /**会话超时时间*/
    int ZK_SESSION_TIMEOUT = 5000;

    /**连接超时时间*/
    int ZK_CONNECTION_TIMEOUT = 1000;

    String ZK_REGISTRY = "/registry";
}
```

15.4.4 运行

为了方便测试，我们编写了如下测试用例。

```
package com.waylau.zk;

import org.junit.Test;

import com.waylau.zk.discovery.ZkServiceDiscovery;
import com.waylau.zk.registry.ZkServiceRegistry;
```

```
public class ApplicationTests {

    private static final String SERVER_NAME = "waylau.com";
    private static final String SERVER_ADDRESS = "localhost:2181";

    @Test
    public void testClient() throws Exception {

        ZkServiceRegistry registry = new ZkServiceRegistry();
        registry.init();
        registry.registry(SERVER_NAME, SERVER_ADDRESS);

        ZkServiceDiscovery discovery = new ZkServiceDiscovery();
        discovery.init();
        discovery.discover(SERVER_NAME);

        // 永不停止
        while(true) {
        }

    }

}
```

先启动 ZooKeeper 服务，再执行该测试用例。我们分别启动了 3 个测试用例，以模拟多个客户端同时来进行注册服务的场景。程序执行，观察控制台的输出信息。

其中，第 1 个测试用例的输出如下。

```
>>>connect to zookeeper
>>>create registry  node:/registry
>>>create service node:/registry/waylau.com
>>>create address node:/registry/waylau.com/address-0000000000
>>>connect to zookeeper
>>>get address node:address-0000000000
>>>servicePath is changed:/registry/waylau.com
>>>servicePath is changed:/registry/waylau.com
```

第 2 个测试用例的输出如下。

```
>>>connect to zookeeper
>>>create address node:/registry/waylau.com/address-0000000001
>>>connect to zookeeper
>>>get address node:address-0000000001
>>>servicePath is changed:/registry/waylau.com
```

第 3 个测试用例的输出如下。

```
>>>connect to zookeeper
>>>create address node:/registry/waylau.com/address-0000000002
>>>connect to zookeeper
>>>get address node:address-0000000001
```

从上面例子运行的结果可以看出，第 1 个测试用例先运行，而其他服务还没有注册，所以，在获取可用的服务时，第 1 个测试用例获取到了自己。第 2 个和第 3 个测试用例运行后，可用的服务实例就有多个，所以，在获取服务时，测试用例有可能获取到自己，也可能获取到其他服务实例。当有新的服务进行注册时，所有的服务实例都能感知到新服务的加入。

本节示例，可以在 zk-registry-discovery 项目下找到。

15.5 本章小结

本章介绍了分布式监控的概念、应用场景及常用技术，并演示了如何基于 ZooKeeper 来实现服务的注册和发现。

15.6 习题

- 请简述分布式监控的概念。
- 请简述分布式监控的应用场景。
- 请列举分布式监控常用技术。
- 请用你熟悉的编程语言编写应用，以实现一个操作分布式监控系统的例子。

第 16 章 分布式版本控制

在企业中，项目源代码或者文档往往需要进行版本的管理。即便是个人的工作，采用版本管理工具进行管理，对于方便查找特定版本的内容，或者是回溯历史的修改内容都是极其必要。版本控制系统是帮助人们协调工作的工具，它能够帮助我们和其他小组成员监测同一组文件，比如说软件源代码，升级过程中所做的变更，也就是说，它可以帮助我们轻松地将工作进行融合。

本章介绍分布式版本控制。

16.1 版本控制系统简史

版本控制工具发展到现在已经有几十年了，简单地可以将其分为四代。

- 文件式版本控制系统，比如 SCCS、RCS。
- 树状版本控制系统：服务器模式，比如 CVS。
- 树状版本控制系统：双服务器模式，比如 Subversion。
- 树状版本控制系统：分布式模式，比如 Bazaar、Mercurial、Git。

目前，在企业中广泛采用服务器模式的版本控制系统，但越来越多的企业开始倾向于采用分布式模式版本控制系统。

16.2 集中式与分布式版本控制系统

许多传统的版本控制工具都需要一个中心服务器来存放一系列文件及其更新日志。为了能工作，用户必须连接服务器并校验文件，因此，必须有一个用户能更改的目录或者工作树。为了能够记录或提交他们的工作，用户必须连接到中心服务器并且确保他们的工作能够与试图提交前的最新版本兼容，这就是所谓的集中式。

时间证明了集中式是有效的，但也显露了它明显的缺点。首先，集中式的版本控制系统必须确保当某个用户想要对版本进行修改时可以随时连接到服务器。其次，集中式必须紧紧地依赖修改和发布的行为，这在某些情况下是好的，但也有可能影响其他人工作的质量。

分布式版本控制系统允许用户和团队拥有多个目录而不是只有一个中心目录。在版本控制系统中，日志通常保存在同一个位置，以此来对代码进行版本控制。这样用户就可以在代码有效的情况下随时提交他们的代码，即使是离线状态。只有当发布修改和读取其他位置的修改时，网络连接才是必需的。

事实上，若开发者对分布式版本控制系统使用得当，可以获得远远超过之前离线操作的优势。这些优势包括以下 8 点。

- 更容易地创建实验分支。
- 极其容易地与他人合作。
- 节约机械式任务的时间。
- 可以有更多的时间来创造。
- 通过使用“广泛特征”协议来不断提升发布管理的灵活性。
- 主版本的质量和稳定性会更好，减小了所有人的压力。
- 在开放的社区中，方便非核心开发者创建和维护更新，方便核心开发者与非核心开发者合作。
- 在公司中，分散的和外包的队伍的工作将会更方便。

分布式版本控制系统主要包含以下 4 个核心概念。

- 修订版（Revision）：所修改的文件的快照（Snapshot）。
- 工作树（Working Tree）：存储需要做版本控制的文件的目录和子目录。
- 分支（Branch）：以按顺序存放的修订版来记录一系列文件的修改历史。
- 仓库（Repository）：存放修订版的存储库。

目前，市面上流行的分布式版本控制系统主要有 Bazaar、Mercurial、Git 等，但不管是哪种技术，都包含上述 4 个核心概念。

16.3 常用技术

接下来介绍分布式版本控制系统的常用技术。

16.3.1 Bazaar

Bazaar 是一个分布式的版本控制系统，采用 GPL 许可协议，由 Canonical 公司（Ubuntu 母公司）赞助。Bazaar 是用 Python 编写的，可运行于 Windows、GNU/Linux、UNIX 以及 Mac OS 系统之上。

Bazaar 易用、灵活而又简单的安装方式使得它不仅是软件开发者理想的工具，也是像写技术文章、做 Web 设计和翻译这样需要共享文件和文档的人们的理想选择。

虽然 Bazaar 不是唯一的分布式 VCS 工具，但它确实有一些显著的特点，使得它成为许多团队和社区的明智选择。Bazaar 的特点如下。

- 易于使用。
- 支持离线工作。
- 支持任意工作流。
- 跨平台。
- 支持重命名跟踪和智能合并。
- 高存储效率、高速度。
- 支持任意工作区间。
- Bazaar 客户端和命令可以支持 Subversion、Git 和 Mercurial 仓库的外部分支。
- 支持 Launchpad。
- 支持插件和 bzrlib。

16.3.2 Mercurial

Mercurial 是一个免费的分布式源代码控制管理工具。它可以有效地处理任何大小的项目，并提供一个简单和直观的界面。Mercurial 支持 Windows 以及类 UNIX 系统，比如 FreeBSD、Mac OS X 和 Linux。Mercurial 采用 Python 实现，易于学习和使用，扩展性强。

相对于传统的版本控制，Mercurial 具有以下优点。

- 更轻松的管理：传统的版本控制系统使用集中式的仓库，一些和仓库相关的管理就只能由管理员一个人进行。由于采用了分布式的模型，Mercurial 中没有这样的困扰，每个用户管理自己的仓库，管理员只需协调同步这些仓库。
- 更健壮的系统：分布式系统比集中式的单服务器系统更健壮，单服务器系统一旦服务器出现问题整个系统就不能运行了，分布式系统通常不会因为一两个节点而受到影响。
- 对网络的依赖性更低：由于可以在任意时刻进行同步，Mercurial 甚至可以离线进行管理，只需在有网络连接时同步。

16.3.3　Git

Git 是一款免费、开源的分布式版本控制系统，用于敏捷高效地处理任何或小或大的项目。

Git 是 Linus Torvalds 为了帮助管理 Linux 内核开发而开发的一个开放源代码的版本控制软件。Torvalds 最初着手开发 Git 是为了作为一种过渡方案来替代 BitKeeper，而后者之前一直是 Linux 内核开发人员在全球使用的主要源代码工具。开放源代码社区中的有些人觉得 BitKeeper 的许可证并不适合开放源代码社区的工作，因此 Torvalds 决定着手研究许可证更为灵活的版本控制系统。尽管最初 Git 的开发是为了辅助 Linux 内核开发的过程，但是目前越来越多的组织和项目正在使用 Git，其中包括 Microsoft、LinkedIn 等知名企业。而基于 Git 的 GitHub，也是面向开源及私有软件项目的托管平台。

1. Git 简介

大型项目的代码管理一直是极其烦琐的工作，特别是对于 Linux 内核项目来说。在项目初期，由于 Linux 内核开源项目有着为数众广的参与者，所以绝大多数的 Linux 内核维护工作都花在了提交补丁和保存归档的烦琐事务上。直到 2002 年，整个项目组开始启用一个专有的分布式版本控制系统 BitKeeper 来管理和维护代码。

2005 年，开发 BitKeeper 的商业公司同 Linux 内核开源社区的合作关系结束，它们收回了 Linux 内核社区免费使用 BitKeeper 的权利。这就迫使 Linux 开源社区（特别是 Linux 的缔造者 Linux Torvalds）基于使用 BitKeeper 时的经验教训，开发出自己的版本系统。它们对新的系统制定了若干目标。

- 速度。
- 简单的设计。
- 对非线性开发模式的强力支持（允许成千上万个并行开发的分支）。
- 完全分布式。
- 有能力高效管理类似 Linux 内核一样的超大规模项目（速度和数据量）。

自 2005 年诞生以来，Git 日臻成熟完善，在高度易用的同时，仍然保留着初期设定的目标。它的速度飞快，适合管理大项目，有着令人难以置信的非线性分支管理系统。

2. Git 的基础概念

下面介绍 Git 的思想和基本工作原理，这样在使用 Git 时就会知其所以然，游刃有余。

Scott Chacon 在 *Pro Git* 一书中对 Git 的思想和基本工作原理做了以下总结。

- 直接记录快照，而非差异比较。Git 和其他版本控制系统（包括 Subversion 和近似工具）的主要差别在于 Git 对待数据的方法。从概念上来区分，其他大部分系统以文件变更列表的方式存储信息，这类系统（CVS、Subversion、Perforce、Bazaar 等）将它们保存的信息看作一组基本文件和每个文件随时间逐步累积的差异。Git 不按照以上方式对待或保存数据。相反，Git 更像是把数据看作对小型文件系统的一组快照。每次提交更新，或在 Git 中保存项目状态时，它主要对当时的全部文件制作一个快照并保存这个快照的索引。为了高效，如果文件没有修改，Git 不再重新存储该文件，而是只保留一个链接指向之前存储的文件。Git 对待数据更像是一个快照流（a Stream of Snapshots），这是 Git 与几乎所有其他版本控制系统的重要区别。因此 Git 重新考虑了以前每一代版本控制系统延续下来的诸多方面。Git 更像是一个小型的文件系统，提供了许多以此为基础构建的超强工具，而不只是一个简单的 VCS。

- 几乎所有操作都是本地执行的。在 Git 中的绝大多数操作都只需要访问本地文件和资源，一般不需要来自网络上其他计算机的信息。如果习惯于所有操作都有网络延时开销的集中式版本控制系统，Git 在这方面会让你感到极其快速。因为在本地磁盘上就存有项目的完整历史，所以大部分操作看起来是瞬间完成的。举个例子，要浏览项目的历史，Git 不需外连到服务器去获取历史记录，然后再显示出来，它只需直接从本地数据库中读取，我们就能立即看到项目历史记录。如果想查看当前版本与一个月前的版本之间引入的修改，Git 会查找到一个月前的文件做一次本地的差异计算，而不是由远程服务器处理或从远程服务器拉回旧版本文件再来本地处理。这也意味着离线时几乎可以进行任何操作。比如，在飞机或火车上想做些工作，可以先进行提交，直到有网络连接时再上传。而其他系统，做到如此几乎是不可能的。比如，用 Perforce，没有连接服务器时几乎不能做什么事；用 Subversion 和 CVS，能修改文件，但不能向数据库提交修改（因为本地数据库离线了）。

- Git 能保证完整性。Git 中所有的数据在存储前都会计算校验和，然后以校验和来引用。这意味着不可能在 Git 不知情时更改任何文件内容或目录结构。这个功能建构在 Git 底层，是构成 Git 不可或缺的部分。若在传送过程中丢失信息或损坏文件，Git 就能发现。Git 用于计算校验和的机制叫作 SHA-1 散列（Hash，哈希）。这是一个由 40 个十六进制字符（0～9 和 a～f）组成的字符串，基于 Git 中文件的内容或目录结构计算出来。SHA-1 哈希看起来是这样的“24b9da6552252987aa493b52f8696cd6d3b00373”。Git 中使用这种哈希值的情况很多，我们将经常看到这种哈希值。实际上，Git 数据库中保存的信息都是以文件内容的哈希值来索引的，而不是文件名。

- Git 一般只添加数据。执行的 Git 操作几乎只往 Git 数据库中添加数据。很难让 Git 执行任何不可逆操作，或者让它以任何方式清除数据。同别的 VCS 一样，未提交更新时有可能丢失或弄乱修改的内容，但是一旦提交快照到 Git 中，就难以再丢失数据，特别是如果定期推送数据库到其他仓库。这使得我们可以很放心地使用 Git，因为我们深知可以尽情做各种尝试，而没有把事情弄糟的风险。

- 3 种状态。Git 有 3 种状态，即已提交（Committed）、已修改（Modified）和已暂存（Staged）。已提交表示数据已经安全地保存在本地数据库中；已修改表示修改了文件，但还没保存到数据库中；已暂存表示对一个已修改文件的当前版本做了标记，使之包含在下次提交的快照中。 由此引入 Git 项目的 3 个工作区域的概念：Git 仓库（Directory 或 Repository）、工作目录（Working Directory）以及暂存区域（Staging Area）。

3. 基本的 Git 工作流程

基本的 Git 工作流程如下。

- 在工作目录中修改文件。
- 暂存文件，将文件的快照放入暂存区域。
- 提交更新，找到暂存区域的文件，将快照永久性存储到 Git 仓库目录。

如果 Git 目录中保存着特定版本文件，就属于已提交状态。如果做了修改并已放入暂存区域，就属于已暂存状态。如果自上次取出后，做了修改但还没有放到暂存区域，就是已修改状态。

16.4　了解 Git Flow

由于 Git 的使用本身是非常灵活的，如果滥用 Git 不但不利于版本的管理，甚至会造成管理上的混乱。Git 被大型互联网公司广泛采用，在使用 Git 的过程中，每个公司都根据自己的实际情况指定了使用 Git 的规范。这些使用规范有利于团队成员之间降低沟通成本，使团队朝着一致的管理目标前进。

在众多使用规范之中，Git Flow 是公认的使用 Git 进行团队协作的最佳实践。顾名思义，Git Flow 就是定义了一套使用 Git 的流程。

当然，你也可以安装一套 git-flow，这样，你将会拥有一些扩展命令。这些命令会在一个预定义的顺序下自动执行多个操作，而这些操作就是我们想要的工作流程。git-flow 并不是要替代 Git，它仅仅是非常聪明有效地把标准的 Git 命令用脚本组合了起来。所以从这个角度来说，即便不安装 git-flow，仍然可以使用 Git Flow 所定义的工作流程。你只需要了解，哪些工作流程是由哪些单独的任务所组成的，并且附带上正确的参数，以及在一个正确的顺序下简单执行那些对应的 Git 命令就可以了。当然，使用 git-flow 所带来的好处在于，不需要把这些命令和顺序都记在脑子里。

16.4.1　分支定义

Git Flow 对于分支的命名有严格定义如下。

- master：只能用来包括产品代码。一般开发人员不能直接工作在这个 master 分支上，而是在其他指定的、独立的特性分支中。
- develop：是进行任何新的开发的基础分支。当开始一个新的功能分支时，它将是开发的基础。另外，该分支也汇集所有已经完成的功能，并等待被整合到 master 分支中。
- feature：基于 develop 分支所检测出的用于开发特性功能的分支。
- hotfix：基于产品代码（一般是指 master 分支）检测出的用于修复产品 Bug 的分支。
- release：基于 develop 分支所检测出的用于发布版本的分支。

16.4.2　新功能开发工作流

对于一个开发人员来说，最平常的工作可能就是功能的开发。让我们一起看下 git-flow 是如何来定义功能开发的工作流程的。

1. 开始新功能

让我们开始开发一个新功能“rss-feed”。

```
$ git flow feature start rss-feed
Switched to a new branch 'feature/rss-feed'

Summary of actions:
- A new branch 'feature/rss-feed' was created, based on 'develop'
- You are now on branch 'feature/rss-feed'
```

执行上述命令之后，git-flow 会创建一个名为“feature/rss-feed”的分支。其中，这个“feature/”前缀代表了我们的分支是一个特性功能的开发。

2. 完成一个功能

经过一段时间艰苦地工作和一系列的聪明提交，我们的新功能终于完成了。

```
$ git flow feature finish rss-feed
Switched to branch 'develop'
Updating 6bcf266..41748ad
Fast-forward
    feed.xml | 0
    1 file changed, 0 insertions(+), 0 deletions(-)
    create mode 100644 feed.xml
Deleted branch feature/rss-feed (was 41748ad).
```

其中，这个“feature finish”命令会把我们的工作整合到主“develop”分支中。在这里它需要等待。之后，git-flow 也会进行清理操作，它会删除这个当下已经完成的功能分支，并且换到“develop”分支。

16.4.3 Bug 修复工作流

对于开发工作而言，Bug 的产生不可避免。我们唯一可以做的就是尽量最早地发现 Bug ，以及最快地修复 Bug。

在这种情况下，git-flow 提供一个特定的“hotfix”工作流程，用于修复产品的 Bug。

1. 创建 hotfix

执行下面的命令。

```
$ git flow hotfix start missing-link
```

这个命令会创建一个名为“hotfix/missing-link”的分支。其中，“hotfix/”前缀代表了我们的分支是一个产品 Bug 的修复，所以这个 hotfix 分支是基于“master”分支。

这也是和 release 分支最明显的区别，release 分支都是基于“develop”分支的。因为我们不应该在一个还不完全稳定的开发分支上对产品代码进行修复。

2. 完成 hotfix

在把我们的修复提交到 hotfix 分支之后，就该去完成它了。

```
$ git flow hotfix finish missing-link
```

这个过程非常类似于发布一个 release 版本。

完成的改动会被合并到“master”中，同样也会合并到“develop”分支中，这样就可以确保这个错误不会再次出现在下一个 release 中。 随后，这个 hotfix 分支将被删除，然后切换到“develop”分支上。

16.4.4 版本发布工作流

当功能开发完成，并且经过了测试，那么此时就具备了版本发布的条件。让我们来看看如何利用 git-flow 创建和发布 release。

1. 创建 release

当“develop”分支的代码已经是一个成熟的 release 版本时，这意味着：

- 它包括所有新的功能和必要的修复。
- 它已经被彻底地测试过了。

如果上述两点都满足，那就是时候开始生成一个新的 release 了。

```
$ git flow release start 1.1.5
Switched to a new branch 'release/1.1.5'
```

请注意，release 分支是使用版本号命名的。这是一个明智的选择，这个命名方案还有一个很好的附带功能，那就是当我们完成 release 后，git-flow 会适当地自动去标记那些 release 提交。

2. 完成 release

执行下面的命令来完成我们的 release。

```
git flow release finish 1.1.5
```

这个命令会完成以下一系列的操作。

- git-flow 会拉取远程仓库，以确保目前是最新的版本。
- release 的内容会被合并到“master”和“develop”两个分支中，这样不仅产品代码为最新的版本，而且新的功能分支也将基于最新代码。
- 为便于识别和做历史参考，release 提交会被标记上这个 release 的名字（在我们的例子里是“1.1.5”）。
- 清理操作，版本分支会被删除，并且回到“develop”。

16.5　本章小结

本章介绍了分布式版本控制及常用技术，介绍了集中式与分布式版本控制系统的区别，并演示了如何基于 Git 来实现 Git Flow 团队协作最佳实践。

16.6　习题

- 请简述分布式版本控制的概念。
- 请简述集中式与分布式版本控制系统的区别。
- 分布式版本控制有哪些常用技术？
- 请简述 Git Flow 的工作流程。

第 17 章 数据一致性

对于数据库而言，事务的 ACID 这 4 个特性保证了一个事务的正确性。其中，一致性特征是指在事务开始之前和结束之后数据完整性不被破坏。对于集中式系统而言，实现数据的一致性是容易的，毕竟依赖于数据库自然就实现了 ACID 特征。然而，在分布式系统中，要想保证数据的一致性就没有那么简单了。

本章介绍分布式系统下的数据一致性概念及解决方案。

17.1 什么是 CAP 理论

ACID 的应用场景是数据库事务，是针对并发事务对数据库数据一致性的保证。然而在分布式系统中，通过使用副本的方式来保证系统的可用性及扩展性，这势必会引入一个重要问题，那就是数据的复制。对数据进行复制一般是为了增强系统的可靠性和提升性能。举例来说，当一个数据库的副本被破坏以后，那么系统只需要转换到其他数据副本就能继续运行下去。另外一个例子，当访问单一服务器管理的数据的进程数不断增加时，系统就需要对服务器的数量进行扩充，此时，对服务器进行复制，随后让它们分担工作负载，就可以提升性能。但复制数据的同时也带来了一个难点，那就是如何保持各个副本数据的一致性。换句话说，更新其中任意一个副本时，必须确保同时更新其他副本，否则，数据的各个副本将不再相同（数据不一致）。CAP 理论的出现，让我们对于分布式事务的一致性有了另外一种看法。

CAP 理论（也称为 Brewer 定理）是由计算机科学家 Eric Brewer 在 2000 年提出的，其理论观点是，在分布式系统中不可能同时提供以下 3 个保证。

- 一致性（Consistency）：所有节点同一时间看到的是相同的数据。
- 可用性（Availability）：不管是否成功，确保每一个请求都能接收到响应。
- 分区容错性（Partition Tolerance）：系统任意分区后，当网络故障时，仍能操作。

CAP 定理如图 17-1 所示。

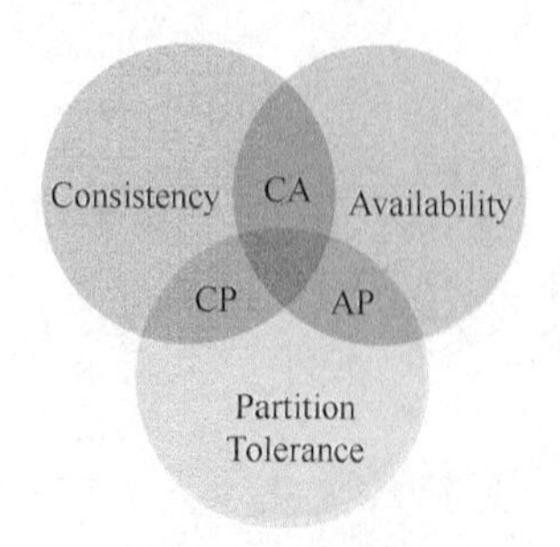

图 17-1 CAP 定理

在 2003 年的时候，Gilbert 和 Lynch 就正式证明了这 3 个特征确实是不可以兼得的。Gilbert 认为这里所说的一致性其实就是数据库系统中提到的 ACID 的另一种表述。

- 一个用户请求要么成功要么失败，不能处于中间状态（Atomic）。
- 一旦一个事务完成，将来的所有事务都必须基于这个完成后的状态（Consistent）。
- 未完成的事务不会互相影响（Isolated）。
- 一旦一个事务完成，就是持久的（Durable）。

对于可用性，其概念没有变化，指的是对于一个系统而言，所有的请求都应该“成功”并且收到“返回”。分区容错性就是指分布式系统的容错性。节点崩溃或者网络分片都不应该导致一个分布式系统停止服务。

17.2　为什么 CAP 只能三选二

下面分别举例说明为什么说 CAP 只能三选二。

图 17-2 显示了在一个网络中，N_1 和 N_2 两个节点，它们都共享数据块 V，其中有一个值 V_0。运行在 N_1 的 A 程序可以认为是安全的、无 Bug、可预测的和可靠的。运行在 N_2 的是 B 程序。在这个例子中，A 将写入 V 的新值，而 B 从 V 中读取值。

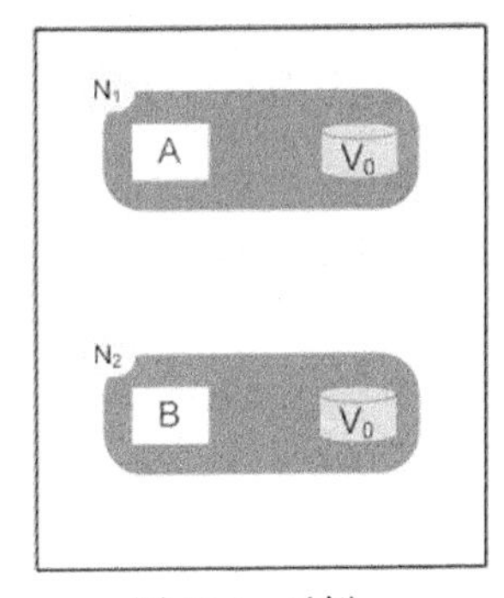

图 17-2　示例一

系统预期执行下面的操作，如图 17-3 所示。

- 首先写一个 V 的新值 V_1。
- 然后消息（M）从 N_1 更新 V 的副本到 N_2。
- 现在，从 B 读取返回的 V_1。

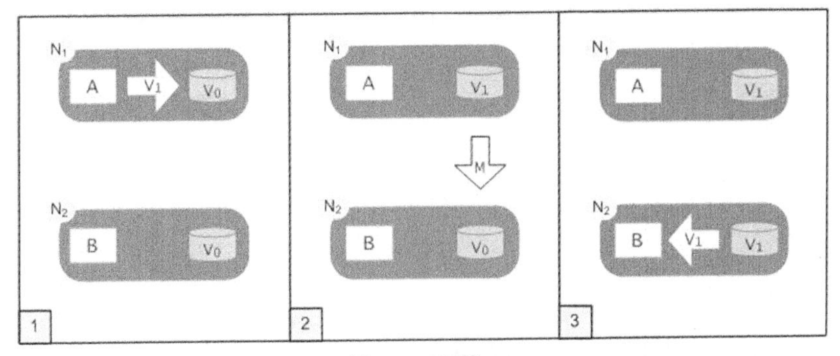

图 17-3　示例二

如果网络是分区的，当 N_1 到 N_2 的消息不能传递时，执行图 17-4 中的第 3 步，会出现虽然 N_2

能访问到 V 的值（可用性），但其实与 N_1 的 V 的值已经不一致了（一致性）的情况。

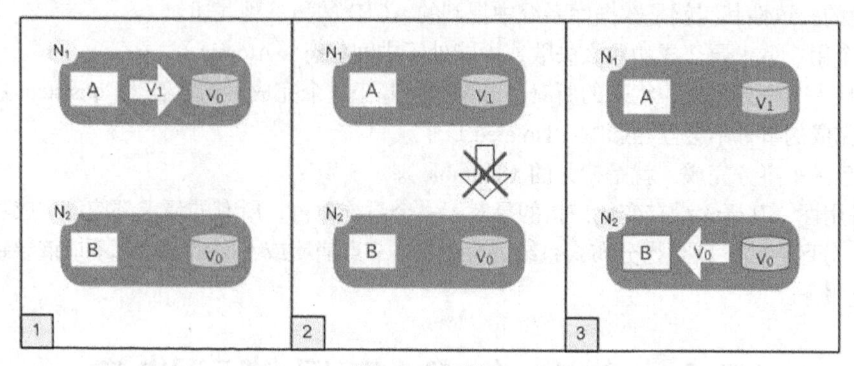

图 17-4 示例三

17.3 CAP 常见模型

CAP 理论已经证明了分区容错性、可用性、一致性三者不可能同时达成，在实际应用中，可以在其中的某一些方面来放松条件，从而达到妥协。下面是常见的 3 种模型。

17.3.1 牺牲分区容错性（CA 模型）

牺牲分区容错性意味着把所有的机器搬到一台机器内部，或者放到一个“要死大家一起死”的机架上（当然机架也可能出现部分失效），这明显违背了我们希望的可伸缩性。

CA 模型常见的例子。

- 单站点数据库。
- 集群数据库。
- LDAP。
- xFS 文件系统。

实现方式如下。

- 两阶段提交。
- 缓存验证协议。

17.3.2 牺牲可用性（CP 模型）

牺牲可用性意味着一旦系统中出现分区这样的错误，系统直接就停止服务。

CP 模型常见的例子。

- 分布式数据库。
- 分布式锁定。
- 绝大部分协议。

实现方式如下。

- 悲观锁。
- 少数分区不可用。

17.3.3 牺牲一致性（AP 模型）

AP 模型常见的例子。

- Coda。
- Web 缓存。
- DNS。

实现方式如下。

- 到期/租赁。
- 解决冲突。
- 乐观锁。

17.4　CAP 的意义及发展

在系统架构时，应该根据具体的业务场景来权衡 CAP。比如，对于大多数互联网应用来说（如门户网站），因为机器数量庞大，部署节点分散，网络故障是常态的，可用性是必须保证的，所以只有舍弃一致性来保证服务的 AP。而对于银行等需要确保一致性的场景，通常会权衡 CA 和 CP 模型，CA 模型网络故障时完全不可用，CP 模型具备部分可用性。

17.4.1　CAP 最新发展

Eric Brewer 在 2012 年发表文章指出了 CAP 里面“三选二”的做法存在一定的误导性。主要体现在以下 3 个方面。

- 由于分区很少发生，那么在系统不存在分区的情况下没什么理由牺牲 C 或 A。
- C 与 A 之间的取舍可以在同一系统内以非常细小的粒度反复发生，而每一次的决策可能因为具体的操作，乃至因为牵涉特定的数据或用户而有所不同。
- 这 3 种性质都可以在一定程度上衡量，并不是非黑即白的有或无。可用性显然是在 0%～100%连续变化的，一致性分很多级别，连分区也可以细分为不同含义，如系统内的不同部分对于是否存在分区可以有不一样的认知。

理解 CAP 理论最简单的方式是想象两个节点分处分区两侧。允许至少一个节点更新状态会导致数据不一致，即丧失了 C 性质。如果为了保证数据一致性，将分区一侧的节点设置为不可用，那么又丧失了 A 性质。除非两个节点可以互相通信，才能既保证 C 又保证 A，但这又会导致丧失 P 性质。一般来说跨区域的系统，设计师无法舍弃 P 性质，那么就只能在数据一致性和可用性上做一个艰难选择。不确切地说，NoSQL 运动的主题其实是创造各种可用性优先、数据一致性其次的方案，而传统数据库坚守 ACID 特性，做的是相反的事情。

17.4.2　BASE

BASE（Basically Available、Soft state、Eventual consistency）来自互联网的电子商务领域的实践，它是基于 CAP 理论逐步演化而来的，核心思想是即便不能达到强一致性（Strong Consistency），但可以根据应用特点采用适当的方式来达到最终一致性（Eventual Consistency）的效果。BASE 是对 CAP 中 C 和 A 的延伸。BASE 的含义如下。

- Basically Available：基本可用。
- Soft state：软状态/柔性事务，即状态可以有一段时间的不同步。
- Eventual consistency：最终一致性。

BASE 是反 ACID 的，它完全不同于 ACID 模型，牺牲强一致性，获得基本可用性、柔性和可靠性，并要求达到最终一致性。

17.5 以数据为中心的一致性模型

一致性模型实质上是进程和数据存储之间的一个约定。正常情况下，在一个数据项上执行读操作时，它期待该操作返回的是该数据在其最后一次写操作之后的结果。在没有全局时钟的情况下，精确地定义哪次写操作是最后一次写操作是十分困难的。于是就产生了一系列用其他方式定义的一致性模型。

17.5.1 严格一致性

任意读操作都要读到最新的写的结果。严格一致性（Strict Consistency）是限制性最强的模型，依赖于绝对的全局时钟，但是在分布式系统中实现这种模型的代价太大，所以在实际系统中的运用有限，基本上不可能做到。

17.5.2 持续一致性

有多种不同的方法来为应用程序指定它们能容忍哪些不一致性，其中有一种通用的方法，它定义了区分不一致性的 3 个互相独立的坐标轴：副本之间的数值偏差、副本之间新旧程度偏差以及更新操作顺序的偏差，这些偏差形成了持续一致性（Continuous Consistency）的范围。

数值偏差可以这样理解：已应用于其他的副本，但还没有应用于给定副本的更新数目。比如，Web 缓存可能还没有得到 Web 服务器执行的一批操作。

新旧程度偏差与副本最近一次的更新有关。对于某些应用，只要副本提供的数据不是很旧，是可以容忍的，比如，天气预报通常会滞后一段时间。

更新操作顺序的偏差是指只要可以界定副本之间的差异，就允许不同的副本采用不同的更新顺序。

17.5.3 顺序一致性

任何执行结果都是相同的，就好像所有进程对数据存储的读/写操作是按某种序列顺序执行（Sequential Consistency）的一样，并且每个进程的操作按照程序所制订的顺序出现在这个序列中。

也就是说，任何读/写操作的交叉都是可接受的，但是所有进程都能看到相同的操作交叉。

17.5.4 因果一致性

所有进程必须以相同的顺序看到具有潜在因果关系的写操作。不同机器上的进程可以以不同的顺序看到并发的写操作。

假设 P_1 和 P_2 是有因果关系的两个进程，如果 P_2 的写操作信赖于 P_1 的写操作，那么 P_1 和 P_2 对 x 的修改顺序，在 P_3 和 P_4 看来一定是一样的。但如果 P_1 和 P_2 没有关系，那么 P_1 和 P_2 对 x 的修改顺序，在 P_3 和 P_4 看来可以是不一样的。

相比顺序一致性，因果一致性（Casual Consistency）去掉了那些没有联系的操作需达成一致顺序观点的要求，只是保留了那些必要的顺序（有因果关系的）。

17.5.5 入口一致性

入口一致性（Entry Consistency）其实也就是对每个共享的数据定义一个同步变量（即锁）。当然，没有进行同步就进行读操作，是不保证正确的结果的。

17.6 以客户为中心的一致性模型

以客户为中心的一致性也就是从用户视角来看，数据是一致的。用户只关心数据最终是否会一致。

只要保证对于同一个用户，他访问到的数据是一致的就可以了。如果用户只是访问一个副本，这个就很好实现，否则就需要一定的策略了。当没有更多的更新时，要保证当前的更新最终会传播到所有副本上。著名的例子有 DNS 系统、万维网。

最终一致性需要注意一个典型的问题，即当客户访问不同的副本时，问题就出现了。更具体的例子比如，作者在博客上更改了一篇博文内容，在 A 地的用户先访问到最新的内容，而 B 地由于离博客服务器远，看到的还是原先的内容。

对于最终一致性的数据存储而言，这个示例很有代表性。问题是由用户有时可能对不同的副本进行操作的事实引起的。以客户为中心的一致性分为如下几大类。

17.6.1 单调读一致性

当进程从一个地方读出数据 x，那么以后再读到的 x 应该是和当前 x 相同或比当前更新的版本。也就是说，如果进程迁移到了别的位置，那么对 x 的更新应该比进程先到达。

以分布式邮件数据库系统为例。每个用户的邮箱可能分布式地复制在多台机器上。邮件可能被插入任何一个位置的邮箱。但是，数据更新是以一种懒惰的方式传播的。假设用户在杭州读取到了他的邮件（假定只读取邮件不会影响其他邮箱，也就是说，消息不会被删除，甚至不会被标记为已读），当用户飞到惠州后，再次打开他的邮箱时，单调读一致性（Monotonic-read Consistency）可以保证当他在惠州打开他的邮箱时，邮箱中仍然有杭州邮箱里的那些消息。

17.6.2 单调写一致性

跟单调读相应，如果一个进程写一个数据 x，那么它在本地或者迁移到别的地方再进行写操作的时候，原来的写操作必须先传播到这个位置。也就是说，进程要在任何地方至少和上一次写一样新的数据。

17.6.3 读写一致性

读写一致性（Read-your-writes Consistency）指一个进程对于数据 x 的写操作，进程无论到任何副本上，都应该能被后续读操作看到这个写操作的影响，也就是看到自己写操作的影响或者更新的值。

也就是说，写操作总是在同一个进程执行的后续读操作之前完成，而不管这个后续读操作发生在什么位置。

17.6.4 写读一致性

顾名思义，写读一致性（Writes-follow-reads Consistency）指在读操作后面的写操作是基于至少和上一次读出来一样新的值。也就是说，如果进程在地点 1 读了 x，那么在地点 2 要写 x 的副本的话，写的时候应该是基于至少和地点 1 读出的一样新的值。

举个例子，用户先读了文章 A，然后他回复了一篇文章 B。为了满足读写一致性，B 被写入任何副本之前，需要保证 A 也必须已经被写入那个副本。即，当原文章存储在某个本地副本上时，该文章的回复文章才能被存储到这个本地副本上。

17.7 本章小结

本章介绍了分布式系统中的数据一致性问题及分类，同时介绍了 CAP 理论对于解决数据一致性问题的指导意义。

17.8 习题

- 什么是数据一致性？
- 什么是 CAP 理论？为什么 CAP 只能三选二？
- CAP 有哪些常见模型？
- 有哪些以数据为中心的一致性模型？
- 有哪些以客户为中心的一致性模型？

第 18 章 分布式事务

正如第 17 章所述，在分布式系统中，为了保证数据的高可用，通常会将数据保存多个副本，这些副本会放置在不同的节点上。这些数据节点可能是物理机器，也可能是虚拟机。为了对用户提供正确的 CURD 等语意，我们需要保证这些放置在不同节点上的副本是一致的，这就涉及分布式事务的问题。

本章详细讲解分布式事务。

18.1 本地事务

本地事务实现较为简单，依赖于数据库即可实现事务的 ACID 四大特性。

- 原子性：原子性是指事务是一个不可分割的工作单位，事务中的操作要么都发生，要么都不发生。
- 一致性：事务前后数据的完整性必须保持一致。
- 隔离性（Isolation）：事务的隔离性是多个用户并发访问数据库时，数据库为每一个用户开启的事务，不能被其他事务的数据操作干扰，多个并发事务之间要相互隔离。
- 持久性（Durability）：持久性是指一个事务一旦被提交，它对数据库中数据的改变就是永久性的，接下来即使数据库发生故障也不应该对其有任何影响。

以下举一个银行转账的例子来帮助理解 ACID。

18.1.1 一个银行转账的例子

银行转账是非常常见的例子。如图 18-1 所示，用户 A 要向用户 B 转账 200 元。

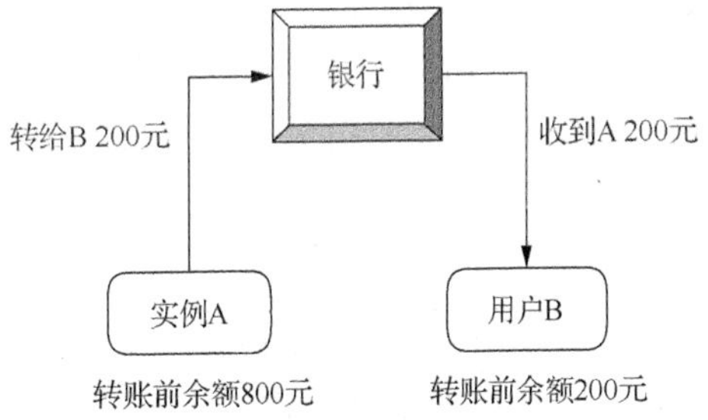

图 18-1 银行转账的例子

1. 原子性

针对银行转账，同一个事务包含两个步骤。

- 针对用户 A 而言：账户余额为 800 元，转给 B 200 元，那么最终余额是 600 元。
- 针对用户 B 而言：账户余额为 200 元，收到 A 200 元，那么最终余额是 400 元。

原子性表示，这两个步骤或者一起成功，或者一起失败，不能只发生其中一个动作，原子性可以保障转账无论成功与否，A 和 B 的余额总数总是一致的。假设没有原子性的保障，造成了用户 A 转出去 200 元，而用户 B 没有收到 200 元，则 A 和 B 的总余额与转账前不一致。

2. 一致性

一致性是指针对一个事务操作前与操作后的状态一致。一致性表示事务完成后，符合逻辑运算。比如上述转账例子，转账前后 A 和 B 的余额总数总是一致的。

3. 隔离性

针对多个用户同时操作，主要是排除其他事务对本次事务的影响。

比如用户 A 要给用户 B 转账，同时，用户 A 要给用户 C 转账，这两个转账的事务是相互隔离的，不能互相有影响。

4. 持久性

持久性是指事务结束后的数据不因为外界导致数据丢失。

以银行转账为例。

- 如果在操作前（事务还没有提交）服务器宕机或者断电，那么重启数据库以后，数据状态应该为 A 账户余额为 800 元，B 账户余额为 200 元。
- 如果在操作后（事务已经提交）服务器宕机或者断电，那么重启数据库以后，数据状态应该为 A 账户余额为 600 元，B 账户余额为 400 元。

18.1.2 事务隔离级别

ANSI/ISO SQL 标准定义了 4 种事务隔离级别，对于相同的事务，采用不同的隔离级别分别有不同的结果。也就是说，即使输入相同，而且采用同样的方式来完成同样的工作，也可能得到完全不同的答案，这取决于事务的隔离级别。

1. 事务相关的 3 种现象

这些隔离级别是根据 3 个“现象”定义的，以下就是给定隔离级别可能允许或不允许的 3 种现象。

- 脏读（Dirty Read）：字面上，这词是贬义的，也就是说能读取到未提交的数据（也就是脏数据）。只要打开别人正在读写的一个 OS 文件，就可以达到脏读的效果。如果允许脏读，将影响数据完整性，另外外键约束会遭到破坏，而且会忽略唯一性约束。
- 不可重复读（Nonrepeatable Read）：这意味着，如果你在 T_1 时间读取某一行，在 T_2 时间重新读取这一行时，这一行可能已经有所修改。也许它已经消失，也可能被更新了等。
- 幻读（Phantom Read）：这说明，如果你在 T_1 时间执行一个查询，而在 T_2 时间再执行这个查询，此时可能已经向数据库增加了另外的行，这会影响你的结果。与不可重复读的区别在于：在幻读中，已经读取的数据不会改变，只是与以前相比，会有更多的数据满足你的查询条件。

表 18-1 总结了各种事务隔离级别。这些隔离级别是根据上述 3 种现象来定义的，即是否允许上述各个现象。

表 18-1　　ANSI SQL 隔离级别

隔离级别	脏读	不可重复读	幻读
READ UNCOMMITTED（读未提交）	允许	允许	允许
READ COMMITTED（读已提交）		允许	允许
REPEATABLE READ（可重复读）			允许
SERIALIZABLE（可串行化）			

需要注意的是，标准只是定义了级别所对应的现象。但是不同的数据库，在实现上是有差异的。Oracle 明确地支持 READ COMMITTED（读已提交）和 SERIALIZABLE（可串行化）隔离级别，

因为标准中定义了这两种隔离级别。在 SQL 标准的定义中，READ COMMITTED 不能提供一致的结果，而 READ UNCOMMITTED（读未提交）级别用来得到非阻塞读（Non-blocking Read）。不过，在 Oracle 中，不需要通过脏读来达到这个非阻塞读目的，而且也不支持脏读。但在其他数据库中必须实现脏读来提供非阻塞读功能。

除了 4 个已定义的 SQL 隔离级别外，Oracle 还提供了另外一个级别，称为 READ ONLY（只读）。READ ONLY 事务相对于无法在 SQL 中完成任何修改的 REPEATABLE READ 或 SERIALIZABLE 事务。如果事务使用 READ ONLY 隔离级别，只能看到事务开始那一刻提交的修改，但是插入、更新和删除不允许采用这种模式。如果使用这种模式，可以得到 REPEATABLE READ 和 SERIALIZABLE 级别的隔离性。

2. READ UNCOMMITTED

READ UNCOMMITTED 隔离级别允许脏读。Oracle 没有利用脏读，甚至不允许脏读。READ UNCOMMITTED 隔离级别的根本目标是提供一个基于标准的定义以支持非阻塞读。而 Oracle 会默认地提供非阻塞读，因此无须支持 READ UNCOMMITTED 隔离级别。

3. READ COMMITTED

READ COMMITTED 隔离级别是指，事务只能读取数据库中已经提交的数据。这里没有脏读，不过可能有不可重复读（也就是说，在同一个事务中重复读取同一行可能返回不同的答案）和幻读（与事务早期相比，查询不仅能看到已经提交的行，还可以看到新插入的行）。在数据库应用中，READ COMMITTED 可能是最常用的隔离级别了，这也是 Oracle 数据库的默认模式。

不过，得到 READ COMMITTED 隔离并不像听起来那么简单。显然，根据先前的标准，在使用 READ COMMITTED 隔离级别的数据库中执行相同的查询肯定就会有相同的表现，真的是这样吗？这是不对的。如果在一条语句中查询了多行，除了 Oracle 外，在几乎所有其他的数据库中，READ COMMITTED 隔离都可能“退化”得像脏读一样，这取决于具体的实现。

在 Oracle 中，由于使用多版本和读一致性查询，无论是使用 READ COMMITTED 还是使用 READ UNCOMMITTED，从 ACCOUNTS 查询得到的结果总是一样的。Oracle 会按查询开始时数据的样子对已修改的数据进行重建，恢复其“本来面目”，因此会返回数据库在查询开始时的结果。

4. REPEATABLE READ

REPEATABLE READ 的目标是提供这样一个隔离级别，它不仅能给出一致的正确结果，还能避免丢失更新。我们会分别给出例子，来看看在 Oracle 中为达到这些目标需要做些什么，而在其他系统中又会发生什么。

如果隔离级别是 REPEATABLE READ，从给定查询得到的结果相对于某个时间点来说应该是一致的。大多数数据库（不包括 Oracle）都通过使用低级的共享读锁来实现可重复读。共享读锁会防止其他会话修改我们已经读取的数据。当然，这会降低并发性。Oracle 则采用了更具并发性的多版本模型来提供读一致的结果。

在 Oracle 中，通过使用多版本，得到的结果相对于查询开始执行的那个时间点是一致的。在其他数据库中，通过使用共享读锁，可以得到相对于查询完成那个时间点一致的结果，也就是说，查询结果相对于我们得到结果的那一刻是一致的（稍后会对这个问题做更多的说明）。

5. SERIALIZABLE

一般认为这是最受限的隔离级别，但是它也提供了最高程度的隔离性。SERIALIZABLE 事务在一个环境中操作时，就好像没有别的用户在修改数据库中的数据一样。我们读取的所有行在重新读取时都肯定完全一样，所执行的查询在整个事务期间也总能返回相同的结果。例如，如果执行以下查询。

```
Select * from T;
```

```
Begin dbms_lock.sleep( 60*60*24 ); end;

Select * from T;
```

从T返回的结果总是相同的，就算我们“睡眠”了24h也一样。这个隔离级别可以确保这两次查询总会返回相同的结果。其他事务的副作用（修改）对查询是不可见的，而不论这个查询运行了多长时间。

Oracle中是这样实现SERIALIZABLE事务的：原本通常在语句级得到的读一致性，现在可以扩展到事务级。

结果并非相对于语句开始的那个时间点一致，而是在事务开始的那一刻就固定了。换句话说，Oracle使用回滚段按事务开始时数据的原样来重建数据，而不是按语句开始时的样子重建。

6. READ ONLY

READ ONLY事务与SERIALIZABLE事务很相似，唯一的区别是READ ONLY事务不允许修改，因此不会遭遇ORA-08177错误。READ ONLY事务的目的是支持报告需求，即相对于某个时间点，报告的内容应该是一致的。在其他系统中，为此要使用REPEATABLE READ，这就要承受共享读锁的相关影响。在Oracle中，则可以使用READ ONLY事务。采用这种模式，如果一个报告使用50条SELECT语句来收集数据，所生成的结果相对于某个时间点就是一致的，即事务开始的那个时间点。你可以做到这一点，而无须在任何地方锁定数据。

为达到这个目标，就像对单语句一样，也使用了同样的多版本机制。会根据需要从回滚段重新创建数据，并提供报告开始时数据的原样。不过，READ ONLY 事务也不是没有问题。在SERIALIZABLE 事务中你可能会遇到 ORA-08177 错误，而在 READ ONLY 事务中可能会看到ORA-1555：snapshot too old错误。如果系统上有人正在修改你读取的数据，就会发生这种情况。对这个信息所做的修改（undo信息）将记录在回滚段中。但是回滚段以一种循环方式使用，这与重做日志非常相似。报告运行的时间越长，重建数据所需的undo信息就越有可能已经不在那里了。回滚段会回绕，你需要的那部分回滚段可能已经被另外某个事务占用了。此时，就会得到ORA-1555错误，只能从头再来。

对于这个棘手的问题，唯一的解决方案就是为系统适当地确定回滚段的大小。

18.2 分布式事务面临的挑战

分布式事务是指发生在多个数据节点之间的事务，分布式事务比单机事务要复杂得多。在分布式系统中，各个节点之间是相互独立的，需要通过网络进行沟通和协调。由于存在事务机制，可以保证每个独立节点上的数据操作可以满足 ACID。但是，相互独立的节点之间无法准确地知道其他节点的事务执行情况。所以从理论上来讲，两个节点的数据是无法达到一致的状态。如果想让分布式部署的多个节点中的数据保持一致性，那么就要保证在所有节点上数据的写操作，要么全部都执行，要么全部都不执行。但是，一台机器在执行本地事务的时候无法知道其他机器中的本地事务的执行结果，所以它也就不知道本次事务到底应该commit还是rollback。所以，常规的解决办法就是引入一个“协调者”的组件来统一调度所有分布式节点的执行。

为了解决这种分布式一致性问题，过去人们在性能和数据一致性的反反复复权衡过程中总结了许多典型的协议和算法。其中比较著名的有二阶提交协议（Two Phase Commitment Protocol，2PC）、三阶提交协议（Three Phase Commitment Protocol，3PC）、Paxos算法和Raft算法。大部分的关系型数据库通过两阶段提交算法来完成分布式事务，比如Oracle中通过dblink方式进行事务处理。同时，业界也经常使用消息的方式来解决分布式事务。

针对分布式事务，是 X/Open 这个组织定义的一套分布式事务的标准 X/Open DTP（X/Open Distributed Transaction Processing Reference Model），定义了规范和 API 接口，可以由各个厂商进行具体的实现。

18.3　节点复制

以下是常见的节点复制机制。

18.3.1　Master–Slave 复制

Slave 节点一般是 Master 节点的备份。采用 Master-Slave 复制的系统，一般是如下设计的。

- 读写请求都由 Master 负责。
- 写请求写到 Master 上后，由 Master 同步到 Slave 上。

这种机制的特点如下。

- 数据由 Master 同步到 Slave 时，通常采用异步方式。
- 有良好的吞吐量，低延迟。
- 在大多数 RDBMS 中支持，比如 MySQL 二进制日志。
- 数据一致性通常是最终一致性。

这种机制的缺点是，如果 Master“挂了”，Slave 只能提供读服务，而没有写服务。

18.3.2　Master–Master 多主复制

Master-Master 多主复制指一个系统存在两个或多个 Master，每个 Master 都提供读写服务。这个机制是 Master-Slave 的加强版，数据间同步一般是通过 Master 间的异步完成，所以是最终一致性。Master-Master 的好处是，一台 Master“挂了”，别的 Master 可以正常提供读写服务，它和 Master-Slave 一样，当数据没有被复制到别的 Master 上时，数据会丢失。很多数据库都支持 Master-Master 的 Replication 的机制。

这种机制的特点如下。

- 异步。
- 最终的一致性。
- 多个节点间需要序列化协议。

18.4　两阶段提交

两阶段提交协议最早由分布式事务专家 Jim Gray 在 1978 年的一篇文章 *Notes on Database Operating Systems* 中提及。两阶段提交协议可以保证数据的强一致性，即保证了分布式事务的原子性：所有结点要么全做要么全不做。许多分布式关系型数据管理系统采用此协议来完成分布式事务。它是协调所有分布式原子事务参与者，并决定提交或取消（回滚）的分布式算法，同时也是解决一致性问题的算法。该算法能够解决很多临时性系统故障（包括进程、网络节点、通信等故障），被广泛地使用。但是，它并不能够通过配置来解决所有的故障，在某些情况下它还需要人为的参与才能解决问题。

顾名思义，两阶段提交分为以下两个阶段。

- 准备阶段（Prepare Phase）。
- 提交阶段（Commit Phase）。

MySQL从5.5版本开始支持这个协议，SQL Server从SQL Server 2005开始支持，Oracle从Oracle 7开始支持。

在两阶段提交协议中，系统一般包含以下两类角色。

- 协调者（Coordinator）：通常一个系统中只有一个。
- 参与者（Participant）：一般包含多个，在数据存储系统中可以理解为数据副本的个数。

18.4.1 准备阶段

在准备阶段，协调者将通知事务参与者准备提交或取消事务，写本地的redo和undo日志，但不提交，然后进入表决过程。在表决过程中，参与者将告知协调者自己的决策：同意（事务参与者本地作业执行成功）或取消（本地作业执行故障）。

协调者协议流程如下。

- 写本地日志“BEGIN_COMMIT”，并进入WAIT状态。
- 向所有参与者发送“VOTE_REQUEST”消息。
- 等待并接收参与者发送的对“VOTE_REQUEST”的响应。参与者响应“VOTE_ABORT”或“VOTE_COMMIT”消息给协调者。

18.4.2 提交阶段

在该阶段，协调者将基于第一个阶段的投票结果进行决策：提交或取消。当且仅当所有的参与者同意提交事务，协调者才通知所有的参与者提交事务，否则协调者将通知所有的参与者取消事务。参与者在接收到协调者发来的消息后将执行相应的操作。

协调者协议流程如下。

- 若收到任何一个参与者发送的“VOTE_ABORT”消息。
  - 写本地“GLOBAL_ABORT”日志，进入ABORT状态。
  - 向所有的参与者发送“GLOBAL_ABORT”消息。
- 若收到所有参与者发送的“VOTE_COMMIT”消息。
  - 写本地“GLOBAL_COMMIT”日志，进入COMMIT状态。
  - 向所有的参与者发送“GLOBAL_COMMIT”消息。
- 等待并接收参与者发送的对“GLOBAL_ABORT”消息或“GLOBAL_COMMIT”消息的确认响应消息，一旦收到所有参与者的确认消息，写本地“END_TRANSACTION”日志，流程结束。

18.4.3 两阶段提交状态机

图18-2所示为两阶段提交协议中的协调者及参与者的状态机。左侧（a）为协调者状态机，右侧（b）为参与者状态机。

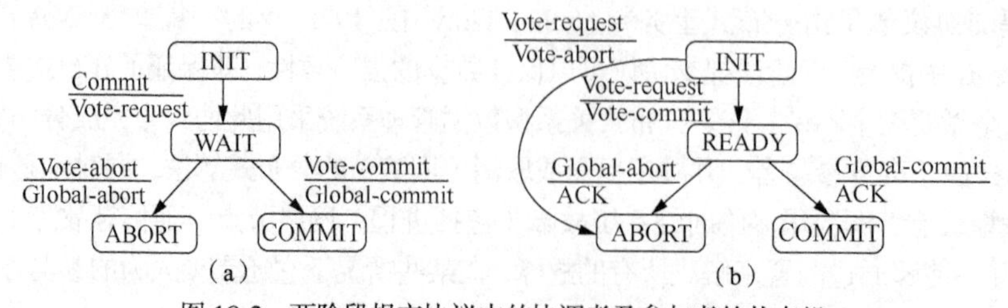

图18-2　两阶段提交协议中的协调者及参与者的状态机

18.4.4 两阶段提交的缺陷

一般情况下，两阶段提交机制都能较好地运行，当在事务进行过程中有参与者宕机时，重启以后，可以通过询问其他参与者或者协调者，从而知道这个事务到底提交了没有。当然，这一切的前提都是各个参与者在进行每一步操作时都会事先写入日志。

两阶段提交不能解决的困境如下。

- 同步阻塞。执行过程中，所有参与节点都是事务阻塞型的。当参与者占有公共资源时，其他第三方节点访问公共资源不得不处于阻塞状态。
- 单点故障。由于协调者的重要性，一旦协调者发生故障，参与者会一直阻塞下去。尤其在第二阶段，协调者发生故障，那么所有的参与者还都处于锁定事务资源的状态中，而无法继续完成事务操作。如果是协调者“挂掉”，可以重新选举一个协调者，但是无法解决因为协调者宕机导致的参与者处于阻塞状态的问题。
- 数据不一致。在两阶段提交的阶段二中，当协调者向参与者发送 COMMIT 请求之后，发生了局部网络异常或者在发送 COMMIT 请求过程中协调者发生了故障，这会导致只有一部分参与者接收到了 COMMIT 请求。而在这部分参与者接收到 COMMIT 请求之后就会执行 COMMIT 操作。但是其他部分未接收到 COMMIT 请求的机器则无法执行事务提交。于是整个分布式系统便出现了数据不一致性的现象。

18.5 三阶段提交

三阶段提交协议可以理解为两阶段提交协议的改良版，是在协调者和参与者中都引入超时机制，并且把两阶段提交协议的第一个阶段分成了两步。因此，三阶段提交协议包含询问、锁资源、提交三个步骤。

两阶段提交协议存在的问题是，协调者在某些时刻如果失败了，整个事务就会阻塞。于是 Skeen 发布了 *NonBlocking Commit Protocols*（1981）这篇论文，论文指出在一个分布式的事务里面，需要一个三阶段提交协议来避免在两阶段提交中存在的阻塞问题。

顾名思义，三阶段提交分为以下 3 个阶段。

- CanCommit。
- PreCommit。
- DoCommit。

在三阶段提交协议中，系统一般包含以下两类角色。

- 协调者：通常一个系统中只有一个。
- 参与者：一般包含多个，在数据存储系统中可以理解为数据副本的个数。

18.5.1 CanCommit

在 CanCommit 阶段，协调者协议流程如下。

- 写本地日志“BEGIN_COMMIT”，并进入 WAIT 状态。
- 向所有参与者发送“VOTE_REQUEST”消息。
- 等待并接收参与者发送的对“VOTE_REQUEST”的响应。参与者响应“VOTE_ABORT”

或“VOTE_COMMIT”消息给协调者。

该流程与两阶段提交协议类似。

18.5.2 PreCommit

在 PreCommit 阶段，协调者将通知事务参与者准备提交或取消事务，写本地的 redo 和 undo 日志，但不提交。

协调者协议流程如下。

- 若收到任何一个参与者发送的“VOTE_ABORT”消息。
  - 写本地“GLOBAL_ABORT”日志，进入 ABORT 状态。
  - 向所有的参与者发送“GLOBAL_ABORT”消息。
- 若收到所有参与者发送的“VOTE_COMMIT”消息。
  - 写本地“PREPARE_COMMIT”日志，进入 PRECOMMIT 状态。
  - 向所有的参与者发送“PREPARE_COMMIT”消息。
- 等待并接收参与者发送的对“GLOBAL_ABORT”消息或“PREPARE_COMMIT”消息的确认响应消息。一旦收到所有参与者的“GLOBAL_ABORT”确认消息或者超时没有收到，写本地“END_TRANSACTION”日志，流程结束，则不再进入 DoCommit 阶段。如果收到所有参与者的“PREPARE_COMMIT”确认消息，则进入 DoCommit 阶段。

该流程与两阶段提交协议相比，多了一个 PRECOMMIT 状态。

18.5.3 DoCommit

在该阶段，协调者协议流程如下。

- 向所有参与者发送“GLOBAL_COMMIT”消息。
- 等待并接收参与者发送的对 “GLOBAL_COMMIT”消息的确认响应消息，一旦收到所有参与者的确认消息，写本地“END_TRANSACTION”日志，流程结束。

在 DoCommit 阶段，如果参与者无法及时接收到来自协调者的 GLOBAL_COMMIT 请求，会在等待超时之后继续进行事务的提交。

18.5.4 三阶段提交状态机

图 18-3 所示为三阶段提交协议中的协调者及参与者的状态机。(a) 为协调者状态机，(b) 为参与者状态机。

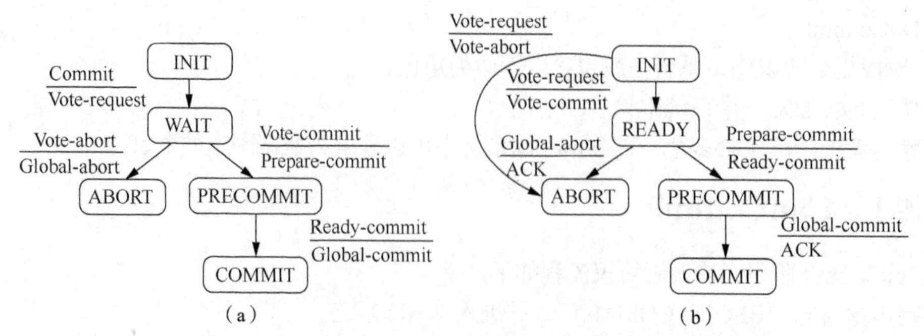

图 18-3 三阶段提交协议中的协调者及参与者的状态机

18.5.5 三阶段提交的缺陷

相对于 2PC，3PC 主要解决单点故障问题，并减少阻塞，因为一旦参与者无法及时收到来自协调者的信息，他会默认执行 COMMIT。而不会一直持有事务资源并处于阻塞状态。但是这种机制也会导致数据一致性问题，因为，由于网络原因，协调者发送的 ABORT 响应没有及时被参与者接收，那么参与者在等待超时之后执行了 COMMIT 操作。这样就和其他接到 ABORT 命令并执行回滚的参与者之间存在数据不一致的情况。

18.6 Paxos 算法

Leslie Lamport 在 *The Part-Time Parliament*（1990 年提交，1998 年发表）中提出了 Paxos——是一种基于消息传递的一致性算法。人们觉得这篇论文太难理解了，所以这篇论文就被“不幸”地忽略了。直到 Butler Lampson 在 *How to Build a Highly Availability System using Consensus* （1996 年发表）中重新提到这个算法，这篇论文对如何构建容错系统和 Paxos 进行了很好的介绍。后来 Lamport 又发表了 *Paxos Made Simple*（2001 年发表），对相关的概念进行了简化。直到 2006 年 Google 的关于 Chubby 的论文发表，由于 Chubby 锁服务使用 Paxos 作为 Chubby cell 中的一致性算法，因此使得 Paxos 的人气从此“一路狂飙”。

业界采用 Paxos 算法的实际案例有 Chubby、MegaStore、Spanner、DynamoDB、S3、ZooKeeper 等。

Paxos 一般包含以下术语。

- Proposer：提案者，它可以提出一个提案。
- Proposal：提案，由 Proposer 提出。一个提案由一个编号及 value 形成的对组成，编号是为了防止混淆，保证提案的可区分性，value 即代表了提案本身的内容。
- Acceptor：提案的受理者，有权决定它本身是否接受该提案。
- Choose：被选定的提案，当有半数以上 Acceptor 接受该提案时，就认为该提案被选定了。
- Learner：需要知道被选定的提案信息的参与者。

18.6.1 问题描述

假设有一组可以提出提案的进程集合。一个一致性算法需要保证以下 3 点。

- 在这些被提出的提案中，只有一个会被选定。
- 如果没有提案被提出，那么就不会有被选定的提案。
- 当一个提案被选定后，进程应该可以获取被选定的提案信息。

对于 Paxos，安全性原则如下。

- 只有被提出的提案才能被选定。
- 只能有一个 value 被选定。
- 如果某个进程认为某个提案被选定了，那么这个提案必须是真的被选定的那个。

存活原则如下。

- 最终会批准某个提案的 value。
- 一个 value 被批准了，其他服务器最终会学习到这个 value。

安全性和存活在分布式算法中是两个最重要的属性，简单来说安全性就是指那些需要保证永远都不会发生的事情，存活是指那些最终一定会发生的事情。整体上来说，一致性算法的目标就是要保证最终有一个提案会被选定，当提案被选定后，进程最终也能获取到被选定的提案。

在该 Paxos 一致性算法中，有 3 种参与角色，我们用 Proposer、Acceptor 和 Learner 来表示。在具体的实现中，一个进程可能充当不止一种角色，在这里我们并不关心进程如何映射到各种角色。

使用 Paxos 算法的前提是，假设不同参与者之间可以通过发送消息来通信，并使用普通的非拜占庭模式的异步模型，即每个参与者以任意的速度执行，可能会出错而停止，也可能会重启。当一个提案被选定后，所有的参与者都有可能失败或重启，因此除非那些失败或重启的参与者可以记录某些信息，否则是不可能存在一个解的。 消息在传输中可能花费任意的时间，可能会重复、丢失，但是不会被损坏，即其内容不会被篡改，不会发生拜占庭式的问题。

1982 年，Leslie Lamport 与另两人共同发表的论文描述了一种计算机容错理论。为了形象地表达其中的问题，Lamport 设想出了一种场景：某国有许多支军队，军队的将军们必须制订一个统一的行动计划——进攻或者撤退。将军们在地理上是分隔开来的，只能靠通讯员进行通信，并且将军中存在叛徒。叛徒可以任意篡改消息，欺骗某些将军进攻或撤退。理论研究显示，在一个 $3N+1$ 的系统中，只有叛徒数目小于等于 N 的情况下，才有可能设计出一种协议，使得不管叛徒怎样作梗也能达成一致。由于大多数系统在同一局域网中，消息被篡改的情况很罕见；因硬件和网络造成的消息不完整，只需简单的校验，丢弃不完整的消息。因此 Paxos 算法可以假设所有消息都是完整的，没有被篡改。

18.6.2 提案的选定

那么如何来选定提案？分为以下 3 种场景。

1. 单个 Acceptor 的提案选定

选定提案的最简单方式就是只允许一个 Acceptor 存在。Proposer 发送提案给 Acceptor，Acceptor 会选择它接收到的第一个提案作为被选定的提案。尽管简单，但是这个解决方式却很难让人满意，因为如果 Acceptor 出错，那么整个系统就无法工作了，也就违反了存活的原则。

因此，需要用多个 Acceptor 来避免一个 Acceptor 时的单点问题。

2. 多个 Acceptor 的提案选定

现在，Proposer 向一个 Acceptor 集合发送提案，某个 Acceptor 可能会通过这个提案。当有足够多的 Acceptor 通过它时，我们就可以认为这个提案被选定了，也就是少数服从多数。我们再规定一个 Acceptor 最多只能通过一个提案，那么就能保证只有一个提案被选定。

在没有失败和消息丢失的情况下，如果我们希望即使在只有一个提案被提出的情况下，仍然可以选出一个提案来，这就暗示了以下这个需求。

P_1：一个 Acceptor 必须通过它收到的第一个提案。

上述需求引出了另外一个问题。如果有多个提案被不同的 Proposer 同时提出，这可能会导致虽然每个 Acceptor 都通过了一个提案，但是没有一个提案是由多数人都通过的。即使是只有两个提案，如果每个都被差不多一半的 Acceptor 通过了，此时即使只有一个 Acceptor 出错，都可能使得无法确定该选定哪个提案。比如有 5 个 Acceptor，其中 2 个通过了提案 a，另外 3 个通过了提案 b，此时如果通过 b 的 3 个中有一个出错了，那么 a、b 的通过者都变成了 2 个，这就不清楚该如何决定了。

3. 选定多个提案之一

P_1 再加上一个提案被选定需要由半数以上的 Acceptor 通过的需求，暗示着一个 Acceptor 必须能够通过不止一个提案。我们为每个提案设定一个编号来记录一个 Acceptor 通过的那些提案。为了避免混淆，需要保证不同的提案具有不同的编号。如何实现这种保证取决于实现，目前我们假设已经提供了这种保证。当具有某 value 值的提案被半数以上的 Acceptor 通过后，我们就认为该 value 被选定了。此时我们也认为该提案被选定了。此时的提案已经与 value 变成了不同的东西，提案是由编号+value 组成的。

我们允许多个提案被选定，但是我们必须保证所有被选定的提案都具有相同的 value 值。提案编号需要保证以下条件。

P_2：如果具有 value 值 v 的提案被选定了，那么所有比它编号更高的被选定的提案的 value 值也必须是 v。

因为编号是全序的，条件 P_2 就保证了只有一个 value 值被选定的这一关键安全性属性。编号我们可以简单理解为是一个递增的序列，编号小意味着时间更早。

被选定的提案，首先必须被至少一个 Acceptor 通过，因此我们可以通过以下条件来满足 P_2。

P_2a：如果具有 value 值 v 的提案被选定了，那么所有比它编号更高的被 Acceptor 通过的提案的 value 值也必须是 v。

我们仍然需要 P_1 来保证提案会被选定。但是因为通信是异步的，一个提案可能会在某个 Acceptor c 还未收到任何提案时就被选定了。假设一个新的 Proposer 重启了，然后产生了一个具有另一个 value 值的更高编号的提案，根据 P_1，就需要 c 通过这个提案，但是这与 P_2a 矛盾。因此如果要同时满足 P_1 和 P_2a，需要对 P_2a 进行强化。

P_2b：如果具有 value 值 v 的提案被选定，那么所有比它编号更高的被 Proposer 提出的提案的 value 值也必须是 v。

一个提案被 Acceptor 通过之前肯定要由某个 Proposer 提出，因此 P_2b 就隐含了 P_2a，进而隐含了 P_2。

我们来看看如何证明 P_2b 成立。我们假设某个具有编号 m 和 value 值 v 的提案被选定了，需要证明具有编号 n（n>m）的提案都具有 value 值 v。我们可以通过对 n 使用归纳法来简化证明，这样我们就可以在额外的假设下，即编号在 m～n-1 的提案具有 value 值 v，来证明编号为 n 的提案具有 value 值 v。因为编号为 m 的提案已经被选定了，这意味着肯定存在一个由半数以上的 Acceptor 组成的集合 C，C 中的每个 Acceptor 都通过了这个提案。再结合归纳假设，m 被选定意味着：

C 中的每个 Acceptor 都通过了一个编号在 m～n-1 的提案，每个编号在 m～n-1 的被 Acceptor 通过的提案都具有 value 值 v。

因为任何包含半数以上的 Acceptor 的集合 S 都至少包含 C 中的一个成员，我们可以通过维护以下不变性来保证编号为 n 的提案具有 value 值 v。

P_2c：对于任意的 n 和 v，如果编号为 n 和 value 值为 v 的提案被提出，那么肯定存在一个由半数以上的 Acceptor 组成的集合 S，可以满足以下条件中的一个。

- S 中不存在任何的 Acceptor 通过编号小于 n 的提案。
- v 是 S 中所有 Acceptor 通过的编号小于 n 的具有最大编号的提案的 value 值。

通过维护 P_2c 我们就可以保证 P_2b 了，即 P_2c->P_2b->P_2a->P_2+P_1=>保证了一致性。

18.6.3 获取被选定的提案值

为了获取被选定的 value，一个 Learner 必须确定一个提案已经被半数以上的 Acceptor 通过。最明显的算法是，每个 Acceptor，只要它通过了一个提案，就通知所有的 Learner，告知它们通过的提案。这可以让 Learner 尽快找出被选定的 value，但是它需要每个 Acceptor 都与每个 Learner 通信——所需通信的次数等于二者个数的乘积。

在假定非拜占庭错误的情况下，一个 Learner 可以很容易地通过另一个 Learner 了解到一个值已经被选定。我们可以让所有的 Acceptor 将它们的通过消息发送给一个特定的 Learner，当一个 value 被选定时，再由它通知其他的 Learner。这种方法，需要多一个步骤才能通知到所有的 Learner。而且也是不可靠的，因为那个特定的 Learner 可能会失败。但是这种情况下的通信次数，只是 Acceptor 和 Learner 的个数之和。

更一般地，Acceptor 可以将它们通过的消息发送给一个特定的 Learner 集合，它们中的每个都可以在一个 value 被选定后通知所有的 Learner。这个集合中的 Learner 个数越多，可靠性就越好，但是通信复杂度就越高。

由于消息的丢失，一个 value 被选定后，可能没有 Learner 会发现。Learner 可以询问 Acceptor 它们通过了哪些提案，但是一个 Acceptor 出错，都有可能导致无法判断出是否已经有半数以上的 Acceptor 通过的提案。在这种情况下，只有当一个新的提案被选定时，Learner 才能发现被选定的 value。因此，如果一个 Learner 想知道是否已经选定一个 value，它可以让 Proposer 利用上面的算法产生一个提案。

这引出一种需要考虑的异常情况，当一个 value 被(n/2+1)的 Acceptor 选定后，其中一个 Acceptor 出错而“死掉了”，那么对于这种情况，Paxos 算法能否正确处理呢？因为这种情况下，某个 Learner 可能会在这个 Acceptor 还活着的时候获知这个选定的 value，但是其他 Learner 获取信息时该 Acceptor 可能已经“死掉了”。对于这种情况，虽然 Learner 可能一时无法判断哪个 value 被选定了，但是它可以保证此时被选定的 value 将一直是被选定的那个 value，因为如果 Acceptor 出错“死掉了”，这并不影响保证多数集合之间肯定存在一个交集，因为该出错的 Acceptor 对于两个多数集合来说，它们都是“死掉”的那个，根据算法执行过程，我们可以看到多数集合都是通过接受响应来体现的，也就是说它们肯定都是还“活着”的 Acceptor，这样不同执行过程中的 Acceptor 阶段的多数集之间肯定存在一个还活着的公共 Acceptor。如果一个死掉的 Acceptor 是两个(n/2+1)多数集唯一的公共元素，那么它应该是无法满足收到多数集合的 Acceptor 的响应的。

18.6.4 进展性

很容易构造出一种情况，在该情况下，两个 Proposer 持续地生成编号递增的一系列提案，但是没有提案会被选定。Proposer p 为一个编号为 n_1 的提案完成了 Prepare 阶段，然后另一个 Proposer q 为编号为 $n_2(n_2>n_1)$的提案完成了 Prepare 阶段。Proposer p 的针对编号 n_1 的提案的 Acceptor 阶段的所有 Accept 请求被忽略，因为 Acceptor 已经承诺不再通过任何编号小于 n_2 的提案。这样 Proposer p 就会用一个新的编号 $n_3(n_3>n_2)$重新开始并完成 Prepare 阶段，这又会导致在 Acceptor 阶段里 Proposer q 的所有 Accept 请求被忽略，如此循环往复。

为了保证进度，必须选择一个特定的 Proposer 来作为一个唯一的提案提出者。如果这个 Proposer 可以同半数以上的 Acceptor 通信，同时可以使用一个比现有的编号都大的编号的提案的话，那么它就可以成功地产生一个可以被通过的提案。再通过当它知道某些更高编号的请求时，舍弃当前的提案并重做，这个 Proposer 最终一定会产生一个足够大的提案编号。

如果系统中有足够的组件（Proposer、Acceptor 及通信网络）工作良好，通过选择一个特定的 Proposer，活性就可以达到。著名的 FLP 结论指出，一个可靠的 Proposer 选举算法要么利用随机性要么利用实时性来实现——比如使用超时机制。然而，无论选举是否成功，安全性都可以保证。即使同时有 2 个或以上的 Proposer 存在，算法仍然可以保证正确性。

18.6.5 实现

Paxos 一致性算法假设了一组进程网络。在它的一致性算法中，每个进程扮演着 Proposer、Acceptor 及 Learner 的角色，该算法选定一个 Learner 来扮演那个特定的 Proposer 和 Learner。Paxos 一致性算法就是上面描述的请求和响应都是以普通消息的方式发送（响应消息通过对应的提案的编号来标识以防止混淆）。使用可靠性的存储设备来存储 Acceptor 需要记住的消息来防止出错。

Acceptor 在真正送出响应之前，会将它记录在可靠性存储设备中。

剩下的就是需要描述保证提案编号唯一性的机制了。不同的 Proposer 会从不相交的编号集合中选择自己的编号，这样任何两个 Proposer 就不会有相同编号的提案了。每个 Proposer 需要将它目前生成的最大编号的提案记录在可靠性存储设备中，然后用一个比已经使用的所有编号都大的提案开始 Prepare 阶段。

Paxos 一致性算法分为了二阶段提交：Prepare 阶段和 Acceptor 阶段。

1. Prepare 阶段

- Prepare 阶段 A：如图 18-4 所示，Proposer 选择一个提案编号 n 并将 Prepare 请求发送给所有的 Acceptor。
- Prepare 阶段 B：如图 18-5 所示，Acceptor 收到 Prepare 消息后，如果提案的编号大于它已经回复的所有 Prepare 消息，则 Acceptor 将自己上次接受的提案回复给 Proposer，并承诺不再回复小于 n 的提案。

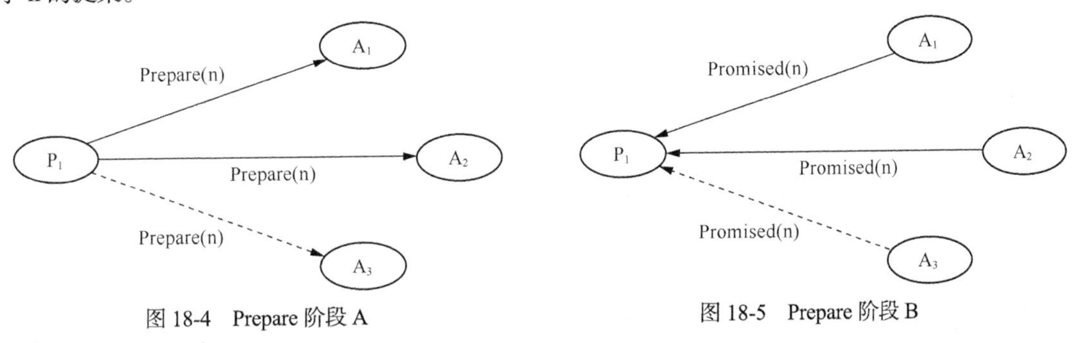

图 18-4　Prepare 阶段 A

图 18-5　Prepare 阶段 B

2. Acceptor 阶段

- Acceptor 阶段 A：如图 18-6 所示，当一个 Proposer 收到了多数 Acceptor 对 Prepare 的回复（Promised）后，就进入批准阶段。如果没有发现有一个 Acceptor 接受过一个 value，那么向所有的 Acceptor 发起自己的 value 和提案编号 n。否则，从所有接受过的 value 中选择对应的提案编号最大的，作为提案的 value，提案编号仍然为 n。
- Acceptor 阶段 B：如图 18-7 所示，在不违背自己向其他 Proposer 的承诺的前提下，Acceptor 收到 Accept 请求后即接受这个请求。

Prepare 阶段有两个目的，第一，检查是否有被批准的值，如果有，就改用批准的值。第二，如果之前的提案还没有被批准，则阻塞它们，避免它们和我们发生竞争，当然最终由提案编号的大小决定。

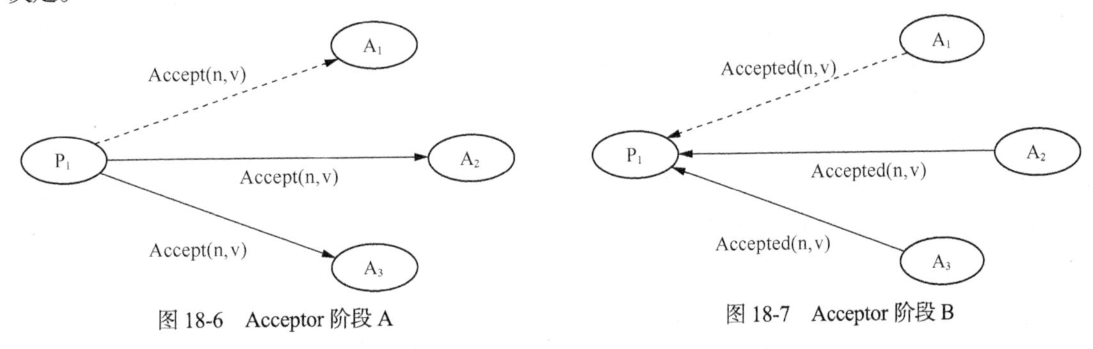

图 18-6　Acceptor 阶段 A

图 18-7　Acceptor 阶段 B

18.6.6　总结

上面的图例中，P_1 广播了 Prepare 请求，但是给 A_3 的丢失，不过 A_1、A_2 成功返回了，即该 Prepare

请求得到多数派的应答，然后它可以广播 Accept 请求，但是给 A_1 的丢了，不过 A_2，A_3 成功接受了这个提案。因为这个提案被多数派（A_2，A_3 形成多数派）接受，我们称被多数派接受的提案对应的 value 被选定。

3 个 Acceptor 之前都没有接受过 Accept 请求，所以不用返回接受过的提案，但是如果接受过提案，则根据第一阶段 B，要带上之前 Accept 的提案中编号小于 n 的最大的提案。

Proposer 广播 Prepare 请求之后，收到了 A_1 和 A_2 的应答，应答中携带了它们之前接受过的 $\{n_1, v_1\}$ 和 $\{n_2, v_2\}$，Proposer 则根据 n_1、n_2 的大小关系，选择较大的那个提案对应的 value，比如 $n_1 > n_2$，那么就选择 v_1 作为提案的 value，最后它向 Acceptor 广播提案 $\{n, v_1\}$。图 18-8 展示了该选择过程。

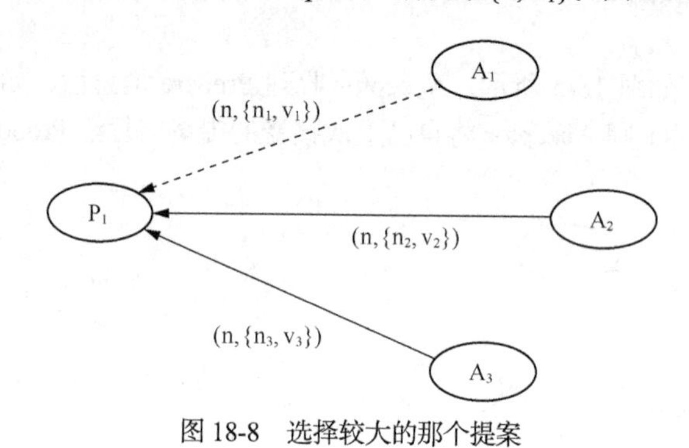

图 18-8 选择较大的那个提案

18.6.7 缺陷

Paxos 算法的主要缺陷是该算法难以被大多人理解，缺乏实现的细节，不是作为构建实际应用的好基础。

18.7 Raft 算法

在过去 20 年中，Paxos 一直主导着一致性算法。大多数的一致性算法都是基于 Paxos，或者受到它的影响，包括 Chubby、ZooKeeper 等。但 Paxos 算法有以下 2 个缺点。

- 算法本身特别难懂。Leslie Lamport 在 1990 年提交了 *The Part-Time Parliament* 论文来介绍 Paxos，但直到 1998 年才被发表，正是因为论文的评审认为该论文非常难以理解。虽然 Leslie Lamport 自己认为论文采用了幽默的比喻方式。后来 Lamport 又发表了 *Paxos Made Simple*（2001 年发表），对相关的概念进行了简化。直到 2006 年 Google 的关于 Chubby 的论文发表，由于 Chubby 锁服务使用 Paxos 作为 Chubby cell 中的一致性算法，因此使得 Paxos 的人气从此“一路狂飙”。所以，Paxos 算法从提出到实践花费了十几年的时间。
- Paxos 不能作为构建实际应用的好基础。Lamport 的论文缺乏实现的细节。因此，Google 的 Chubby 虽然是以 Paxos 为起点进行设计的，但是 Chubby 的工程师表示 Paxos 的算法和现实需求有太大的差距，所以最终 Chubby 是基于未证明的协议建立起来的。Chubby、ZooKeeper 使用的算法，声称是 Paxos，但是未公布细节，因此很大概率是 Paxos 的改良版。

正是由于上述缺点，才提出了 Raft 算法，以替代 Paxos 算法。

业界采用 Raft 算法的实际案例有 RocketMQ 、TiDB、Kudu、RAMCloud、etcd 等。

18.7.1 Raft 概述

Stanford 大学的 Diego Ongaro 和 John Ousterhout 在 *In Search of an Understandable Consensus Algorithm(Extended Version)* 论文中提出了 Raft。在该论文的开头，就表明了 Raft 宗旨，就是为了解决 Paxos 难以理解和实现的问题。

Raft 设计初衷就是易懂。为了实现这一目的，使用以下两种方法。

- 第一个方法是问题分解，将问题分成几个部分来解决、解释、独立理解，比如把 Raft 分为 Leader 选举、日志同步（Log Replication）、安全性（Safety）、日志压缩（Log Compaction）、成员关系变更（Membership Change）等。
- 第二个方法是使用更强的假设来减少需要考虑的状态，使之变得易于理解和实现。

Raft 将系统中的角色分为领导者（Leader）、跟从者（Follower）和候选人（Candidate）。

- Leader：接受客户端请求，并向 Follower 同步请求日志，当日志同步到大多数节点上后告诉 Follower 提交日志。Raft 要求系统在任意时刻最多只有一个 Leader，正常工作期间只有 Leader 和 Follower。
- Follower：接收并持久化 Leader 同步的日志，在 Leader 告知日志可以提交之后，提交日志。
- Candidate：Leader 选举过程中的临时角色。

Raft 与现有的一致性算法有很多相似的地方，但是它有以下创新特性。

- 强 Leader 机制：Raft 使用一个比其他一致性算法强势的 Leader 关系。例如，日志项只能从 Leader 流向其他服务器。这使得日志分发的管理变得简单，并且使得 Raft 变得容易理解。
- Leader 选举：Raft 使用随机的定时器来选择 Leader。这只是在很多一致性算法原本就需要的心跳基础上增加了少量的机制，使解决冲突变得简单与快速。
- 成员关系变更：Raft 变更集群中的服务器使用一种新的 Joint consensus 方法，也就是使用配置重叠部分的多数方法。这使得集群在经历配置变更能够继续正常处理。

Raft 已经有多个开源实现并且在多个公司中得到应用，它的安全性已经得到证实，并且效率可以与其他算法相比拟。

18.7.2 复制状态机

复制状态机在分布式系统中被用于解决各种可容忍的错误问题。在这种方法中，一组服务器的状态机计算出同样的状态，并且即使有些服务器下线也能够继续工作。例如，大型系统中有一个单独的 Leader，例如 GFS、HDFS、RAMCloud，典型地使用一个独立的复制状态机来管理 Leader 选举与保存配置信息，以备 Leader 宕机后信息能够保持。Chubby 与 ZooKeeper 都是使用复制状态机的例子。

图 18-9 展示了复制状态机结构。

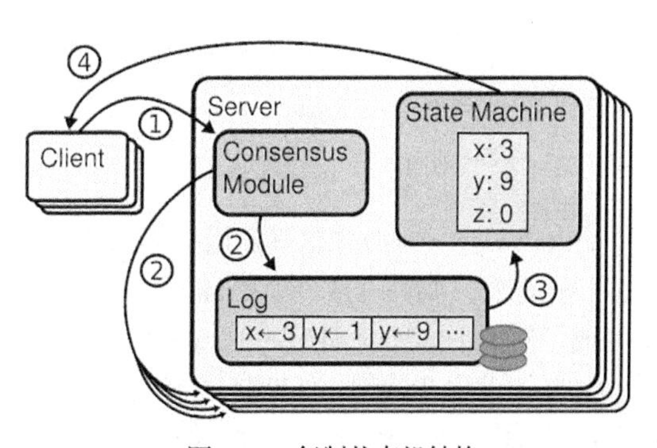

图 18-9　复制状态机结构

每个服务器（Server）由 3 个模块组成：一致性模块（Consensus Module）、日志（Log）和状态机（State Machine）。其中，作为 Leader 的一致性模块，负责将日志赋值给非 Leader 的服务器；客户端（Client）只能将请求发送给 Leader，由 Leader 将命令复制给其他服务器。

在复制状态机中，一致性算法管理着来自客户端包含状态机命令的日志复制。状态机执行来自日志中的同样顺序的命令，因此产生了同样的输出。

保持复制日志的一致性是一致性算法的工作。服务器上的一致性模块，接收来自客户端的命令，并且添加到它们的日志中。它与其他服务器的一致性模块通信，以确保每个日志最终以同样的顺序保存同样的请求，即使有些服务器失败。一旦命令被适当地复制，每台服务器的状态机以日志的顺序执行，将输出返回给客户端。结果，多台服务器就像来自单个、高度一致的状态机。

现实系统中的一致性算法，具有以下典型的属性。

- 在非拜占庭条件下（Non-Byzantine Conditions）确保安全性，永远不会返回一个错误的结果，包括网络延迟、分割，丢包、重复与失序。
- 只要集群中的多数机器工作并且能够互相通信，也能与客户端进行通信，那么服务将是可用的。于是，包括 5 台服务器的集群，能够容忍任何两台服务器的失败。假设服务器的失败是由宕机引起，那么当服务器恢复后，能够从持久化存储设备（磁盘）中恢复状态来重新加入一个集群。
- 不依赖时间来确保日志的一致性。因为错误的时钟与极端的消息延迟（最坏情况下），会导致可用性问题。
- 通常，只要集群中的多数服务器回复了远程处理请求，该命令就能够完成。这样少量性能差的机器并不影响整体的系统性能。

18.7.3 Raft 算法基础

一个 Raft 机器包括多台服务器，典型的是 5 台，使得系统可以容忍两台服务器的失败。在任何时刻每台服务器处于下面 3 种状态：Leader、Follower、Candidate。在通常的操作中，将确切地有一个 Leader 而其他的服务器都是 Follower。Follower 是被动的：它们不会发出任何请求，只是响应来自 Leader 和 Candidate 的请求。Leader 处理所有客户端的请求，如果一个客户端向 Follower 发出请求，则 Follower 会将该请求重定向到 Leader。第 3 个状态 Candidate，用于选出一个新的 Leader。

图 18-10 所示是状态变迁，在后面将讨论变迁过程。

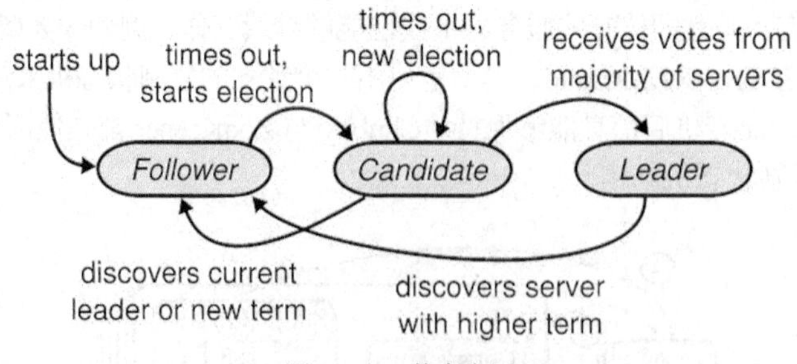

图 18-10　状态变迁

在上面的状态变迁过程中，Follower 只响应来自其他服务器的请求（不包括客户端）。一段时间内，如果一个 Follower 没有收到通信消息，则其变成一个 Candidate 并初始化一个选举。一个 Candidate 若收到集群中的多数投票就变成了新的 Leader。典型的 Leader 将一直服务直到失败（宕机）。

Raft 将时间以任意长度分割成任期（Term）。任期是一个连续的数字。每个任期开始于一个选举，也就是一个或多个 Candidate 试图变成 Leader 的过程。如果一个 Candidate 赢得了选举，那么它在这个任期剩下的时间内作为 Leader 向外提供服务。在某些情况下，选举结果可能会产生分歧（票数相当时）。这种情况下该任期将在没有 Leader 下结束。一个新的任期（一个新的选举）将在短时间内发生。Raft 保证在给定的任期里，最多只有一个 Leader（也可以没有 Leader，这样就会触发重新选举）。

图 18-11 展示了任期的演变过程。

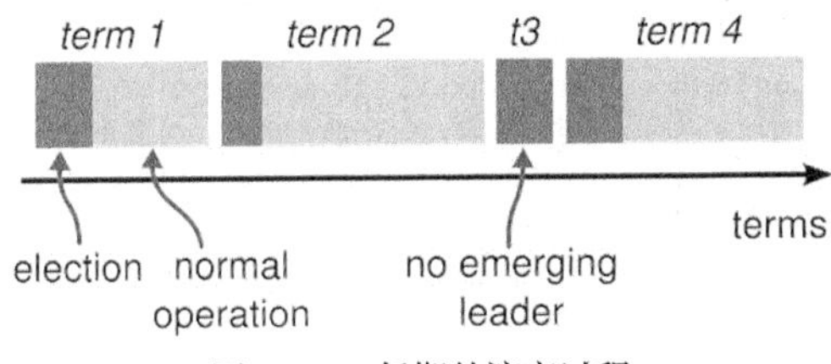

图 18-11　任期的演变过程

不同服务器在观察到的任期的转变上可能是在不同时间，并且在某些情况下，一个服务器可能不会观察到一个选举或整个任期。任期在 Raft 中扮演着一种逻辑时钟的角色，它们使服务器能够检测出过时的 Leader 信息。每个服务器保存一个当前任期数值（Current Term），随着时间的流逝，该值是单调递增的。服务器之间通信时将会交换当前任期值。

- 如果一个服务器的当前任期小于另外一个服务器，那么它将更新当前任期到更大的值。
- 如果一个 Candidate 或者 Leader 发现自己的任期已经过时，会立即转换为 Follower 状态。
- 如果一个服务器收到一个过时任期的请求，将会拒绝回复。

Raft 服务器之间通信采用远程过程调用。基础的一致性算法只要求两种类型的 RPC：RequestVote RPC 被 Candidate 用于在选举时发起；而 AppendEnties RPC 则被 Leader 用于复制日志条目及提供心跳。第三种 RPC 用于在服务器之间传输快照。服务器在一个合理的时间内没有收到回复时会重试该 RPC 请求，并且采用并发的方式发送 RPC 以提升性能。

图 18-12 所示是 RequestVote RPC 协议。

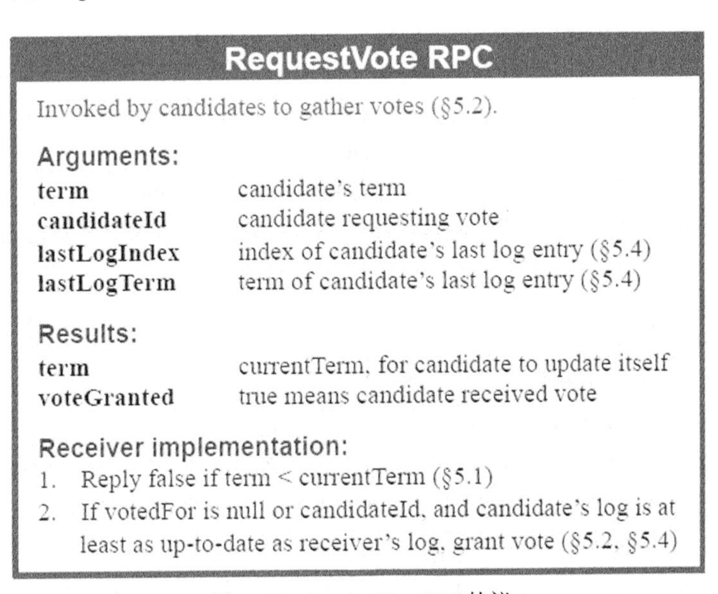

RequestVote RPC

Invoked by candidates to gather votes (§5.2).

Arguments:

term	candidate's term
candidateId	candidate requesting vote
lastLogIndex	index of candidate's last log entry (§5.4)
lastLogTerm	term of candidate's last log entry (§5.4)

Results:

term	currentTerm, for candidate to update itself
voteGranted	true means candidate received vote

Receiver implementation:

1. Reply false if term < currentTerm (§5.1)
2. If votedFor is null or candidateId, and candidate's log is at least as up-to-date as receiver's log, grant vote (§5.2, §5.4)

图 18-12　RequestVote RPC 协议

图 18-13 是 AppendEnties RPC 协议。

AppendEntries RPC

Invoked by leader to replicate log entries (§5.3); also used as heartbeat (§5.2).

Arguments:

term	leader's term
leaderId	so follower can redirect clients
prevLogIndex	index of log entry immediately preceding new ones
prevLogTerm	term of prevLogIndex entry
entries[]	log entries to store (empty for heartbeat; may send more than one for efficiency)
leaderCommit	leader's commitIndex

Results:

term	currentTerm, for leader to update itself
success	true if follower contained entry matching prevLogIndex and prevLogTerm

Receiver implementation:

1. Reply false if term < currentTerm (§5.1)
2. Reply false if log doesn't contain an entry at prevLogIndex whose term matches prevLogTerm (§5.3)
3. If an existing entry conflicts with a new one (same index but different terms), delete the existing entry and all that follow it (§5.3)
4. Append any new entries not already in the log
5. If leaderCommit > commitIndex, set commitIndex = min(leaderCommit, index of last new entry)

图 18-13　RequestVote RPC 协议

18.7.4　Raft 算法 Leader 选举

Raft 使用一种心跳机制来触发 Leader 选举。当服务器启动时，它们作为 Follower。

一个服务器将保持 Follower 状态，直到它们收到来自 Leader 或者 Candidate 的 RPC。Leader 周期性地发送心跳（没有携带日志条目的 AppendEnties RPC）给所有的 Follower 来保持它们的授权。如果一个 Follower 在一个选举超时时间（Election Timeout）内都没有收到消息，那么假设没有可用的 Leader，并且开始一个选举来选择一个新的 Leader。

为了开始一个选举，Follower 递增它的当前任期并且转换成 Candidate 状态。接着投票给自己，并行地发送 RequestVote RPC 给集群中的其他服务器。Candidate 保持这种状态直到下面 3 种情况发生。

- 它自己赢得了选举。
- 另外一个服务器被确立为 Leader。
- 一个周期时间过去但是没有任何人赢得选举。

第 1 种情况，一个 Candidate 赢得选举意味着在相同的任期里，它收到集群中多数服务器的投票。多数原则保证在特定的任期里只有一个 Candidate 会赢得选举。一个 Candidate 一旦赢得选举就变成 Leader。接着就会发送心跳消息给所有其他服务器来确立它的权威，以防止一个新的选举发生。

第 2 种情况，在等待投票过程中，一个 Candidate 可能收到来自其他服务器宣称为 Leader 的 AppendEnties RPC 请求。如果该 Leader 的任期（包含在 RPC 里面）至少与该 Candidate 的当前任期一样大，那么 Candidate 承认该 Leader 为合法的并且转变自身为 Follower 状态。如果在 RPC 中的任期小于 Candidate 的当前任期，那么 Candidate 将拒绝该 RPC 并且继续保持 Candidate 状态。

第 3 种情况，表示 Candidate 在一个选举中既没有赢也没有失败：如果有其他 Follower 也同时变成 Candidate，投票可能被分裂（Split Votes）（各得到几张）以至于没有 Candidate 能够得到多数票。当这种情况发生时，每个 Candidate 将会超时并且开启一个新的选举，使用递增的任期并发起另外一轮的 RequestVote RPC。

然而，如果没有外部干涉，分裂的投票可能会无限继续下去。Raft 使用随机化的选举超时时间来减少分裂投票发生并且能够快速解决。

- 为了防止分裂投票在首次选举时发生，选举超时时间是在一个固定时间间隔内随机产生的（例如，150～300ms）。这就分散了服务器，以至于在多数情况下只有一个服务器超时（在某个时刻只有一个服务器超时，不会同时多个超时）。它会在其他服务器超时前赢得选举并发送心跳。
- 同样的机制也用于处理分裂投票。每个 Candidate 在开始选举时随机化它的选举超时时间，并且在开始下一次选举之前要等待该超时时间消逝。这样就减少了在下一个新的选举上出现分裂投票。

相比于其他的设计，采用随机化的重试方法是更显而易见且可理解的。

18.7.5 Raft 算法日志同步

一旦 Leader 被选举出来，它就开始为客户端服务。客户端的每次请求都包括要被复制状态机执行的命令。Leader 将该命令作为一个新的条目插入它的日志文件，然后以并发方式向其他服务器发起 AppendEntries RPC 来复制该条目。当该条目被安全地复制后（后面描述），Leader 应用该条目到其状态机并且返回该执行结果给客户端。如果 Follower 失败或者运行缓慢，或者网络包丢失，Leader 将无限次重试该 AppendEnties RPC（即使该 Leader 已经回复消息给客户端），直到所有的 Follower 最终都保存了该条目。

日志的组织形式如图 18-14 所示。

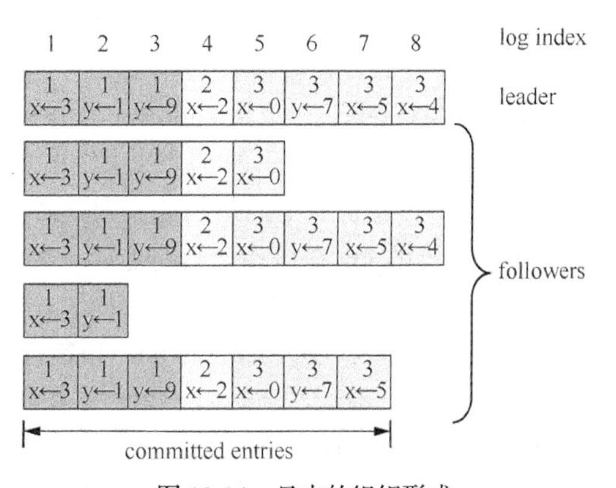

图 18-14　日志的组织形式

每条日志条目保存着一个状态机命令与从 Leader 接收到该条目时的任期。日志条目中的任期被用于检测日志间的不一致。每个日志条目还有一个数值型的 index 用来标识其在日志中的位置。

Leader 会判断什么时候将条目应用到状态机是安全的，这样的条目叫作已提交。Raft 保证已提交的条目是持久的并且最终会被所有可用的状态机（其他服务器的状态机）执行。创建条目的 Leader 在完成将条目分发给多数的服务器后立即提交（见图 18-14 中的条目 7）。这使得在 Leader 日志中之前的条目也得到提交，包括由之前的 Leader 创建的条目（对应 Leader 转换）。Leader 保持它提交的最大 index，该 index 会被用于后面的 AppendEntries RPC（包括心跳），使得其他服务器最终会知道 Leader 提交的位置。当一个 Follower 发现一个日志条目在 Leader 中已经提交，就会按顺序将条目应用到自己的状态机上。

客户端的一次日志请求过程如下。

- Leader 将该请求记录到自己的日志之中。
- Leader 将请求的日志以 AppendEntries RPC 的方式发送给所有的服务器，发送过程是并发的。
- Leader 等待获取多数服务器的成功回复之后（如果总共 5 台，那么只要收到另外两台回复），将该请求的命令应用到状态机（也就是提交），更新自己的 commitIndex 和 lastApplied 值。
- Leader 在与 Follower 的下一个 AppendEntries RPC 通信中，就会使用更新后的 commitIndex，Follower 使用该值更新自己的 commitIndex。
- Follower 发现自己的 commitIndex > lastApplied，则将日志 commitIndex 的条目应用到自己的状态机（这里就是 Follower 提交条目的时机）。

关于 commitIndex 与 lastApplied 两个字段区别：对于 Leader 来说，将日志条目分发出去之后，收到多数的回复就将该命令应用到状态机（同时更新 commitIndex 与 lastApplied），因此是同时更新这两个值的；而对于 Follower 来说，则是通过 Leader 发送来的 AppendEntries RPC 请求，发现其中的 leaderCommit>commitIndex 时，更新 commitIndex=leaderCommit，接着判断，如果 commitIndex>lastApplied，则再将该 commitIndex 的日志条目应用到状态机，因此是两个步骤完成更新的。

Raft 日志机制是为了在多服务器之间保持高度的一致。不但简化了系统的行为，使之更加可预测，而且确保了重要组件的安全性。Raft 保持了以下特性，一起组成了日志匹配属性（Log Matching Property）。

- 如果在不同日志中的两个条目有同样的 index 与任期，那么它们存储着同样的命令。
- 如果在不同日志中的两个条目有同样的 index 与任期，那么这些日志前面所有的条目是相同的。

第一个特性来自，一个 Leader 在给定的 log index 与任期上最多只会创建一个条目，并且日志条目不会改变其在日志文件中的位置。第二个特性是由 AppendEntries 执行的一个简单的一致性检查保证的。当发送一个 AppendEntries RPC，Leader 在紧接着新条目的后面包含着前一个条目的 index 和任期（prevLogIndex、prevLogTerm 两个字段）。如果 Follower 在它的日志中找不到该 index 和任期的条目，那么它拒绝新条目。该一致性检查就像是一个递归步骤：初始时，空的日志状态符合 Log Matching Property，并且一致性检查维护日志扩展中的该属性。因此，无论何时 AppendEntries 返回成功，Leader 知道 Follower 的 log 与自己的 log 在该新条目与之前是相同的。

在通常操作过程中，Leader 的日志与 Follower 保持一致，因此 AppendEntries 一致性检查总是不会失败。然而，Leader 宕机会导致日志的不一致（旧的 Leader 可能还没有将其日志中的所有条目复制出去）。这些不一致能够在一系列的 Leader 与 Follower 崩溃中增加。

图 18-15 描述了 Follower 的日志与新的 Leader 不一致的方式。一个 Follower 可能没有当前已经在新 Leader 上的条目，也可能有一些不在新 Leader 上的条目。缺失与增多（Missing and Extraneous）的条目在一个日志中可能跨越多个任期。

图 18-15 中，当在顶端的 Leader 获取选举时，其他 Follower 可能出现（a）～（f）的场景。格子中的数值表示任期。一个 Follower 可能缺少条目（a）～（b），也可能有额外的未提交的条目（c）～（d），或者两者都出现（e）～（f）。例如，场景（f）可能发生的原因是，这台服务器在任期 2 时是 Leader，有多个条目被添加到这台服务器的日志中，然而这些日志还没有完成提交，这台服务器就崩溃了。然后马上重启，在任期 3 时又变成 Leader，并且添加其他一些条目到它的日志，在任期 2 到任期 3 之间的条目被提交之前，该服务器再次崩溃，并且持续了多个任期。

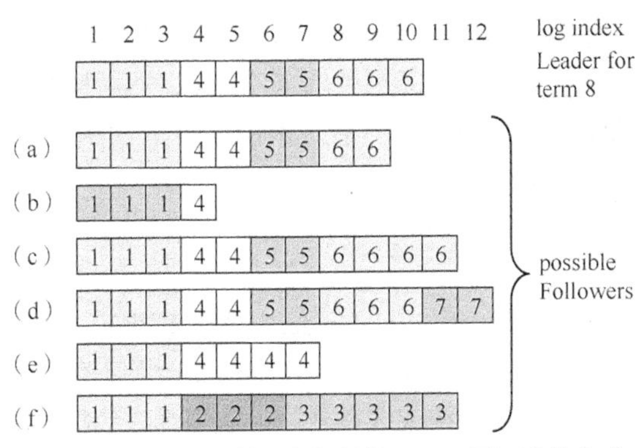

图 18-15 Follower 的日志与新的 Leader 不一致的方式

Raft 中，Leader 以强制 Follower 复制其日志的方式来处理不一致（就是强制要求 Follower 必须与 Leader 一致）。这意味着 Follower 日志中的冲突条目将被来自 Leader 的日志条目覆盖。

为了使得 Follower 的日志与自己保持一致，Leader 必须找到该 Follower 的日志与自己日志相同的最后位置，然后删除 Follower 该位置之后的条目，并且发送 Leader 该位置之后的条目给 Follower。所有这些动作发生在由 AppendEntries RPC 执行的一致性检查的响应上。Leader 为每个 Follower 保存一个 nextIndex 值，表示 Leader 下次将发送给该 Follower 的日志条目索引。当一个 Leader 获得选举时，它将所有的 nextIndex 初始化成其日志的最后一项（见图 18-15 中的 11）。如果一个 Follower 的日志与 Leader 的不一致，在下一次 AppendEntries RPC 的 AppendEntries 一致性检查中将会失败。在一次拒绝之后，Leader 会递减该 nextIndex 并且再次尝试 AppendEntries RPC，直到最终 nextIndex 到达 Leader 与 Follower 日志一致的位置。此时，AppendEntries 将会成功，会删除 Follower 日志中冲突的条目，并且插入来自 Leader 日志的条目。一旦 AppendEntries 成功，Follower 的日志就与 Leader 一致了，并且会在接下来的任期里保持。

如果需要，该协议可以优化被 AppendEntries RPC 拒绝的次数。例如，当拒绝一个 AppendEntries 请求时，Follower 可以包含冲突条目的任期与在该任期下保存的第一个索引。根据这些信息，Leader 能够递减 nextIndex 来跳过该任期下所有冲突的条目。一个 AppendEntries RPC 要求冲突条目的每个任期，而不是一个 RPC 一个条目。但这种优化也不是必要的，因为错误发生并不常见，并且也不会出现很多的不一致条目。

介于这种机制，Leader 在获取选举时并不需要使用一些特殊的动作来保存日志一致性。它只是开始一个普通的操作，并且日志在相应错误的 AppendEntries 一致性检查时会自动汇聚。Leader 永远不需要覆盖或者删除它自己的日志（Leader Append-Only 属性）。

日志复制机制显示了一致性的价值：Raft 能够接受、复制与应用新的日志条目，只要多数服务器处于工作状态；通常情况下，一个新的条目能够被一轮的 RPC 复制给集群中的多数机器；单个慢的 Follower 不会影响执行性能。

18.7.6 Raft 算法安全性

上面介绍了 Raft 如何选举 Leader 与复制日志条目。然而，到目前为止该机制的描述还不能完全有效地保证每个状态机确切地按照同样的顺序执行同样的命令。例如，一个 Follower 可能在 Leader 提交多条日志条目时处于不可用状态，然后它被选举为 Leader 并且使用新条目覆盖这些条目。结果，不同的状态机可能执行了不同的命令序列。

- Server-A（Leader）提交了条目 7～10，Server-B（Follower）处于不可用状态。
- Server-A 宕机。

- Server-B 恢复，并且变成 Leader，此时它最后一个条目是 6，并且开始接受客户端的请求。
- Server-B（新的 Leader）收到新的条目并写入 7～10，然后提交。
- Server-A 恢复，变成 Follower，Server-B 复制新的条目 7～10 并覆盖到 Server-A 的同样位置，此时 Server-A 与 Server-B 提交的命令其实就不一样了。

接下来看下 Raft 是如何做到安全性的。

1. 选举限制

在任何基于 Leader 选举的一致性算法中，Leader 最终必须保存所有已经提交的日志条目。在某些一致性算法中，例如 Viewstamped Replication，一个初始时并不包括所有已提交条目的服务器也能够被选举为 Leader。要么在选举过程中或选举之后，这些算法包括了附加的机制来识别缺少的条目与传输这些条目到新的 Leader 上。不幸的是，这导致了相当多的机制与复杂性。Raft 使用一个简单的方法，保证来自前一个任期的所有已提交的条目出现在通过选举产生的新的 Leader 上，而不需要传输这些条目到新的 Leader。这意味着日志条目只会按照一个方向流动，从 Leader 到 Follower，并且 Leader 永远不会覆盖它们日志里已存在的条目。

Raft 使用选举过程来预防，一个 Candidate 只有它的日志包括所有 Leader 已提交的条目（Leader 提交并不意味着这个 Candidate 也提交，只是意味着多数的服务器持有该条目的日志），才可能赢得选举。Candidate 必须联系集群中的超过一半的服务器来进行一个选举，意味着任何一个已提交的条目至少必须出现在这些服务器的一台上（Leader 只有在多数服务器返回 AppendEntries RPC 成功时，才会提交该条目）。如果 Candidate 的日志至少与这些服务器的任何一台同时更新，那么它就持有了所有那些已提交的条目。RequestVote RPC 实现了这种限制：RPC 包括了 Candidate 的日志信息，并且当投票者的日志比 Candidate 更新时会拒绝该投票（RequestVote RPC 请求包括 4 个字段：Term、CandidateId、LastLogIndex、LastLogTerm）。

Raft 决定两个日志哪个更新，采用比较日志的最后一个条目 index 与任期的方式。先看任期，任期更大的更新，若相等，则继续比较条目的 index，index 更大的更新。

2. 提交以往任期的条目

一旦条目被保存到多数的服务器上，Leader 就知道当前任期的该条目已经被提交。如果 Leader 在提交条目之前宕机，后续的 Leader 将会尝试完成该条目的复制操作。然而，Leader 不能绝对地断定，前一个任期的一个条目被保存到多个服务器上时就一定已经提交。图 18-16 展示了一种情况，一个旧的条目即使保存到多数服务器上，依然可能会被之后的 Leader 给覆盖。

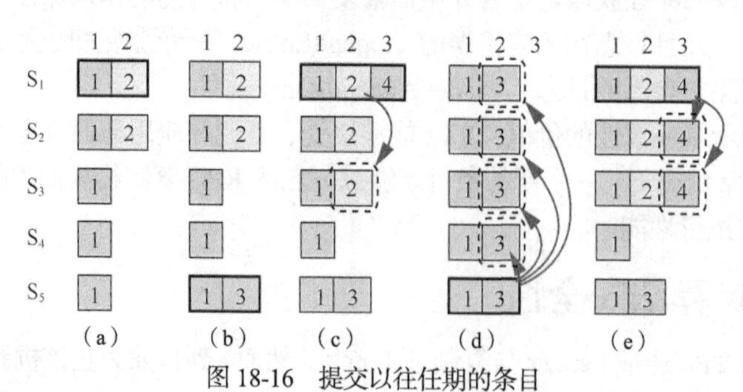

图 18-16 提交以往任期的条目

图 18-16 的时间序列解释了 Leader 为何不能提交旧任期的日志条目。

- 在（a）中，S_1 是 Leader，并且在 index-2 位置实现了日志的部分复制。
- 在（b）中，S_1 宕机，S_5 得到 S_3、S_4、S_5 的投票当选为新的 Leader（S_2 不会选择 S_5，因为 S_2 的日志比 S_5 新），并且在 index-2 位置写入了一个新的条目，此时是任期 3。之所以是任期 3，是因为在任期 2 的选举中，S_3、S_4、S_5 至少有一个参与投票，也就是至少有一个知道任期 2，虽然它们没有任期 2 的日志。

- 在（c）中，S_5 宕机，S_1 恢复并被选举为 Leader，并且开始继续复制日志（也即将来自任期 2 的 index-2 复制给了 S_3），此时任期 2 的 index-2 已经复制给了多数的服务器，但是还没有提交。
- 在（d）中，S_1 再次宕机，并且 S_5 恢复又被选举为 Leader（通过 S_2、S_3、S_4 投票），然后覆盖 Follower 中的 index-2 为来自任期 3 的 index-2。此时出现了来自任期 2 中的 index-2 已经复制到 3 台服务器还是被覆盖掉的情况。
- 在（e）中，如果 S_1 在宕机之前已经将其当前任期（任期 4）的条目都复制出去，然后该条目被提交，那么 S_5 将不能赢得选举，因为 S_1、S_2、S_3 的日志是 4，比 S_5 都新。此时所有在前的条目都会被很好地提交。

之所以关注该问题，是因为当一个新 Leader 当选时，由于所有成员的日志进度不同，很可能需要继续复制前面任期的日志条目。因为即使为前面任期的日志复制到多数服务器并且提交，如（c），但是在（d）中还是可能被覆盖，这就产生了不一致。

为了避免图 18-16 所描述的问题，Raft 采用计算副本数的方式，使得永远不会提交前面任期的日志条目。通过计算副本数，只有 Leader 的当前任期被提交。一旦来自当前任期的条目采用这种方式提交了，那么由于 Log Matching Property，使得早先的条目会被间接地提交。在某些情况下，Leader 可以确定一个旧的日志条目已经被安全提交（比如，该条目保存到所有的服务器上），但是 Raft 为了简单化，采用更加保守的方法。

当 Leader 复制前一个任期的日志条目时，日志条目保持其原来的任期，使得 Raft 在提交规则上产生额外的复杂性。在其他一致性算法中，如果新的 Leader 复制先前任期的条目，它必须使用新的任期来做这件事。Raft 的方式使得日志条目容易被判断。

因为它们全程使用同一个任期。此外，与其他算法相比，Raft 中的 Leader 发送更少的之前任期的条目（其他算法在能够提交前，必须发送冗余的日志条目来重新计算数值）。

举例来说，在（c）中，S_1 成为 Leader，此时的任期是 4。S_1 一样向其他服务器发送日志 2，当发送到多数服务器 S_1、S_2、S_3 时，并不提交该日志，而是继续复制日志 4，直到日志 4 到达多数服务器后，提交日志 4，由于 Log Matching Property 属性，会自动提交日志 2（包括自己与其他服务器）。如果提交了 4 之后宕机，S_5 就不会被选举为新的 Leader，如果在提交 4 之前宕机，那么日志 2、日志 4 还是可能被覆盖，但是由于没有提交，也就没有执行日志中的命令，即使被覆盖也无关系。

3. 安全论证

在给定完整的 Raft 算法后，现在能够更加精确地讨论 Leader 所持有的完整性（Completeness Property）。我们假设 Leader 完整性没有保持，然后证明此时产生冲突。假设来自 Term-T 的 Leader-T 在它的任期里提交了一个日志条目，但是该日志条目没有存储到 Leader 的将来某个任期里。设 U 为最小的任期且 U >T，并且 Leader-U 没有存储该条目。

- 在 Leader-U 的选举时刻，该条目必须不在 Leader-U 的日志中（因为 Leader 不会删除或覆盖一个条目）。
- Leader-T 复制条目给集群中的多数机器，并且 Leader-U 收到来自集群中多数服务器的投票。这意味着至少存在一个服务器（投票者），同时接收了来自 Leader-T 的条目，并且投票给了 Leader-U。如果 S_1（任期 T 时的 Leader）在它的任期里提交了一个新的条目，S_5 在之后的任期 U 里被选举为 Leader，那么必须存在至少一个服务器（S_3）既接受了日志条目又投票给了 S_5。
- 该投票者肯定在投票给 Leader-U 之前，已经接收了来自 Leader-T 的已提交的条目。否则它必须拒绝来自 Leader-T 的 AppendEntries 请求（因为它的当前任期比任期 T 高）。

- 该投票者在投票给 Leader-U 时，依然存储着该条目，因为任何可能干扰的 Leader 都包含着该条目(根据假设,U是最小的Leader不包含给条目的任期),Leader永远不会移除条目,并且Follower只有在与 Leader 冲突时才移除条目。
- 该投票者投票给了 Leader-U，因此 Leader-U 的日志必须至少与该投票者一样新。这是导致两者矛盾的原因之一。
- 首先，如果该投票者与 Leader-U 有同样的最后日志任期，那么 Leader-U 的日志必须至少与该投票者一样长（index 大小），因此 Leader-U 的日志包含了该投票者日志里的所有条目。这是一个矛盾，因此该投票者包含了该提交的条目，但是 Leader-U 的假设是没有该条目。
- 其他情况（该投票者与 Leader-U 有不同的最后日志任期），Leader-U 的最后任期必须大于该投票者的最后任期。此外，Leader-U 的任期 U 大于 T，因为该投票者的最后日志任期至少为 T（它包括了来自 T 的条目）。创建 Leader-U 日志最后日志条目的 Leader（也就是发生在任期 U 选举时，Leader-U 的最后一个日志条目创建者）在其日志中肯定包括了该已提交的条目（根据假设 U 是最早的一个 Leader 不包括该条目的任期）。接着，根据 Log Matching Property，Leader-U 的日志必须也包括该提交的条目，这是一个矛盾。在进行任期 U 的选举中，Leader-U 的最后一个日志条目的创建者 Leader-U-1，根据假设肯定包括了条目 T（根据假设 U 是最早的一个 Leader 不包括该条目的任期），另外根据假设，该条目 T 是已提交的，因此就保证了多数的服务器包括了条目 T。由于任期 U 选举了 Leader-U,那么Leader-U的日志只有包括了条目T才有可能得到多数服务器的投票,因此Leader-U的日志必须也包括该提交的条目。
- 这就完成了冲突。因此，所有来自大于任期 T 的 Leader，必须包括所有在任期 T 时提交的条目。
- Log Matching Property 保证了将来的 Leader 将包含被间接提交的条目。

给定了 Leader 完整性(一个已经提交的日志条目，肯定会出现在后面任期的 Leader 日志之中)，就能够证明状态机安全性，即如果一个服务器在给定的 index 上提交了一个日志条目到它的状态机，没有其他服务器会引用一个不同的日志到同样的 index。在一个服务器引用一个日志条目到它的状态机时，它的日志与 Leader 的日志在该日志条目之前的条目上必须是一致的，而且已经提交。

现在考虑所有服务器应用给定日志索引的最小任期，完整性保证来自更高任期的 Leader 将存储同样的日志条目，因此在后面的任期里引用该 index 时会引用同样的内容。因此安全性得到保证。

最后，Raft 要求服务器按照日志 index 来引用条目。这意味着所有的服务器将会确切地引用同样的日志条目以同样的顺序到它们的状态机。

18.7.7 处理 Follower 和 Candidate 异常

到目前为止我们都关注着 Leader 的异常。Follower 与 Candidate 宕机相对于 Leader 宕机简单得多，并且它们采用同样的方式处理。如果一个 Follower 或者 Candidate 宕机，那么后面发送给它们的 RequestVote 与 AppendEntries RPC 都将失败。Raft 使用无限重试来处理这种错误。如果服务器恢复了，那么 RPC 请求将能够成功。如果一个服务器在完成 RPC 请求的处理，在回复之前宕机，那么在服务器恢复后，将会收到同样的 RPC 请求。Raft 里面的 RPC 是幂等的，因此这不会有任何危害。例如，一个 Follower 收到一个 AppendEntries 请求，请求中的日志条目已经出现在日志之中，它就会忽略该请求的这个条目（一个请求可以发送多个条目，可能其中有部分是已经存在的，那么剩下的还是需要处理）。

18.7.8 时间要求及可用性

Raft 的要求之一是，安全性必须不依赖于时间，即系统必须不会仅仅因为某些时间比预期更快或更慢而产生错误结果。然而，可用性（系统可以在合适的时间内回复给客户端）不可避免地依赖于时间。例如，如果消息交换在服务器宕机与正常时耗时更长，Candidate 将不会等待太长时间来赢得选举。如果没有一个稳定的 Leader，Raft 将不能前进。

Leader 选举是 Raft 中对时间最为关切的一部分。Raft 将能够选举与保持一个稳定的 Leader，只要满足以下时间要求。

```
broadcastTime ≤ electionTimeout ≤ MTBF
```

其中，broadcastTime 是服务器并行地发送 RPC 到集群中的各个服务器，并且收到回复的平均时间；electionTimeout 是选举超时时间；MTBF 是单个服务器宕机的平均时间。

broadcastTime 时间应该适当地小于 electionTimeout，使得 Leader 能够放心地发送心跳消息来阻止 Follower 开始一个新的选举。换言之，如果 ElectionTimeout 设置过小，小于 broadcastTime，那么在 Leader 的心跳消息到来之前就超时，就会导致不断的选举。使用随机化的方法来设置选举超时时间，这个不等式同样使得不可能产生分裂投票。electionTimeout 应该适当地小于 MTBF，使得系统能够继续前进。当 Leader 宕机，系统将会在 electionTimeout 之内变得不可用，我们希望这只是整体上非常小的一个时间段。

broadcastTime 与 MTBF 都由系统决定， electionTimeout 是需要我们自己选择的。Raft 的 RPC 要求接收方将持久化消息到稳定存储中，因此 broadcastTime 可能是 0.5ms～20ms，根据不同存储技术而定。因此 electionTimeout 可能需要是 10ms～500ms。典型的 MTBF 都是数个月或更长，很容易满足时间要求。

18.7.9 集群成员关系变更

到目前为止我们假设集群的配置（Configuration，就是参加到一致性算法之中的服务器）是固定不变的。现实中，偶尔有必要修改该配置，例如，替换宕机的服务器，修改复制级别（Degree of Replication）。尽管可以采用将整个集群下线、更新配置文件，然后重启集群的方式完成，但这将会导致在修改的过程中集群处于不可用状态。另外，如果有一些手工操作，可能导致操作失败。为了避免这些问题，我们决定自动适应配置修改并且将它们融入 Raft 一致性算法。

为了配置变更机制的安全性，在改变的过程中必须不存在某个时刻出现两个 Leader 被选举的情况。不幸的是，服务器直接从旧配置切换到新配置的任何方法都是不安全的。不可能所有服务器立刻自动切换，因此集群潜在切换的过程中可能分裂成两个独立的多数集合（见图 18-17）。

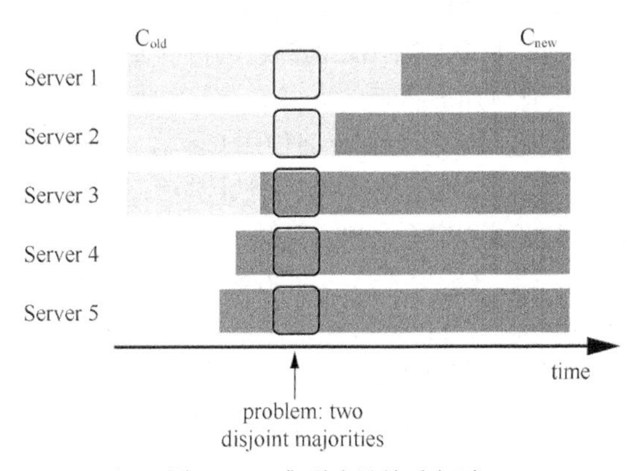

图 18-17 集群成员关系变更

直接从旧配置修改到新配置是不安全的，因为各服务器的更换配置是在不同时刻进行的。比如图 18-17 中，集群从 3 台服务器变更到 5 台服务器（在这个时刻有 3 台完成更换，另外两台还没有）。

不幸的是，在某个点同样的任期上可能有两个不同的 Leader 被选举出来，其中一个在旧的配置上，另外一个在新的配置上。

为了确保安全性，配置变更必须使用两阶段方法（Two-phase Approach）。实现两阶段有很多方法。例如，有些系统会在第一阶段先禁用旧配置，这样就不能处理客户端请求；然后在第二阶段启动新配置。在 Raft 中集群首先更换到一种过渡配置（Transitional Configuration）——共同协商一致（Joint Consensus），一旦 Joint Consensus 已经提交，接着系统切换到新的配置。Joint Consensus 是旧配置与新配置的结合体。

- 在两个配置中，日志条目被复制到所有的服务器。
- 来自新旧配置中的任何服务器都可能成为 Leader。
- Agreement（关于选举与条目提交）要求在旧配置与新配置上的独立多数集合同意。

Joint Consensus 在不妥协安全性的情况下，允许独立的服务器在不同时刻更换配置信息。此外，Joint Consensus 允许集群在更换配置时继续向客户端提供服务。集群配置使用特殊的条目在复制日志时被存储与通信（集群配置也是一个日志项，只是内容为配置信息而不是日志，同样该日志项需要通过 Leader 进行分发与提交和应用）。图 18-18 显示了配置变更过程。

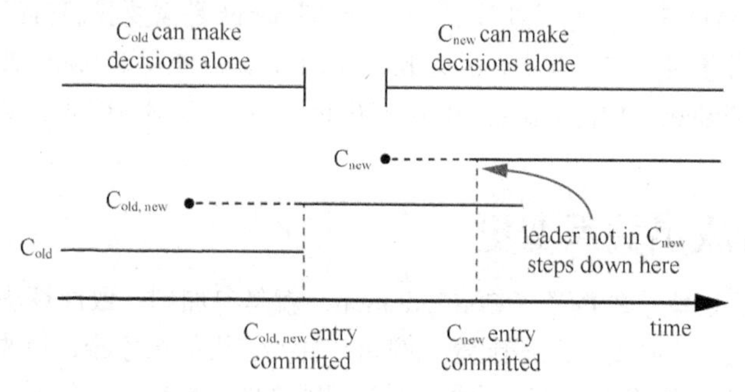

图 18-18　配置变更过程

图 18-18 展示了配置变更的时间线。横向的虚线表示配置条目已经被创建但是还没有提交，实线显示最后提交的配置条目。Leader 首先在其日志中创建 $C_{old,new}$ 配置条目，并提交 $C_{old,new}$（得到 C_{old} 与 C_{new} 中多数集合的允许）。接着，创建 C_{new} 条目，当得到 C_{new} 多数集合允许时提交。在这个过程中，没有任何一个点 C_{old} 与 C_{new} 能够同时独立做出决定。

当 Leader 接收到一个请求，要求将配置从 C_{old} 切换成 C_{new}，它会为 Joint consensus 保存配置（图中使用 $C_{old,new}$ 表示）为一个日志条目并且使用之前描述的机制复制出去。当一个特定的服务器添加新配置到它的日志中，使用该配置到所有将来的决定中（一个服务器总是使用最后的配置到它的日志中，不管该条目是否被提交）。这意味着 Leader 将使用 $C_{old,new}$ 的规则来决定日志条目的提交。如果 Leader 宕机，新的 Leader 可能在 C_{old} 或者 $C_{old,new}$ 上被选举出来，这取决于 Candidate 是否接收到 $C_{old,new}$。在任何情况下，C_{new} 在该过程中不会单方面做出决定。

一旦 $C_{old,new}$ 已经被提交，不管 C_{old} 还是 C_{new}，在没有得到其他批准时都不能做出决定，并且 Leader Completeness Property 确保，只有一个具有 $C_{old,new}$ 日志条目的服务器能够被选举为 Leader。现在 Leader 能够创建一个日志条目来描述 C_{new}，并且复制该条目到集群中。再次，每个服务器在见到该条目之后，配置就会生效（每个服务器见到 C_{new}，就是用 C_{new} 的配置）。在 C_{new} 的规则下，当新配置已经提交，旧配置就无关紧要了，并且不在新配置中的服务器可以关机。如图 18-18 所示，没有任何一个时刻 C_{old} 与 C_{new} 同时可以做出决策，这保证了安全性。在重配置时，还有 3 个问题需要提出并解决。

- 新的服务器可能并没有保存任何日志条目。如果以这种状态添加到集群，则需要一段时间来追赶，在这段时间，它不能提交新的日志。为了避免可用性间隙，Raft 提出一个在配置变更前的附加阶段，新服务器作为没有投票权限的成员，添加到集群中（Leader 也复制日志给它们，但是并不把它们作为多数集合的成员。一旦新服务器已经追上集群，那么开始前面描述的重配置过程。

- 当前的 Leader 可能不是新配置的成员。此时，Leader 会在提交 C_{new} 日志条目之后让位（变成 Follower 状态）。这意味着，将会有一段时间（提交 C_{new} 之后），Leader 会管理一个不包括自己的集群。它会复制日志到集群，但是并不把自己计算到多数集合中。当 C_{new} 被提交时，将发生 Leader 的转换，因为这时新配置才能够独立操作（将总是能够在 C_{new} 配置下选择一个 Leader）。在此之前，它可能是只能从 C_{old} 下选举一个 Leader。
- 移除不在 C_{new} 中的服务器可能扰乱集群。这些服务器将不会再接收到心跳，因此它们会选举超时，并开始一个新的选举。它们将会发送 RequestVote RPCs 给 C_{new} 中的成员，这会导致 C_{new} 中当前的 Leader 变成 Follower 状态。一个新的 Leader 最终会被选举出来，但是之前那些服务器会再次超时，然后重复上述操作，导致了低可用性。

为了避免这个问题，服务器在确认当前 Leader 存在时，会忽略 RequestVote RPC。特别地，如果一个服务器在当前 Leader 的最小选举超时时间之内，收到一个 RequestVote RPC，它不会更新任期或者投出选票。这不会影响正常的选举，每个服务器会在开始一个选举之前，至少等待一个最小的选举超时时间。然而，这避免了来自被移除服务器的干扰。如果一个 Leader 能够从集群中获取心跳，那么它就不会被更高的任期"废黜"。

18.7.10　日志压缩

Raft 的日志在正常的操作过程中会不断增长，但是一旦日志太大，它需要更多的空间与更长的时间来 replay。如果没有采用一定机制来丢弃日志里累积的过时信息，将会导致可用性问题。

日志压缩有以下两种方式。

- 快照是压缩的最简单方法。在快照中，当前系统完整的状态作为一个快照写入持久化存储，那么在这个点之前的完整日志可以丢弃。快照在 Chubby 与 ZooKeeper 中都有使用，Raft 也使用快照。
- 还可以采用增量的方法来压缩，例如 log cleaning 与 log-structured merge trees 都是可行的。这些操作每次只处理数据的一部分，因此它们可以分摊压缩的负载。它们首先选择数据集合的一个已经累积了大量删除与覆盖对象的区域，然后它们覆盖当前活动的对象到这个区域，再释放该区域。这相对于快照，简单地在整个数据集合上操作要求显著的附加机制与复杂性。当日志清理时需要修改 Raft，状态机可以以实现 LSM trees 同样的接口来实现快照。

图 18-19 显示了 Raft 中快照的基本想法。

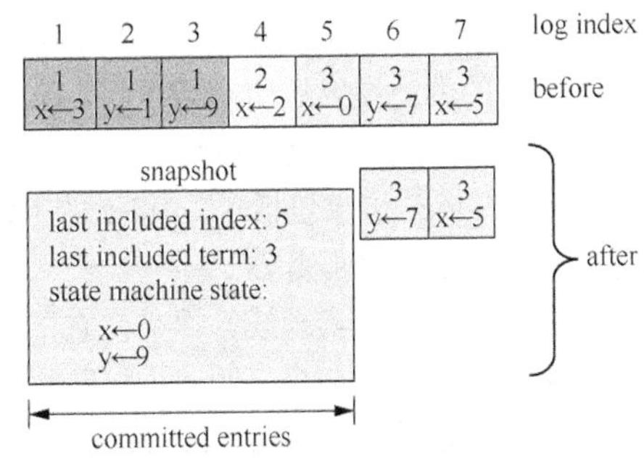

图 18-19　Raft 中快照的基本想法

每个服务器各自创建快照，只保存日志中的已提交条目。主要工作包括将状态机的当前状态写入快照。Raft 也在快照中加入一些 metadata：last included index，是被快照取代的最后条目在日志中的索引（应用到状态机的最后一个条目）；last inclued term，表示该条目的任期。保留这些用于支持在快照之后的首个条目的 AppendEntries 一致性检查，因为该条目需要有前一个条目的 log index 与任期。为了能够实现集群关系变更，快照也将最新的配置作为日志的最后一个条目保存。一旦服务器写快照完成，它可能删除快照所包括的最后条目的所有前面条目，以及之前的快照。

接管服务器通常独自构造快照，Leader 偶尔必须发送快照给落后的 Follower。这发生在 Leader

已经删除要发送给 Follower 的下一个条目。幸运的是，这种状态不会是一个通常的操作：一个与 Leader 保持同步的 Follower 将已经有该条目；然而，一个特别慢的 Follower 或者刚加入集群的服务器将不会有该条目。使这种 Follower 跟上进度的方法是 Leader 通过网络发送快照。

Leader 使用一种新的 RPC——InstallSnapshot 来将快照发送给当前落后过多的 Follower。

在上述协议中，当一个 Follower 通过 RPC 收到一个快照，它必须决定如何处理当前存在的条目。通常快照包含了那些没在接受者日志中的消息。此时，Follower 会丢弃它的整个日志，并且可能具有与快照冲突的未提交项。相反，如果关注者收到一个描述其日志前缀的快照（由于重传或错误），则快照所覆盖的日志条目将被删除，但快照之后的条目仍然有效，必须保留。

这种快照方法偏离了 Raft 中的 Leader 原则，因为 Follower 能够在不需要 Leader 允许时制造快照。然而，我们觉得这种偏离是合适的。Leader 是为了帮助避免一致性决策时的冲突，一致性在快照时已经达成，因此没有决策是冲突的。数据依然只从 Leader 流向 Follower，只是 Follower 现在可以重新组织它们的数据。

我们知道有一种选择是采用基于 Leader 选举的方法，只有 Leader 创建快照，然后将快照发送给所有的 Follower。然而，这个方法有以下两个缺点。

- 发送快照给 Follower 将浪费带宽并且使得快照过程变慢。每个 Follower 都有产生快照的数据信息，并且比 Leader 创建快照然后通过网络传输给 Follower 便宜。
- Leader 的实现将更加复杂。例如，Leader 需要与复制新条目并行地发送快照给 Follower，才能不会阻塞客户端的请求。

影响快照性能还有以下两个问题。

- 服务器必须决定何时进行快照。如果一个服务器快照过于频繁，将会浪费磁盘带宽与能源。如果太慢，会危及存储容量，同时会增加从日志重做的时间。一个简单的策略是当日志达到一个固定大小时构造快照。如果这个大小设置成显著大于预期的快照，那么磁盘的带宽受到的影响将很小。
- 记录快照将会需要一段较长的时间，而且我们并不希望这个操作影响正常的操作。方法是使用 copy-on-write 技术，使得新的更新能够被接受而不影响快照的记录。例如，函数化数据结构的状态机天然支持。另外，操作系统的 copy-on-write 支持（Linux 的 fork 操作），能够用于创建一个完整状态机的内存快照（我们的实现使用该方法）。

18.7.11 客户端交互

本小节讲述客户端如何与 Raft 进行交互，包括客户端如何发现集群的 Leader 与 Raft 如何支持线性化的语义。这些问题适用于所有基于共识的系统，并且 Raft 的解决方法与其他系统类似。

Raft 的客户端发送所有请求到 Leader。当一个客户端首次启动，随机连接到一个服务器。如果客户端的首次选择不是 Leader，该服务器会拒绝客户端的请求，并且提供当前所知道最新的 Leader（AppendEntries 请求包括了 Leader 的网络地址）。如果 Leader 宕机，客户端请求将会超时，客户端然后再次随机选择服务器。

Raft 的目标是实现线性语义在它的调用和响应之间只会执行一次操作。然而，到目前为止 Raft 可能重复执行一条命令。例如，如果 Leader 在提交日志条目之后与回复给客户端之前宕机，客户端将会到一个新的 Leader 上重试该命令。解决方法是客户端为每个命令赋予一个唯一的序列号。然后，状态机跟踪每个客户端的最新序列号以及相关的响应。如果接收到一个序列号已经被执行的命令，会立即返回而不会重复执行该请求。

只读操作能够在不写任何日志情况下被处理。然而，如果没有附加的条件，这可能有返回过时数据的风险，因为 Leader 回复该请求时可能并不知道自己已经被一个新的 Leader 取代。线性化读取必须不返回过时的数据，Raft 在不使用日志时，有两个注意事项来保证这点。

- Leader 必须有被提交条目的最新信息。完整性保证了，Leader 具有所有已提交的条目，但是在开始它的纪元时，它可能不知道哪些是已提交的条目。为了找出，它需要在自己的纪元上提交一个条目。Raft 采用，每个 Leader 在开始时提交一个空操作条目到它的日志中。
- Leader 必须在处理一个只读请求前，检查自己是否已经被罢免（如果一个更新的 Leader 已经当选，那么它的信息可能是过时的）。Raft 采用在回复客户端的只读请求前向集群中的多数服务器发送心跳的方式来确定自己的 Leader 地位。可选的，Leader 可以依赖心跳机制来提供一种租约机制，但是这导致依赖时间来保证安全性（此时需要假定时间误差是有界的）。

18.7.12　总结

Raft 和 Paxos 最大的不同之处在于 Raft 是强 Leader 机制：Raft 将 Leader 选举作为协商一致协议的一个重要部分，并尽可能将职能集中在 Leader 身上。这种方法产生一种更简单的算法，更易于理解。例如，在 Paxos 中，Leader 选举与基本共识协议是正交的：它仅作为性能优化，而不需要实现共识。然而，这导致了额外的机制：Paxos 既包括两个阶段的基本共识协议，也包括一个单独的 Leader 选举机制。相反，Raft 将 Leader 选举直接纳入共识算法，并把它作为共识的两个阶段的第一个。这导致了比 Paxos 更少的机制。

和 Raft 一样，VR 和 ZooKeeper 都是基于 Leader 选举的，因此与 Paxos 相比，Raft 拥有很多优势。然而，Raft 的机制不如 VR 或 ZooKeeper，因为它最小化了非 Leader 的功能。例如，Raft 流中的日志条目只有一个方向：从 AppendEntries RPC 中的 Leader 向外。VR 日志表项是双向的（选举过程中，领导层可以接收日志表项），增加了机制和复杂度。公开的 ZooKeeper 描述还向 Leader 传递日志条目，并且从 Leader 传递日志条目，但是实现显然更像 Raft。

Raft 的消息类型比我们所知道的基于共识的日志复制的任何其他算法都少。例如，我们计算了用于基本共识和成员关系更改的 VR 和 ZooKeeper 消息类型（不包括日志压缩和客户端交互，因为这些消息类型几乎独立于算法）。VR 和 ZooKeeper 分别定义了 10 种不同的消息类型，而 Raft 只有 4 种消息类型（2 个 RPC 请求及其响应）。Raft 消息比其他算法更密集，但总体来说更简单。另外，VR 和 ZooKeeper 在 Leader 变更时是以传输整个日志来描述的，为了优化这些机制，还需要增加消息类型，使其更实用。

Raft 的强 Leader 机制方法简化了算法，但它排除了一些性能优化。例如，Egalitarian Paxos（EPaxos）可以在一些条件下通过无领导的方法获得更好的性能，EPaxos 利用状态机命令的可交换性。任何服务器只要与它并行执行其他命令，只需进行一轮通信就可以提交命令。但是，如果同时提出的命令不相互交换，EPaxos 需要额外的一轮通信。由于任何服务器都可能提交命令，EPaxos 在服务器之间很好地平衡了负载，并且能够在广域网设置中实现比 Raft 更低的延迟。然而，它给 Paxos 增加了巨大的复杂性。

18.8　消息

基于消息的分布式事务是将分布式事务分成多个本地事务，这里称之为主事务与从事务。首先主事务本地先行提交，然后通过消息通知从事务，从事务从消息中获取信息进行本地提交。可以看出这是一种异步事务机制，虽然只能保证最终一致性，但可用性非常强，不会因为故障而发生阻塞。另外，主事务已经先行提交，如果因为从事务无法提交，要回滚主事务还是比较麻烦，所以这种模式只适用于理论上大概率幂等成功的业务情况，即从事务的提交失败可能是由于故障，而不大可能是逻辑错误。

其中，消息中间件方案根据实现的不同，又可以分为本地消息表和事务消息两种。二者的区别在于：怎么保证主事务的提交与消息发送这两个操作的原子性？

本节详细介绍如何通过消息中间件方案来实现分布式事务。

18.8.1 本地消息表

本地消息表的实现方式应该是业界使用最多的，其核心思想是将分布式事务拆分成本地事务进行处理，这种思路来源于 ebay。我们可以从图 18-20 所示的本地消息表流程中看出一些细节。

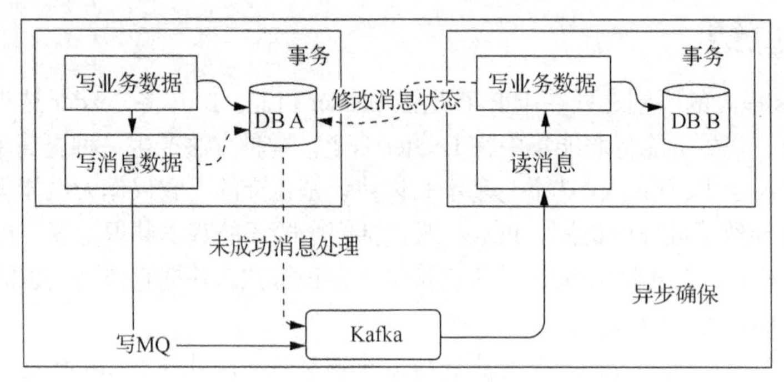

图 18-20 本地消息表的流程

本地消息表基本流程如下。

- 消息生成方，需要额外建一个消息表，并记录消息发送状态。消息表和业务数据要在一个本地事务里提交，也就是说它们要在同一个数据库里面。然后消息会经过消息中间件（比如 Kafka 等）发送到消息的消费方。如果消息发送失败，会进行重新发送。
- 消息消费方，需要处理这个消息，并完成自己的业务逻辑。此时如果本地事务处理成功，表明已经处理成果成功了，如果失败，那么就会重试执行。如果是业务上的失败，还可以给生产方发送一个业务补偿消息，通知生产方进行回滚操作。
- 生产方和消费方定时扫描本地消息表，把还没有处理完成的消息或者失败的消息再发送一遍。如果有靠谱的自动对账补账逻辑，这种方案还是非常实用的。

这种方案遵循 BASE 理论，采用的是最终一致性，这种方案既不会出现像 2PC 那样复杂的实现（当调用链很长的时候，2PC 的可用性是非常低的），也不会像 TCC（Try-Confirm-Cancel）那样可能出现确认或者回滚不了的情况。

- 优点：一种非常简单的实现，避免了分布式事务，实现了最终一致性。
- 缺点：消息表会耦合到业务系统中，消息表的处理会带来一定的工作量。关系型数据库的吞吐量和性能方面存在瓶颈，频繁地读写消息会给数据库造成压力。所以，在真正的高并发场景下，该方案也会有瓶颈和限制。

18.8.2 事务消息

有一些第三方的消息中间件是支持事务消息的，比如 RocketMQ，它们支持事务消息的方式也是类似于采用的二阶段提交，实际上是对本地消息表的一个封装，将本地消息表移动到了消息中间件内部。市面上一些主流的消息中间件内部大多是不支持事务消息的，比如 ActiveMQ、RabbitMQ 和 Kafka 都不支持。

以 RocketMQ 中间件为例，事务消息的基本流程如下。

- 主事务向消息队列发送预备（Prepared）消息。

- 主事务收到 ACK 之后本地执行主事务。
- 根据执行的结果（成功或失败）向消息队列发送提交或者回滚消息。

也就是说在业务方法内要想消息队列提交两次请求：一次发送消息和一次确认消息。如果确认消息发送失败了，RocketMQ 会定期扫描消息集群中的事务消息，这时候发现了 Prepared 消息，它会向消息发送者确认，所以生产方需要实现一个 check 接口，RocketMQ 会根据发送端设置的策略来决定是回滚还是继续发送确认消息。这样就保证了消息发送与本地事务同时成功或同时失败，如图 18-21 所示。

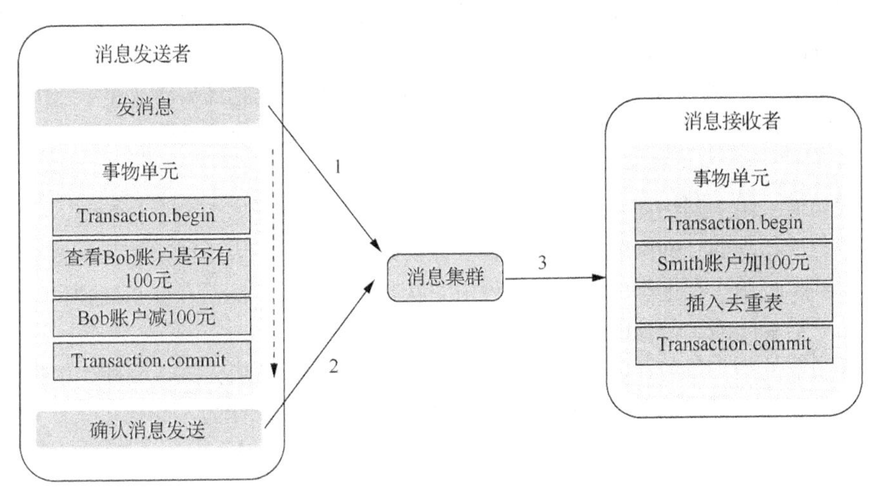

图 18-21 事务消息

对于消费发送者而言，如果消费超时，则需要一直重试，消息接收者需要保证幂等，如图 18-22 所示。如果消息消费失败，这时就需要人工进行处理，这个概率较低，如果为了这种小概率事件而设计复杂的流程反而得不偿失。

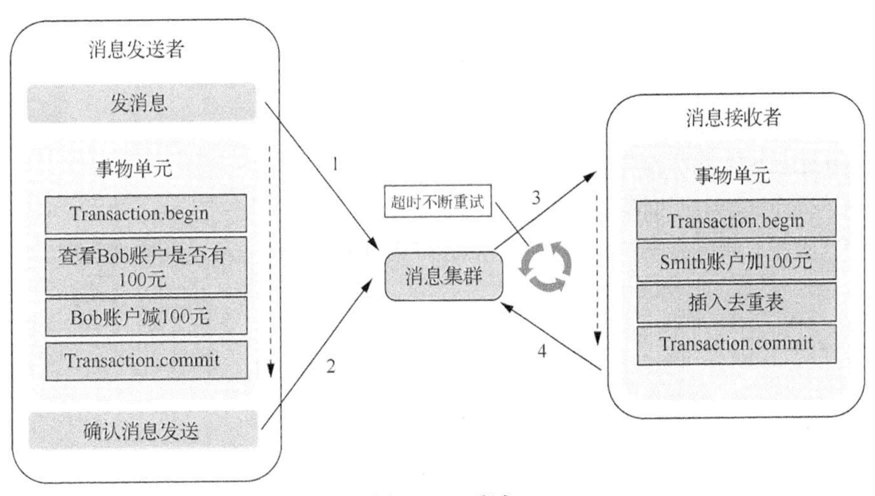

图 18-22 重试

- 优点：实现了最终一致性，不需要依赖本地数据库事务。
- 缺点：实现难度大，主流消息中间件不支持，RocketMQ 事务消息部分代码也未开源。

18.8.3 如何保障幂等性

可以依赖数据库本身的功能来提供幂等性。比如单条 insert 操作，我们一般会依赖唯一键，这个唯一键是跟业务相关的一个序列号。如果同个序列号被重复执行了 insert，那么数据库自然就会抛出异常而后回滚事务。

18.8.4 总结

更多的时候，分布式事务只需要保证原子性，这个原子性也保证了应用层面上的一致性，而由本地事务来保证隔离性、持久性。

原子性这个东西，即使不是分布式，仅仅是单进程单线程也是需要考虑的，比如 Java 中的 try…finally 语句的用法。当涉及跨进程、异步通信的时候，就很难通过语言层面的机制保证原子性了。

在分布式领域，由于网络或者机器故障，经常需要重试，因此幂等性非常重要。

很多场景，比如电商、网络购票，首先要保证的是高可用，不大可能采用强一致性。当我们下单后经常会看到“订单正在处理中……”这种中间状态，后台很可能是在异步处理，这也是从下单成功到最后出票需要间隔比较长的时间的原因。

最后需要说明的是，目前还不存在 100%完美的分布式事务解决方案，因此，根据业务对于一致性要求的高低程度，可以选择性地设置周期性对账补账逻辑，来作为“兜底”。

18.9 本章小结

本章介绍了本地事务及分布式事务。针对分布式事务所面临的挑战，本章也介绍了分布式事务的解决方案，包括二阶提交协议、三阶提交协议、Paxos 算法、Raft 算法、消息等。

18.10 习题

- 请简述本地事务和分布式事务的区别。
- 请简述分布式事务所面临的挑战。
- 分布式事务有哪些方案？请列举常用的分布式事务的解决方案及其实现原理。

第 19 章 安全性

计算机的安全性通常包括两个部分：认证和访问控制。认证包括对有效用户身份的确认和识别。而访问控制则致力于避免对数据文件和系统资源的有害篡改。举例来说，在一个孤立、集中、单用户系统中（例如一台计算机），通过上锁存放该计算机的房间和磁盘就能够实现其安全性。只有拥有房间和磁盘钥匙的用户才能访问系统资源和文件。这就同时实现了认证和访问控制。因此，安全性实际上就相当于锁住计算机和房间的钥匙。

与集中式的系统相比分布式系统的安全将会复杂得多，因为安全涉及整个系统，所以有关安全的任何一个单纯的设计缺陷都可能导致所有的安全措施无效。分布式系统是由各个子系统组成的，子系统之间也需要做身份识别；各子系统都是通过网络进行连接的，那么它们之间的安全通信也是需要保障的。

由于安全是一个复杂的话题，并不是本书所要阐述的重点，所以本章只会涉及分布式系统安全方面的基本知识。

19.1 基本概念

安全性包含以下基本概念。

19.1.1 安全威胁、策略和机制

计算机系统中的安全性与可靠性密切相关。非正式地说，一个可靠的计算机系统是一个我们可以有理由信任其所提供的服务的系统。可靠性包括可用性、可信赖性、安全性和可维护性。但是，如果我们要信任一个计算机系统，还应该考虑机密性和完整性。考虑计算机系统中安全的另一种角度是我们试图保护该系统所提供的服务和数据不受到安全威胁，安全威胁包括以下 4 种。

- 窃听：指一个未经授权的用户获得了对一项服务或数据的访问权限。窃听的一个典型事例是两人之间的通信被其他人偷听。窃听还发生在非法复制数据时。
- 中断：指服务或数据变得难以获得、不能使用、被破坏等情况。从这个意义上说，服务拒绝攻击是一种安全威胁，它归为中断类，一些人正是通过它恶意地试图使其他人不能访问服务。中断的一个实例是文件被损坏或丢失时所出现的情况。
- 修改：包括对数据未经授权的改变或篡改一项服务以使其不再遵循其原始规范。修改的实例包括窃听后改变传输的数据、篡改数据库条目以及改变一个程序使其秘密记录其用户的活动。
- 伪造：指产生通常不存在的附加数据或活动的情况。例如，一个入侵者可能尝试向密码文件或数据库中添加数据，同样，有时可能通过重放先前发送过的消息来侵入一个系统。

仅仅声明系统应该能够保护其自身免受任何可能的安全威胁并不是实际建立一个安全系统的方式。首先需要的是安全需求的一个描述，也就是一个策略。安全策略准确地描述了系统中的实体能

够采取的行为以及禁止采取的行动。实体包括用户、服务、数据、机器等。制订了安全策略之后，就可能集中考虑安全机制，策略通过该机制来实施。重要的机制如下。

- 加密。
- 身份验证。
- 授权。
- 审计。

加密是计算机的基础。加密将数据转换为一些攻击者不能理解的形式。身份验证用于检验用户、客户、服务器等所声明的身份。对一个客户进行身份验证之后，有必要检查是否授予客户执行该请求操作的权限。审计工具用于追踪各个客户的访问内容以及访问方式。

19.1.2 密码与数字签名

加密包括使用密钥对数据进行编码，从而使偷听者无法方便地阅读这些数据。经过加密的数据称为密文，原始的数据称为明文。从密文到明文的转换过程称为解密。

图 19-1 描述了 Alice 和 Bob 通过恺撒密码方式进行的通信过程，这里的 Alice 和 Bob 常用来表示密码通信的双方。

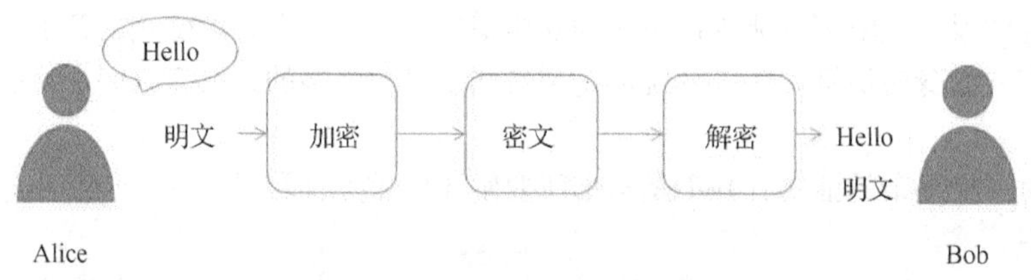

图 19-1　Caesar 密码加解密过程

恺撒密码又叫循环移位密码，它的加密方法就是将明文中的每个字母用字母表中该字母后的第 R 个字母来替换，从而达到加密的目的。它的加密过程可以表示为下面的函数。

$$E(m)=(m+k)\bmod n \tag{1}$$

其中，m 为明文字母在字母表中的位置数；n 为字母表中的字母个数；k 为密钥；$E(m)$为密文字母在字母表中对应的位置数。例如，对于明文字母 H，其在字母表中的位置数为 8，则按照式（1）计算出来的密文为 L，计算过程如下。

$$E(8)=(8+4)\bmod 26=12 \tag{2}$$

上面例子中，每个字母用其后面的第 3 个字母代替。

下面是一个 C 实现的恺撒密码程序。

```c
#include <stdio.h>
#include <stdlib.h>
#include <string.h>
char *caesar(const char *str,int offset)
{
    char *start,*ret_str;
    start = ret_str = (char *) malloc(strlen(str) + 1);
    for(;*str!='\0';str++,ret_str++)
    {
        if(*str>='A' && *str<='Z')
            *ret_str = 'A' + (*str - 'A' + offset) % 26;
        else if(*str>='a' && *str<='z')
            *ret_str = 'a' + (*str - 'a' + offset) % 26;
        else
            *ret_str = *str;
```

```
    }
    *ret_str = '\0';
    return (char *) start;
}

int main(void)
{
    printf("%s\n","ABCDEFGHIJKLMNOPQRSTUVWXYZ");
    printf("%s\n",caesar("ABCDEFGHIJKLMNOPQRSTUVWXYZ",3));
    return 0;
}
```

19.2　加密算法

评估一种加密算法安全性最常用的方法是判断该算法是不是计算安全的。如果利用可用资源进行系统分析后无法攻破系统，那么这种加密算法就是计算安全的。目前有两种常用的加密类型：对称加密和非对称加密。除了加密整条消息，两种加密类型都可以用来对一个文档进行数字签名。当使用一个足够长的密钥时，密码被破解的难度就会越大，系统也就越安全。当然，密钥越长，本身加解密的成本也就越高。

19.2.1　对称加密

对称加密指的是加密和解密算法都使用相同密钥的加密算法。具体如下。

$$E(p,k)=C;\ D(C,k)=p \quad (3)$$

其中：

- E 表示加密算法。
- D 表示解密算法。
- p 表示明文（原始数据）。
- k 表示加密密钥。
- C 表示密文。

由于在加密和解密数据时使用了同一个密钥，因此这个密钥必须保密。这样的加密也称为秘密密钥算法，或单密钥算法/常规加密。很显然，对称加密算法的安全性依赖于密钥，泄露密钥就意味着任何人都可以对它们发送或接收的消息进行解密，所以密钥的保密性对通信的安全性至关重要。

对称加密算法的特点是算法公开、计算量小、加密速度快、加密效率高。

不足之处是，交易双方都使用相同的密钥，安全性得不到保证。此外，每对用户每次使用对称加密算法时，都需要使用其他人不知道的唯一密钥，这会使得通信发收双方所拥有的密钥数量呈几何级数增长，密钥管理成为用户的负担。对称加密算法在分布式网络系统上使用较为困难，主要是因为密钥管理困难，使用成本较高。而与非对称密钥加密算法比，对称加密算法虽然能够提供加密和认证，但缺乏签名功能，使得其使用范围有所缩小。

常见的对称加密算法有 DES、3DES、TDEA、Blowfish、RC2、RC4、RC5、IDEA、SKIPJACK、AES 等。

19.2.2　使用对称密钥加密的数字签名

在通过网络发送数据的过程中，有两种对文档进行数字签名的基本方法。在这里我们讨论第一种方法，利用对称密钥加密法。数字签名也称为消息摘要（Message Digest）或数字摘要（Digital

Digest），它是一个唯一对应一个消息或文本的固定长度的值，它由一个单向 Hash 加密函数对消息进行作用而产生。如果消息在途中改变了，则接收者通过对收到的消息新产生的摘要与原摘要比较，就可以知道消息是否被改变了。因此消息摘要保证了消息的完整性。消息摘要采用单向 Hash 函数将需加密的明文“摘要”成一串 128bit 的密文，这一串密文也称为数字指纹（Finger Print），它有固定的长度，并且不同的明文摘要成密文，其结果总是不同的，而同样的明文其摘要必定一致。这样这串摘要便可成为验证明文是不是“真身”的“指纹”了。有两种方法可以利用共享的对称密钥来计算摘要。最简单、快捷的方法是计算消息的哈希值，然后通过对称密钥对这个数值进行加密。消息和已加密的摘要一起发送。接收者可以再次计算消息摘要，对摘要进行加密，并与接收到的加密摘要进行比较。如果这两个加密摘要相同，那就说明该文档没有被改动。第二种方法将对称密钥应用到消息上，然后计算哈希值。

计算公式如下。

$$D(M,K) \tag{4}$$

其中，D 是摘要函数；M 是消息；K 是共享的对称密钥。

然后可以发布或分发这个文档。由于第三方并不知道对称密钥，而计算正确的摘要值恰恰需要它，因此消息摘要能够避免对摘要值自身的伪造。在这两种情况下，只有那些了解秘密密钥的用户才能验证其完整性，所有欺骗性的文档都可以很容易地被检验出来。消息摘要算法有：MD2、MD4、MD5、SHA-1、SHA-256、RIPEMD128、RIPEMD160 等。

19.2.3 非对称加密

非对称加密（也称为公钥加密）由两个密钥组成，包括公开密钥（Public Key，公钥）和私有密钥（Private Key，私钥）。如果消息使用公钥进行加密，那么通过使用相对应的私钥可以解密这些消息，过程如下。

$$E(p,ku)=C;\ D(C,kr)=p \tag{5}$$

其中：

- E 表示加密算法。
- C 表示密文。
- D 表示解密算法。
- p 表示明文（原始数据）。
- ku 表示公钥。
- kr 表示私钥。

如果消息使用私钥进行加密，那么通过使用其相对应的公钥可以解密这些消息，过程如下。

$$E(p,kr)=C;\ D(C,ku)=p \tag{6}$$

其中：

- E 表示加密算法。
- C 表示密文。
- D 表示解密算法。
- p 表示明文（原始数据）。
- ku 表示公钥。
- kr 表示私钥。

不能使用加密所用的密钥来解密一个消息。而且，由一个密钥计算出另一个密钥从数学上来说是很困难的。私钥只有用户本人知道，因此得名。公钥并不保密，可以通过公共列表服务获得，通常公钥是使用 X.509 实现的。公钥加密的想法最早是由 Diffie 和 Hellman 于 1976 年提出的。

非对称加密与对称加密相比，其安全性更好。对称加密的通信双方使用相同的密钥，如果一方的密钥遭泄露，那么整个通信就会被破解。而非对称加密使用一对密钥，一个用来加密，一个用来解密，而且公钥是公开的，私钥是自己保存的，不需要像对称加密那样在通信之前要先同步密钥。

非对称加密的缺点是加密和解密花费时间长、速度慢，只适合对少量数据进行加密。

在非对称加密中使用的主要算法有：RSA、Elgamal、背包算法、Rabin、D-H、ECC（椭圆曲线加密算法）等。

19.2.4　使用公钥加密的数字签名

用于数字签名的公钥加密使用 RSA 算法。在这种方法中，发送者利用私钥通过摘要函数对整个数据文件（代价昂贵）或文件的签名进行加密。私钥匹配最主要的优点就是不存在密钥分发问题。这种方法假定你信任发布公钥的来源。然后接收者可以利用公钥来解密签名或文件，并验证它的来源和（或）内容。由于公钥密码学的复杂性，因此只有正确的公钥才能够解密信息或摘要。最后，如果你要将消息发送给拥有已知公钥的用户，那么你就可以使用接收者的公钥来加密消息或摘要，这样只有接收者才能够通过他们自己的私钥来验证其中的内容。

19.3　安全通道

数据安全是一个非常值得关注的问题。数据在网络上传播，数据很容易被侦听、窃取，如果想要实现数据的安全，一个非常重要的方式就是给数据加密。SSL/TLS 和 TLS 就是这类安全协议，它们层叠在其他协议之上，用于实现数据的安全。

19.3.1　SSL/TLS

安全套接字层（Secure Sockets Layer，SS-L）是在网络上应用最广泛的加密协议实现之一。SSL 使用结合加密过程来提供网络的安全通信。

SSL 提供了一个安全的增强标准 TCP/IP 套接字用于网络通信协议。如表 19-1 所示，在标准 TCP/IP 栈的传输层和应用层之间添加了安全套接字层。SSL 的应用程序中最常用的是超文本传输协议（HyperText Transfer Protocol，HTTP），这个是互联网网页协议。其他应用程序，如网络新闻传输协议（Net News Transfer Protocol，NNTP）、Telnet、轻量级目录访问协议（Lightweight Directory Access Protocol ，LDAP）、互动信息访问协议（Interactive Message Access Protocol，IMAP）和文件传输协议（File Transfer Protocol，FTP），也可以使用 SSL。

表 19-1　增强标准的 TCP/IP 层与协议

TCP/IP 层	协议
Application Layer	HTTP、NNTP、Telnet、FTP 等
Secure Sockets Layer	SSL
Transport Layer	TCP
Internet Layer	IP

SSL 最初是由网景公司在 1994 年创立的，现在已经演变成为一个标准。由国际标准组织（Internet Engineering Task Force，IETF）进行管理。之后 IETF 更名为 SSL 传输层安全（Transport Layer Security，TLS），并在 1999 年 1 月发布了第一个规范，版本为 1.0。TLS 1.0 对于 SSL 的最新版本 3.0 版本是一个小的升级。两者差异非常微小。TLS 1.1 是在 2006 年 4 月发布的，TLS 1.2 在 2008 年 8 月发布。

19.3.2 SSL 握手过程

SSL 通过握手过程在客户端和服务器之间协商会话参数，并建立会话。会话包含的主要参数有会话 ID、对方的证书、加密套件（密钥交换算法、数据加密算法和 MAC 算法等）以及主密钥（Master Secret）。通过 SSL 会话传输的数据，都将采用该会话的主密钥和加密套件进行加密、计算 MAC 等处理。不同情况下，SSL 的握手过程存在差异。下面将分别描述以下 3 种情况下的握手过程。

- 只验证服务器的 SSL 握手过程。
- 验证服务器和客户端的 SSL 握手过程。
- 恢复原有会话的 SSL 握手过程。

只验证服务器的 SSL 握手过程如图 19-2 所示。

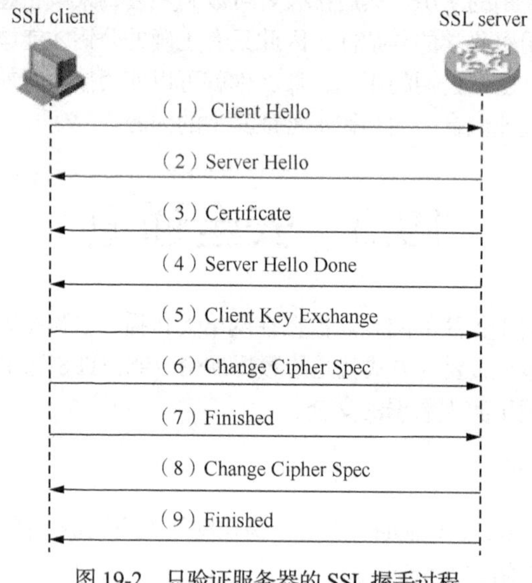

图 19-2 只验证服务器的 SSL 握手过程

如图 19-2 所示，只需要验证 SSL 服务器身份，不需要验证 SSL 客户端身份时，SSL 的握手过程如下。

（1）SSL 客户端通过 Client Hello 消息将它支持的 SSL 版本、加密算法、密钥交换算法、MAC 算法等信息发送给 SSL 服务器。

（2）SSL 服务器确定本次通信采用的 SSL 版本和加密套件，并通过 Server Hello 消息通知 SSL 客户端。如果 SSL 服务器允许 SSL 客户端在以后的通信中重用本次会话，则 SSL 服务器会为本次会话分配会话 id，并通过 Server Hello 消息发送给 SSL 客户端。

（3）SSL 服务器将携带自己公钥信息的数字证书通过 Certificate 消息发送给 SSL 客户端。

（4）SSL 服务器发送 Server Hello Done 消息，通知 SSL 客户端版本和加密套件协商结束，开始进行密钥交换。

（5）SSL 客户端验证 SSL 服务器的证书合法后，利用证书中的公钥加密 SSL 客户端随机生成的 Premaster Secret，并通过 Client Key Exchange 消息发送给 SSL 服务器。

（6）SSL 客户端发送 Change Cipher Spec 消息，通知 SSL 服务器后续报文将采用协商好的密钥和加密套件进行加密和 MAC 计算。

（7）SSL 客户端计算已交互的握手消息（除 Change Cipher Spec 消息外所有已交互的消息）的 Hash 值，利用协商好的密钥和加密套件处理 Hash 值（计算并添加 MAC 值、加密等），并通过 Finished

消息发送给 SSL 服务器。SSL 服务器利用同样的方法计算已交互的握手消息的 Hash 值，并与 Finished 消息的解密结果比较，如果二者相同，且 MAC 值验证成功，则证明密钥和加密套件协商成功。

（8）同样地，SSL 服务器发送 Change Cipher Spec 消息，通知 SSL 客户端后续报文将采用协商好的密钥和加密套件进行加密和 MAC 计算。

（9）SSL 服务器计算已交互的握手消息的 Hash 值，利用协商好的密钥和加密套件处理 Hash 值（计算并添加 MAC 值、加密等），并通过 Finished 消息发送给 SSL 客户端。SSL 客户端利用同样的方法计算已交互的握手消息的 Hash 值，并与 Finished 消息的解密结果比较，如果二者相同，并且 MAC 值验证成功，则证明密钥和加密套件协商成功。SSL 客户端接收到 SSL 服务器发送的 Finished 消息后，如果解密成功，则可以判断 SSL 服务器是数字证书的拥有者，即 SSL 服务器身份验证成功，因为只有拥有私钥的 SSL 服务器才能从 Client Key Exchange 消息中解密得到 Premaster Secret，从而间接地实现了 SSL 客户端对 SSL 服务器的身份验证。

验证服务器和客户端的 SSL 握手过程如图 19-3 所示。

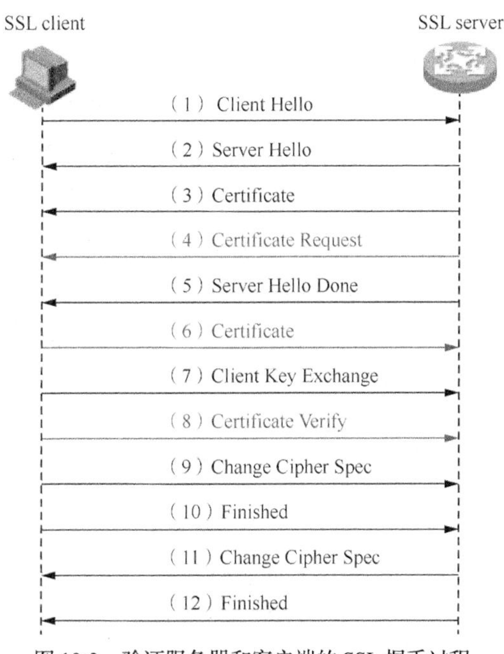

图 19-3 验证服务器和客户端的 SSL 握手过程

SSL 客户端的身份验证是可选的，由 SSL 服务器决定是否验证 SSL 客户端的身份。如图 19-3 中（4）、（6）、（8）部分所示，如果 SSL 服务器验证 SSL 客户端身份，则 SSL 服务器和 SSL 客户端除了交互“只验证服务器的 SSL 握手过程”中的消息协商密钥和加密套件，还需要进行以下操作。

（1）SSL 服务器发送 Certificate Request 消息，请求 SSL 客户端将其证书发送给 SSL 服务器。

（2）SSL 客户端通过 Certificate 消息将携带自己公钥的证书发送给 SSL 服务器。SSL 服务器验证该证书的合法性。

（3）SSL 客户端计算已交互的握手消息、主密钥的 Hash 值，利用自己的私钥对其进行加密，并通过 Certificate Verify 消息发送给 SSL 服务器。

（4）SSL 服务器计算已交互的握手消息、主密钥的 Hash 值，利用 SSL 客户端证书中的公钥解密 Certificate Verify 消息，并将解密结果与计算出的 Hash 值比较。如果二者相同，则 SSL 客户端身份验证成功。

恢复原有会话的 SSL 握手过程如图 19-4 所示。

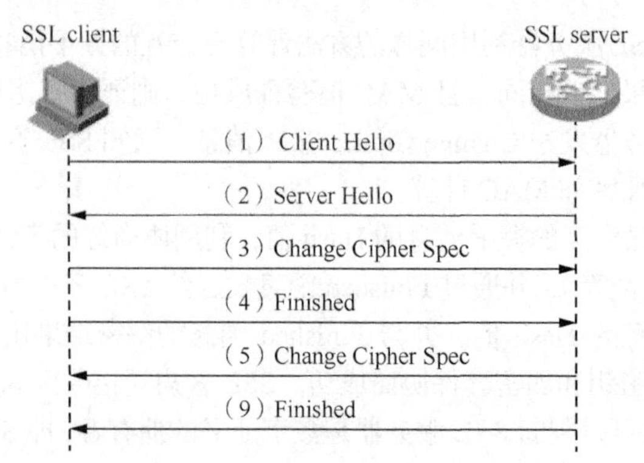

图 19-4　恢复原有会话的 SSL 握手过程

协商会话参数、建立会话的过程中，需要使用非对称密钥算法来加密密钥、验证通信对端的身份，计算量较大，占用了大量的系统资源。为了简化 SSL 握手过程，SSL 允许重用已经协商过的会话，具体过程如下。

（1）SSL 客户端发送 Client Hello 消息，消息中的会话 id 设置为计划重用的会话的 id。

（2）SSL 服务器如果允许重用该会话，则通过在 Server Hello 消息中设置相同的会话 id 来回复。这样，SSL 客户端和 SSL 服务器就可以利用原有会话的密钥和加密套件，不必重新协商。

（3）SSL 客户端发送 Change Cipher Spec 消息，通知 SSL 服务器后续报文将采用原有会话的密钥和加密套件进行加密和 MAC 计算。

（4）SSL 客户端计算已交互的握手消息的 Hash 值，利用原有会话的密钥和加密套件处理 Hash 值，并通过 Finished 消息发送给 SSL 服务器，以便 SSL 服务器判断密钥和加密套件是否正确。

（5）同样地，SSL 服务器发送 Change Cipher Spec 消息，通知 SSL 客户端后续报文将采用原有会话的密钥和加密套件进行加密和 MAC 计算。

（6）SSL 服务器计算已交互的握手消息的 Hash 值，利用原有会话的密钥和加密套件处理 Hash 值，并通过 Finished 消息发送给 SSL 客户端，以便 SSL 客户端判断密钥和加密套件是否正确。

19.3.3　HTTPS

HTTPS（Hyper Text Transfer Protocol over Secure Socket Layer）是基于 SSL 安全连接的 HTTP。HTTPS 通过 SSL 提供的数据加密、身份验证和消息完整性验证等安全机制，为 Web 访问提供了安全性保证，广泛应用于网上银行、电子商务等领域。近年来，在主要互联网公司和浏览器开发商的推动之下，HTTPS 在加速普及，HTTP 正在被加速淘汰。不加密的 HTTP 连接是不安全的，你和目标服务器之间的任何中间人都能读取和操纵传输的数据，比如 ISP 可以在你点击的网页上插入广告，你很可能根本不知道看到的广告是不是网站发布的。中间人能够注入的代码不仅仅是看起来无害的广告，他们还可能注入具有恶意目的的代码。2015 年，某脚本被中间人修改，加入了代码对两个网站发动了 DDoS 攻击。这次攻击被称为“网络大炮”，“网络大炮”让普通的网民在不知情下变成了 DDoS 攻击者。而唯一能阻止“大炮”的方法是加密流量。

19.4　访问控制

访问控制是指按用户身份及其所归属的某项定义组来限制用户对某些信息项的访问，或限制对某些控制功能的使用的一种技术。访问控制的功能如下。

- 防止非法的主体进入受保护的网络资源。

- 允许合法用户访问受保护的网络资源。
- 防止合法的用户对受保护的网络资源进行非授权的访问。

19.4.1 防火墙

防火墙指的是一个由软件和硬件设备组合而成、在内部网和外部网之间、专用网与公共网之间的界面上构造的保护屏障。这是一种获取安全性方法的形象说法，它是一种计算机硬件和软件的结合，使 Internet 与 Intranet 之间建立起一个安全网关（Security Gateway），从而保护内部网免受非法用户的侵入。防火墙主要由服务访问规则、验证工具、包过滤和应用网关 4 个部分组成，防火墙就是一个位于计算机和它所连接的网络之间的软件或硬件。该计算机流入/流出的所有网络通信和数据包均要经过此防火墙。

防火墙具备以下特性。

- 内部网络和外部网络之间的所有网络数据流都必须经过防火墙。
- 只有符合安全策略的数据流才能通过防火墙。
- 防火墙自身应具有非常强的抗攻击免疫力。
- 应用层防火墙具备更细致的防护能力。
- 数据库防火墙具有针对数据库恶意攻击的阻断能力。

19.4.2 堡垒机

堡垒机，即在一个特定的网络环境下，为了保障网络和数据不受来自外部和内部用户的入侵和破坏，而运用各种技术手段实时收集和监控网络环境中每一个组成部分的系统状态、安全事件、网络活动，以便集中报警、记录、分析、处理的一种技术手段。

从功能上讲，它综合了核心系统运维和安全审计管控两大主干功能；从技术实现上讲，通过切断终端计算机对网络和服务器资源的直接访问，而采用协议代理的方式，接管了终端计算机对网络和服务器的访问。形象地说，终端计算机对目标的访问，均需要经过运维安全审计的翻译。打一个比方，运维安全审计扮演着看门者的角色，所有对网络设备和服务器的请求都要从这扇大门经过。因此，运维安全审计能够拦截非法访问和恶意攻击，对不合法命令进行命令阻断，过滤掉所有对目标设备的非法访问行为，并对内部人员的误操作和非法操作进行审计监控，以便事后责任追踪。

安全审计作为企业信息安全建设不可缺少的组成部分，逐渐受到用户的关注，是企业安全体系中的重要环节。同时，安全审计是事前预防、事中预警的有效风险控制手段，也是事后追溯的可靠证据来源。

19.4.3 拒绝服务

拒绝服务（Denial of Service，DoS）攻击是指通过向服务器发送大量垃圾信息或干扰信息的方式，导致服务器无法向正常用户提供服务的现象。对付一个或者多个资源的 DoS 往往比较高效，而要对付分布式拒绝服务（Distributed Denial of Service，DDoS）则要困难得多。

DDoS 攻击主要分为两类。

- 带宽耗竭的攻击：往某个机器发送大量的消息，结果是正常的消息很难到达接收者。
- 资源耗竭的攻击：使接收者把资源消耗在无用的消息上。

UDP 洪水攻击是指攻击者利用简单的 TCP/IP 服务，如 Chargen 和 Echo 来传送毫无用处的占满带宽的数据。通过伪造与某一主机的 Chargen 服务之间的一次 UDP 连接，回复地址指向开着 Echo 服务的一台主机，这样就生成在两台主机之间存在很多的无用数据流，这些无用数据流就会导致带宽的服务攻击。

SYN Flood 是当前最流行的 DoS 与 DDoS 的方式之一，这是一种利用 TCP 缺陷，发送大量伪造的 TCP 连接请求，使被攻击方资源耗尽（CPU 满负载或内存不足）的攻击方式。

常见的防止 DDoS 的方式如下。

- TCP 首包丢弃方案。利用 TCP 的重传机制识别正常用户和攻击报文。当防御设备接到一个 IP 地址的 SYN 报文后，简单比对该 IP 是否存在于白名单中，存在则转发到后端。如不存在于白名单中，检查是不是该 IP 在一定时间段内的首次 SYN 报文，不是则检查是否重传报文，是重传则转发并加入白名单，不是则丢弃并加入黑名单。是首次 SYN 报文则丢弃并等待一段时间，以试图接收该 IP 的 SYN 重传报文，等待超时则判定为攻击报文并加入黑名单。
- 缓存。尽量由设备的缓存直接返回结果来保护后端业务。大型的互联网企业会有庞大的 CDN 节点缓存内容。
- 重发。可以是直接丢弃 DNS 报文导致 UDP 层面的重发请求，也可以是返回特殊响应强制要求客户端使用 TCP 重发 DNS 查询请求。
- 判断博文内容。一个 TCP 连接中，HTTP 报文太少和报文太多都是不正常的，过少可能是慢速连接攻击，过多可能是使用 HTTP 1.1 进行的 HTTP Flood 攻击。

19.4.4 访问控制的模型

开发者需要在他们的软件和设备中实现访问控制功能，访问控制模型为之提供了模型。常见的访问控制的模型有 3 种。

- 自主访问控制（Discretionary Access Control，DAC）模型：管理的方式不同形成不同的访问控制方式。由客体的宿主对自己的客体进行管理，宿主自己决定是否将自己客体的访问权或部分访问权授予其他主体，这种控制方式是自主的，我们把它称为自主访问控制。在自主访问控制下，一个用户可以自主选择哪些用户可以共享他的文件。Linux 系统中有两种自主访问控制策略，一种是 9 位权限码（User-Group-Other），另一种是访问控制列表（Access Control List，ACL）。
- 强制访问控制（Mandatory Access Control，MAC）模型：用于将系统中的信息分密级和类进行管理，以保证每个用户只能访问那些被标明可以由他访问的信息的一种访问约束机制。通俗地来说，在强制访问控制下，用户（或其他主体）与文件（或其他客体）都被标记了固定的安全属性（如安全级、访问权限等），在每次访问发生时，系统检测安全属性以便确定一个用户是否有权访问该文件。其中多级安全（Multi-Level Secure，MLS）就是一种强制访问控制策略。
- 基于角色的访问控制模型（Role-Based Access Control，RBAC）模型：管理员定义一系列角色并把它们赋予主体。系统进程和普通用户可能有不同的角色。设置对象为某个类型，主体具有相应的角色就可以访问它。这样就把管理员从定义每个用户的许可权限的繁冗工作中解放出来。RBAC 有时称为基于规则的、基于角色的访问控制（Rule-Based Role-Based Access Control，RB-RBAC）。它包含了根据主体的属性和策略定义的规则动态地赋予主体角色的机制。例如，你是一个网络中的主体，你想访问另一个网络中的对象。这个网络定义好了访问列表的路由器的另一端，路由器根据你的网络地址或协议，赋予你某个角色，这决定了你是否被授权访问。

19.5 实战：基于 Spring Security 实现安全认证

在本节，将演示基于 Spring Security 安全认证功能。该应用代码可以在 security basic 目录下找到。

19.5.1　添加依赖

添加 Spring Security 的依赖时，由于是使用的 snapshot 版本，所以，要配置 Spring Snapshots 仓库。配置如下。

```
<!-- Spring Snapshots 仓库 -->
<repositories>
    <repository>
        <id>spring-snapshots</id>
        <name>Spring Snapshots</name>
        <url>https://repo.spring.io/snapshot</url>
    </repository>
</repositories>

<properties>
    <spring.version>5.1.5.RELEASE</spring.version>
    <jetty.version>9.4.14.v20181114</jetty.version>
    <jackson.version>2.9.7</jackson.version>
    <spring-security.version>5.2.0.BUILD-SNAPSHOT</spring-security.version>
</properties>

<dependencies>
    <dependency>
        <groupId>org.springframework</groupId>
        <artifactId>spring-webmvc</artifactId>
        <version>${spring.version}</version>
    </dependency>
    <dependency>
        <groupId>org.eclipse.jetty</groupId>
        <artifactId>jetty-servlet</artifactId>
        <version>${jetty.version}</version>
        <scope>provided</scope>
    </dependency>
    <dependency>
        <groupId>com.fasterxml.jackson.core</groupId>
        <artifactId>jackson-core</artifactId>
        <version>${jackson.version}</version>
    </dependency>
    <dependency>
        <groupId>com.fasterxml.jackson.core</groupId>
        <artifactId>jackson-databind</artifactId>
        <version>${jackson.version}</version>
    </dependency>

    <!-- 安全相关的依赖 -->
    <dependency>
        <groupId>org.springframework.security</groupId>
        <artifactId>spring-security-web</artifactId>
        <version>${spring-security.version}</version>
    </dependency>
    <dependency>
        <groupId>org.springframework.security</groupId>
        <artifactId>spring-security-config</artifactId>
        <version>${spring-security.version}</version>
    </dependency>
</dependencies>
```

19.5.2 添加业务代码

业务代码里面包含了模型和控制器。

1. User 模型

User 类代码如下。

```
package com.waylau.spring.mvc.vo;

public class User {
    private String username;
    private Integer age;

    public User(String username, Integer age) {
        this.username = username;
        this.age = age;
    }

    //省略 getter/setter 方法

}
```

2. 控制器

控制器 HelloController 代码如下。

```
package com.waylau.spring.mvc.controller;

import org.springframework.web.bind.annotation.RequestMapping;
import org.springframework.web.bind.annotation.RestController;
import com.waylau.spring.mvc.vo.User;

@RestController
public class HelloController {

    @RequestMapping("/hello")
    public String hello() {
        return "Hello World! Welcome to visit waylau.com!";
    }

    @RequestMapping("/hello/way")
    public User helloWay() {
        return new User("Way Lau", 30);
    }
}
```

上述控制器的逻辑非常简单，当访问“/hello”时，会响应一段文本；当访问“/hello/way”会返回一个 POJO 对象。

该 POJO 对象，可以根据消息转换器的设置，来生成不同格式的消息。

19.5.3 配置消息转换器

添加 Spring Web MVC 的配置类 MvcConfiguration，并在该配置中启用消息转换器。

```
package com.waylau.spring.mvc.configuration;

import java.util.List;

import org.springframework.context.annotation.Configuration;
```

```
import org.springframework.http.converter.HttpMessageConverter;
import org.springframework.http.converter.json.MappingJackson2HttpMessageConverter;
import org.springframework.web.servlet.config.annotation.EnableWebMvc;
import org.springframework.web.servlet.config.annotation.WebMvcConfigurer;

@EnableWebMvc // 启用 MVC
@Configuration
public class MvcConfiguration implements WebMvcConfigurer {

    public void extendMessageConverters(List<HttpMessageConverter<?>> cs) {
        // 使用 Jackson JSON 来进行消息转换
        cs.add(new MappingJackson2HttpMessageConverter());
    }
}
```

由于预先在 pom.xml 中添加了 Jackson JSON 的依赖，因此可以使用 Jackson JSON 来进行消息转换，将响应消息体转为 JSON 格式。

19.5.4 配置 Spring Security

以下是针对 Spring Security 的配置。

```
package com.waylau.spring.mvc.configuration;

import org.springframework.context.annotation.Bean;
import org.springframework.security.config.annotation.web.builders.HttpSecurity;
import
org.springframework.security.config.annotation.web.configuration.EnableWebSecurity;
import
org.springframework.security.config.annotation.web.configuration.WebSecurityConfigurerAd
apter;
import org.springframework.security.core.userdetails.User;
import org.springframework.security.core.userdetails.UserDetailsService;
import org.springframework.security.provisioning.InMemoryUserDetailsManager;

@EnableWebSecurity // 启用 Spring Security 功能
public class WebSecurityConfig
    extends WebSecurityConfigurerAdapter {

    /**
     * 自定义配置
     */
    @Override
    protected void configure(HttpSecurity http) throws Exception {
        http.authorizeRequests().anyRequest().authenticated()//所有请求都需认证
        .and()
        .formLogin() // 使用 form 表单登录
        .and()
        .httpBasic(); // HTTP 基本认证
    }

    @SuppressWarnings("deprecation")
    @Bean
    public UserDetailsService userDetailsService() {
        InMemoryUserDetailsManager manager =
                new InMemoryUserDetailsManager();
```

```
            manager.createUser(
                    User.withDefaultPasswordEncoder()  // 密码编码器
                    .username("waylau")  // 用户名
                    .password("123")    // 密码
                    .roles("USER")      // 角色
                    .build()
                    );
            return manager;
        }
    }
```

在上述配置中，要启动 Spring Security 功能，需要在配置类上添加@EnableWebSecurity 注解。

安全配置类 WebSecurityConfig 继承自 WebSecurityConfigurerAdapter。WebSecurity Configurer-Adapter 提供用于创建一个 Websecurityconfigurer 实例方便的基类，允许自定义重写其方法。这里，我们重写了 configure 方法：authorizeRequests().anyRequest().authenticated()方法意味着所有请求都需认证；formLogin()方法表明这是基于表单的身份验证；httpBasic()方法表明该认证是一个 HTTP 基本认证。

UserDetailsService 用于提供身份认证信息。本例使用了基于内存的信息管理器 InMemory-UserDetailsManager，同时初始化了一个用户名为“waylau”、密码为“123”、角色为“USER”的身份信息。withDefaultPasswordEncoder()方法指定了该用户身份信息使用默认的密码编码器。

19.5.5 创建应用配置类

AppConfiguration 是整个应用的配置类，用于导入 Spring Web MVC 及 Spring Security 的配置信息。代码如下。

```
import org.springframework.context.annotation.ComponentScan;
import org.springframework.context.annotation.Configuration;
import org.springframework.context.annotation.Import;

@Configuration
@ComponentScan(basePackages = { "com.waylau.spring" })
@Import({ WebSecurityConfig.class, MvcConfiguration.class})
public class AppConfiguration {

}
```

19.5.6 创建内嵌 Jetty 的服务器

创建内嵌了 Jetty 的服务器，代码如下。

```
package com.waylau.spring.mvc;

import java.util.EnumSet;
import javax.servlet.DispatcherType;
import org.eclipse.jetty.server.Server;
import org.eclipse.jetty.servlet.FilterHolder;
import org.eclipse.jetty.servlet.ServletContextHandler;
import org.eclipse.jetty.servlet.ServletHolder;
import org.springframework.web.context.ContextLoaderListener;
import org.springframework.web.context.WebApplicationContext;
import org.springframework.web.context.support.AnnotationConfigWebApplicationContext;
import org.springframework.web.filter.DelegatingFilterProxy;
import org.springframework.web.servlet.DispatcherServlet;
```

```
import com.waylau.spring.mvc.configuration.AppConfiguration;

public class JettyServer {
    private static final int DEFAULT_PORT = 8080;
    private static final String CONTEXT_PATH = "/";
    private static final String MAPPING_URL = "/*";

    public void run() throws Exception {
        Server server = new Server(DEFAULT_PORT);
        server.setHandler(servletContextHandler(webApplicationContext()));
        server.start();
        server.join();
    }

    private ServletContextHandler servletContextHandler(WebApplicationContext ct) {
        // 启用 Session 管理器
        ServletContextHandler handler =
                new ServletContextHandler(ServletContextHandler.SESSIONS);

        handler.setContextPath(CONTEXT_PATH);
        handler.addServlet(new ServletHolder(new DispatcherServlet(ct)),
                MAPPING_URL);
        handler.addEventListener(new ContextLoaderListener(ct));

        // 添加 Spring Security 过滤器
        FilterHolder filterHolder=new FilterHolder(DelegatingFilterProxy.class);
        filterHolder.setName("springSecurityFilterChain");
        handler.addFilter(filterHolder, MAPPING_URL,
                EnumSet.of(DispatcherType.REQUEST));

        return handler;
    }

    private WebApplicationContext webApplicationContext() {
        AnnotationConfigWebApplicationContext context =
                new AnnotationConfigWebApplicationContext();
        context.register(AppConfiguration.class);
        return context;
    }
}
```

JettyServer 将 Spring 的上下文 Servlet、监听器、过滤器等信息都传给了 Jetty 服务。

19.5.7　应用启动器

创建应用启动类 Application，代码如下。

```
package com.waylau.spring.mvc;

public class Application {

    public static void main(String[] args) throws Exception {
        new JettyServer().run();
    }

}
```

19.5.8 运行应用

右键运行 Application 类即可启动应用。

访问 http://localhost:8080/hello/way，会跳转到登录界面，意味着被安全认证拦截了。正如 WebSecurityConfig 所配置的那样，登录界面是一个 form 表单，如图 19-5 所示。

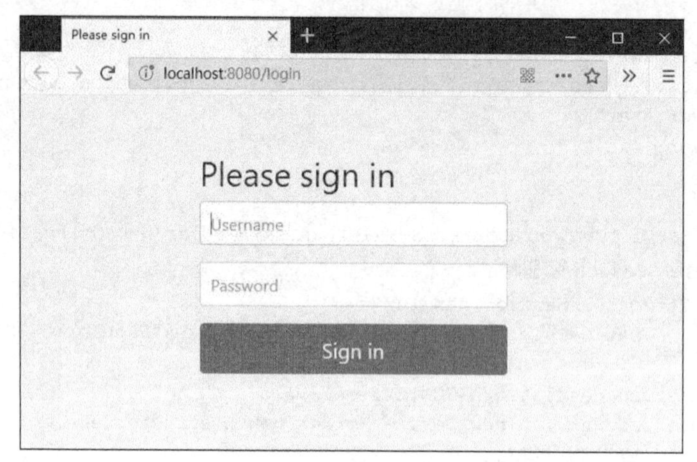

图 19-5 登录界面

尝试输入一个错误的用户名和密码，可以看到图 19-6 所示的错误提示信息。

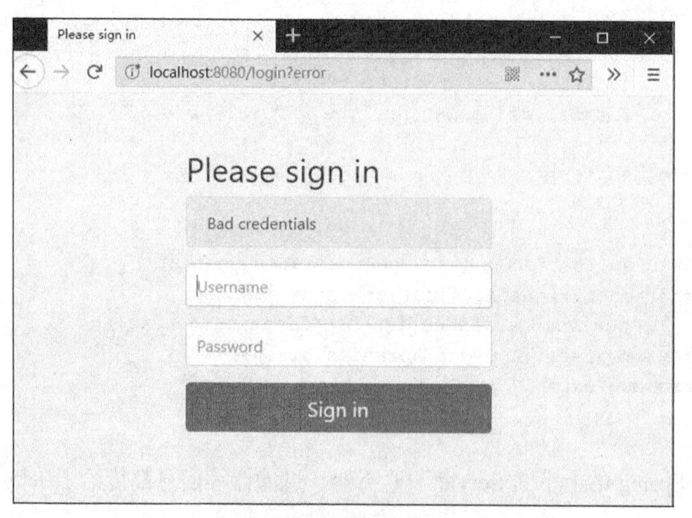

图 19-6 错误提示信息

用初始化好的用户名和密码进行成功登录，可以看到能够正常访问应用的 API，如图 19-7 所示。

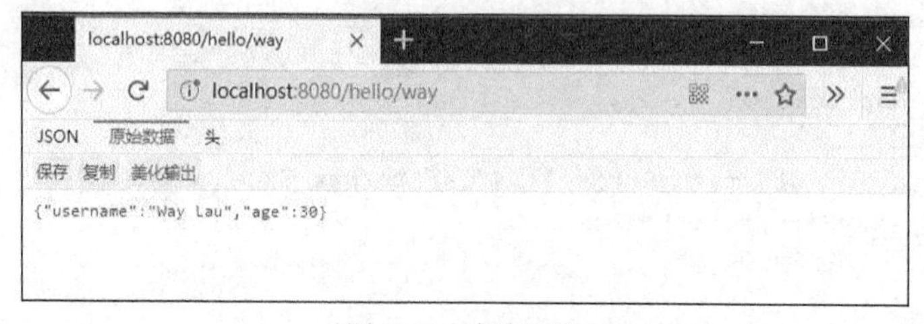

图 19-7 成功登录

19.6　本章小结

本章介绍了分布式系统安全性的基本概念、加密算法，同时也介绍了安全通道及访问控制。本章也演示了如何基于 Spring Security 框架来实现安全认证。

19.7　习题

- 请简述分布式系统安全性的基本概念。
- 请简述常用的加密算法。
- 如何理解安全通道及访问控制?
- 请用你熟悉的技术，实现一个安全认证的例子。

第 20 章 可用性

系统的可用性（Availability）指系统在面对各种异常时可以正确提供服务的能力。系统的可用性可以用系统停服务的时间与正常服务的时间的比例来衡量，也可以用某功能的失败次数与成功次数的比例来衡量。可用性是分布式的重要指标，衡量了系统的鲁棒性，是系统容错能力的体现。

本章介绍分布式系统的可用性。

20.1 故障不可避免

计算机的高可用性是指计算机平均能够正常运行多长时间，才发生一次故障。计算机的可用性越高，平均无故障时间越长。

HP、IBM、SUN 等小型机以上档次的服务器中，单机往往具有比较高的可用性，性能要求也极其苛刻。它们的主要特色在于年宕机时间只有几小时，所以又统称为 z（zero，零）系列。AS/400 主要应用在银行和制造业，还用于 Domino，主要的技术在于 TIMI（技术独立机器界面）、单级存储，有了 TIMI 技术可以做到硬件与软件相互独立。RS/6000 比较常见，用于科学计算和事务处理等。这类主机的单机性能一般都很强，带多个终端。终端没有数据处理能力，运算全部在主机上进行。现在的银行系统大部分都是这种集中式的系统，此外，在大型企业、科研单位、军队、政府等也有应用。

但即便是上述性能最苛刻的计算机，也无法保证不出故障。集中式的系统的一个最大的问题在于，不出问题还好，一出问题，就会造成单点故障，所有功能就都不能正常工作了，所谓“一荣俱荣，一损俱损”。由于集中式的系统相关的技术只被少数厂商所掌握，个人要对这些系统进行扩展和升级往往也比较麻烦，一般的企业级应用很少会用到集中式系统。

20.2 使用冗余提升系统可用性

与单机部署相反，分布式系统是通过中间软件来对现有计算机的硬件能力和相应的软件功能进行重新配置和整合。它是一种多处理器的计算机系统，各处理器通过网络互连构成统一的系统。系统采用分布式计算结构，即把原来系统内中央处理器处理的任务分散给相应的处理器，实现不同功能的各个处理器相互协调，共享系统的外设与软件。这样就加快了系统的处理速度，简化了主机的逻辑结构。它甚至不需要很高的配置，一些低配置“退休”下来的机器也能被重新纳入分布式系统中使用，这样无疑就降低了硬件成本，而且还易于维护。同时，分布式系统往往由多个主机组成，任何一台主机宕机都不影响整体系统的使用，所以分布式系统的可用性往往比较高。

基于分布式开发的应用，往往被拆分为多个服务（微服务），这些微服务往往又会部署为多个服务实例，并通过负载均衡器来进行协调。多实例部署，具有以下优势。

- 水平扩展计算能力。通过调整服务的实例数，可以水平扩展计算能力，比如，当处于业务高峰时段，就增加服务的实例，否则，就减少服务的实例。
- 确保服务始终可用。其中，某一个实例不可用，则负载均衡器将流量切换到了其他可用的实例上。
- 提升高可用性。理论上，服务的实例数越多，可用性就越高。举例来说，单个实例的可用性是 98%，那么，如果是 3 个实例所组成的集群，则可用性变为了 99.9992%（1 – 2%×2%×2%）。

20.3 常用副本控制协议

副本控制协议指按特定的协议流程控制副本数据的读写行为，使得副本满足一定的可用性和一致性要求的分布式协议。副本控制协议要求具有一定的对抗异常状态的容错能力，从而使得系统具有一定的可用性，同时副本控制协议要能提供一定一致性级别。由 CAP 原理可知，要设计一种满足强一致性，并且在出现任何网络异常时都可用的副本控制协议是不可能的。为此，实际中的副本控制协议总是在可用性、一致性与性能等各要素之间按照具体需求折中。

副本控制协议分为两大类：中心化（Centralized）副本控制协议和去中心化（Decentralized）副本控制协议。

20.3.1 中心化副本控制协议

中心化副本控制协议的基本思路是由一个中心节点协调副本数据的更新、维护副本之间的一致性。图 20-1 给出了中心化副本控制协议的通用架构。中心化副本控制协议的优点是协议相对较为简单，所有的副本相关的控制交由中心节点完成。并发控制将由中心节点完成，从而使得一个分布式并发控制问题，简化为一个单机并发控制问题。所谓并发控制，即多个节点同时需要修改副本数据时，需要解决“写写”“读写”等并发冲突。单机系统上常用加锁等方式进行并发控制。对于分布式并发控制，加锁也是一个常用的方法，但如果没有中心节点统一进行锁管理，就需要完全分布式化的锁系统，这会使得协议非常复杂。中心化副本控制协议的缺点是系统的可用性依赖于中心节点，当中心节点异常或与中心节点通信中断时，系统将失去某些服务（通常至少失去更新服务），所以中心化副本控制协议的缺点正是存在一定的停服务时间。

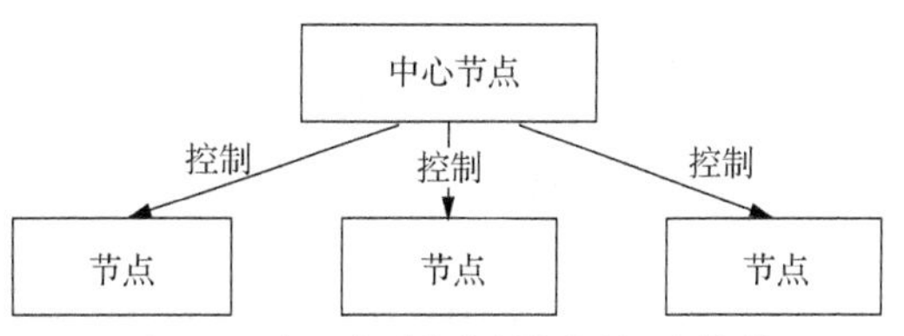

图 20-1 中心化副本控制协议的通用架构

20.3.2 primary-secondary 协议

本小节着重介绍一种非常常用的 primary-secondary（也称 primary-backup）的中心化副本控制协议。

在 primary-secondary 类型的协议中，副本被分为两大类，其中有且仅有一个副本作为 primary 副本，除 primary 以外的副本都作为 secondary 副本。维护 primary 副本的节点作为中心节点，中心节点负责维护数据的更新、并发控制、协调副本的一致性。

primary-secondary 类型的协议一般要解决四大类问题：数据更新流程、数据读取方式、primary 副本的确定与切换、数据同步。

1. 数据更新流程

primary-secondary 协议的数据更新流程如下。

（1）数据更新都由 primary 节点协调完成。

（2）外部节点将更新操作发给 primary 节点。

（3）节点进行并发控制，即确定并发更新操作的先后顺序。

（4）节点将更新操作发送给 secondary 节点。

（5）primary 根据 secondary 节点的完成情况判断更新是否成功并将结果返回外部节点。

图 20-2 展示了 primary-secondary 基本更新流程。

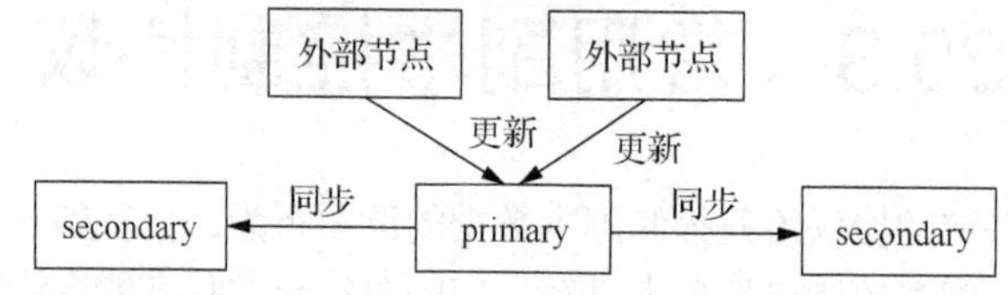

图 20-2 primary-secondary 基本更新流程

上述基本更新流程体现了 primary-secondary 协议的更新流程的基本思路。其中第（4）步 primary 节点将更新操作发送到 secondary 节点时，往往发送的也是更新的数据。在工程实践中，如果由 primary 直接同时发送给其他 N 个副本发送数据，则每个 secondary 的更新吞吐受限于 primary 总的出口网络带宽，最大为 primary 网络出口带宽的 1/N。为了解决这个问题，有些系统（例如 GFS），使用接力的方式同步数据，即 primary 将更新发送给第 1 个 secondary 副本，第 1 个 secondary 副本发送给第 2 个 secondary 副本，以此类推。由于异常，第（4）步可能在有些副本上成功，有些副本上失败，在有些副本上超时。不同的副本控制协议对于第（4）步异常的处理都不一样。例如，在提供最终一致性服务的系统中，secondary 节点可以与 primary 不一致，只要后续 secondary 节点可以慢慢同步到与 primary 一致的状态即可满足最终一致性的要求。

2. 数据读取方式

数据读取方式是 primary-secondary 协议需要解决的第 2 个问题。与数据更新流程类似，读取方式也与一致性高度相关。如果只需要最终一致性，则读取任何副本都可以满足需求。如果需要会话一致性，则可以为副本设置版本号，每次更新后递增版本号，用户读取副本时验证版本号，从而保证用户读到的数据在会话范围内单调递增。使用 primary-secondary 比较困难的是实现强一致性。

primary-secondary 实现强一致性有以下 2 种思路。

- 由于数据的更新流程都是由 primary 控制的，primary 副本上的数据一定是最新的，所以如果始终只读 primary 副本的数据，可以实现强一致性。如果只读 primary 副本，则 secondary 副本将不提供读服务。实践中，如果副本不与机器绑定，而是按照数据段为单位维护副本，仅有 primary 副本提供读服务在很多场景下并不会造出机器资源浪费。
- 由 primary 控制 secondary 节点的可用性。当 primary 更新某个 secondary 副本不成功时，primary 将该 secondary 副本标记为不可用，从而用户不再读取该不可用的副本。不可用的 secondary 副本可以继续尝试与 primary 同步数据，当与 primary 完成数据同步后，primary 可以将副本标记为可用。这种方式使得所有的可用的副本，无论是 primary 还是 secondary 都是可读的，并且在一个确定的时间内，某 secondary 副本要么更新到与 primary 一致的最新状态，要么被标记为不可用，从而符合较高的一致性要求。这种方式依赖于一个中心元数据管理系统，用于记录哪些副本可用，哪些副本不可用。某种意义上，该方式通过降低系统的可用性来提升系统的一致性。

3. primary 副本的确定与切换

在 primary-secondary 类型的协议中，另一个核心的问题是如何确定 primary 副本，尤其是在原

primary 副本所在机器出现宕机等异常时，需要有某种机制切换 primary 副本，使得某个 secondary 副本成为新的 primary 副本。

通常，在 primary-secondary 类型的分布式系统中，哪个副本是 primary 这一信息都属于元信息，由专门的元数据服务器维护。执行更新操作时，首先查询元数据服务器获取副本的 primary 信息，从而进一步执行数据更新流程。

切换副本的难点在于两个方面，首先，如何确定节点的状态以发现原 primary 节点异常是一个较为复杂的问题。其次，切换 primary 后，不能影响副本的一致性。尤其是提供较强一致性服务的系统，切换 primary 的影响更是需要控制。要达到这个目的，一种直观的方式是切换的新 primary 的副本数据必须与原 primary 的副本一致。然而在原 primary 已经发送宕机等异常时，如何确定一个 secondary 副本使得该副本上的数据与原 primary 一致又成为新的问题。该问题和选择一个 secondary 副本上读取最新的数据是一个等价问题。由于在分布式系统中准确地发现节点异常是需要一定的探测时间的，这样的探测时间通常是 10s，这也意味着一旦 primary 异常，最多需要 10s 的发现时间，系统才能开始 primary 的切换，在这 10s 内，由于没有 primary，系统不能提供更新服务，如果系统只能读 primary 副本，则这段时间内甚至不能提供读服务。从这里可以看到，primary-backup 类副本协议的最大缺点就是由于 primary 切换带来的一定的停服务时间。

4. 数据同步

primary-secondary 协议一般都会遇到 secondary 副本与 primary 不一致的问题。此时，不一致的 secondary 副本需要与 primary 进行同步。

通常不一致的形式有 3 种。

- 由于网络分化等异常，secondary 上的数据落后于 primary 上的数据。
- 在某些协议下，secondary 上的数据有可能是脏数据，需要被丢弃。所谓脏数据是由于 primary 副本没有进行某一更新操作，而 secondary 副本上反而进行了多余的修改操作，从而造成 secondary 副本数据错误。
- secondary 是一个新增加的副本，完全没有数据，需要从其他副本上复制数据。

对于第一种 secondary 数据落后的情况，常见的同步方式是回滚 primary 上的操作日志（通常是 redo 日志），从而追上 primary 的更新进度。对于脏数据的情况，较好的做法是设计的分布式协议不产生脏数据。如果协议一定有产生脏数据的可能，则也应该是使得产生脏数据的概率降到非常低的情况，从而一旦发生脏数据的情况可以简单地直接丢弃有脏数据的副本，这样相当于副本没有数据。另外，也可以设计一些基于 undo 日志的方式，从而可以删除脏数据。

如果 secondary 副本完全没有数据，则常见的做法是直接复制 primary 副本的数据，这种方法往往比回滚日志追更新进度的方法快很多。但复制数据时 primary 副本需要能够继续提供更新服务，这就要求 primary 副本支持快照功能。即对某一刻的副本数据形成快照，然后复制快照，复制完成后使用回滚日志的方式追快照形成后的更新操作。

20.3.3 去中心化副本控制协议

去中心化副本控制是另一类较为复杂的副本控制协议。与中心化副本控制协议最大的不同是，去中心化副本控制协议没有中心节点，协议中所有的节点都是完全对等的，节点之间通过平等协商达到一致，从而去中心化协议没有因为中心节点异常而带来的停服务等问题。图 20-3 给出了去中心化副本控制协议的示意。

然而，没有什么事情是完美的，去中心化副本控制协议的最大的缺点是协议过程通常比较复杂。尤其当去中心化副本控制协议需要实现强一致性时，协议流程变得复杂且不容易理解。由于流程的复杂，去中心化副本控制协议的效率或者性能一般也较中心化副本控制协议低。一个不恰当的比方就是，中心化副本控制协议类似专制制度，系统效率高但高度依赖于中心节点，一旦中心节点异常，系统受到的影响较大；去中心化副本控制协议类似民主制度，节点集体协商，效率低下，但个别节点的异常不会对系统总体造成太大影响。

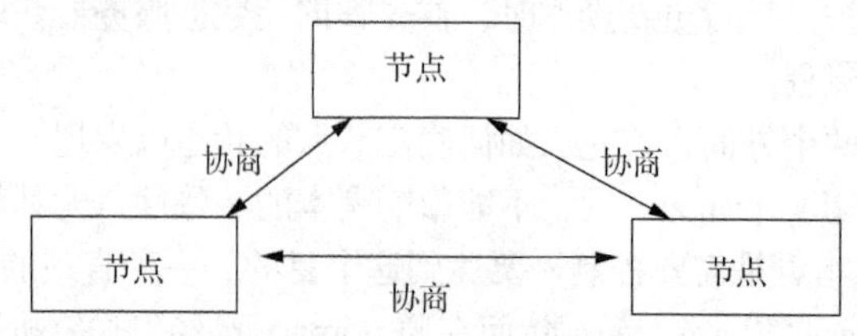

图 20-3　去中心化副本控制协议示意

与中心化副本控制协议具有某些共性不同，各类去中心化副本控制协议则各有各的巧妙。本节不再就去中心化副本控制协议做进一步详细分析。Paxos 算法和 Raft 算法是在工程中应用非常广泛的去中心化副本控制协议。

20.4　负载均衡技术

负载均衡（Load Balance）建立在现有网络结构之上，它提供了一种廉价、有效、透明的方法扩展网络设备和服务器的带宽、增加吞吐量、加强网络数据处理能力、提升网络的灵活性和可用性。

负载均衡就是分摊到多个操作单元上，例如 Web 服务器、FTP 服务器、企业关键应用服务器和其他关键任务服务器等，从而共同完成工作任务。

在微服务架构中，提供负载均衡技术复杂服务发现。通过服务发现，调用方可以及时拿到可用服务实例的列表。

在微服务架构中，对于服务发现的需求如下。

- 微服务的部署，往往利用虚拟的主机或者容器技术，所分配的主机位置往往是虚拟的。
- 微服务的服务实例的网络位置往往是动态分配的。
- 微服务要满足扩展、容错等需求，因此服务实例会经常动态改变，这意味着服务的位置也会动态变更。
- 同一个服务，往往会配置多个实例，需要服务发现机制来决定使用其中的哪个实例。

因此，客户端代码需要使用更加复杂的服务发现机制。服务发现有两大模式：客户端发现模式和服务端发现模式。下面分别介绍这两种模式。

20.4.1　客户端发现模式

客户端发现模式是一种由客户端来决定相应服务实例的网络位置的一种解决方案。其原理如下。

- 当服务实例启动后，将自己的位置信息提交到服务注册表。服务注册表维护着所有可用的服务实例的列表。
- 客户端从服务注册表进行查询，来获取可用的服务实例。
- 在选取可用的服务实例的过程中，客户端自行使用负载均衡算法从多个服务实例中选择出一个，然后发出请求。

图 20-4 显示了客户端发现模式的架构。

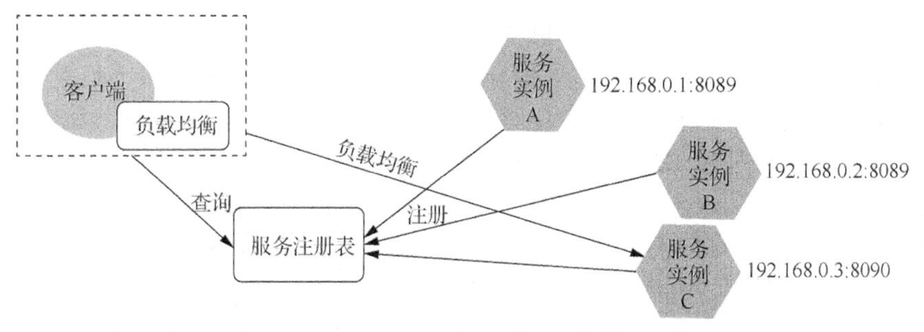

图 20-4　客户端发现模式的架构

服务注册表中的实例也是动态变化的。当有新的实例启动时，实例会将实例信息注册到服务注册表中；当实例下线或者不可用时，服务注册表也能及时感知，并将不可用实例及时从服务注册表中清除掉。服务注册表可以采取类似于心跳等机制来实现对服务实例的感知。

很多技术框架提供这种客户端发现模式。Netflix 提供了完整的服务注册及服务发现的实现方式。Netflix Eureka 提供了服务注册表的功能，为服务实例注册管理和查询可用实例提供了 REST API 接口。Netflix Ribbon 主要功能是提供客户端的软件负载均衡算法，将 Netflix 的中间层服务连接在一起。Netflix Ribbon 客户端组件提供一系列完善的配置项，例如连接超时、重试等。简单地说，就是在服务注册表所列出的实例，Netflix Ribbon 会自动帮助你基于某种规则（如简单轮询，随即连接等）去连接这些实例。Netflix 也提供了非常简便的方式来让我们使用 Netflix Ribbon 实现自定义的负载均衡算法。

ZooKeeper 是 Apache 基金会下的一个开源的、高可用的分布式应用协调服务，也被广泛应用于服务发现。

客户端发现模式优点是，该模式相对直接，除了服务注册外，其他部分基本无须做改动。此外，由于客户端已经知晓所有可用的服务实例，所以能够针对特定应用来实现智能的负载均衡。

客户端发现模式的缺点是，客户端需要与服务注册表进行绑定，要针对服务端用到的每个编程语言和框架，来实现客户端的服务发现逻辑。

20.4.2　服务端发现模式

另外一种服务发现的模式是服务端发现模式。该模式下，客户端通过负载均衡器向某个服务提出请求，负载均衡器查询服务注册表，并将请求转发到可用的服务实例。同客户端发现模式类似，服务实例在服务注册表中注册或注销。图 20-5 展现了这种服务端发现模式的架构。

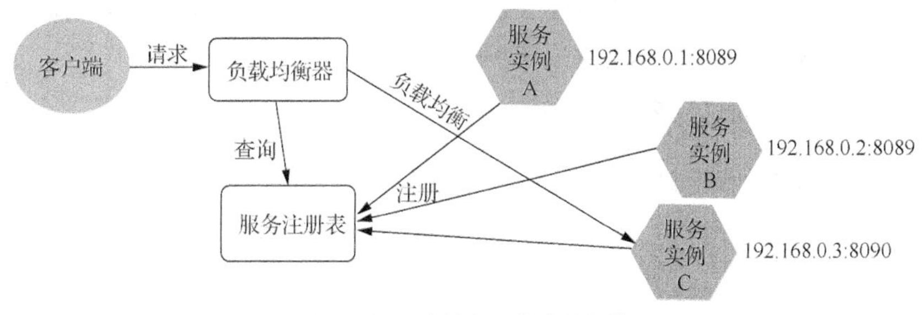

图 20-5　服务端发现模式的架构

与客户端发现模式不同点在于，服务端发现模式中需要有专门的负载均衡器来分发请求。这样客户端就可以保持相对简单，无须自己实现负载均衡机制。

DNS 域名解析可以提供方式最简单的服务端发现功能。它作为域名和 IP 地址相互映射的一个分布式数据库，能够使人更方便地访问互联网。人们在通过浏览器访问网站时只需要记住网站的域名，而不需要记住那些不太容易理解的 IP 地址。每个 DNS 域名可以映射多个服务实例。但 DNS 也有限制，比如，它无法及时感知服务实例是否有效，不能够按服务器的处理能力来分配负载等。所以一个常用的解决方法是在 DNS 服务器与服务实例时间，搭建一个负载均衡器。

在商业产品领域，Amazon 公司的 Elastic Load Balancing 提供了服务端发现路由的功能，可以在多个 Amazon EC2 实例之间自动分配应用程序的传入流量。它可以实现应用程序容错能力，从而无缝提供路由应用程序流量所需的负载均衡容量。Elastic Load Balancing 提供两种类型的负载均衡器：一种是 Classic 负载均衡器，可基于应用程序或网络级信息路由流量；另一种是应用程序负载均衡器，可基于包括请求内容的高级应用程序级信息路由流量。Classic 负载均衡器适用于在多个 EC2 实例之间进行简单的流量负载均衡，而应用程序负载均衡器则适用于需要高级路由功能、微服务和基于容器的架构的应用程序。应用程序负载均衡器可将流量路由至多个服务，也可在同一 EC2 实例的多个端口之间进行负载均衡。这两种类型均具备高可用性、自动扩展功能和可靠的安全性。

在开源领域，Kubernetes 以及 NGINX 也能用作服务端发现的负载均衡器。NGINX 是一个高性能的 HTTP 和反向代理服务器，在连接高并发的情况下，可以作为 Apache 服务器不错的替代品，在分布式系统中，经常作为负载均衡服务器使用。

Kubernetes 作为 Docker 生态圈中重要一员，是 Google 多年大规模容器管理技术的开源版本。其中，Kubernetes 的 Proxy（代理）组件实现了负载均衡功能。Proxy 会根据 Load Balancer 将请求透明地转发到集群中可用的服务实例。

使用服务端发现模式的好处是，这通常会简化客户端的开发工作，因为客户端并不需要关心负载均衡的细节工作，其所要做的工作就是将请求发送到负载均衡器。市面上也提供了很多商业或者开源的负载均衡器的实现，开箱即用，方案也比较成熟。

实施服务端发现模式也有难点，一个比较大的问题是需要考虑如何来配置和管理负载均衡器使其成为高可用的系统组件。

20.5 实战：基于 NGINX 实现服务高可用

在大型互联网应用中，应用的实例通常会部署多个，其好处在于以下 2 点。

- 实现了负载均衡。让多个实例去分担用户请求的负载。
- 实现高可用。当多个实例中任意一个实例“挂掉”了，剩下的实例仍然能够响应用户的请求访问。因此，从整体上看，部分实例的故障，并不影响整体使用，因此可以具备高可用。

本节将演示如何基于 NGINX 来实现负载均衡及服务高可用。

20.5.1 配置负载均衡

在 NGINX 中，负载均衡配置如下。

```
upstream liteserver {
    server 127.0.0.1:8080;
    server 127.0.0.1:8081;
    server 127.0.0.1:8082;
}

server {
    listen       80;
    server_name  localhost;
```

```
        location / {
            root   html;
            index  index.html index.htm;

            #处理 Angular 路由
            try_files $uri $uri/ /index.html;
        }

        #反向代理
        location /api/ {
            proxy_pass  http://liteserver/;
        }

        error_page   500 502 503 504  /50x.html;
        location = /50x.html {
            root   html;
        }

    }
```

其中，proxy_pass 设置了代理服务器，而这个代理服务器是设置在 upstream 中。upstream 中的每个 server，代表了后台服务的一个实例。在这里，我们设置了 3 个后台服务实例。

20.5.2 负载均衡常用算法

在 NGINX 中，负载均衡常用算法主要包括以下 5 种。

1. 轮询（默认）

每个请求按时间顺序逐一分配到不同的后端服务器，如果某个后端服务器不可用，就自动剔除。

以下就是轮询的配置。

```
upstream liteserver {
    server 127.0.0.1:8080;
    server 127.0.0.1:8081;
    server 127.0.0.1:8082;
}
```

2. 权重

可以通过 weight 来指定轮询权重，用于后端服务器性能不均的情况。权重值越大，则被分配请求的概率越大。

以下就是权重的配置。

```
upstream liteserver {
    server 127.0.0.1:8080 weight=1;
    server 127.0.0.1:8081 weight=2;
    server 127.0.0.1:8082 weight=3;
}
```

3. ip_hash

每个请求按访问 IP 的 hash 值来分配，这样每个用户固定访问一个后端服务器，可以解决 session 的问题。

以下就是 ip_hash 的配置。

```
upstream liteserver {
    ip_hash;
    server 192.168.0.1:8080;
    server 192.168.0.2:8081;
```

```
    server 192.168.0.3:8082;
}
```

4. fair

按后端服务器的响应时间来分配请求，响应时间短的优先分配。

以下就是 fair 的配置。

```
upstream liteserver {
    fair;
    server 192.168.0.1:8080;
    server 192.168.0.2:8081;
    server 192.168.0.3:8082;
}
```

5. url_hash

按访问 URL 的 Hash 结果来分配请求，使每个 URL 定向到同一个后端服务器，后端服务器为缓存时比较有效。

例如，在 upstream 中加入 Hash 语句，server 语句中不能写入 weight 等其他的参数，hash_method 是使用的 Hash 算法。

以下就是 url_hash 的配置。

```
upstream liteserver {
    hash $request_uri;
    hash_method crc32;
    server 192.168.0.1:8080;
    server 192.168.0.2:8081;
    server 192.168.0.3:8082;
}
```

20.5.3 实现 Web 服务的高可用

我们以一个名为 lite-monitoring-web 的 Web 服务为例。其中 lite-monitoring-web-1.0.0.jar 文件是一个可执行的 jar 文件。

执行下面命令，在本地启动 3 个不同的服务实例。

```
java -jar target/lite-monitoring-web-1.0.0.jar --port=8080

java -jar target/lite-monitoring-web-1.0.0.jar --port=8081

java -jar target/lite-monitoring-web-1.0.0.jar --port=8082
```

这 3 个实例会占用不同的端口，独立运行在各自的进程中。

在实际项目中，服务实例往往会部署在不同的主机当中。书中示例仅为了能够简单演示，所以部署在了同一个主机上，但本质上部署方式是类似的。

20.5.4 运行

后台服务启动之后，再在浏览器 http://localhost/地址访问前台应用，同时观察后台控制台输出的内容，如图 20-6 所示。

可以看到，3 台后台服务器都会轮流接收前台的请求。为了模拟故障，也可以将其他任意一个后台服务停掉，会发现前台仍然能够正常响应，这就实现了应用的高可用。

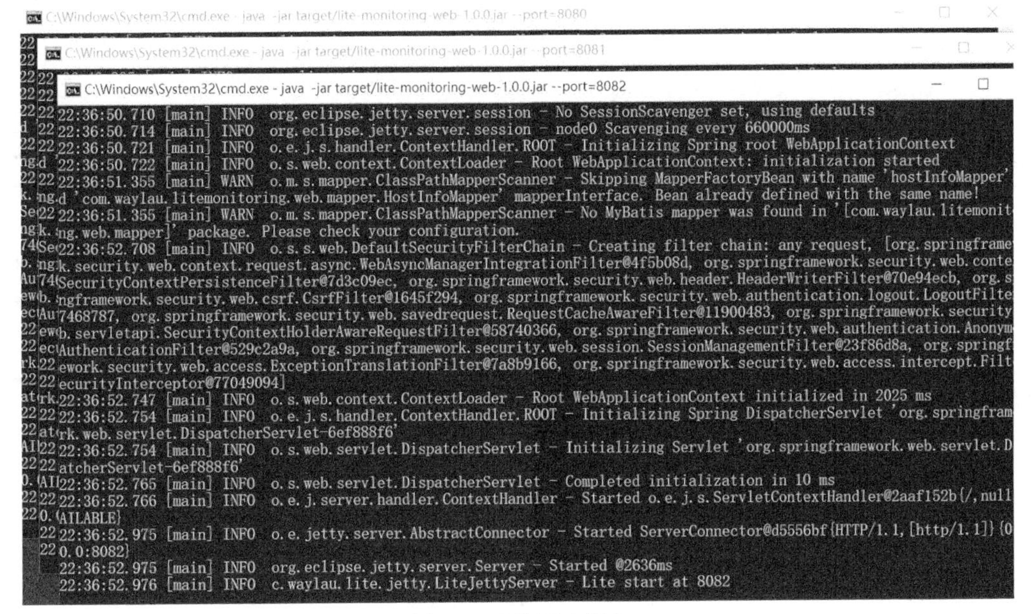

图 20-6　运行后台服务

20.6　本章小结

本章介绍了分布式系统中的可用性问题。需要认识到在计算机的世界里，故障无法避免，只能通过冗余的方式来提升系统的可用性。

本章也介绍了常用副本控制协议和负载均衡技术，以及演示了如何基于 NGINX 来实现服务高可用。

20.7　习题

- 如何实现系统的高可用？
- 常用副本协议有哪些？
- 常用负载均衡技术有哪些？
- 请用你熟悉的技术实现服务的高可用。

第 21 章 综合实战：基于 Spring Cloud 的微服务架构设计与实现

本章是进入综合实战环节，将演示基于 Spring Cloud 框架来设计和实现一个微服务架构应用。

21.1 Spring Cloud 概述

从零开始构建一套完整的分布式系统是困难的。笔者在《分布式系统常用技术及案例分析》一书中，用了将近 700 页的篇幅来介绍当今最流行的分布式架构技术方案。这些技术涵盖了分布式消息服务、分布式计算、分布式存储、分布式监控系统、分布式版本控制、RESTful、微服务、容器等众多领域的内容，可见构建分布式系统需要非常广的技术面。就微服务架构的风格而言，一套完整的微服务架构系统往往需要考虑以下挑战。

- 配置管理。
- 服务注册与发现。
- 断路器。
- 智能路由。
- 服务间调用。
- 负载均衡。
- 微代理。
- 控制总线。
- 一次性令牌。
- 全局锁。
- 领导选举。
- 分布式会话。
- 集群状态。
- 分布式消息。

……

而 Spring Cloud 正是考虑到了上述微服务开发过程中的痛点，为广大的开发人员提供了快速构建微服务架构系统的工具。

21.1.1 什么是 Spring Cloud

使用 Spring Cloud 开发人员可以开箱即用地实现这些模式的服务和应用程序。这些服务可以在任何环境下运行，包括分布式环境，也包括开发人员自己的笔记本电脑、裸机数据中心，以及 Cloud Foundry 等托管平台。

Spring Cloud 基于 Spring Boot 来进行构建服务，并可以轻松地集成第三方类库，来增强应用程序的行为。你可以利用基本的默认行为快速入门，然后在需要时，通过配置或扩展以创建自定义的解决方案。

21.1.2　Spring Cloud 与 Spring Boot 的关系

Spring Boot 是构建 Spring Cloud 架构的基石，是一种快速启动项目的方式。

Spring Cloud 的版本命名方式与传统的版本号命名方式稍有不同。由于 Spring Cloud 是一个拥有诸多子项目的大型综合项目，原则上其子项目也都维护着自己的发布版本号。那么每一个 Spring Cloud 的版本都会包含不同的子项目版本，为了管理每个版本的子项目清单，避免版本名与子项目的发布号混淆，所以没有采用版本号的方式，而是通过命名的方式。

这些版本名采用了伦敦地铁站的名字，根据字母表的顺序来对应版本时间顺序，比如最早的 Release 版本为 Angel，第二个 Release 版本为 Brixton，以此类推。Spring Cloud 对应于 Spring Boot 版本，有以下的版本依赖关系。

- Greenwich 版本是基于 Spring Boot 2.1.x，不能工作于 Spring Boot 1.5.x。
- Finchley 版本是基于 Spring Boot 2.0.x，不能工作于 Spring Boot 1.5.x。
- Dalston 和 Edgware 是基于 Spring Boot 1.5.x，但不能工作于 Spring Boot 2.0.x。
- Camden 工作于 Spring Boot 1.4.x，但未在 1.5.x 版本上测试。
- Brixton 工作于 Spring Boot 1.3.x，但未在 1.4.x 版本上测试。
- Angel 基于 Spring Boot 1.2.x，并且不与 Spring Boot 1.3.x 版本兼容。

21.2　Spring Cloud 入门配置

Spring Cloud 可以采用 Maven 或者 Gradle 来配置。

21.2.1　Maven 配置

以下是一个基本的 Spring Boot 项目的基本 Maven 配置。

```
<parent>
    <groupId>org.springframework.boot</groupId>
    <artifactId>spring-boot-starter-parent</artifactId>
    <version>2.0.0.RELEASE</version>
</parent>
<dependencyManagement>
    <dependencies>
        <dependency>
            <groupId>org.springframework.cloud</groupId>
            <artifactId>spring-cloud-dependencies</artifactId>
            <version>Finchley.M9</version>
            <type>pom</type>
            <scope>import</scope>
        </dependency>
    </dependencies>
</dependencyManagement>
<dependencies>
    <dependency>
        <groupId></groupId>
```

```
        <artifactId>spring-cloud-starter-config</artifactId>
    </dependency>
    <dependency>
        <groupId></groupId>
        <artifactId>spring-cloud-starter-eureka</artifactId>
    </dependency>
</dependencies><repositories>
    <repository>
        <id>spring-milestones</id>
        <name>Spring Milestones</name>
        <url>https://repo.spring.io/libs-milestone</url>
        <snapshots>
            <enabled>false</enabled>
        </snapshots>
    </repository>
</repositories>
```

在此基础之上，可以按需添加不同的依赖，以增强应用程序的功能。

21.2.2 Gradle 配置

以下是一个基本的 Spring Boot 项目的基本 Gradle 配置。

```
buildscript {
    ext {
        springBootVersion = '2.0.0.RELEASE'
    }
    repositories {
        mavenCentral()
    }
    dependencies {
        classpath("org.springframework.boot:spring-boot-gradle-plugin:${springBoot
Version}")
    }
}

apply plugin: 'java'
apply plugin: 'spring-boot'

dependencyManagement {
  imports {
    mavenBom ':spring-cloud-dependencies:Finchley.M9'
  }
}

dependencies {
    compile ':spring-cloud-starter-config'
    compile ':spring-cloud-starter-eureka'
}repositories {
    maven {
        url 'https://repo.spring.io/libs-milestone'
    }
}
```

在此基础之上，可以按需添加不同的依赖，以使应用程序增强功能。

其中，Maven 仓库设置，我们可以更改为国内的镜像库，以提升下载依赖的速度。

21.2.3 声明式方法

Spring Cloud 采用声明的方法，通常一个类路径更改或者添加注解即可获得很多功能。下面是

Spring Cloud 声明为一个 Netflix Eureka Client 最简单的应用程序示例。

```
import org.springframework.boot.SpringApplication;
import org.springframework.boot.autoconfigure.SpringBootApplication;
import org.springframework.cloud.client.discovery.EnableDiscoveryClient;

@SpringBootApplication
@EnableDiscoveryClient
public class Application {

    public static void main(String[] args) {
        SpringApplication.run(Application.class, args);
    }
}
```

21.3　Spring Cloud 的子项目介绍

本节将介绍 Spring Cloud 子项目的组成，以及它们之间的版本对应关系。

21.3.1　Spring Cloud 子项目的组成

Spring Cloud 由以下子项目组成。

1. Spring Cloud Config

Spring Cloud Config 是配置中心，利用 Git 来集中管理程序的配置。

2. Spring Cloud Netflix

Spring Cloud Netflix 是集成众多 Netflix 的开源软件，包括 Eureka、Hystrix、Zuul、Archaius 等。

3. Spring Cloud Bus

Spring Cloud Bus 是消息总线，利用分布式消息将服务和服务实例连接在一起，用于在一个集群中传播状态的变化，比如配置更改的事件。可与 Spring Cloud Config 联合实现热部署。

4. Spring Cloud for Cloud Foundry

Spring Cloud for Cloud Foundry 利用 Pivotal Cloud foundry 集成应用程序。Cloud Foundry 是 VMware 推出的开源 PaaS 云平台。

5. Spring Cloud Cloud Foundry Service Broker

Spring Cloud Cloud Foundry Service Broker 为建立管理云托管服务的服务代理提供了一个起点。

6. Spring Cloud Cluster

Spring Cloud Cluster 是基于 ZooKeeper、Redis、Hazelcast、Consul 实现的领导选举和平民状态模式的抽象和实现。

7. Spring Cloud Consul

Spring Cloud Consul 是基于 Hashicorp Consul 实现的服务发现和配置管理。

8. Spring Cloud Security

Spring Cloud Security 在 Zuul 代理中为 OAuth2 REST 客户端和认证头转发提供负载均衡。

9. Spring Cloud Sleuth

Spring Cloud Sleuth 适用于 Spring Cloud 应用程序的分布式跟踪，与 Zipkin、HTrace 和基于日志（例如 ELK）的跟踪相兼容，可以进行日志的收集。

10. Spring Cloud Data Flow

Spring Cloud Data Flow 是一种针对现代运行时可组合的微服务应用程序的云本地编排服务。易于使用的 DSL、拖放式 GUI 和 REST API 一起简化了基于微服务的数据管道的整体编排。

11. Spring Cloud Stream

Spring Cloud Stream 是一个轻量级的事件驱动的微服务框架，用来快速构建可以连接到外部系统的应用程序。使用 Apache Kafka 或 RabbitMQ 在 Spring Boot 应用程序之间发送和接收消息的简单声明模型。

12. Spring Cloud Stream App Starters

Spring Cloud Stream App Starters 基于 Spring Boot 为外部系统提供 Spring 的集成。

13. Spring Cloud Task

Spring Cloud Task 是短生命周期的微服务，为 Spring Boot 应用简单声明添加功能和非功能特性。

14. Spring Cloud Task App Starters

Spring Cloud Task App Starters 是 Spring Boot 应用程序，可能是任何进程，包括 Spring Batch 作业，并可以在数据处理有限的时间内终止。

15. Spring Cloud ZooKeeper

Spring Cloud ZooKeeper 是基于 Apache ZooKeeper 的服务发现和配置管理的工具包，用于使用 ZooKeeper 方式的服务注册和发现。

16. Spring Cloud for Amazon Web Services

Spring Cloud for Amazon Web Services 与 Amazon Web Services 轻松集成。它提供了一种方便的方式来与 AWS 提供的服务进行交互，使用众所周知的 Spring 惯用语和 API（如消息传递或缓存 API）。开发人员可以围绕托管服务构建应用程序，而无须关心基础设施或维护工作。

17. Spring Cloud Connectors

Spring Cloud Connectors 便于 PaaS 应用在各种平台上连接到后端数据库和消息服务。

18. Spring Cloud Starters

Spring Cloud Starters 是基于 Spring Boot 的项目，用于简化 Spring Cloud 的依赖管理。该项目已经终止，并且在 Angel.SR2 后的版本和其他项目合并。

19. Spring Cloud CLI

Spring Boot CLI 插件用于在 Groovy 中快速创建 Spring Cloud 组件应用程序。

20. Spring Cloud Contract

Spring Cloud Contract 是一个总体项目，其中包含帮助用户成功实施消费者驱动契约（Consumer Driven Contracts）的解决方案。

21.3.2 Spring Cloud 组件的版本

Spring Cloud 组件的版本对应关系，如表 21-1 所示。

表 21-1 Spring Cloud 组件的版本对应关系

组件	Edgware.SR3	Finchley.M9	Finchley.BUILD-SNAPSHOT
spring-cloud-aws	1.2.2.RELEASE	2.0.0.M4	2.0.0.BUILD-SNAPSHOT
spring-cloud-bus	1.3.2.RELEASE	2.0.0.M7	2.0.0.BUILD-SNAPSHOT
spring-cloud-cli	1.4.1.RELEASE	2.0.0.M1	2.0.0.BUILD-SNAPSHOT
spring-cloud-commons	1.3.3.RELEASE	2.0.0.M9	2.0.0.BUILD-SNAPSHOT
spring-cloud-contract	1.2.4.RELEASE	2.0.0.M8	2.0.0.BUILD-SNAPSHOT

续表

组件	Edgware.SR3	Finchley.M9	Finchley.BUILD-SNAPSHOT
spring-cloud-config	1.4.3.RELEASE	2.0.0.M9	2.0.0.BUILD-SNAPSHOT
spring-cloud-netflix	1.4.4.RELEASE	2.0.0.M8	2.0.0.BUILD-SNAPSHOT
spring-cloud-security	1.2.2.RELEASE	2.0.0.M3	2.0.0.BUILD-SNAPSHOT
spring-cloud-cloudfoundry	1.1.1.RELEASE	2.0.0.M3	2.0.0.BUILD-SNAPSHOT
spring-cloud-consul	1.3.3.RELEASE	2.0.0.M7	2.0.0.BUILD-SNAPSHOT
spring-cloud-sleuth	1.3.3.RELEASE	2.0.0.M9	2.0.0.BUILD-SNAPSHOT
spring-cloud-stream	Ditmars.SR3	Elmhurst.RC3	Elmhurst.BUILD-SNAPSHOT
spring-cloud-zookeeper	1.2.1.RELEASE	2.0.0.M7	2.0.0.BUILD-SNAPSHOT
spring-boot	1.5.10.RELEASE	2.0.0.RELEASE	2.0.0.BUILD-SNAPSHOT
spring-cloud-task	1.2.2.RELEASE	2.0.0.M3	2.0.0.RELEASE
spring-cloud-vault	1.1.0.RELEASE	2.0.0.M6	2.0.0.BUILD-SNAPSHOT
spring-cloud-gateway	1.0.1.RELEASE	2.0.0.M9	2.0.0.BUILD-SNAPSHOT
spring-cloud-openfeign		2.0.0.M2	2.0.0.BUILD-SNAPSHOT

21.4　实现微服务的注册与发现

在微服务的架构里面，服务的注册与发现是最为核心的功能。通过服务的注册和发现机制，微服务之间才能进行相互通信、相互协作。

21.4.1　服务发现的意义

服务发现，意味着你发布的服务可以让别人找到。在互联网里，最常用的服务发现机制莫过于域名。通过域名，你可以发现该域名所对应的 IP，继而能够找到发布到这个 IP 的服务。域名和主机的关系并非一对一的，有可能多个域名都映射到了同一个 IP 下面。域名系统（Domain Name System，DNS）是因特网的一项核心服务，它作为可以将域名和 IP 地址相互映射的一个分布式数据库，能够使人更方便地访问互联网，而不用去记住能够被机器直接读取的 IP 地址串。

那么，在局域网内，是否也可以通过设置相应的主机名来让其他主机访问呢？答案是肯定的。

在 Spring Cloud 技术栈中，Eureka 作为服务注册中心对整个微服务架构起着最核心的整合作用。Eureka 是 Netflix 开源的一款提供服务注册和发现的产品。

Eureka 具有以下优点。

- 完整的服务注册和发现机制。Eureka 提供了完整的服务注册和发现机制，并且也经受住了 Netflix 自己的生产环境考验，使用起来会相对比较省心。
- 与 Spring Cloud 无缝集成。Spring Cloud 有一套非常完善的开源代码来整合 Eureka，所以在 Spring Boot 应用起来非常方便，与 Spring 框架兼容性好。
- 高可用性。Eureka 还支持在我们应用自身的容器中启动，也就是说我们的应用启动完之后，既充当了 Eureka 客户端的角色，同时也是服务的提供者。这样就极大地提升了服务的可用性，同时也尽可能地减少了外部依赖。
- 开源。由于代码是开源的，所以非常便于我们了解它的实现原理和排查问题。同时，广大开发者也能持续为该项目做出贡献。

在本节，我们将着重讲解如何通过 Eureka 来实现微服务的注册与发现。

21.4.2　如何集成 Eureka Server

我们创建一个新的应用称之为“eureka-server”。该应用的 build.gradle 详细配置如下。

```
// buildscript 代码块中脚本优先执行
buildscript {

    // ext 用于定义动态属性
    ext {
        springBootVersion = '2.0.0.RELEASE'
    }

    // 使用了 Maven 的中央仓库及 Spring 自己的仓库（也可以指定其他仓库）
    repositories {
        //mavenCentral()
        maven { url "https://repo.spring.io/snapshot" }
        maven { url "https://repo.spring.io/milestone" }
        maven { url "http://maven.aliyun.com/nexus/content/groups/public/" }
    }

    // 依赖关系
    dependencies {

        // classpath 声明了在执行其余的脚本时，ClassLoader 可以使用这些依赖项
        classpath("org.springframework.boot:spring-boot-gradle-plugin:${springBoot
Version}")
    }
}

// 使用插件
apply plugin: 'java'
apply plugin: 'eclipse'
apply plugin: 'org.springframework.boot'
apply plugin: 'io.spring.dependency-management'

// 指定了生成的编译文件的版本，默认是打成了 jar 包
group = 'com.waylau.spring.cloud'
version = '1.0.0'

// 指定编译 .java 文件的 JDK 版本
sourceCompatibility = 1.8

// 使用了 Maven 的中央仓库及 Spring 自己的仓库（也可以指定其他仓库）
repositories {
    //mavenCentral()
    maven { url "https://repo.spring.io/snapshot" }
    maven { url "https://repo.spring.io/milestone" }
    maven { url "http://maven.aliyun.com/nexus/content/groups/public/" }
}

ext {
    springCloudVersion = 'Finchley.M9'
}

dependencies {

    // 添加 Spring Cloud Starter Netflix Eureka Server 依赖
    compile('org.springframework.cloud:spring-cloud-starter-netflix-eureka-server')
```

```
    // 该依赖用于测试阶段
    testCompile('org.springframework.boot:spring-boot-starter-test')
}

dependencyManagement {
    imports {
        mavenBom  "org.springframework.cloud:spring-cloud-dependencies:${springCloud
Version}"
    }
}
```

其中，Spring Cloud Starter Netflix Eureka Server 自身又依赖于以下项目。

```
<dependencies>
    <dependency>
        <groupId>org.springframework.cloud</groupId>
        <artifactId>spring-cloud-starter</artifactId>
    </dependency>
    <dependency>
        <groupId>org.springframework.cloud</groupId>
        <artifactId>spring-cloud-netflix-eureka-server</artifactId>
    </dependency>
    <dependency>
        <groupId>org.springframework.cloud</groupId>
        <artifactId>spring-cloud-starter-netflix-archaius</artifactId>
    </dependency>
    <dependency>
        <groupId>org.springframework.cloud</groupId>
        <artifactId>spring-cloud-starter-netflix-ribbon</artifactId>
    </dependency>
    <dependency>
        <groupId>com.netflix.ribbon</groupId>
        <artifactId>ribbon-eureka</artifactId>
    </dependency>
</dependencies>
```

所有配置都能够在 Spring Cloud Starter Netflix Eureka Server 项目的 pom 文件中查看到。

1. 启用 Eureka Server

为启用 Eureka Server，在应用的根目录的 Application 类上增加@EnableEurekaServer 注解即可。

```
import org.springframework.boot.SpringApplication;
import org.springframework.boot.autoconfigure.SpringBootApplication;
import org.springframework.cloud.netflix.eureka.server.EnableEurekaServer;


@SpringBootApplication
@EnableEurekaServer
public class Application {

    public static void main(String[] args) {
        SpringApplication.run(Application.class, args);
    }
}
```

该注解就是为了激活 Eureka Server 相关的自动配置类 org.springframework.cloud.netflix.eureka.server.EurekaServerAutoConfiguration。

2. 修改项目配置

修改 application.properties，增加以下配置。

```
server.port: 8761

eureka.instance.hostname: localhost
eureka.client.registerWithEureka: false
eureka.client.fetchRegistry: false
eureka.client.serviceUrl.defaultZone:   http://${eureka.instance.hostname}:${server.port}/eureka/
```

其中，

- server.port：指明了应用启动的端口号。
- eureka.instance.hostname：应用的主机名称。
- eureka.client.registerWithEureka：值为 false 意味着自身仅作为服务器，不作为客户端。
- eureka.client.fetchRegistry：值为 false 意味着无须注册自身。
- eureka.client.serviceUrl.defaultZone：指明了应用的 URL。

3. 清空资源目录

在 src/main/resources 目录下，除了 application.properties 文件，其他没有用到的目录或者文件都删除，特别是 templates 目录，因为这个目录会覆盖 Eureka Server 自带管理界面。

4. 启动

启动应用，访问 http://localhost:8761，可以看到图 21-1 所示的 Eureka Server 自带的 UI 管理界面。

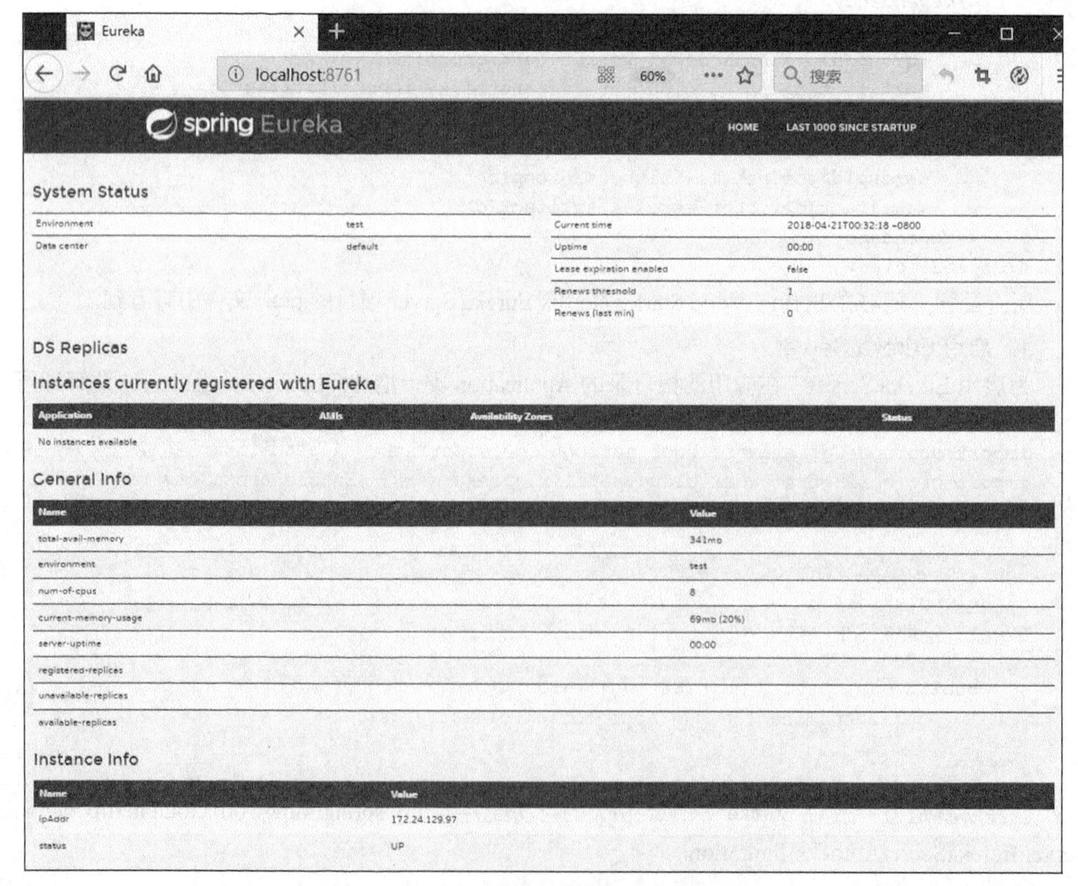

图 21-1　Eureka Server 自带的 UI 管理界面

自此，Eureka Server 注册服务器搭建完毕。

21.4.3 如何集成 Eureka Client

我们创建一个新的应用，称之为“eureka-client”，以作为 Eureka Client。与 eureka-server 相比，eureka-client 应用的 build.gradle 配置的变化主要是在依赖上面，将 Eureka Server 的依赖改为 Eureka Client 即可。

```
dependencies {

    // 添加 Spring Cloud Starter Netflix Eureka Client 依赖
    compile('org.springframework.cloud:spring-cloud-starter-netflix-eureka-client')

    compile('org.springframework.boot:spring-boot-starter-web')

    // 该依赖用于测试阶段
    testCompile('org.springframework.boot:spring-boot-starter-test')
}
```

1. 一个最简单的 Eureka Client

将@EnableEurekaServer 注解改为@EnableDiscoveryClient。

```
import org.springframework.boot.SpringApplication;
import org.springframework.boot.autoconfigure.SpringBootApplication;
import org.springframework.cloud.client.discovery.EnableDiscoveryClient;

@SpringBootApplication
@EnableDiscoveryClient
public class Application {

   public static void main(String[] args) {
      SpringApplication.run(Application.class, args);
   }
}
```

org.springframework.cloud.client.discovery.EnableDiscoveryClient 注解，就是一个自动发现客户端的实现。

2. 修改项目配置

修改 application.properties，修改为以下配置。

```
spring.application.name: eureka-client

eureka.client.serviceUrl.defaultZone: http://localhost:8761/eureka/
```

其中，

- spring.application.name：指定了应用的名称；
- eureka.client.serviceUrl.defaultZonet：指明了 Eureka Server 的位置。

21.4.4 实现服务的注册与发现

我们首先运行 Eureka Server 实例 eureka-server，它启动在了 8761 端口。然后我们分别在 8081 和 8082 上启动了 Eureka Client 实例 eureka-client。

```
java -jar s5-26-eureka-client-1.0.0.jar --server.port=8081

java -jar s5-26-eureka-client-1.0.0.jar --server.port=8082
```

这样，就可以在 Eureka Server 上看到这两个实例的信息。访问 http://localhost:8761，可以看到

图 21-2 所示的 Eureka Server UI 管理界面显示的 Eureka Client 信息。

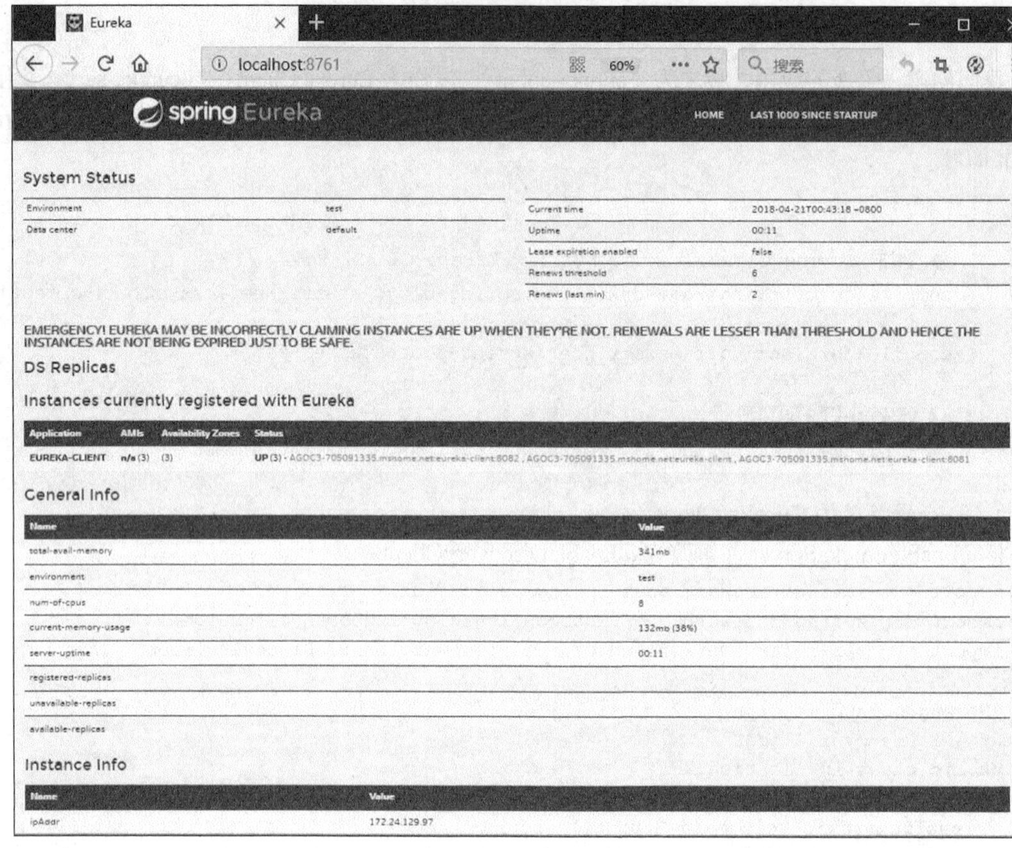

图 21-2　显示 Eureka Client 信息

从管理界面“Instances currently registered with Eureka”中，能看到每个 Eureka Client 的状态，相同的应用（指具有相同的 spring.application.name）下，能够看到每个应用的实例。

如果 Eureka Client 离线了，Eureka Server 也能及时感知。

不同的应用之间，能够通过应用的名称来互相发现。

其中，从界面上也可以看出，Eureka Server 运行的 IP 为 172.24.129.97。

21.5　本章小结

本章是综合实战，介绍了微服务解决方案 Spring Cloud，并演示了基于 Spring Cloud 框架来设计和实现一个微服务架构应用，实现了微服务的注册与发现功能。

21.6　习题

- 请用你熟悉的技术，设计与实现一个微服务架构应用。

附录

本书所涉及的软件及相关版本

本书所采用的软件及相关版本较新，请读者将相关开发环境设置成与本书所采用的一致，或者不低于本书所列的配置。

- JDK 13
- Apache Maven 3.6.3
- Eclipse 2019-12 (4.14)
- JUnit 5.5.2
- Jersey 2.30
- Apache CXF 3.3.5
- Spring 5.2.3.RELEASE
- ActiveMQ 5.15.11
- Spring Boot 2.1.2.RELEASE
- Axon Framework 3.4.3
- Docker 17.09.1-ce-win42
- Spark 2.3.0
- MongoDB 3.4.6
- ZooKeeper 3.5.6
- Spring Security 5.2.0.BUILD-SNAPSHOT
- NGINX 1.15.8
- Spring Cloud Finchley.M9

参考文献

[1] TANENBAUM A S，STEEN M A. 分布式系统原理与范型[M]. 2 版. 辛春生，陈宗斌，译. 北京：清华大学出版社，2008.

[2] 柳伟卫. Netty 原理解析与开发实战[M]. 北京：北京大学出版社，2020.

[3] 柳伟卫. Node. js 企业级应用开发实战[M]. 北京：北京大学出版社，2020.

[4] KRAFZIG D，BANKE K，SLAMA D. Enterprise SOA: Service-Oriented Architecture Best Practices also viewed[M].Upper Saddle River：Prentice Hall，2014.

[5] 柳伟卫. Spring 5 开发大全[M]. 北京：北京大学出版社，2018.

[6] 柳伟卫. Spring Cloud 微服务架构开发实战[M]. 北京：北京大学出版社，2018.

[7] 柳伟卫. Spring Boot 企业级应用开发实战[M]. 北京：北京大学出版社，2018.

[8] 柳伟卫. Cloud Native 分布式架构原理与实践[M]. 北京：北京大学出版社，2019.

[9] 柳伟卫. 分布式系统常用技术及案例分析[M]. 2 版. 北京：电子工业出版社，2019.

[10] KYTE T. Expert Oracle Database Architecture:9i and 10g Programming Techniques and Solutions[M]. New York：Apress Media，2005.

[11] GRAY J. Notes on Database Operating Systems[J]. Operating Systems，1978，60(397–405).

[12] SKEEN D. NonBlocking Commit Protocols[J]. ACM SIGMOD International Conference，1981.

[13] LAMPORT L. The Part-time Parliament[J]. ACM Transactions on Computer Systems，1998，16(2).

[14] LAMPORT L. Paxos Made Simple[J]. ACM SIGACT News，2001，32(4).

[15] ONGARO D，OUSTERHOUT J. In Search of an Understandable Consensus Algorithm (Extended Version)[J]. USENIX Annual Technical Conference，2014.